察象于图

《天工开物》异本插图比较研究

基金项目：本书系2018年度全国高校古籍整理研究课题『《天工开物》异本图像整理研究』研究成果（批准编号：1859）

谢玮　邱菊芯　著

中国轻工业出版社

图书在版编目（CIP）数据

索象于图：《天工开物》异本插图比较研究 / 谢玮，邱菊芯著．— 北京：中国轻工业出版社，2024.6

ISBN 978-7-5184-3831-0

Ⅰ．①索… Ⅱ．①谢… ②邱… Ⅲ．①农业史—中国—古代 ②手工业史—中国—古代 ③《天工开物》—研究 Ⅳ．① N092

中国版本图书馆 CIP 数据核字（2022）第 027653 号

责任编辑：徐　琪　　责任终审：劳国强　　设计制作：锋尚设计
策划编辑：毛旭林　　责任校对：吴大朋　　责任监印：张　可

出版发行：中国轻工业出版社（北京鲁谷东街5号，邮编：100040）
印　　刷：艺堂印刷（天津）有限公司
经　　销：各地新华书店
版　　次：2024年6月第1版第1次印刷
开　　本：710×1000　1/16　印张：22
字　　数：580千字
书　　号：ISBN 978-7-5184-3831-0　定价：128.00元
邮购电话：010-85119873
发行电话：010-85119832　010-85119912
网　　址：http://www.chlip.com.cn
Email：club@chlip.com.cn

211225K2X101ZBW

前　言

2022年4月，中共中央办公厅、国务院办公厅印发了《关于推进新时代古籍工作的意见》，强调“做好古籍工作，把祖国宝贵的文化遗产保护好、传承好、发展好，对赓续中华文脉、弘扬民族精神、增强国家文化软实力、建设社会主义文化强国具有重要意义”。从各自擅长的领域整理古籍将成为新时代古籍工作的趋势，他山之石可以攻玉，本书愿为此尽一份微薄之力，旨在抛砖引玉。

本书所选底本为1637年（明崇祯十年）涂伯聚原刊本（涂本），并选取清初杨素卿坊刻本（杨本）、武进陶湘1927年刊石印线装本（陶本）为参照，结合以上三个版本进行异本图像对比。为帮助读者更好地理解本书内容，特做以下说明。

1. 本书以涂本、杨本、陶本三版《天工开物》所附插图为研究对象，若以初刻本涂本为底本，三个版本所共同具有的插图共计123幅，其中杨本缺3幅，分别为《粹精》第四卷“木砻”“场稻”，与《佳兵》第十五卷“张弩”。陶本共计160幅插图，《陶埏》第七卷中“瓦坯脱桶”与“造瓦”合并，《佳兵》第十五卷中“端箭”、《丹青》第十六卷中“取流松液”、《珠玉》第十八卷中“没水采珠船”分别被拆分为两幅，《乃服》第二卷较另外两个版本多出一幅“治丝图”与一幅“纺缕图”，其余多出的33幅插图为陶本特有，将在正文的基础上另做释读。除图片外，本书内容还包括对每个章节（卷）的概述（按语）、小结（本卷小结），图片对应的原文、校注、释疑与异本插图比较。

2. 由于陶本多出图幅数目较多，故在章节末尾处对其统一罗列，《乃粒》《乃服》《粹精》卷插图主题集中在农桑门类，在研究的过程中笔者发现陶本插图有部分以其他农书为参照，其参照版包括《农书》（又称《王祯农书》或《东鲁王氏农书》）《农政全书》《钦定古今图书集成》等，因此在分析过程中，会将其对应的插图筛选出来一同进行对照。但这些农书仅限于农桑门类，除《乃粒》《乃服》《粹精》三卷外，《作咸》卷陶本多处插图出自清光绪本四川《盐法志》，余下陶本多出图幅来源暂不明，因此对其单独解读。部分陶本多出图幅是由原版拆分所得，在分析时将其并在一处，于正文中一同论述。

3.《天工开物》中插图对应的原文部分过于省略，因此参考《农书》《钦定古今图书集成》等其他农书，对《乃粒》《乃服》等卷中的名词进行解释，并在文中引以致用。本书涉及的文献资料都以脚注的形式注明出处，文中未标出脚注的引文基本出自《天工开物》原文。

4.《天工开物》共计十八个章节，分上、中、下三卷，由于原书第三章没有插图，因此本书将第四章及以后章节顺延，与原书顺序一致，共计十七个章节。

5. 原书若干插图存在模糊不清、多杂线乱线、图像扭曲变形等情况，因此在基本保持原状的情况下，笔者对原书插图进行细微调整，将其统一为黑白线描稿，并将跨页的插图去掉中线，合并为一张，便于查阅。

6. 本文所选三个版本的《天工开物》都为文言文，各章节文字较长，且无标点，不便阅读，故本书将插图对应的文字提取为若干段落，根据语感与文意加以标点，并将每个小节以图片的名称命名，如第一卷第三节“筒车”，即为“筒车”一图所对应的原文及其校注、释文。而有些文字内容包括了两幅图片，故以顿号相隔，如第一卷第一节“耕、耙”，即“耕”与“耙”两幅图片所对应的文字。

7. 注释参考上海古籍出版社2016年版潘吉星《天工开物译注》，注释对象包括生僻字注音、文言文释义、专用名词、地名、典故等。因本书旨在比较《天工开物》三个版本的插图，文中对插图对应文字的不同之处进行标注，对于误用的文字也进行了说明，插图对应文字以外的原文则未加论述。

8.《天工开物》原文为繁体字，本文选用的三个版本出版年代分别为明代、清代、近代，原文多古字用法，通过对所用文字的一一校勘，将原文中的异体字改为通用字，且以涂本为底本，杨本与陶本中部分异体字在注释中说明，因此在前文校注过后，下文不再重复。

9. 本书按卷名、章、按语、节、原文、注释、译文、图像异本比较、图片的顺序排布，其中按语、原文、注释、译文、图像异本比较用“【 】”强调，注释用“( )”标明顺序，部分原文内容易于理解，没有注释。

10.《天工开物》原文中有部分文字为正文注释，本书中将其用灰色块表示，如《乃粒》卷“耔、耘”一节对应文字中，有“青叶既长，则耔可施焉，俗名挞禾”，灰色块部分即对前文的注释。

《天工开物》异本插图比较研究插图目录

续表

流水号	图号	插图名称	对应版本	页码
29	图2-2-15	赶棉	涂本、杨本、陶本	070
30	图2-2-16	弹棉	涂本、杨本、陶本	071
31	图2-2-17	擦条	涂本、杨本、陶本	071
32	图2-2-18 图2-2-19 图2-2-20	纺缕	涂本、杨本、陶本	072
33	图2-2-21	蚕浴	陶本	080
34	图2-2-22	捉绩	陶本	081
35	图2-2-23	分箔	陶本	082
36	图2-2-24	择茧	陶本	083
37	图2-2-25 图2-2-26	缫车一	陶本	085
38	图2-2-27 图2-2-28	缫车二	陶本	086
39	图2-3-1	湿田击稻	涂本、杨本、陶本	091
40	图2-3-2	场稻	涂本、陶本	091
41	图2-3-3	赶稻及菽图	涂本、杨本、陶本	093
42	图2-3-4	木砻	涂本、陶本	095
43	图2-3-5	土砻	涂本、杨本、陶本	097
44	图2-3-6	风扇车	涂本、杨本、陶本	099
45	图2-3-8	舂	涂本、杨本、陶本	101
46	图2-3-9	水碓图	涂本、杨本、陶本	103
47	图2-3-10	牛碾	涂本、杨本、陶本	105
48	图2-3-11	水磨	涂本、杨本、陶本	107
49	图2-3-12	面罗	涂本、杨本、陶本	109
50	图2-3-13	小碾图	涂本、杨本、陶本	111
51	图2-3-14	打枷图	涂本、杨本、陶本	113
52	图2-3-15	筛谷	陶本	115
53	图2-3-16	飏扇	陶本	117
54	图2-3-17	砻	陶本	119
55	图2-3-18	碓	陶本	121
56	图2-3-19	磨	陶本	123

续表

流水号	图号	插图名称	对应版本	页码
57	图2-3-20 图2-3-21	砻磨	陶本	124、125
58	图2-3-22	水碾	陶本	126
59	图2-3-23	击麻	陶本	127
60	图2-3-24	簸扬	陶本	129
61	图2-4-1	布灰种盐	涂本、杨本、陶本	132
62	图2-4-2	淋水先入浅坑	涂本、杨本、陶本	134
63	图2-4-3	海卤煎炼	涂本、杨本、陶本	137
64	图2-4-4	池盐	涂本、杨本、陶本	139
65	图2-4-5	蜀省井盐	涂本、杨本、陶本	142
66	图2-4-6	量较收藏	陶本	145
67	图2-4-7	下石圈	陶本	146
68	图2-4-8	凿井	陶本	147
69	图2-4-9	制木竹	陶本	149
70	图2-4-10	下木竹	陶本	150
71	图2-4-11	汲卤	陶本	152
72	图2-4-12	场灶煮盐	陶本	154
73	图2-4-13	井火煮盐	陶本	156
74	图2-4-14	川滇载运	陶本	157
75	图2-5-1	轧蔗取浆图	涂本、杨本、陶本	160
76	图2-5-2	澄结糖霜瓦器	涂本、杨本、陶本	163
77	图3-1-1	造瓦	涂本、杨本、陶本	166
78	图3-1-2	瓦坯脱桶	涂本、杨本	167
79	图3-1-3	泥造砖坯	涂本、杨本、陶本	169
80	图3-1-4	砖瓦浇水转釉窑	涂本、杨本、陶本	171
81	图3-1-5	煤炭烧砖窑	涂本、杨本、陶本	171
82	图3-1-6	造瓶	涂本、杨本、陶本	174
83	图3-1-7	造缸	涂本、杨本、陶本	176
84	图3-1-8	瓶窑连接缸窑	涂本、杨本、陶本	178
85	图3-1-9	瓷器汶水	涂本、杨本、陶本	180
86	图3-1-10	过利	涂本、杨本、陶本	181
87	图3-1-11	瓷器过釉	涂本、杨本、陶本	184

续表

流水号	图号	插图名称	对应版本	页码
88	图3-1-12	打圈	涂本、杨本、陶本	184
89	图3-1-13	瓷器窑	涂本、杨本、陶本	187
90	图3-2-1	塑钟模图	涂本、杨本、陶本	190
91	图3-2-2	铸鼎图 朝钟同法	涂本、杨本、陶本	192
92	图3-2-3 图3-2-4	铸千斤 钟与仙佛像图	涂本、杨本、陶本	195
93	图3-2-5	铸釜图	涂本、杨本、陶本	197
94	图3-2-6 图3-2-7	铸钱	涂本、杨本、陶本	199、200
95	图3-2-8	锉钱	涂本、杨本、陶本	200
96	图3-2-9	倭国造银图	涂本、杨本、陶本	203
97	图3-3-1 图3-3-2	漕舫图	涂本、杨本、陶本	206
98	图3-3-3 图3-3-4	六桨课船	涂本、杨本、陶本	208、209
99	图3-3-5 图3-3-6	合挂大车图	涂本、杨本、陶本	211
100	图3-3-7	双缱独辕车	涂本、杨本、陶本	213
101	图3-3-8	南方独推车	涂本、杨本、陶本	215
102	图3-4-1	锤锚图	涂本、杨本、陶本	217
103	图3-4-2	抽线琢针图	涂本、杨本、陶本	219
104	图3-4-3 图3-4-4	锤钲与镯图	涂本、杨本、陶本	222
105	图3-5-1	煤饼烧石成灰	涂本、杨本、陶本	225
106	图3-5-2	凿取蛎房	涂本、杨本、陶本	227
107	图3-5-3	南方挖煤	涂本、杨本、陶本	228
108	图3-5-4	烧皂矾图	涂本、杨本、陶本	230
109	图3-5-5	烧取硫黄图	涂本、杨本、陶本	232
110	图3-5-6	烧砒图	涂本、杨本、陶本	234
111	图3-6-1	南方榨	涂本、杨本、陶本	237
112	图3-6-2	柏皮油及诸芸苔胡麻皆同	涂本、杨本、陶本	239
113	图3-6-3 图3-6-4	推柏子黑粒去壳取仁	涂本、杨本、陶本	241
114	图3-7-1	斩竹漂塘	涂本、杨本、陶本	245

续表

流水号	图号	插图名称	对应版本	页码
115	图3-7-2	煮楻足火	涂本、杨本、陶本	247
116	图3-7-3	荡竹入帘	涂本、杨本、陶本	249
117	图3-7-4	覆帘压纸	涂本、杨本、陶本	249
118	图3-7-5	透火焙干	涂本、杨本、陶本	249
119	图4-1-1 图4-1-2	开采银矿图	涂本、杨本、陶本	254、255
120	图4-1-3 图4-1-4	熔矿结银与铅图	涂本、杨本、陶本	256、257
121	图4-1-5	沉铅结银图	涂本、杨本、陶本	259
122	图4-1-6 图4-1-7	分金炉清锈底	涂本、杨本、陶本	261
123	图4-1-8	穴取铜铅	涂本、杨本、陶本	263
124	图4-1-9	化铜	涂本、杨本、陶本	265
125	图4-1-10	升炼倭铅	涂本、杨本、陶本	267
126	图4-1-11	垦土拾锭	涂本、杨本、陶本	268
127	图4-1-12	淘洗铁砂	涂本、杨本、陶本	269
128	图4-1-13	生熟炼铁炉	涂本、杨本、陶本	271
129	图4-1-14	河池山锡	涂本、杨本、陶本	273
130	图4-1-15	南丹水锡	涂本、杨本、陶本	274
131	图4-1-16	炼锡炉	涂本、杨本、陶本	276
132	图4-2-1	端箭	涂本、杨本、陶本	279
133	图4-2-2	张弩	涂本、陶本	281
134	图4-2-3	八面转百子连珠炮	涂本、杨本、陶本	283
135	图4-2-4	吐焰神球	涂本、杨本、陶本	283
136	图4-2-5	流星炮	涂本、杨本、陶本	284
137	图4-2-6	地雷	涂本、杨本、陶本	287
138	图4-2-7	混江龙	涂本、杨本、陶本	288
139	图4-2-8	地雷炸	陶本	289
140	图4-2-8	混江龙炸	陶本	289
141	图4-2-9	鸟铳	涂本、杨本、陶本	291
142	图4-2-10	万人敌	涂本、杨本、陶本	293
143	图4-3-1	研朱	涂本、杨本、陶本	296

续表

流水号	图号	插图名称	对应版本	页码
144	图4-3-2	升炼水银	涂本、杨本、陶本	299
145	图4-3-3	银复升朱	涂本、杨本、陶本	300
146	图4-3-4	燃扫清烟	涂本、杨本、陶本	303
147	图4-3-5	取流松液	涂本、杨本、陶本	303
148	图4-4-1	长流漂米	涂本、杨本、陶本	307
149	图4-4-2	凉风吹变	涂本、杨本、陶本	309
150	图4-5-1 图4-5-2	没水采珠船	涂本、杨本、陶本	312
151	图4-5-3 图4-5-4	扬帆采珠	涂本、杨本、陶本	315
152	图4-5-5	宝井	涂本、杨本、陶本	317
153	图4-5-6	宝气饱闷	涂本、杨本、陶本	317
154	图4-5-7	白玉河	涂本、杨本、陶本	320
155	图4-5-8	绿玉河	涂本、杨本、陶本	321
156	图4-5-9	琢玉	涂本、杨本、陶本	324

目　录

第一章 《天工开物》插图比较所择版本的研究小史

《天工开物》史料珍贵，足资佐助学术考辨、补苴史料未备。但自1637年初版刊行以来，各个版本层出不穷，因流传方式、翻刻技术、面向受众的不同，《天工开物》各版本之间难免存在文字与所附插图的差异，本书选用三版《天工开物》分别为涂本、杨本、陶本，前二者在构图、画面组成、绘制风格上差异并不鲜明，而陶本存在较为明显的差异，这种差异与各版本所采用的插图绘制技术密不可分，也与时代背景、刊刻机构等因素息息相关[1]。异本古籍虽为读者提供了对比参照项，易于研读文本、识别图像，但也增加了不同版本之间校对、辨析方面的难度。《天工开物》典雅古奥，时过境迁，图像多难以考索，目前可见的数种版本图像多疏于校理。因此，有必要对其插图重新加以校理。尤从设计学视角切入，以代表性版本插图逐幅比较阐释为主，同时关照工艺史料角度的文字校注，从设计领域助力古籍整理。

---

1 **《天工开物》不同版本插图画面风格对比：**《天工开物》于明代初次刊刻，初刻本（涂本）风格古拙，线条精简粗糙，多使用白描的手法呈现，画面亦显现出较易辨识的墨痕与木质纹理。杨本出自涂本之后，其风格与涂本相近，部分插图在局部背景的刻画上有省略或增加，但风格未见明显差异。而陶本刻印自民国，其所选用的对照版本并非源自涂本，而是参照《钦定古今图书集成》《钦定授时通考》等清代宫廷所刊古籍对照翻刻、改绘，在细节的处理上更为深入，且添加了大量与清代宫廷绘画风格相近的场景，画面繁密富丽，却存在表述不清、构造不合理的现象，与初刻本所附插图风格相去甚远。

《天工开物》不同版本插图刻绘技术对比：若探究涂本、杨本与陶本风格差异的根本原因，笔者认为在于绘制、刻印技术的差异，涂本、杨本采用雕版印刷技术，线条粗陋、构图简明，因木刻的难度较高，难以精细刻画，因而插图均以最为简易的形式刻印，直观明晰。而陶本插图则采取石印技术，在人物刻画、场景布设上有显著提高，但刻印者更注重画面的美观性，对部分插图的本意存在误解，有本末倒置之嫌。此外，涂本、杨本由民间刊刻机构刻印，陶本选取的参照本则源自于清代宫廷，因而清代西方透视法的传入也对其插图风格的异化有一定影响。

《天工开物》不同版本插图人物环境对比：《天工开物》所附插图多为人、物、环境三者的结合，以展现古人劳作的场景。涂本、杨本所附插图构图简明，往往择取人物形象与所从事的工艺为主体，背景刻画则较为简略，仅用简单线条勾勒大体的意向，如山峦、云朵、道路等，画面中常出现大面积的留白。陶本则受清代小说插图叙事风格与宫廷绘画风格的影响，画面中除主体人物外，额外增绘了大量场景，包括房屋、山石、草木等，画面丰富、构图饱满，却易丢失插图的初始含义。

一、《天工开物》研究的目的、意义

（一）研究目的

《天工开物》作为我国17世纪的工艺百科全书，是我国古代科学技术发展到明代时的一部集大成著作，亦是我国工艺技术插图图像史上的一部里程碑式著作，全书除文字记述以外，配以大量插图，对提及的工艺技术与对应场景进行描绘。随着时代的更迭，《天工开物》所述工艺有部分业已失传，因而其所附插图成为认识、探知古代工艺技术的直观材料，亦有利于当代学者对《天工开物》提及的古代工艺技术进行图文对照研究。书中包含务农、蚕桑、制盐等大量与民生息息相关的场景，以版刻插图的形式，展现古代工艺与所使用的器具，对了解中国古代工艺技术有难以估量的价值。

在此前，相关学者对《天工开物》的研究主要聚焦于文字信息与工艺技术方面，对所附插图的研究不够全面、深入，且缺少对异本图像之间全面、系统的研究、阐述。因而，笔者希望借助多个版本《天工开物》所附插图，对其进行分类、罗列，结合文字与引证材料，对各组插图间的差异进行对照比较，并结合各版本插图形成的文化背景、社会背景，探讨其各自具备的历史价值与科技价值，以便对古代工艺技术的发展与图像形成的脉络有更为深刻的认识。

（二）研究意义

理论方面：《天工开物》记载了18类107项传统工艺，文字的记述配以插图的直观展示，利于读者对明代及明以前的传统工艺有更为直观的认识。论及《天工开物》所附插图，其并非面面俱到，或因刻绘技术的限制，无法准确、详细地表达所绘工艺，或因版本间的屡次翻刻，使科技图像失去本来面目。本研究对涂本、杨本、陶本《天工开物》所附插图的图名、画面风格、构图、合理性等方面进行详细梳理、逐一校对，从艺术学、风格学等角度，对《天工开物》所附插图的版本差异、形成路径、设计思想等信息进行分析、拓展，进一步推进《天工开物》所附插图的研究工作。

实践方面：《天工开物》作为我国古代工艺技术的集大成者，记述了大量贴近民众生活的工艺制造技术，而其所附插图也对文字信息进行了场景的再现，从图像的角度还原当时古代工艺生产的历史场域。对《天工开物》异本插图的研究，可以更恰当、准确地判断明代以前传统工艺的制作技术与所处场景，配以相应的佐证材料，对我国古代传统工艺的形成、发展有更深的认识。此外，研究亦有利于加深对古代失传工艺的认识和了解，为我国当代农业、手工业以及其他领域的工艺发展提供借鉴和思路。

二、缘何选择涂本、杨本、陶本作为比较对象

《天工开物》于1637年面世，时值明末，社会出现商品经济和资本主义萌芽，农业、手工业在原有基础上长足发展，古代科技大力发展。在此背景下《天工开物》应运而生。作者宋应星（1587—？），字长庚，江西省南昌府奉新县北乡人，自小饱读诗书，但因科举屡次失利，才能无处施展。彼时江西省农业与商品经济发达，宋应星在全国各地游历的过程中，对田野与手工作坊进行细致地调研考察，又因交友广泛，多结交文人逸士，各类机缘促成宋应星对《天工开物》的编撰。

宋应星于1634年接任江西省袁州府分宜县教谕，此刻起着手编写《天工开物》，但苦于经济状况不佳，举步维艰。所幸得益于老友涂绍煃的帮助，此书才得以于南昌府刊刻。涂绍煃，字伯聚，《天工开物》首版出资人，因此将其命名为涂本。全书分上、中、下三卷，上卷为乃粒、乃服、彰施、粹精、作咸、甘嗜六章，中卷为陶埏、冶铸、舟车、锤锻、燔石、膏液、杀青七章，下卷为五金、佳兵、丹青、曲蘖、珠玉五章，共计十八章（图1-2-1），以江西竹纸印刷，并附有插图一百二十三幅。插图对人物、牲畜、工具以及场景的描绘十分精致，且书中插图兼具“插图”与“图像”两种身份，前一种将自身与文本相联系，处于文本的规约之下，可以看作对文本的阐释或补充；后一种则更为自由，当把插图当作“图像”考虑时，摆脱了文本对其的控制，获得更加独立的话语权，成为能够窥探晚明社会景观和艺术创作的镜像。

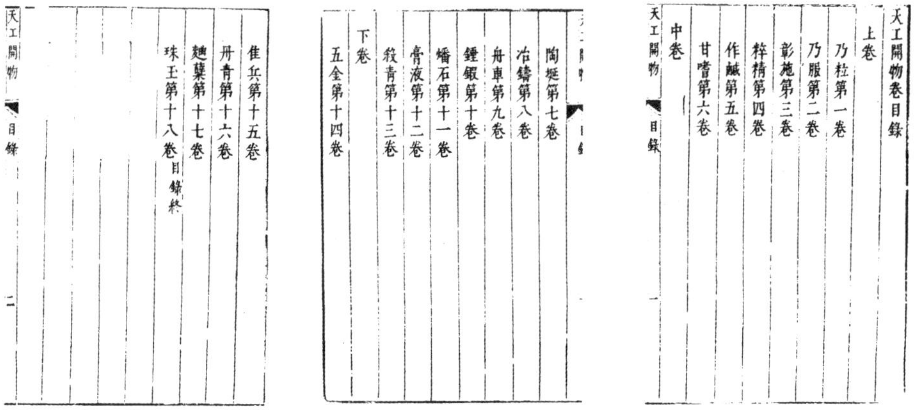
天工開物卷目錄
上卷
乃粒第一卷
乃服第二卷
彰施第三卷
粹精第四卷
作鹹第五卷
甘嗜第六卷
中卷
天工開物 目錄
陶埏第七卷
冶鑄第八卷
舟車第九卷
錘鍛第十卷
燔石第十一卷
膏液第十二卷
殺青第十三卷
下卷
五金第十四卷
佳兵第十五卷
丹青第十六卷
麴糵第十七卷
珠玉第十八卷 目錄終
天工開物 目錄 二

图1-2-1 《天工开物》（涂本）目录

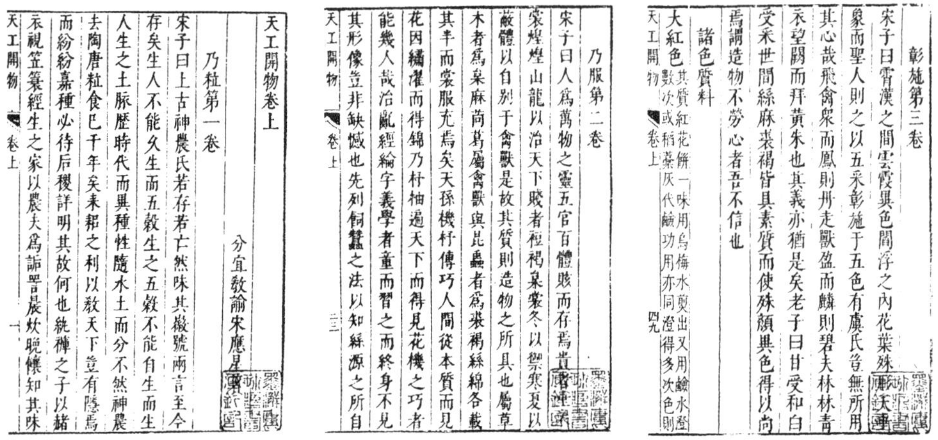
天工開物卷上
乃粒第一卷
分宜敎諭宋應星著
宋子曰上古神農氏若存若亡然味其徽號兩言至今
存矣生人不能久生而五穀生之五穀不能自生而生
人生之土脈歷時代而異種性隨水土而分不然神農
去陶唐粒食已千年矣耒耜之利以敎天下豈有隱焉
而紛紛嘉種必待后稷詳明其故何也紈袴之子以赭
衣視笠簑經生之家以農夫爲詬詈晨炊晚饟知其味
天工開物 卷上 一

乃服第二卷
宋子曰人爲萬物之靈五官百體賅而存焉貴
裳煌煌山龍以治天下賤者裋褐枲裳冬以禦寒夏以
蔽體以自別于禽獸是故其質則造物之所具也屬草
木者爲枲麻苘葛屬禽獸與昆蟲者爲裘褐絲綿各載
其半而裳服充焉矣天孫機杼傳巧人間從本質而見
花因繡濯而得錦乃杼柚遍天下而得見花機之巧者
能幾人哉治亂經綸字義學者童而習之而終身不見
其形像豈非缺憾也先列飼蠶之法以知絲源之所自
天工開物 卷上 三

彰施第三卷
宋子曰霄漢之間雲霞異色閻浮之內花葉殊
象而聖人則之以五采彰施于五色有虞氏豈無所用
其心哉飛禽衆而鳳則丹走獸盈而麟則碧夫林林青
衣望闕而拜黃朱也其義亦猶是矣老子曰甘受和白
受采世間絲麻裘褐皆具素質而使殊顏異色得以尚
焉謂造物不勞心者吾不信也
諸色質料
大紅色 其質紅花餅一味用烏梅水煎出又用鹼水澄數次或稻稾灰代鹼功用亦同澄得多次色則
天工開物 卷上 四九

图1-2-2 《天工开物》（涂本）每卷卷首“宋子曰”

《天工开物》以《乃粒》为开篇，将民食相关的章节列于首位（图1-2-2），宋应星在开篇写道：“卷分前后，乃贵五谷而贱金玉之义。”亦可见其主导思想。在全文的总体排布上，同样重视与衣食相关的篇章，且用较长的篇幅陈述、铺展，耕种、蚕桑事宜在全文中占据近半数，而冶铁、制陶、井盐排布于其后，篇幅相较缩减，制曲、珠玉等章节则置于文末，篇幅更为简短。

书中插图紧扣文本内容排布，数目也与章节篇幅相对应，兼释义与观赏两种功能，既可看作对文本内容的阐释与补充，也可单独作为插图展现明代手工业的景象，插图多数结合人物、牲畜、工具等画面元素，对书中文字描述的工艺技术进行全面的描绘，保留了大量古代工艺制作场景，为后人研究古代工艺技术提供图像参考。

除涂本外，《天工开物》较有影响的版本按时间先后依次还有杨本（1644—1670年）、菅本（1771年）、陶本（1927年）、通本（1930年）、商本（1933年）、局本（1936年）、枝本（1943年）、薮本（1952年）、任本（1966年）、涂影本（1959年）、钟本（1976年）11个版本。后又出现李本（1976年）、赣科本（1987年）、巴蜀本（1989年）和上海古籍本（1991—1992年）等诸多版本，此处不一一详述。

如上所述，1637年初刻本（涂本）印刷发行以来，《天工开物》已有十多种中文版本。各版本文字存在差异，插图亦不同。涂本插图古朴真实，但内容刊行仓促，错字和漏字较多。杨本虽与涂本相似度较高，但也有部分改动。1927年出版的陶本文字有校勘，插图为民国重绘，有失真。1986年，科技史专家潘吉星以涂本为底本，对文字进行了校勘和注释，以上版本为研读文本插图提供了丰富的信息。

本书所选《天工开物》版本有三，分别为**涂本、杨本、陶本**。在上述诸版本中，涂本作为初刻本，是多版《天工开物》所附插图的源头，被列为本书异本图像对照本毋庸置疑，在进行图像对照的过程中，也将对应文字进行校勘、纠正。杨本刊行于明末清初，由民间刻书商杨素卿组织刻成，序文为手书体，以竹纸印，大致刊行于17世纪50至80年代。杨本作为清初翻刻本，以涂本为底本进行刊刻，且存在差异，部分插图对原版有误解或有内容的缺漏，文字上也因改朝换代出现改动，如将“我朝”改为“明朝”，以适应当时政治形势，但改动不够彻底，如《佳兵》章中“北虏”“东北夷”等具有反清之意的字样，仍沿用了涂本。杨本为涂本之后最早的版本，也是清代唯一刊行的版本，对后世版本校勘具有较高的参考价值，因此将其列为对照版本之一。陶本与涂本、杨本的刊行时间相距较远，刊印于民国时期，1924年面世，且以石印线装本的形式刊印。陶本以营本为底本刊印，所附插图参考多版古籍，包括《钦定古今图书集成》《钦定授时通考》等，亦参考了杨本。又于1929年刊行重印本，称涉园重印本。陶本插图参照对象不一，虽重新请画工加绘制版，清晰美观，但其与涂本、杨本差异较大，所附插图尤甚，打乱了《天工开物》初刻本原有的插图体例，且存在诸多错误。该版本是本书研究的重点，陶本所附插图存在的问题需要与涂本、杨本进行对照解读，其插图源流与造成错误的原因也是值得关注、探讨的对象。

以上三个版本分别对应了明代、清代、近代三个不同的历史阶段，且为其后《天工开物》诸多版本的参照对象，对其进行图像的对照解读，有助于理解《天工开物》所附插图的真实含义，并对出现的错误进行集中性地罗列、梳理。出于此因，本书以涂本为底本，结合杨本、陶本，对三个版本所附插图进行整理研究，逐通图像，逐幅鉴识，正讹勘误，择要注释，随注出校，依据图像的特点、形成原因、历史价值，对其深入分析、归类、比较。

三、宋应星与《天工开物》

若追溯《天工开物》题名的来源，“天工”一词或源于《书经》：“天工人其代之。”“开物”则出自《易经》：“夫易开物成务，冒天下之道，如斯而已者也。”结合这两处经典文献，可以对宋应星撰写《天工开物》时所秉持的理念与思想进行管窥，他并未以人为研究的核心对象，而是将视角置于人所从事的工艺生产，透过其遴选的十八个工艺领域，映射出人们对宇宙规制的认知。

宋应星对农业价值的重视显而易见，他在书中集中使用了大量图像，精确地用技术内容视觉表征来证实他的论点。在木板印刷中使用图像有悠久的历史，并非自宋应星开始。自8世纪木板印刷出现以来，越来越多的书配有图画，既为了让读者喜闻乐见，也出于装潢的目的。在王祯于1313年刊行有大量插图的《农书》之后，农业方面的文献开始利用这一模式。自16世纪初始，随着印刷产业的第二次扩张和商业化，图像变成一种吸引读者和市场的竞争性因素。在宋应星的时代，图文并茂的日用类书籍、仪式指导手册、医学与农业相关的著作、关于风水与神祇的论纲，以及装潢华美的小说、诗歌和笔记等遍布中国的图书市场。

《天工开物》中的图文比例为1：4，是一本插图比例相当高的书。初刊本插图简明扼要，令人印象深刻，与民国时期重印版本中勾画细致、画面繁复精丽的风格不同，更为直观、准确。宋应星采用了能代表文化建构的图式化构图，其中如潜水采珠或者烧制矿石等主题，是以往文献中从来没有提过的，无论是在文字还是图像中都不曾出现。《天工开物》的插图在内容上是独有的，其画法风格遵循了当时的普遍风格。《天工开物》图文搭配的方式与王祯的《农书》类似，往往在对某类工具进行描述说明后，另附插图示意，直观清晰地呈现出工具的使用场景、用途与使用方式。而宋应星在写作风格上仿效宋代学者郑樵，郑樵最先在《通志》中采用的写作风格后来被用于数量可观的文人笔记当中。回观《天工开物》截至20世纪不同版本的插图，经常被学者用作考察中国古代技术史或者插图版图书印刷史的资料。当然，插图是宋应星论说策略中不可分割的一部分，是文字论述的建设性、补充性内容。在分析这些插图时，不应与文本割裂开来。宋应星本人在《天工开物》序言中也强调了插图的重要性：将图与文组合在一起来交流、传授、转换知识。

宋应星影响了科学与技术知识在明代的形成，《天工开物》致力于将他对社会、政治和哲学的思考综合在一起，我们应将《天工开物》重新归置到它原本所处的各种关联中研究。从理解自然事物和现象、物、劳作程序、文本资料、国家、社会与个人、精神与身体出发，他沿着这些路径来归置自然、现象、事件，认为天、地、人是构成同一实体中具有整合性、权变性的不同部分。通过文本阐释与经验研究可知，其内容的排布顺序并非依照所述工艺本身的等级次序，而是依托“由本及末”的基本原则，将生存所需排于奢华之物前列。

德国汉学家薛凤（Dagmar Schäfer）在《工开万物：17世纪中国的知识与技术》中提道：“宋应星的思想不仅体现在他对《天工开物》内容的选择上，

也体现在他漠视当时的道德与伦理理想。他的著作最终给中国文明这出大戏投上一束新光，而这束新光正是他的同时代人要苦心去遮蔽的。”这一时期文人关于知识探索的形式、知识评判以及知识表征等问题的观点有重大转变。面对生活中日益增加的物品和各种实际话题，大小官员和文人政客试图将此话题包裹在精致的文字当中，后来也日渐增多地表达在图画当中。《天工开物》中的插图，展示了当时文化中的图像修辞方式。这些图像资料也表明，宋应星成功地将这种已经受到认可的表征方式与新内容结合到一起，以表达他的理念和构想。

第二章 上　卷

一、乃粒 第一卷

【按语】

《天工开物》作为古代科技百科全书，涵盖内容纷繁多样，依照“贵五谷而贱金石”[1]的中心思想，全文对农业着墨较多，且以《乃粒》为开篇。“乃粒”一词出自《尚书·虞书·益稷》，其言道“蒸民乃粒，万邦作乂”[2]，意思是百姓有足够的粮食，国家才能安定下来。《乃粒》一卷着重讲述明代农具、种植技术、水力机械、常见谷物等农业方面的知识，内容翔实，应有尽有，但本书以其插图为主要研究对象，故对与插图无关的内容不进行展开。单从此卷所附插图来看，包括耕、耘等种植技术，筒车、牛转翻车等水利机械，以及对耨等农具的图示，涂本与杨本各有十三幅插图，且一一对应，而陶本在前二者的基础上多出水栅、水闸、陂塘、水转翻车、高转筒车、辘轳、戽斗七幅。下文将对涂本、杨本、陶本都有的十三幅插图做异本插图的详解，并对陶本多出的七幅插图另做解读。

耕、耙

【原文】

凡稻田刈获，不再种者，土宜本秋耕垦，使宿稿化烂，敌粪力一倍。或秋旱无水，及怠农春耕，则收获损薄也。凡粪田若撒枯浇泽，恐霖雨至，过水来，肥质随漂而去。谨视天时，在老农心计也。凡一耕之后，勤者再耕、三耕（图2-1-1），然后施耙①（图2-1-2），则土质匀碎，而其中膏脉释化也。

1 〔明〕宋应星著，潘吉星译注．中国古代名著全本译注丛书 天工开物译注［M］．上海：上海古籍出版社，2016．05：3．

2 〔明〕宋应星著，潘吉星译注．中国古代名著全本译注丛书 天工开物译注［M］．上海：上海古籍出版社，2016．05：5．

【注释】

① 耙（bà）：把土块弄碎的农具。

【译文】

稻田收割之后，若不再播种，应当在该年秋天耕地垦土，让旧稻草腐烂，比粪肥的肥力大一倍。如果秋天干旱没有水，或是农民拖到明年春天再耕种，那么收成就会减损。若以撒枯饼、浇粪水的方式给田施肥料，恐怕雨天一到，水流过来，肥料就会随着水漂走。密切关注天时，靠老农夫的心计。耕垦过一次之后，勤劳的农民会再耕、三耕，然后施肥料，使泥土质地均匀细碎，其中的肥料也就能释放化开。

涂本　　杨本　　陶本

图2-1-1　耕

涂本　　杨本　　陶本

图2-1-2　耙

【异本插图比较】

耕与耙两图对应的原文文字属于同一段落，主要描述稻田耕种与时令的关系，原文对插图所示耕、耙两种耕种方式未做详细解读，但附二图示意。

首先以“耕”图作为比较对象，如图所示，涂本中有一牛、一人、一农具，杨本组成元素及构图方式与涂本一致，陶本与前二者出入较大，且有两个版面，以横构图形式呈现，在一牛、一人、一农具之外，还有田地、沟壑、草木、茅屋等装饰元素，这也是陶本与涂本、杨本之间较大的不同。涂本与杨本的构图与组成元素基本一致，以牛、人、农具组成画面中心，寥寥几笔勾勒出背景，但陶本与之相距近三百年，构图、风格、组成元素都有较大差异，往往对原本构图进行重组，并加入诸多装饰性线条。若涂本、杨本主要以黑白线描的形式表现，则陶本用以点带面的手法，通过不同密度的装饰线条表现块面。且涂本、杨本多为同一维度的平面构图，陶本则通过前景、中景、后景表现出纵深感。虽然陶本出于使插图更显精巧细致的目的，但适得其反，存在画蛇添足之嫌。

回到此图本身，涂本与杨本所绘牛的造型轮廓一致，都为迈开一侧蹄子，呈行进状，而陶本所绘牛头仰起，前腿离地向前迈出，后腿着地。涂本牛角有黑白填色，杨本、陶本牛角只有线条轮廓，且陶本牛角轮廓为波浪形曲线。另有一绳牵住牛的鼻环，这一细节在陶本中较为清晰，涂本较模糊，而杨本所示此绳由牛嘴衔住。此外，牵牛所用绳索也有不同之处，涂本、杨本牵牛的绳索为一根黑线，延伸至人的手中，而陶本所示绳索更为细致。

牛脊背处挂有一牛轭，《农书》称，“牛轭字亦作軛，服牛具也，随牛大小制也，以曲木窍其两旁，通贯耕索，仍下系鞅板，用控牛项，轭乃稳顺，了无轩侧”[1]。牛轭，即为放置于牛脖颈处的曲木，涂本、杨本所示牛轭只有上部一条，而陶本则有上下两条，从牛的脖颈处绕过。牛轭末端牵有绳索引至农具，涂本、杨本所示绳索呈点状，陶本则更为细致，明显可以看出麻绳的痕迹。此为牛之异处。

再看图中之人，三个版本中都只有一人，为男性农夫，涂本、杨本中人物形象基本一致，偏斜侧身站立，面向左前方，头发用网巾挽起，身着明代服饰，交领短衣，衣袖垂至手腕，系有腰带，裤腿挽至膝盖，双腿光脚踩地，一手握住农具，一手握住牵引牛的绳索，区别在于涂本中农民手中另有一鞭，而杨本没有，陶本则亦有一鞭。但陶本所绘人物形象与涂本、杨本有异，侧身方向一致，略显佝偻，且留有胡须，涂本、杨本人物双足露出，陶本中人物之足则被田地掩住，人物差异较大之处为手部，涂本、杨本中人物右手握住农具，

1 〔元〕王祯撰，缪启愉，缪桂龙译注．东鲁王氏农书译注［M］．上海：上海古籍出版社，2008：399．

左手握住牵绳，陶本与之相反。

最后看图中所示农具，由挂于牛身的牛轭、耕槃、耕索、耒耜几个部分组成，且三个版本分别在图中用文字标明“耒”“耜”二字。耒耜，即原始的木犁，传说耒耜由神农氏发明。查其文献，最早可见于《周易·学辞传》，称“包牺氏没，神农氏作，斲木为耜，揉木为耒”[1]，意思是说伏羲氏去世后，神农氏兴起，砍削木材作为耜，揉弯木材作为耒。《说文》曰，“耒，手耕曲木，从木推手”[2]，耒由来已久，为最原始的农具之一，它的基本形态为木棒状，端部削尖用于耕垦。再谈及耜，《释名》曰，“耜，齿也，如齿之断物也”[3]，旧石器时期的耜为树叶状或圆片状的石片，有刃口，用于挖土、掘土。耒之于耜，犹如杵之于臼，二者往往结合作耕地之用。

耒耜是由耒与耜结合演化而成的复合式农具，耒作为柄，耜作为头，本书所选取的三个版本所附插图，都标有“耒”“耜”二字。因其原文有道，“凡牛力穷者，两人以杠悬耜”，以及“吴郡力田者以锄代耜”，单提“耜”，故笔者推测“耜”对应的为图上整个农具，“耒”对应的为曲柄。而陶本中“耒”字标在了农具尖端的刃状部位，因此陶本“耒”字所在位置有误。除此之外，陶本中此农具还多出一横木，为另一不同之处。

另剩耕槃，由绳索系于左右，与牛轭相连接，涂本、杨本中耕槃为横木，与耜用钩环直接相连，而陶本为曲木，通过耕索与耜连接。耕槃或直或曲，连接方式或为钩环，或为耕索，因而三个版本的构造方式都是合理的。

综合来看，涂本、杨本基本一致，陶本差异较大，牛、人、农具三者都有多处不同，但大体上未影响图示的合理性。图中所绘耒耜、牛轭、耕槃与中国农业博物馆藏品（图2-1-3、图2-1-4）可以一一对应，此图大体还原了耕作时的场景。

耙，既作名词，也可作动词，有平田碎土之用，对应的原文与耕相近，其文称“凡一耕之后，勤者再耕、三耕，然后施耙”。宋元时期的农书《种莳直说》也提到，“古农法云，犁一耙六。今日只知犁深为功，不知耙细为全功”[4]，故耙在耕之后，且须进行多次，才能使土壤松散细实，便于耕种。

本书所选三个版本中“耙”所对应图示见图2-1-2，其画面构成与耕类

---

1 王渝生主编，杨常伟编著．农业史话［M］．上海：上海科学技术文献出版社，2019：104．

2 潘伟．中国传统农器古今图谱［M］．桂林：广西师范大学出版社，2015：3．

3 潘伟．中国传统农器古今图谱［M］．桂林：广西师范大学出版社，2015：3．

4 潘伟．中国传统农器古今图谱［M］．桂林：广西师范大学出版社，2015：26．

图2-1-3　木犁　中国农业博物馆藏

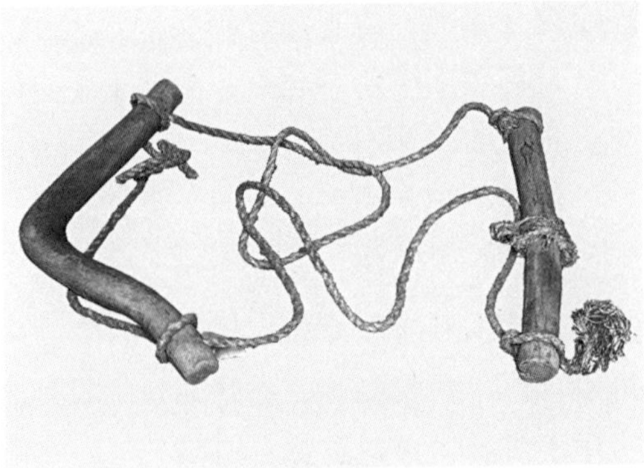

图2-1-4　牛轭、耕盘　中国农业博物馆藏

似，皆为一牛、一人、一农具，涂本与杨本相似，陶本差异较大，整体构图与前二者反向，后方田埂表现得更为复杂、细致，且增加一棵树作为背景，但画面整体与背景相融，不易区分，不及涂本、杨本明晰清爽。

先以牛为对照物，涂本与杨本的牛三脚着地，前部右腿微抬，牛身朝向左前方，但牛首为正面，鼻环与牛轭分别有绳索牵制，牛轭处的绳索牵引着农具，牛鼻处的绳索由人手握。陶本所描绘的牛与前二者反向，牛身面向右前方，牛首偏向左侧，三脚着地，前部左腿微抬，牛鼻与牛轭同样套以绳索，虽与涂本、杨本反向，但绳索牵引对象一致。涂本、杨本所绘制的牛为白描线稿，虽然简略但胜在清晰，而陶本所绘之牛布满点状线条，与背景线条混杂在一起，不易分辨。

图中之人为男性，身着明代服饰，与耕所示人物打扮、动作类似，立于方耙之上，但区别有三：其一，涂本、杨本人物一手执鞭，一手握住牵制牛的绳索，朝向左前方，陶本反向，朝向右前方；其二，涂本、杨本人物发型一致，皆用网巾挽起，而陶本则头戴空顶斗笠[1]；其三，涂本、杨本人物赤足而立，陶本人物穿有草鞋。

此幅插图最大的不同在于农具，即图名“耙”，耙可分为方耙与人字耙，此处显而易见为方耙。《农书》称，“耙，桯长可五尺，阔约四寸，两桯相离五寸许。其桯上，相间各凿方窍，以纳木齿。齿长六寸许。其桯两端木栝，长可三尺，前梢微昂，穿两木椈，以系牛挽钩索，此方耙也”[2]。先对生僻字进行释义：桯，即横木；栝，根据文意可解释为与桯相扣的构件；椈，为连接牵

1　笔者尚未明确此种斗笠的准确说法，故将其试命名为“空顶斗笠”，后文皆沿用这一用词。

2　〔元〕王祯撰，缪启愉，缪桂龙译注．东鲁王氏农书译注［M］．上海：上海古籍出版社，2008：385．

牛绳索的构件。由此再对这段文字进行解读，耙由长一米五，宽十二厘米的两道横木组成，横木上凿出方孔，插入长约十八厘米的木齿，横木的两端与长约一米的木构件相扣，前段稍稍昂起，穿过两个木构件，用于系住牛绳，这就是方耙。

以上文字与本书所选插图相应，涂本、杨本中描绘的耙即由两道横木构成，两端与另外两道木头相扣，横木后侧插有木齿，因被人物遮挡，一道横木约留有六七个木齿，且木齿齿尖向后。陶本所示方耙，由四道横木并列紧靠在一起，两边同样有两道木头与之相连，但不曾留有空隙，四道横木中前三道留有木齿，粗略计算每道横木有十多个木齿，且木齿朝向下方，与涂本、陶本有异。前段所谓“棡”这一构件，在涂本、杨本中无从体现，只见牛绳与木构件之间相接，而陶本则留有一圆环，与牛绳相连。

将插图所绘农具与实物（图2–1–5）比对，此耙名曰“铁齿耙”，中国农业博物馆藏品，长一米五，宽八十二厘米，厚十厘米，这一数据与文献记载可以对应。此耙横木上嵌入木齿，每道八个，与涂本、杨本所绘木齿数目相近，且朝向向后，其木构件扣接的方式也与插图一致，因此涂本与杨本所绘农具相对合理。而陶本所绘耙具，其横木并排紧靠不留缝隙，并置有数十个木齿，木构件连接方式不明，相较而言，涂本与杨本所绘耙更具参考价值。

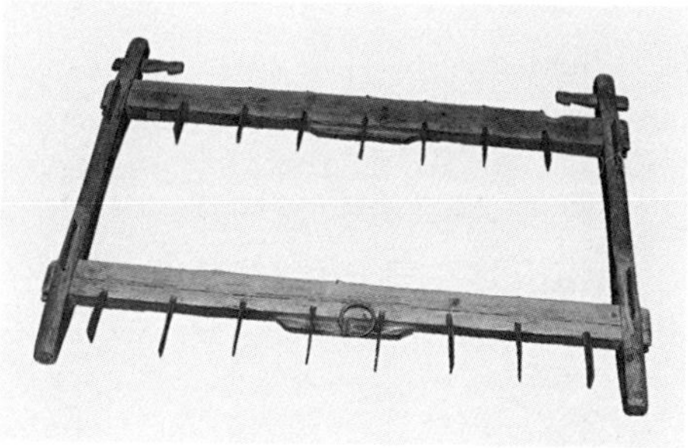
图2–1–5　铁齿耙　中国农业博物馆藏

耔、耘

【原文】

凡稻分秧之后，数日旧叶萎黄，而更生新叶。青叶既长，则耔[①]（图2–1–6）可施焉，俗名挞禾[②]。植杖于手，以足扶泥壅[③]根，并屈宿田水草，使不生也。凡宿田茵草[④]之类，遇耔而屈折。而稊、稗与荼、蓼[⑤]，非足力所可除者，则耘（图2–1–7）以继之。耘者苦在腰手，辨在两眸。非类既去，而嘉谷茂焉。从此泄以防潦[⑥]，溉以防旱，旬月而“奄观铚刈”[⑦]矣。

【注释】

① 耔：在植物根上培土。

② 挞（tà）禾：用鞭子或棍子打稻草。

③ **壅：** 堵塞

④ **莔（wǎng）草：** 一种生在田里的草，可作饲料；涂本、杨本写作“莔草”，陶本称其为“芟草”，意为割草，有误。

⑤ **稊（tí）、稗（bài）、荼、蓼（liǎo）：** 稊，稗子一类的草，籽实像糜子；稗，稻田杂草；荼，一种苦菜；稊，植物名。种类很多，味辛辣。

⑥ **潦：** 通“涝”，雨水过多造成的灾害。

⑦ **奄观铚（zhì）刈：** 出自《诗经·周颂·臣工》，铚，古代一种短的镰刀。

【译文】

等到水稻秧苗分好播种，几日后老旧的叶片枯萎发黄，同时又长出新叶。等新叶长出后，就可以松土了，俗名“挞禾”。手中握着竹杖，用脚在稻根上培土，并把田中的水草压弯，让它不再生长。稻田里莔草一类的杂草，到耔田的时候就可以踩折。但稊、稗、荼、蓼这类杂草，并非用脚力就可以去除，需要用手来继续除草。除草的人腰、手较为辛苦，并用双眼分辨。等到杂草除尽，禾苗就能繁茂了。此后通过泄水来防涝、灌溉来防旱，几个月后就可以用镰刀收割了。

【异本插图比较】

依照原文，在水稻播种出新叶之后，就可以施耔了。耔，意为在植物根上培土，用以除去稻田中的杂草，继耔之后，原文所提“稊、稗、荼、蓼”诸类野草不易去除，就需施耘。耘，亦指除草培苗。《诗经·小雅·甫田》曰，“今

涂本　杨本　陶本

图2-1-6　耔

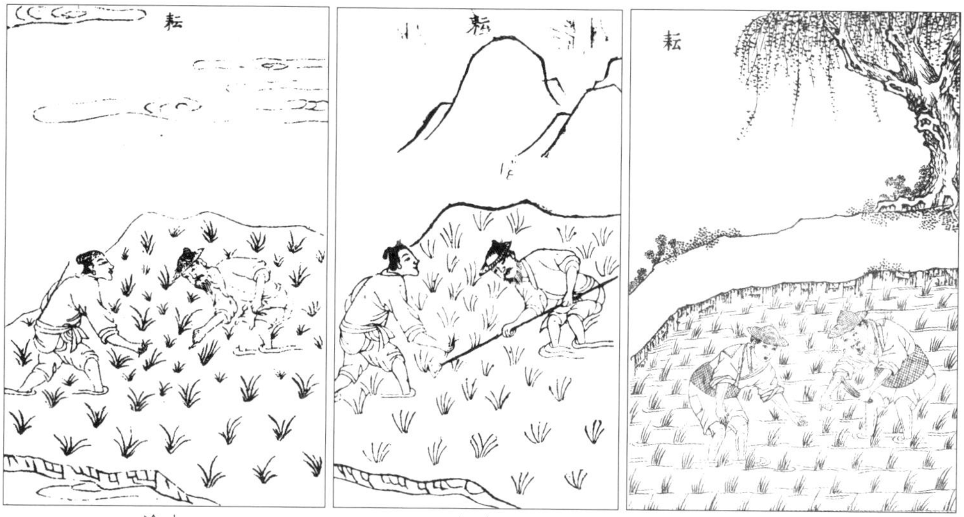

涂本　　杨本　　陶本

图2-1-7　耘

适南亩，或耘或耔”[1]，陶渊明《归去来兮辞》亦称，“怀良辰以孤往，或植杖而耘耔”[2]，耘与耔含义相近，往往一同使用。此处所用插图分别命名为“耔”与“耘”，先以耔所对应的图示为研究对象。首先要说明的是，此图以“耔”为名，但陶本所用图名为“耒予”，与涂本、杨本有异。

再细观此图所绘内容，图中以两个人物为主要形象，并各自握一除草农具，农具分柄与杆，只见其上部，末端没于水稻之中，无法辨认所用农具为哪类。人物皆身穿交领短衣，衣袖与裤脚都已挽起。涂本与杨本所描绘的人物形态相近，左边一人侧身而立，露出侧脸，发型一致，人物双腿交错放置，手中握着农具，摆至身后，似在休息。陶本人物虽也呈侧身状，但留有胡须，露以后背，农具未偏至身后，而是插于脚边。右边一人面向左方，但基本呈正面形象，右手握住农具，左手悬臂置于身侧，农具插于身前稻田中，衣着与左边人物一致，唯陶本中人物配有斗笠。

画面以水稻为前景，涂本的背景为几片简笔的云朵，杨本背景为简笔的山峦，陶本背景较为丰富，除基本的水稻以外，还包括高起的田埂，左侧的一棵树，以及田埂另一侧的稻田，仅作丰富画面之用。因农具末端没于稻田，只留其杆，杆部的区别在于，涂本为白描，杨本填黑色，陶本留有木纹理。除此以外，此图未有较多可以解读的地方。

1　陈戍国点校．四书五经 上［M］．长沙：岳麓书社，2014：376．

2　〔清〕吴楚柴选注．国学典藏 古文观止［M］．上海：上海古籍出版社，2016：268．

通过耘所对应的正文可知，耔主要通过用足踩踏杂草而后除尽，但有些草类不便于用足，需用手拔除，耘这一步骤在耔之后，如插图所示，除杨本外，涂本、陶本所绘人物皆徒手将草拔除，杨本的区别在于右侧的农民双手握一长杆漏锄。耘的组成与耔类似，由两个人物构成画面，连背景的分布也如出一辙，三者皆以水稻田为前景，涂本由几片云朵为背景，杨本为山峦，陶本为田埂与树木，与耔不同的是树木置于画面右侧。

再回到画面中心，三个版本人物形态相似，皆为俯身在田间拔草的姿势。先观察左侧的人物，涂本、杨本中此人俯身侧立，面部也为全侧，朝向右前方，衣物挽至膝盖与手腕，双腿前后交叉，双脚没于水稻田中，身系腰带，梳一发髻盘至脑后，一手握住杂草，另一手被身体遮挡。陶本中左侧之人似为女性，头戴一斗笠，双脚同样没于稻田中，面向右前方呈半侧立状，手中未握杂草，双手摊开，似乎即将伸向田间，衣着或有补丁状布料，腰部缠有薅马。

右侧之人面向左前方俯身站立，三个版本的状态基本一致，衣着与左侧之人相近，但头上各戴一斗笠，涂本、杨本所绘人物头部斗笠露顶，陶本不露，此人双足同样没于田中，留有胡须。陶本中此人与左侧之人一样，腰部系薅马，一手握有杂草，一手空置。涂本中此人之手难以辨识，隐约可以看出即将伸往田间。

图2-1-8 薅马 《钦定古今图书集成》附图

薅马，拔草时农人系于腰间的竹制网状物，《农书》记载，“薅禾所乘竹马也。似篮而长如鞍，而狭两端攀以竹，系农人薅草之际”，另有一《钦定古今图书集成》所绘薅马图（图2–1–8）。不难看出，《钦定古今图书集成》中的薅马图与陶本耘图相似度极高，虽增加了一个人物，去除图中地上放置的薅马，另一人物与画面构成、背景元素别无二致，且《钦定古今图书集成》刊刻于1726年，陶本所附插图或许以此为参照。此疑暂且搁置，待后文考证。

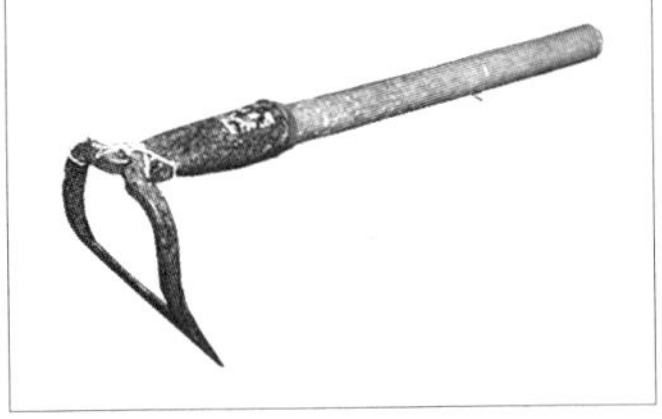
图2–1–9 漏锄 中国农业博物馆藏

回到《天工开物》异本插图，杨本则与另外两个版本差别较大，原文称，“耘者苦在腰手，辨在两眸。非类既去，而嘉谷茂焉”，耘主要指农民用手除草，但杨本中右侧之人手握一农具，由长木杆与锄板构成，锄板呈三角状，且开有一三角大孔，故笔者推测此为漏锄。

将中国农业博物馆馆藏漏锄作为对照（图2–1–9），此锄作为中耕除草工具，柄长四十二厘米，铁制部件长十三厘米，其锄板与插图所绘锄板类似，中间皆开一大口，但此锄仅四十二厘米，若将图中所绘漏锄与人相较，其长约一米有余，且显得过长，或为杨本绘图者通过观测涂本人物手势，自主添加而成。

筒车

【原文】

凡稻防旱藉水，独甚五谷。厥土沙泥、硗[1]腻，随方不一。有三日即干者，有半月后干者。天泽不降，则人力挽水以济。凡河滨有制筒车（图2–1–10）者，堰[2]陂障流，绕于车下，激轮使转，挽水入筒，一一倾于枧[3]内，流入亩中。昼夜不息，百亩无忧。不用水时，拴木碍止，使轮不转动。

【注释】

① 硗（qiāo）：土地坚硬而贫瘠。

② 堰：拦河坝。

③ 枧（jiǎn）：通“笕”，引水的竹、木管子。

【译文】

在五谷中，水稻防旱的需求最甚。稻田里有泥土、沙土、贫瘠的土、肥沃的土，随地方的不同而改变。有三天不灌溉就干的，也有半个月不灌溉才干的。如果不下雨，那么就需要人力来引水接济。河边若有制作筒车的农家，筑坝拦水，让水从筒车下绕过，使水轮激烈旋转，将水引入筒内，一一倾倒入水枧内，流到田亩中。水流昼夜不停歇，哪怕是百亩地都无须担忧。不用水时，用木栓阻碍使其停止，让水轮不再转动。

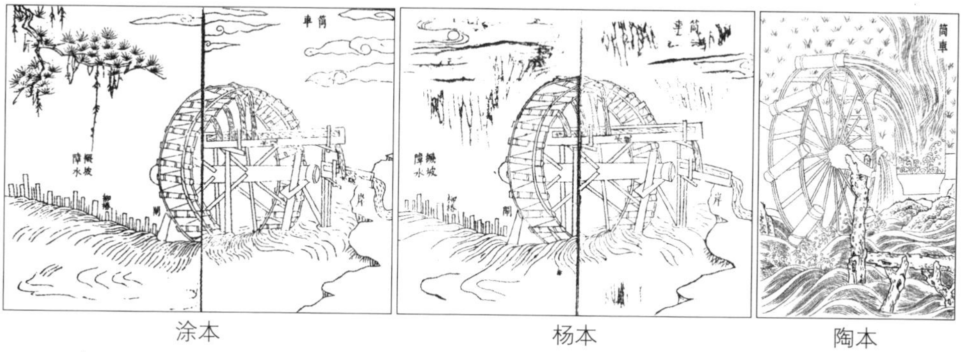

涂本　　杨本　　陶本

图2-1-10　筒车

【异本插图比较】

相较于耕地整地的农具，灌溉农具的构成更为复杂，明朝政府对水利极为重视，各地兴修水利，汲水农具多样。筒车作为灌溉工具之一，与牛车、踏车等插图都出自《乃粒·水利》这一小节。单提筒车，又称水转筒车，俗称水车，借水流动作为动力，取水灌溉，发明自唐代，兴盛于宋代，定型于明代。东鲁王氏《农书》关于筒车的记载较为翔实，并对筒车设置地点的选择、筒车工作原理、筒车构造做了详细介绍，其称：

“筒车，流水筒轮。凡制此车，先视岸之高下，可用轮之大小，须要轮高于岸，筒贮于槽，乃为得法。其车之所在，自上流排作石仓，斜擗水势，急凑筒轮。其轮就轴作毂，轴于两旁，搁于桩柱山口之内。轮辐之间，除受水板外，又作木圈缚绕轮上，就系竹筒或木筒于轮之一周。水激转轮，众筒兜水，次第下倾于岸上所横木槽，谓之天池，以灌田稻。日夜不息，绝胜人力，智之事也。若水力稍缓，亦有木石制为陂栅，横约溪流，旁出激轮，又省工费。或遇流水狭处，但垒石敛水凑之，亦为便易。此筒车大小之体用也。有流水处，俱可置此。”[1]

从上述文字记载可见，其与本书所选插图所绘筒车基本相同，与《天工开物》原文相比更为翔实。筒车的设置需观察河岸的高低与所用水轮的大小，水轮需要高于河岸，水筒贮藏于槽内，就可以运转了。根据筒车所在的位置，需在上游垒石作仓，将水引至筒车。水轮以轴为中心，轴的两旁用木桩支起固定。车轮外圈之间的位置，除了放置受水板，还可以做木圈缚绕在水轮上，将竹筒或木筒系在水轮上绕其一周。水激流而下，竹筒木筒装水后就可以流入岸上横置的木槽中，这被称作天池，用以灌溉稻田。筒车日夜不会停歇，远胜于人力，如果想让水力稍缓，也可用木石制成的栅栏，限制水流。若是碰到流水较少的情况，就通过垒石引水，也非常便利。这类筒车有不同的大小，只要是有流水的地方都可以放置。

结合本书所选插图来看，图上仅置一筒车，未见人物，涂本、杨本绘制的筒车由两幅图组合而成，而陶本仅一幅图。除图名“筒车”以外，涂本、杨本分别对“橛坡障水”“柳椿”“闸”“水枧”“岸”标有对应文字，但陶本未对任一构件标有文字。由此来看文字对应的部分，按照从左到右的顺序，“橛陂障水”应释义为用木桩在山坡上阻碍水的流动，对应的图示为整幅图的左半部分，可以见得文字右下方有另一“柳椿”的标注，“柳椿”意为柳树与椿树，

1 〔元〕王祯撰，缪启愉，缪桂龙译注. 东鲁王氏农书译注［M］. 上海：上海古籍出版社，2008：573-574.

其文对应的应是下方高低错落的木板。再往右看去，“闸”字对应的是筒车左下角的圆木，在不需要使用筒车时放置于此，阻拦水的流动。“水枧”二字横置，标在了筒车中上部的水槽之上，释义为引水的竹、木管子，涂本的“水枧”有两处，另一水枧靠近河岸，杨本仅一处，而图片最靠右的位置，绘制了河岸，以“岸”字注明，说明放置筒车时，确有“视岸之高下”的要求。

由此，可以说明陶本与另外两个版本的不同之处。陶本所绘筒车图示并没有上述所有文字信息，以及文字对应的部分，包括用于障水的柳椿、用于阻拦水势的闸、用于引水的水枧，以及示意筒车位置高低的河岸，属大谬。

此外，涂本与杨本所绘制的筒车造型与结构基本相同，但陶本绘制的筒车有明显错误，其中轴过度倾斜，水轮难以按中轴旋转，且系于外圈上的木筒比例过大，靠左的几个木筒倾斜角过大，水不易流入，而靠右侧正在灌水的木筒朝向不一，并未绘制水槽示意水流的走向，只设一入水倒梯形结构，含义不明，甚至有将木筒汲取的水流直接灌入河内的画面，极其不合理。

涂本与杨本所绘筒车虽较为简略，但整体上将所有构件都涵盖在内，比例适当，筒车包括水轮、水槽、支架、竹筒几个主体部分，表现出放置筒车位置的合理性。但陶本中没有绘制筒车所在的环境，主体对象筒车也十分不合常理，支撑筒车运转的中轴倾斜角度过大，运送水的木筒比例过大、倾斜角度过大，没有水槽的存在，任水肆意流淌。可见陶本的绘制者并未理解筒车运转的原理和实际情况，有较强的误导性，参考价值较低。

牛转翻车、人车

【原文】

其湖池不流水，或以牛力转盘（图2-1-11），或聚数人踏转（图2-1-12）。车身长者二丈，短者半之。其内用龙骨拴串板，关水逆流而上。大抵一人竟日之力，灌田五亩，而牛则倍之。

【译文】

湖泊、池塘边若没有水流动，可以用牛力牵动转盘，也可以由几个人踩踏使其转动。踏车的车身有两丈长，稍短的有一丈长。踏车中用龙骨拴住一串串木板，把水止住后使其逆流而上。大概一人一整天的工夫可以灌溉五亩田地，若换做牛的话可以灌溉十亩田地。

【异本插图比较】

人车与牛转翻车对应的文字十分简短，两种水利灌溉农具本质的区别在于

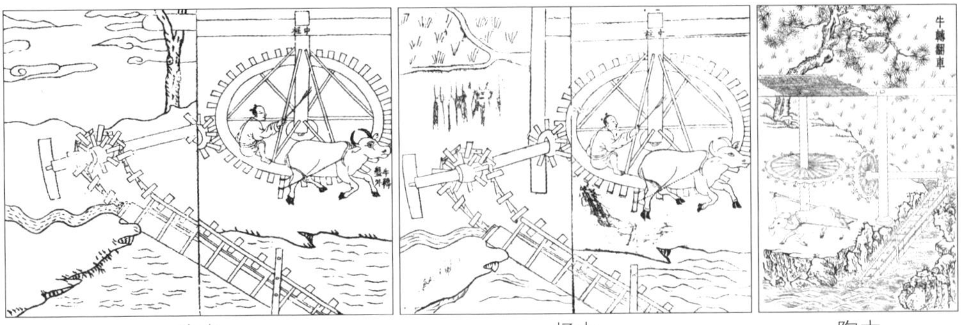

涂本　　杨本　　陶本

图2-1-11　牛转翻车

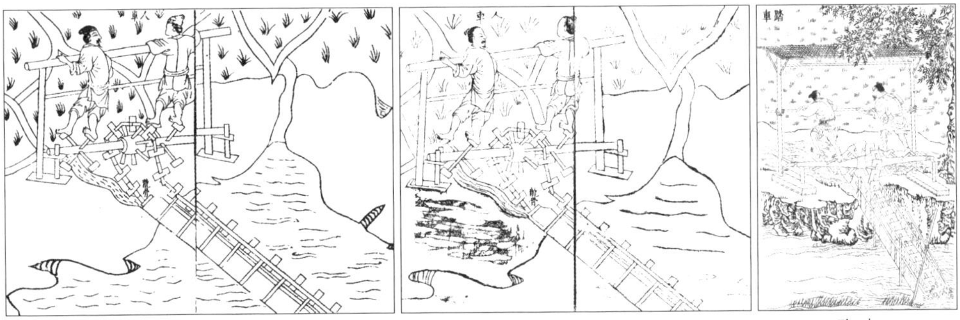

涂本　　杨本　　陶本

图2-1-12　人车

施力对象不同，人车靠人力踩踏，牛转翻车靠牛发力。人车这一农具有多种别称，因涂本与杨本中图名为人车，故在此处称之为人车，而陶本中此图名曰踏车，是此农具的另一说法，此外，还可以称作龙骨、翻车等。涂本与杨本中也有龙骨字样，但陶本未注明。

《农书》记载，“汉灵帝使毕岚作翻车，设机引水洒南北郊路，则翻车之制，又起于毕岚矣”[1]，相传人车由东汉毕岚发明，唐宋年间人车已成为常用农具，《天工开物》中还包括多种大型汲水农具，可见明代对于水利工程的重视与普及。

但《天工开物》原文对人车一笔带过，未有过多描述，而王氏《农书》对于翻车，即人车，有较为详细的论述，其称：

“其车之制，除压栏木及列槛桩外，车身用板作槽，长可二丈，阔则不等，或四寸，至七寸，高约一尺。槽中架行道板一条，随槽阔狭，比槽板两头俱短一尺，用置大小轮轴。同行道板上下通周以龙骨板叶。其在上大轴，两端各带拐木四茎，置于岸上木架之间。人凭架上，踏动拐木，则龙骨板随转，循

1 〔元〕王祯撰，缪启愉，缪桂龙译注．东鲁王氏农书译注［M］．上海：上海古籍出版社，2008：571．

环行道刮水上岸。”[1]

人车的组成部分，除压栏木与槛桩外，还有车身，车身用木板做水槽，长可达六米，宽度不等，可以是十二厘米，可以达二十一厘米，高度约为三十厘米。水槽中架一行道板，宽度根据水槽而定，行道板比槽板两端短三十厘米，用来放置大小轮轴。行道板上下全部装上龙骨板叶，上方的大轴两端，用四根拐木置于岸上的木架间。

人车可供一人使用，也可以供5、6人同时使用，本书所选插图中的人车都可供二人使用，三个版本皆由两个人物与人车这一水利灌溉农具组成。与上文《农书》所言一致，图中人物凭靠在木架之上，双手扶住木杆借以支撑身体，通过双脚轮流踩踏拐木，使转轴持续转动，转轴带动龙骨、刮水板相应滑动，从而将水刮至岸上，此乃人车运转的原理。

再关注三个版本的区别，对背景、人物、农具三者进行比对。涂本与杨本差异较小，其背景都由河流、稻田构成，除杨本左下有一处含义不明的划痕外，构图与内容都无大差异，陶本的背景也由河流与稻田构成，但整体布局与前两幅不一致，且前两幅插图都为两个版面的横构图，而陶本为一个版面的竖构图。

人物上，三个版本都有两个人物，二人分立在龙骨两侧的木架上，且背对画面，手扶横杆，赤足踩踏横轴上的拐木。涂本与杨本人物虽背对画面而立，但左侧人物侧目面向右前方，露出面部，陶本中左侧人物亦面向右侧，但未露面部。涂本右侧人物戴一布帽，杨本与陶本人物只扎一发髻，且陶本右侧人物留有胡须。涂本与杨本中左侧人物露出左手，到了陶本中，换成右侧人物露出左手。但三幅图中人物大体动态类似。

最后重点看插图中的灌溉农具。涂本与杨本的木架有两根横木，上端横木的位置稍低于人的肩部，另一横木的位置稍低于人的腹部。而陶本中木架只设一根横木供人凭靠，位置稍低于人的肩部，但于人物上方多出一道横木，并设一顶棚，这是另两个版本不具有的。且陶本横木应用麻绳与支架绑牢固定，而涂本与杨本未见麻绳，或为榫接。

由上至下，再看人车的横轴部分，涂本与杨本的横轴为一横木，除中轴部位安置转轮宽于其他部位，其余为等粗横木，陶本横轴则呈梭子形，中段粗，两端细。龙骨部分，涂本、杨本间距较大，陶本间距较小，排列较密集，且涂本、杨本刮水板呈横置矩形，陶本刮水板形状较方。另外，涂本与杨本所示龙骨角度约45度，而陶本角度约60度，因此与前二者视角不同。最后一点在于涂

---

1 〔元〕王祯撰，缪启愉，缪桂龙译注．东鲁王氏农书译注［M］．上海：上海古籍出版社，2008：571．

本与杨本的龙骨部位被画面边缘遮挡，而陶本龙骨末端浸于水中。

虽然陶本与另外两个版本有部分差异，但对一幅基础性的插图来说，已将人车大致的原理与构造呈现出来，并无大错，且三个版本所绘人车都较为简略，实际上的人车各个部位的构造都更为细致考究，这也是《天工开物》所附其他插图的共同局限性。

牛转翻车俗称牛车，与翻车基本原理相同，但翻车依靠人力，顾名思义，牛转翻车需通过牛力拉动转盘引水。对于牛转翻车，《天工开物》中原文只“其湖池不流水，或以牛力转盘”一句，意思是说牛转翻车在没有流水的地方使用，《农书》记载：

“其车比水转翻车卧轮之制，但去下轮，置于车旁岸上，用牛曳转轮轴，则翻车随转，比人踏，功将倍之。与前水转翻车，皆出新制，欲远近效之，俱省工力。”[1]

相较于水转翻车，牛转翻车拆去中轴下方的水轮，凭借牛力拉动轮轴，翻车随之转动，比人踏翻车多一倍的效率。因此段文字为元朝王祯所著，故此文称牛转翻车与水转翻车都是新发明的灌溉农具。水转翻车在涂本与杨本中未有图示，陶本此卷多出的一幅插图即为水转翻车，待后文细述。

此处选用的三幅插图中，涂本与杨本占据两个版面，呈横版构图，陶本为单个版面的竖构图，因构图不同，画面的组成也有差异，涂本与杨本中，牛力装置绘于右侧，龙骨自上而下，从左往右放置，陶本相反，牛力装置绘于画面左侧，龙骨自上而下，从右往左放置。涂本、杨本未标注图名，只陶本有“牛转翻车”的图名，此外，涂本在牛转翻车中轴处的立柱上标有“中柱”字样，最右侧牛首的下方有“牛转盘外”的字样，杨本仅于中轴同一位置标有“中柱”二字。此图最显著的差别为涂本、杨本有一人、一牛、一翻车，而陶本仅一牛与一翻车，这也是两个版本中牛转翻车运作原理的本质差别。

根据涂本、杨本图示，牛转翻车在翻车的基础上增加了传动装置，传动装置由中轴、一大一小两个齿轮组成，横向齿轮较大，装一横杆，横杆上套有绳索，绳索牵至牛轭，在牛发力拉动横向齿轮时，立轴随之转动带动侧边的纵向齿轮，从而带动龙骨引水至另一侧，最终流入稻田。涂本与杨本无大差异，区别在于涂本中与中轴相交的柱子由一树杈固定，杨本则由另一根圆柱支起，具体固定方式不详。

涂本与杨本中牵引牛的绳索直接套在转盘边缘一杆件上，卧轮与牛基本处

1 〔元〕王祯撰，缪启愉，缪桂龙译注．东鲁王氏农书译注［M］．上海：上海古籍出版社，2008：577．

于同一水平线，且横向齿轮通过数条杆件与中柱相连，另有一人坐在转盘上，身处牛后握鞭驱赶。而陶本中没有人物，仅一牛牵动一中轴处的杆件，牛轭连接两根绳索，分别缠绕于耕槃的两端，再由耕槃牵引至杆件上，杆件带动中轴，而后形成连锁反应，由横向齿轮带动一侧纵向齿轮而后带动另一横轴，最终驱动龙骨汲水。涂本与杨本未绘制出龙骨没于水中的样子，但绘制了汲取而出的水流流向，陶本反之。陶本比另外两个版本多出一顶棚，似是草帘铺设于卧盘之上。

涂本与杨本中牛力转盘的驱动方式为借牛力拉动杆件从而拉动转盘，而陶本中牛力转盘依托一置于转盘下方的杆件带动中轴而动，转盘置于牛的上方，根据比例推测，其顶棚似乎设置得过高，纵向齿轮较大，但大体上没有严重的错误。

拔车、桔槔

【原文】

其浅池、小浍①，不载长车者，则数尺之车（图2–1–13），一人两手疾转，竟日之功，可灌二亩而已。扬郡以风帆数扇，俟风转车，风息则止。此车为救潦，欲去泽水，以便栽种。盖去水非取水也，不适济旱。用桔槔②（图2–1–14）、辘轳③，功劳又甚细已。

【注释】

① **浍**（huì）：田间水沟。

② **桔槔**：古代的一种井上汲水工具，是架在水边的杠杆，一端挂水桶，一端坠大石块。

③ **辘轳**：安在井上绞起汲水斗的器具。

【译文】

浅池与沟渠无法放置较长的水车，只能用几尺的拔车，一人用两手快速地转动，一整天的劳作，只能灌溉两亩地。扬州用多扇的风帆，等待风起就转车，风停后就停止。这种水车为排水涝之用，可以去除雨水，以方便栽种。因为这类水车是用来去水而不是取水，并不适用于解除旱灾。若用桔槔和辘轳来取水，功效就更加小了。

【异本插图比较】

拔车的结构与上文所述人车类似，清代蒋炯曾作《踏车曲》，“小以手运

涂本　　杨本　　陶本

图2-1-13　拔车

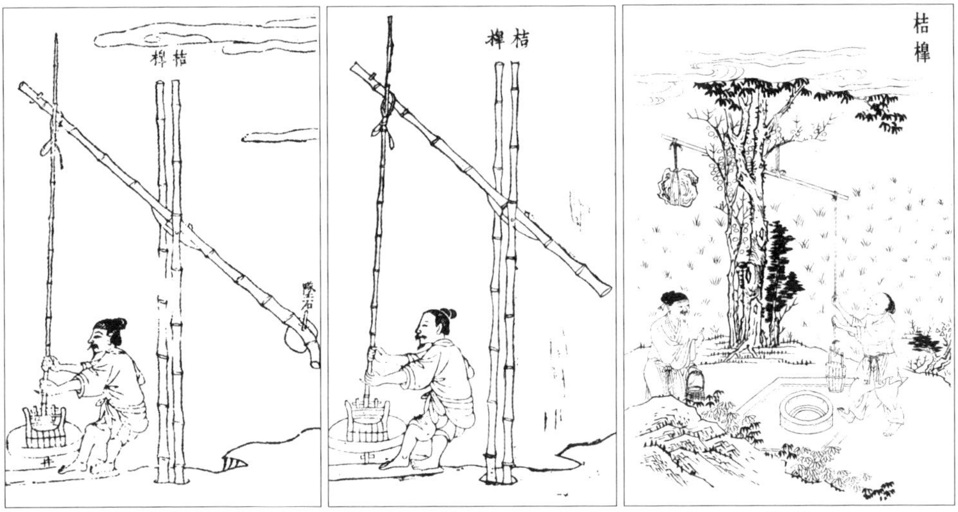

涂本　　杨本　　陶本

图2-1-14　桔槔

大以足，车心车柱两相逐”[1]，用脚踩踏的称之为踏车，而用手摇者，谓之拔车，两者可统称为龙骨水车，皆借助人力驱动。拔车依靠手摇驱动，因此耗力较大，相应而言，拔车的体量小于脚踏式翻车，但因地制宜，各有裨益，拔车可应用于“浅池、小浍”等水位差距不大的地方，便携性、可操作性强，对于人力数量不作要求，只需一人即可运作，应用范围也更为广阔，但效率较低，

1　潘伟．中国传统农器古今图谱［M］．桂林：广西师范大学出版社，2015：167．

适用于小面积小体量的灌溉。

拔车与踏车相比，省去了供人踩踏的横轴，也无须固定在木架上，靠人力运作，因此插图上只留一人、一拔车，三图一致。涂本与杨本的画面构成仍旧大致相同，但杨本左侧中间偏下的位置有半截竹竿，并坠有一石块名曰“隧石”，结合上下文，此处应为另一幅插图桔槔的一部分，与本图无关。而陶本重设了背景的构图，唯一河岸并有部分树木。

涂本、杨本二图中的人物造型与动态基本一致，涂本人物用网巾束发，杨本人物用布条扎一发髻，皆挽起裤脚赤足而立，双手各握一拔车的手柄。陶本人物动态与之类似，区别在于戴一斗笠，留有胡须，双手一同握住拔车的手柄。

此图最大的不同之处在于拔车本身，由上至下看，拔车的手柄由人操控，涂本与杨本各有两个手柄分别接在转轴两侧，留有握柄，而陶本绘制的拔车只有一根握杆接在转轴的一侧，图上人物双手同握一根竹竿，控制拔车的转动。其下，涂本与杨本中的拔车大体分为三个部分，分别是放置于地面上的水轮、龙骨、浸没于水中的水轮，插图中还绘制有两根竹竿架于水中，应作支撑龙骨之用。这一组合与现存拔车大体相同，有中国农业博物馆藏手摇水车作为参照（图2-1-15），插图虽然简略，但已将拔车该有的结构呈现出来。

但陶本中绘制的拔车没有龙骨，且只有一个水轮，此构件为一圆形平面，并未展示立体结构，且与一旁的木桩连接方式不明，也没有龙骨作为汲水的工具，故陶本中的拔车一图显然与传统拔车不相符。据《农书》记载，有一刮车符合此图的形制，其称：

“刮车，水轮也，其轮高可五尺，辐头阔止六寸。如水陂下田，可用此具，先于岸侧，掘地成峻槽，与车轮辐同阔，然后立架安轮，轮辐半在槽内，其轮轴一端，擐以铁钩木拐，一夫执而掉之，车轮随转，则众辐循槽，刮水上岸，灌田便于车戽。”[1]

此段文字记载说明了刮车即水轮，此水轮可有一米五高，轮轴宽十八厘米。若河水在田边，就可用这一工具，先在河岸的一侧，掘地使之形成槽口，与刮车的轮轴等宽，然后立起支架安置水轮，水轮

图2-1-15　手摇水车　中国农业博物馆藏

1 〔元〕王祯撰，缪启愉，缪桂龙译注．东鲁王氏农书译注［M］．上海：上海古籍出版社，2008：585．

一半在槽内，轮轴的一段用铁钩衔接木拐，一位农夫执柄摇动，车轮随之运转，刮车就能循着水槽将水刮上岸，灌田时比翻车、戽斗更便利。这也就说明了陶本所绘图示的真实对象为刮车，因而此处图文并不相符，陶本插图的绘制者应将刮车误认为拔车，可见其对农具认知不够。

桔槔，俗称吊杆或吊井，《说文》对此名词的释义是，“桔，结也，所以固属。槔，皋也，所以利转”[1]，与前几类水车不同，桔槔是利用杠杆原理从井中打水的工具。桔槔由来已久，早在春秋时期，《庄子》就有记载，子贡南游于楚，返回晋国时，看见一人“凿隧而入井，抱瓮而出灌”，又称其“引之则俯，舍之则仰”[2]，俯仰之间，就可以借助桔槔汲水了。

再看涂本、杨本与陶本中桔槔对应的插图，三个版本构图统一，都为单个版面竖构图，但画面构成不同，涂本与杨本中绘有一人、一井、一桔槔，而陶本绘有二人、一井、一桔槔。涂本、杨本中的人物与水井位于左侧，桔槔这一机构置于画面中心，陶本中桔槔的位置中间偏左，一人与水井置于中间偏右的位置，另一人提水桶居于左侧。与涂本、杨本相比，陶本的背景更为丰富，绘有草地、杂树、稻田等装饰性元素，而涂本与杨本几乎没有背景，只用简单的线条象征性地勾勒出地面的轮廓。

三个版本都以“桔槔”二字为图名，此外，涂本在井下注一“井”字，在活动杆的另一端所坠石头上标有“隧石”二字。杨本井下的“井”字被绘者误绘成了交叉十字，且“隧石”二字与一截活动杆被“移植”到了拔车对应的插图上，因此杨本插图中活动杆的另一端空空如也，也是绘制者所犯错误之一。陶本中除“桔槔”外也没有其他文字。

涂本与杨本中井的图示较为简略，仅用一圆圈表示，陶本中水井较具体，有一外框，内置一井，但有透视错误。井旁一人面向左前方，赤足侧立，涂本、杨本中人物动态与造型一致，扎一发髻，留有胡须，且将衣袖、裤脚挽至手腕、膝盖，双手持握桔槔的竖杆，重心往后，似在发力。陶本中此人的站立角度并非全侧，面向左前方，偏向正面，头部仰起，裤脚未挽起，但双手持握的是桔槔一端的绳索，整体呈放松状态。但陶本中多出一人物，此人立于画面左侧，面向右方，下半身被石块遮挡，戴一网巾，留有胡须，右手放至身前，竖一食指，似在指点，左手提一水桶，置于身侧。此人对桔槔的使用并无影响，纯属点缀。

1　潘伟．中国传统农器古今图谱［M］．桂林：广西师范大学出版社，2015：157．

2　潘伟．中国传统农器古今图谱［M］．桂林：广西师范大学出版社，2015：157．

最后关注桔槔本身，涂本与杨本中桔槔共由四根杆件组成，两根竖杆固定在地面上，中间留有空隙，于固定杆中间偏上的位置连接一活动杆，活动杆一端用绳系上另一竖杆，此竖杆末端装一水桶，活动杆另一端坠一燧石。燧石，即石头的一种，致密坚硬，此处为桔槔杆件提供动能，但杨本中的燧石被误绘在了拔车图中，因此杨本中活动杆的另一端空置。陶本中只有一根活动杆，竖杆被树木取代，由一绳将活动杆系在树枝上，活动杆本应连接的另一竖杆被绳索代替，并连接一水桶且燧石也由绳子系在了活动杆的另一端。涂本与杨本中水桶呈刚探出井口的状态，陶本中水桶已完全脱离水井。涂本与杨本依托竖杆固定活动杆，而陶本却靠绳索将其系在树枝上，这种固定方式相较于前者对应的方式，显得虚浮不牢靠，且杨本中未画燧石，不构成杠杆原理的基本要素，故只涂本所绘桔槔最为合理，具有参考意义。

北耕兼种图

【原文】

凡麦与稻，初耕垦土则同，播种以后，则耘、耔诸勤苦，皆属稻，麦惟施耨①而已。凡北方厥土坟垆②易解释者，种麦之法，耕具差异，耕即兼种（图2-1-16）。其服牛起土者，耒③不用耕，并列两铁于横木之上，其具方语曰镪④。镪中间盛一小斗，贮麦种于内，其斗底空梅花眼。牛行摇动，种子即从眼中撒下。欲密而多，则鞭牛疾走，子撒必多。欲稀而少，则缓其牛，撒种即少。

【注释】

① 耨（nòu）：古代除草的农具。

② 坟垆：高起的黑色硬土。

③ 耒（lěi）：古代称犁上的木把，耕地用的农具。

④ 镪：此处有误，应作“耩（qiǎng）”，北方播种兼翻土的农具。

【译文】

麦子与水稻，起初耕地、垦土相同，等到播种之后，需要勤于耘锄、培土的都是水稻，麦子只需要除草就可以。北方土质疏松易于打碎，是由于种植麦子的方法与耕种工具的差异，耕与种兼具。北方驱使牛耕土时不用犁，而是把两块铁具横在木具上，这用方言来说称作“耩”，耩中间盛放一个小斗，将麦子的种子贮藏其中，斗底空出梅花形的洞眼，牛一旦行走摇动种子就从洞眼中撒落。若想种子种得密且多，就要鞭打牛让牛快走，种子必能撒落得更多。若想要种子种得稀且少，就拖缓牛的速度，种子撒落得就少了。

涂本　　杨本　　陶本

图2-1-16　北耕兼种图

【异本插图比较】

继灌溉农具之后，《乃粒》一卷中余下的插图都与耕地、播种农具有关，本段所述“北耕兼种图”与后文“北盖种图”等，都属于《乃粒·麦工》这一小节，对应的谷物也从水稻转为麦，因此其后插图对应的是与麦相关的播种方式。何谓“北耕兼种”，是指北方播种麦子的时候所用的边耕边种的方法，这一过程用到的农具，即插图中绘制的耧车。

此图对应的三个版本都为单幅版面竖构图，涂本、杨本画面构成依旧类似，为一牛、一人、一耧车，牛占据了较大版面，置于画面中心及右半部分，牛身后为耧车，由最左侧的人操作，陶本的构图与之相反，牛处于左下角，其后置一耧车，而后是一农人，画面主体在整幅插图的下方，其余为添置的草木、田埂、池塘等装饰元素。虽构图方式不同，但主体对象一致。

此幅图中有较多文字信息，除插图右上角图名“北耕兼种图”外，于耧车上方注有“麦粟粱皆用此具”，说明这几种谷物播种都用此农具。在耧车车斗上，注有“种子”二字，示意此处存放庄稼的种子，另有两个“铁尖”各自对应耧车的车脚的铁具。以上文字信息三个版本一致。

而后看主体物，涂本中牛面向右前方侧身而立，三脚着地，其右前蹄向后蹶起，牛首平视，杨本与涂本差别不大，但牛首因画面紧凑之故向上微仰，三脚着地，其左前蹄向前抬起。陶本与之差距较大，呈俯视视角，露牛背，且以点状线条填满牛身。三个版本的牛肩背处挂有牛轭，涂本、杨本牛轭仅用两根线条示意，较为简略，陶本中牛轭较细致，并绘有系绳方式。涂本、杨本中都有一根绳索系于牛身，另一端系于耧车车脚处，靠牛的前行带动耧车，涂本中绳索为实线，杨本为点状线，陶本则将绳索画得较为具体，且除牵引牛轭的线条外，还有一根线条从牛鼻处牵至农人手中，涂本也有此线条，被牛身遮挡，但杨本插图中此绳显然被绘图者忽略。

涂本与杨本的人物没有太大差别，都为一身着明代服饰的男性，涂本用网巾盘发，杨本则扎一发髻，此人赤足而立，站立方向偏正面，视线朝向右侧。陶本反之，人物面向左侧，且留有胡须，并未赤足，而是穿一双草鞋。各版本中人物都站在耧车之后，双手一同握住耧车车柄。

重点观察插图中绘制的耧车，耧车具有掘地与播种的双重功能，东鲁王氏《农书》称，“然而耧种之制不一，有独脚、两脚、三脚之异。今燕赵齐鲁之间，多有两脚耧”[1]，耧车有不同的形制，有独脚、两脚、三脚的区别，燕赵齐鲁之地（今河北、山东等地）用的多是两脚耧车。此处插图中所示耧车即为两脚，中国农业博物馆有一耧车藏品（图2–1–17），为三脚耧，其形制与二脚耧相似，但中间加一木构件，多出一脚。

耧车由耧脚、耧斗、耧架、耧铧组成，如插图对应的原文所言，用耧车起土的方式不用耒耜，而是将铁尖置于横木上，这一构件方言称之为“耩”，耩的中间放置一个小斗用于贮藏麦种，斗底空出梅花状的孔眼用来播撒种子，且随着牛行走速度的快慢，麦种播撒的数量也随着增减。涂本与杨本中耧车下方有梅花状的种子形制，但陶本没有画出这一细节。涂本、杨本的耧车用曲木做耧脚，耧脚有二，耧斗呈倒梯形，并有三角结构耧架做固定。陶本所绘耧车被牛身遮挡，与前者大体一致。各个版本中耧车这一农具虽简略，并且因角度关系未见其全貌，但大致构件都具备，没有大的疏漏。

图2–1–17　三脚耧　中国农业博物馆藏

1 〔元〕王祯撰，缪启愉，缪桂龙译注．东鲁王氏农书译注［M］．上海：上海古籍出版社，2008：394

北盖种图、南种牟麦图

【原文】

既撒种，后用驴驾两小石团，压土埋麦（图2-1-18）。凡麦种紧压方生。南方地不北同者，多耕多耙之后，然后以灰拌种，手指拈而种之。种过之后，随以脚根压土使紧（图2-1-19），以代北方驴石也。

【译文】

等到播种之后，用驴驾着两个小石团，压住土埋实麦子。麦种压紧后才会成活生长。南方的地质与北方不用，在南方，需要多次耕垦多次松土，然后用草木灰拌在种子中，用手指拈起然后播种。播种之后，随即就用脚跟压实泥土，来代替北方用驴子拉石团压实泥土的做法。

【异本插图比较】

此段讲述的是，在耕种之后，麦子需压紧实后，才会与土壤结合，以便吸收水分，从而发芽生长。而南北两地压实麦田的方式不同，即本小节对应的两幅插图“北盖种图”与“南种牟麦图”，前者对应的是一农人赶驴驾一砘车压实麦种的工序，后者对应的是农人在对田地耕、耙之后，用草木灰拌麦种，而后用手指拈起麦种埋入田地的做法，最后还需用脚跟将土地压实来代替北方的驴石。

《天工开物》原文对北盖种图的描述仅有一句文字，即“既撒种，后用驴驾两小石团，压土埋麦”，这也正是北盖种图涵盖的基本要素，其原理较之于翻车、耧车更为简略，即由农人驱赶一驴拉动一砘车，且砘车的机构也极为简单，一目了然，在一根木轴两端各穿上一个砘轮就能运转。对于砘车，《农书》做出了详细记述：

“砘，石砣也。以木轴加砣为轮，故名砘车。两砣用一牛，四砣两牛力也。凿石为圆，径可尺许，窍其中以受机栝。畜力挽之，随耧种所过沟垄碾之。使种土相着，易为生发。”[1]

上文表述了砘车即用一木轴加上石砣组成，石砣是石块凿成的圆轮，直径可有三十厘米长，中间挖一洞眼装木轴。用牲畜的力量驱动，随耧车耕种过的沟垄一一碾过，从而压实耕种的土地，使其易于发芽。

本书所选三个版本对应的北盖种图皆为单幅版面竖式构图，图上一驴、一人、一砘车，涂本的背景由简单的线条勾勒出草地与云朵，杨本则更简，仅用几根线条表达地面与山峦，陶本的背景则相当丰富，包括土地、田埂、草地、

---

1 〔元〕王祯撰，缪启愉，缪桂龙译注．东鲁王氏农书译注［M］．上海：上海古籍出版社，2008：396．

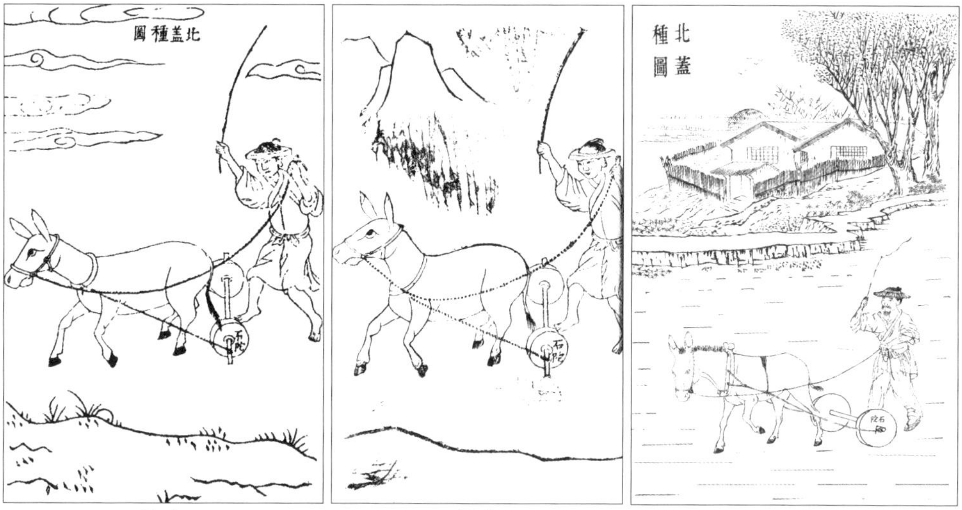

涂本　　杨本　　陶本

图2-1-18　北盖种图

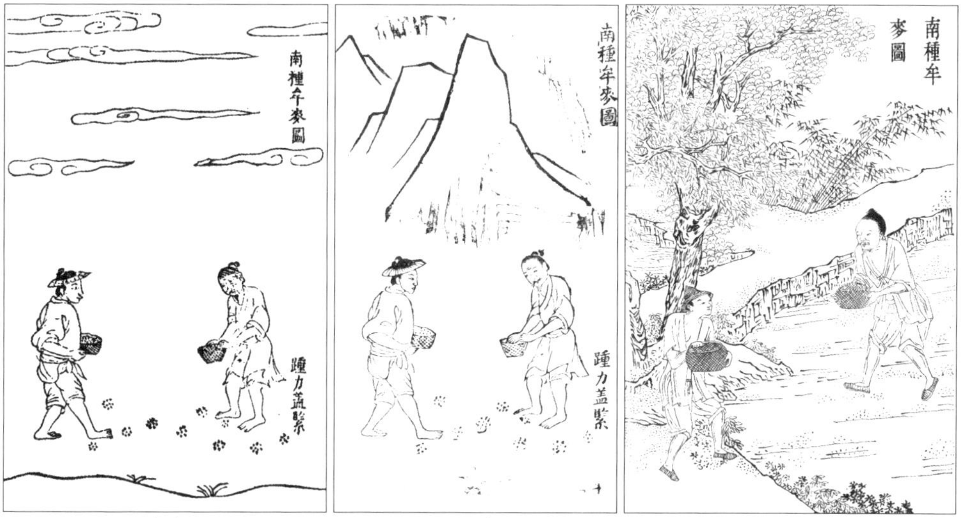

涂本　　杨本　　陶本

图2-1-19　南种牟麦图

树木，以及不远处的茅屋，有前景、中景、后景之分，相对而言主体物占比就较小了些，且居于画面下半部分。但主体物的构成方式各个版本一致，皆为一驴面向左前方侧立，拉一砘车，后站一持鞭赶驴的农人。

三个版本中主体物的构成方式虽大致相同，但细看之下也有异处。先谈驴，涂本、杨本所绘之驴右前蹄与左后蹄着地，其左前蹄稍向后蹶起，右后蹄则向前微抬，三幅插图在这一点上一致，但陶本中未着地的驴蹄动势更大，且驴首偏向正面，微垂。此外，驴身上还有诸多配件，驴首的位置套一缰绳，绳索由农人牵制，驴脖颈处安一套项，套项上系着的绳索连接砘车两端，涂本与杨本套项只用曲线简单勾画，陶本对套项着重表现，可以看出画面中呈现出套项钻两孔眼，连接两根短绳，而后汇成一根，与另一驴背处的绳索相连，再连接至砘车的木轴处。三个版本对于绳索的表现方式也有差异，涂本为黑色实线，略微有点状痕迹，杨本以点状线的形式表现，陶本则更精细地表现为麻绳的纹路。

此幅插图中，砘车的表现较简，也是此农具本身的构造就十分简单的缘故，涂本、杨本中砘车呈俯视，陶本呈侧视，角度的不同使其画面也有差异，但能确认的是各个版本绘制的砘车形制相似，除陶本木轴稍短外，无较大差别，并且靠近视野的石砘上都有“石陀”二字作为标注。三个版本中，人物都面向左前方，裤脚垂至膝盖，一手执鞭，一手握住缰绳，头戴空顶斗笠，涂本与杨本中此人赤足站立，陶本穿有草鞋，且左脚被砘车遮掩，留有胡须，此外无其他明显差异。

故此图较简，所需示意的农具原理也十分简单易懂，无须复杂的图示与过多的解释，因此对应的几个版本，除细枝末节以外，没有过多值得辨析的地方。

南北两地麦子的播种方式不同，北方通过耧车播种，速度快、落种多，无法用足踏这一原始方法，因此需借砘车将麦地压实，但南方麦子依靠人力播种，在麦田经过多次耕、耙之后，用草木灰拌种，而后用手指拈起埋入土中，随后用脚跟将其压实，这一做法就对应了“南种牟麦图”，其中“牟麦”二字较为生僻，何谓牟麦？《诗经·周颂·臣工》曰，“於皇来牟”[1]，《朱熹集传》亦记载，“来，小麦。牟，大麦也”[2]，古时“来牟”为大小麦的统称，李时珍《本草纲目·谷一·大麦》对“牟麦”二字作出注释，“牟麦，麦之苗粒皆大于来，故得大名，牟亦大也，通作麰”[3]，这就对“牟麦”有了较为具体的解释。因此，“南种牟麦图”即为南方种植大麦的图示。

此图主体为二人各持一竹篓，没有牲畜与其他农具，构图较为简单。按照惯例，涂本与杨本背景较简，但也有差别，涂本用线条勾勒草地与云朵，杨本则只勾勒远处山峦，陶本背景极其丰富，包括田埂、竹木等，且布满各类装饰线条。在构图上，陶本与另两个版本较大的差别在于图中两个人物的站位，图中左侧的人站位比右边的人稍低，但另外两个版本中两个人物处于一个水平

1　陈戊国点校．四书五经 上［M］．长沙：岳麓书社，2014：413．

2　［宋］朱熹集传．典藏国学 诗经［M］．上海：上海古籍出版社，2013：431．

3　［明］李时珍撰．本草纲目［M］．太原：山西科学技术出版社，2014：662．

线，且涂本与杨本中人物脚下有梅花状麦种的图样，在画面右下角处标有“踵力盖紧”四字，说明需用脚跟压实播种后的土地。但陶本中人物脚下散落的颗粒状麦粒无甚规律，也没有多余的文字。

图中除两个主要人物外没有多余的信息需要解读，涂本与杨本中左侧人物赤足侧立，面向右侧，头上各戴一空顶斗笠，单手持一竹篓置于身侧。陶本中左侧人物虽也面向右侧，但视角偏正，且穿有草鞋，头戴一斗笠，双手持一竹篓，置于身前。再看右侧人物，涂本中此人头戴网巾，杨本与陶本则扎一发髻，三个版本中对这一人物的描绘差距不大，都双手持竹篓面向左侧，但涂本与杨本中此人赤足而立，陶本中则穿有草鞋。依照原文，南方播种大麦需用脚跟压实，穿草鞋后对于踩踏麦地的力道是否有影响也未可知。

耨

【原文】

耕种之后，勤议耨锄（图2–1–20）。凡耨草用阔面大镈[①]，麦苗生后，耨不厌勤，有三过四过者。余草生机，尽诛锄下，则竟亩精华尽聚嘉实矣。功勤易耨，南与北同也。凡粪麦田，既种以后，粪无可施，为计在先也。陕、洛之间，忧虫蚀者，或以砒霜拌种子，南方所用，惟炊烬也，俗名地灰。南方稻田有种肥田麦者，不冀麦实。当春小麦、大麦青青之时，耕杀田中，蒸罨[②]土性，秋收稻谷必加倍也。

【注释】

① 镈（bó）：古代锄类农具。

② 罨（yǎn）：覆盖，掩盖。

【译文】

在耕种之后，农夫需要勤于耕地锄草。锄草需要使用面宽之锄具，等到麦苗生出之后，锄草不能厌勤，需要锄三到四次。剩余杂草的生机，都被抹杀在锄头之下，那么整块田地的养分都能被谷物吸收了。功夫越勤，锄草越尽，南北两方都是这个方法。提到给麦田施肥，等到播种之后，就无须再施肥了，需要在此前做好计划。陕西洛水之间的地区，农夫若是担忧害虫侵蚀谷物，或用砒霜拌在种子里，南方用的则只有烧尽的草木灰，俗名地灰。南方的稻田如果有种肥田麦的，不期冀麦子结果实，而是等到春日里小麦、大麦都长成青绿色，将麦子耕翻在田里，埋于土中任其腐烂，等到秋日里收稻谷的时候，收成必定能翻倍。

涂本

杨本

陶本

图2-1-20　耨

【异本插图比较】

作为《乃粒》一卷的最后一张插图，相较于其他复杂的农具，此图也极其简单，仅有二人各握一锄类农具，此图对应的农耕活动，是在麦种耕种过后，农人进行除草的工序。本书所选插图单名一“耨”字。耨，除草的工具，《说文·木部》称，“耨，薅器也，或从金”[1]，耨由木制柄，用铁器为刃。《天工开物》原文称，“耕种之后，勤议耨锄。凡耨草用阔面大镈”，在耕种过后，农人需要用耨这一农具勤于锄草，用耨除草时需用到宽面大镈，“镈”字何解？《诗经·周颂·良耜》称，“其镈斯赵，以薅荼蓼”[2]，意思是说用镈这种农具很锋利，用来除去田中的荒草。《尔雅·疏》记载，“镈、耨一器”[3]。因此，镈与耨即为同种农具，都用于除草。

再对应各个版本所附插图分析，图中都绘制了两个农人，各持一锄头进行除草工作，因此画面主体为两人、两锄头。涂本、杨本中人物站位一致，左侧之人站于画面左下角，右侧之人站于画面中间偏右上的位置，陶本人物站位稍异，左侧之人居于左下角，但右侧之人站在中间偏右下的位置。除主体人物外，涂本仅以竖直短线象征麦苗，顶部勾勒几朵云朵，杨本则用短弧线象征麦苗，顶部勾勒几处山峦。陶本背景依旧丰富，除麦地外，还有田埂、树木、茅

1　周昕．中国农具通史［M］．济南：山东科学技术出版社，2010：168．

2　陈戍国点校．四书五经 上［M］．长沙：岳麓书社，2014：417．

3　〔元〕王祯撰．农书译注 下［M］．济南：齐鲁书社，2009：470．

草屋作为背景，因此人物站位也稍显不同。

对于耨，即图中农人手中握着的农具，以一根木杆和一块铁器示意，并无不同之处。再看图中人物，涂本、杨本中左侧之人面向右前方侧身而立，双脚分开，只露一手，持握农具，右侧之人面向左前方，人物偏正面，留有胡须，双手持握农具，腰背稍弯。陶本左侧人物亦面向右侧，人物偏正面站立，双手持握农具，右侧人物面向左前方，侧身背对画面，只露一手持握农具，二人皆留有胡须。此外，涂本、杨本中人物赤足，陶本中人物穿有草鞋。涂本中人物头戴网巾，杨本中人物各扎一发髻，陶本中人物头戴斗笠。本图关键要素不多，农具也极简便，异同之处集中在画面背景与人物形象上，未有较多需要深入解读的地方。

【陶本多出图幅】

《天工开物》原书《乃粒》一卷中共附十三张插图，涂本、杨本皆是如此，但陶本却在原书的基础上增加了七幅图，分别是水栅、水闸、陂塘、水转翻车、高转筒车、辘轳、戽斗，且都属于水利灌溉工程或用具。在原文中，只有些许文字提及辘轳，其他图片没有任何对应文字，且唯一提到辘轳也仅“用桔槔、辘轳，功劳又甚细已”一句。因此，这七幅图片基本与《天工开物》原书没有关联性，那又因何故在陶本中增加这几张图片呢?

经考证，陶本所附图示与《钦定古今图书集成》有诸多相似之处，这也是陶本所附插图与涂本、杨本插图差异甚大的原因所在。陶本文末附一跋语，其称“菅生堂本附图粗劣简略，已失宋氏之真，今据《图书集成》所载临摹重印，俾复旧观”[1]，可知陶本并未以《天工开物》已有版本的插图为参考，而是以其他古籍所附农事插图为主要参考对象。但《钦定古今图书集成》所附插图也并非原创，而是参考其他古籍。在此书面世之前，又有《农书》中《农器图谱》所附插图与之类似，且《钦定古今图书集成》中部分农书类的图文信息多与《农书》相吻合。

《农书》由元代王祯所著，但元代距今去之甚远，初刻本已不可考，现存最早的版本为明代嘉靖九年刻本，以下简称明本，其序言称，“巡抚山东右副都御史安州邵公，得元王祯氏农书”[2]，于“嘉靖庚寅年”，即1530年刊印出版，出版机构为山东布政使司。

而《钦定古今图书集成》初刻本尚存，且序言落款为“雍正四年九月

---

1 〔明〕宋应星．天工开物［M］．管巧灵，谭属春点校注释．长沙：岳麓书社，2002：423．

2 周昕．中国农具通史［M］．济南：山东科学技术出版社，2010：606．

二十七日”[1]，此书由蒋廷锡、陈梦雷所编，全书共10000卷，将清代以前古书集之大成。此书成书于康熙时期，刊行于雍正四年，以下简称集成本。

已知陶本《天工开物》刊印于1927年，明嘉靖《农书》于1530年刊印，而清雍正《钦定古今图书集成》刊印于1726年，形成了较为合理的时间线。以下七组插图分别取自《农书·农器图谱》的灌溉门，以及《钦定古今图书集成·艺术典》与陶本《天工开物》卷一《乃粒》。因《天工开物》涂本、杨本没有相应的图片、文字可以对照，此处选用这两本农书插图与陶本比较，且《钦定古今图书集成》中相应文字同样选自《农书》，故仅对《农书》中插图对应的原文进行释义。

水栅

【原文】

水栅（图2-1-21），排木障水也。《集韵》云，“栅”，《说文》，“竖木立栅也”。若溪岸稍深，田在高处，水不能及，则于溪之上流作栅遏水，使之旁出下溉，以及田所[2]。

【译文】

水栅是排木障水的工程，《集韵》记载，《说文》有云，栅由竖起木头的制成。如果溪岸稍深，田在高处，水无法上流，就会在溪水的上游筑栅来遏制水的流动，使水位抬高，从一旁泻出下灌至农田。

【异本插图比较】

据上文，王祯对水栅的功能定位，为阻隔上游溪水并将其引向农田，明本《农书》所绘水栅图分大水栅与小水栅，此处选用小水栅，此图类似陶本水栅图的局部，只绘有水栅与上下水流，未对其流向与周围环境加以说明。

相较于此图，《钦定古今图书集成》所绘水栅图与陶本更为相似。集成本图名为“大水栅”，陶本仅“水栅”，而明本未见文字。集成本与陶本水栅图中没有人物，只有稻田若干与一条顺流直下的河道，稻田沿河岸分布，占据整幅画面的大部分面积，河流呈倒S弯，于画面左下的位置设一水栅，阻隔水的流动，于画面右下角辟另一河道。集成本与陶本大体构图相似，细节上也如出一辙，包括农田的划分、水流走向、农田边缘的栅栏等。

---

1 胡道静．中国古代典籍精讲［M］．上海：上海人民出版社，2020：102．

2 〔元〕王祯撰，缪启愉，缪桂龙译注．东鲁王氏农书译注［M］．上海：上海古籍出版社，2008：564-565．

明本　集成本　陶本

图2-1-21　水栅

缪启愉、缪桂龙在《东鲁王氏农书译注》中提出，这一图示虽也对河流原本的走向进行了障流改道，但并非原文所表达的“使之旁出下溉”，而是运用水栅使河流改道他处[1]。

因缺少确切参照项，若要探讨陶本水栅合理性，需先对水栅的构造原理进行简单陈述。《农书》对水栅的构筑描述较详细，其称，“当流列植树桩，桩上枕以伏牛，擗以拉木，仍用块石高垒，众楗斜撑平声，以邀水势，此栅之小者”[2]，构筑水栅时，用竹柳编织石笼，填满石块，先迎着水流沉入石笼。而后在石笼后打入木桩，即对应陶本水栅图中的水上竖杆，编织竹篾使其加固，于木桩后继续垒石固定，并用斜木加以支撑，直到这一步骤，陶本水栅图符合基本原理，但有诸多细节未能体现。总体观之，此图与《农书》所述水栅功能有些许出入，但大体能够表达水栅障流引水的基本功能。

水闸

【原文】

水闸（图2-1-22），开闭水门也。间有地形高下，水路不均，则必跨据津要，高筑堤坝①汇水。前立斗门，甃②石为壁，叠木作障，以备启闭。如遇旱涸，

1 〔元〕王祯撰，缪启愉，缪桂龙译注．东鲁王氏农书译注［M］．上海：上海古籍出版社，2008：566．

2 〔元〕王祯撰，缪启愉，缪桂龙译注．东鲁王氏农书译注［M］．上海：上海古籍出版社，2008：565．

则撤水灌田，民赖其利。又得通济舟楫，转激碾硙③，实水利之总揆④也[1]。

【注释】

① 堨（jù）：堤塘。

② 甃（zhòu）：砌，垒。

③ 硙（wèi）：石磨。

④ 揆：管理，掌管。

【译文】

水闸，就是可以开、关的水门。有时地形高低不平，水路分布不均，就需要跨过紧要地段，高筑堤坝来汇聚水源。在水坝前建立斗门，垒砌石块作为闸壁，叠放木块作为屏障，来调控堤坝的开关。如果遇到干旱枯涸的时候，就开闸放水以灌农田，农民仰赖这一好处。放水时也可以使船只通行，流水使水磨、水碾激转，实在是水利工程的总枢纽。

【异本插图比较】

与水栅图类似，陶本水闸图基本是集成本水闸图的复刻，除些许细节之外，其构图、组成元素略同。水闸图依旧没有任何人物，画面顶部约三分之一处有一堤坝，并设一水闸，下半部分皆为稻田，以河流为分界线左右分布。

如王氏《农书》原文所述，水闸为堤坝中供河水流通的水门，通过水闸的

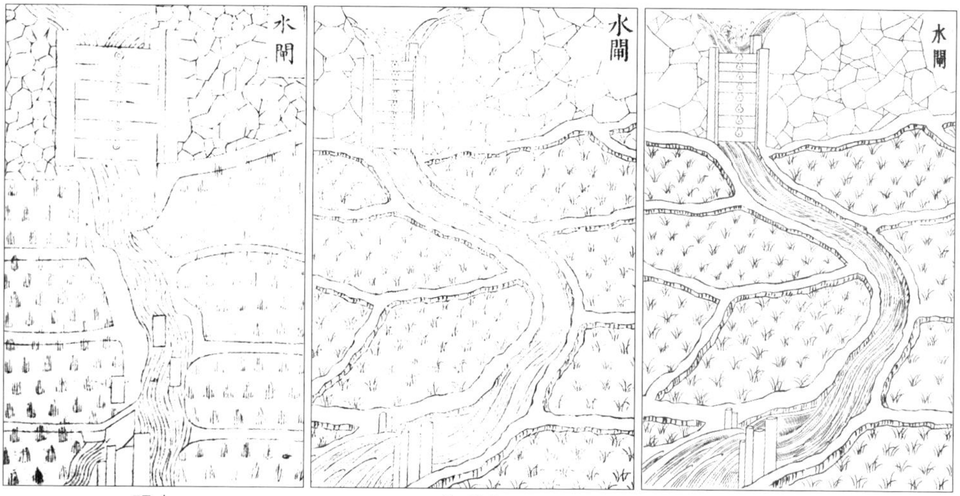

明本　　集成本　　陶本

图2-1-22　水闸

1 〔元〕王祯撰，缪启愉，缪桂龙译注．东鲁王氏农书译注［M］．上海：上海古籍出版社，2008：567-568．

开闭来控制河水的流通，通过砌筑石块高筑堤坝，用交叠木板作为屏障，与插图所示相符。三个版本所绘水闸图都以不规则形的石块作为堤坝，在偏左的部位设一水闸，水闸背面有激起的水花，而王氏《农书》所附插图，水闸占比较大，呈方形，共计六块闸板，闸板中间有圆环式样。集成本与陶本所示水闸图中，水闸占比较小，呈矩形，共计八块闸板，中间亦有圆环。

以水闸为据点，河水由此流出，王氏《农书》水闸图中的水流曲度较缓，由上至下，基本保持在画面中心，最终延伸至画面底部。集成本与陶本水闸图水流曲度较蜿蜒曲折，从顶部偏左的水闸处流出，流至中部时往右呈一圆弧，最后汇至左下角。另有若干条状物立于画面下方，或为立于水道、稻田中的木桩，不明其意。

较之于水栅图，水闸图对于明本《农书》借鉴较明显，虽稍有不同，但大体结构类似，且未影响画面合理性。

陂塘

【原文】

陂①塘（图2-1-23），《说文》曰，“陂，野池也。塘，犹堰也。陂必有塘，故日陂塘”。《周礼》，“以潴②蓄水，以防止水”，说者谓，“潴者，蓄流水之陂也。防者，潴旁之堤也”。今之陂塘，既与上同。[1]

【注释】

① 陂：池塘。

② 潴（zhū）：水积聚的地方。

【译文】

陂塘，《说文》解释曰，陂，指野池。塘，犹如堰。陂必然有塘，因此叫作“陂塘”。《周礼》称，用潴储藏水，用防阻拦水，郑玄注曰，潴是用来储蓄流水的池塘，防就是潴旁边的堤坝。现在所说的陂塘，就是这个意思。

【异本插图比较】

如《农书》原文所述，《周礼》对陂塘作出明确的描述，即用池塘储水，用堤堰障流，陂与塘分别对应储水与导水的单元，结合起来，陂塘就是古代用于储水以供灌溉的水利系统。如前文所提，水栅、水闸与之功能类似，但属于大型水利工程，虽可以惠及大量人口，但并非普通农户可以承担，往往由官府

1 〔元〕王祯撰，缪启愉，缪桂龙译注．东鲁王氏农书译注［M］．上海：上海古籍出版社，2008．06：568．

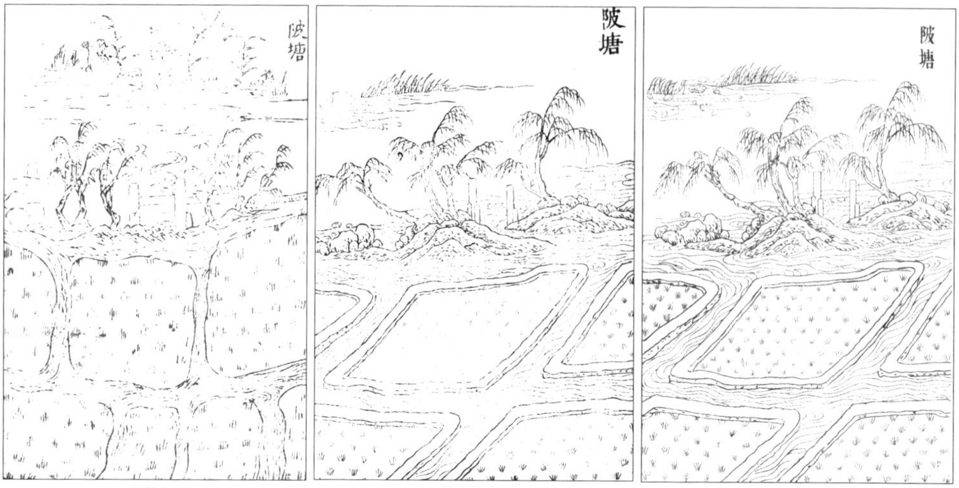

明本　　集成本　　陶本

图2-1-23　陂塘

操办，相对而言，陂塘所用人力、物力较小，规模也较小，灌溉面积随之减少。

这一点在插图中也有所体现，水栅、水闸对应的插图农田数目较多，河流也较为宽阔，而陂塘一图，仅一狭小堤堰依田而建，用于储蓄其后池塘中的水资源，以供另一边农田所用。明本《农书》与集成本、陶本所附陂塘图在构成元素上类似，但绘图视角并不一致，前者偏俯视，农田基本不存在透视，后两者或许可以归类为一点透视，但透视关系不鲜明，农田边缘各有一圈田埂。而相同的是，三图中的农田都被水流包围，水流源自上方一堤堰，竖木板若干，呈开闸放水状，堤堰两旁绘有山石树木，远处还有些许水草、荷叶，三者对于植物的细节描绘不一，但位置的设定大体相同。

此图并无过多信息，但可以说明《钦定古今图书集成》并非对明本《农书》照搬无遗，而是在其基础上进行更改，并且追求画面的精细度，而后陶本《天工开物》将集成本插图作为参照对象。

水转翻车

【原文】

其制与人踏翻车俱同，但于流水岸边，掘一狭堑，置车于内，车之踏轴外端，作一竖轮，竖轮之旁，架木立轴，置二卧轮，其上轮适与车头竖轮辐支相间（图2-1-24）。乃擗[①]水旁激，下轮既转，则上轮随拨车头竖轮，而翻车随转，倒水上岸。此是卧轮之制。若作立轮，当别置水激立轮。其轮辐之末，复作小轮，辐头稍阔，以拨车头竖轮，此立轮之法也。然亦当视其水势，随宜用之。其日夜不止，绝胜踏车[1]。

【注释】

① 擗：古同“擘”，分开。

【译文】

水转翻车的构造与人踏翻车相同，区别在于水转翻车需在流水岸边挖一道窄沟，将翻车放在其中，装一竖式齿轮，竖式齿轮一旁架一木制立轴，放置两个卧式齿轮，卧式齿轮应与翻车车头竖式齿轮轮辐支出的部分相错。于是辟开水流使其往一旁激流，下方的齿轮就会旋转，上方的齿轮随即拨动车头的竖式齿轮，翻车随之转动，将水刮上岸。这是卧轮的制法。若是做立轮，需另置水流激射立轮，轮辐末端，再做一小齿轮，轮齿稍宽，来拨动车头的竖轮，这是立轮的制法。不过也需要观察水势，用时各随其宜。水转翻车日夜都不会停歇，绝对胜过踏车。

【异本插图比较】

与前文所述牛转翻车类似，水转翻车的驱动方式为水流而非牲畜，因此于中轴处装两个卧式齿轮，下方的齿轮受水流驱动，带动中轴一同转动，而后上方卧轮随之转动，带动竖式齿轮，从而使翻车运转。与牛转翻车相比，只将牛力换做水力，牛的位置另置一卧轮，其他构造大致相同。但因水转翻车依靠的是水流，无法人为控制，需建在水位落差之地，灵活性受限，不及人车、牛转翻车易于掌控。且原文提到，“其日夜不止，绝胜踏车”，水转翻车无须人力、

陶本　　集成本　　明本

图2-1-24　水转翻车

1 〔元〕王祯撰，缪启愉，缪桂龙译注．东鲁王氏农书译注［M］．上海：上海古籍出版社，2008：575-576．

畜力，单靠水力，白天、黑夜都可运转。但水力不受控制，在水流过急的状态下，翻车来不及运作，就会受损，这也是水转翻车的另一不足之处。

再对此处选取的三幅水转翻车图进行解读，三幅插图主体物与画面构成类似，只绘有水转翻车这一水力机械，陶本与集成本各方面都极为相似，明本虽也有类似之处，但构图方式不同，明本插图占据了两个版面，以横构图的形式呈现，水转翻车占据了整幅画面，陶本与集成本为单幅版面竖式构图，水转翻车这一主体物占据三分之二的画面，剩下三分之一空置，用竖状短线条表现稻田。

水转翻车本身，竖轴与卧轮置于画面左侧，竖式齿轮与翻车置于画面右侧，这一点三者一致，虽然明本与另外两个构图不一，但图中对卧轮的细节处理十分相似。卧轮上方有一横木，横木上方盖一草席，横木延伸至画面右侧，并架起支撑翻车的立柱。集成本与陶本中横木与立柱线条横平竖直，而明本略有曲折起伏，也许是历史久远，纸张泛潮的原因。画面右侧的翻车，集成本与陶本并无不同，但明本所绘翻车辨识度不高，其水轮构造不明。

集成本与陶本对山石、水流的刻画一致，明本有些许不同，但走向相似，其中陶本最具观赏性，基本构造也都具备。但潘伟在《中国传统农器古今图谱》一书中提出，水转翻车的设计不切实际，历史上也没有使用水转翻车的记载，且未见实物作为证明[1]。论实用性，其他翻车比之更为灵活，更为便利。笔者推测，此具为元代、明代之物，或因诸多限制渐被淘汰，清代、民国诸多农书只是对前世农书所附插图照搬，而非切实对应当世农具的真实面貌。

高转筒车

【原文】

其高以十丈为准，上下架木，各竖一轮，下轮半在水内，各轮径可四尺，轮之一周，两旁高起。其中若槽，以受筒索。其索用竹，均排三股，通穿为一，随车长短，如环无端。索上相离五寸，俱置竹筒。筒长一尺，筒索之底，托以木牌，长亦如之。通用铁线缚定，随索列次，络于上下二轮。复于二轮筒索之间，架刳[①]木平底行槽一连，上与二轮相平，以承筒索之重（图2-1-25）。或人踏，或牛曳转上轮，则筒索自下，兜水循槽至上轮。轮首覆水，空筒复下。如此循环不已，日所得水，不减平地车戽[②]。若积为池沼，再起一车，

1 潘伟. 中国传统农器古今图谱［M］. 桂林：广西师范大学出版社，2015：170.

计及二百余尺。如田高岸深，或田在山上，皆可及之[1]。

【注释】

① 刳（kū）：剖开后再挖空。

② 戽（hù）：戽斗，泛指汲水灌田的农具。

【译文】

高转筒车的高度以三十米为准，上下架木，各竖一水轮，下轮的一半置于水中，各个水轮直径可达一百二十厘米，水轮侧一周，两旁高起，中间像是槽，用来承受绳索。绳索用竹篾制成，均匀排为三股，穿为一整条，长度随筒车的长短决定，绕过水轮衔接成一套环，不留两端。绳索上每隔十五厘米，放置一竹筒。竹筒长三十厘米，竹筒与绳索的底部，用木排衬托，木排与竹筒一样长。三者用铁线固定，随着绳索依次排列，缠绕在上下两个水轮之间。再在两个水轮与竹筒、绳索之间，架设挖空的平底木槽，与两个水轮持平，用以承受竹筒与绳索的重量。或有人踩踏，或靠牛力拉转上轮，筒索受力往下，装满水之后顺着槽道回到上轮。在水轮顶部倒水，空竹筒再次往下。像这样循环不停歇，一天得到的水，不比平地所用翻车、戽斗少。若在岸上积水为池塘，再建起一高转筒车，水可运至六十米高度。如果田高岸深，或是田在山上，都能上得去。

【异本插图比较】

高转筒车的主体结构为两个由索道相连的大水轮，靠人力或蓄力驱动上轮，从而带动下轮，通过索道的转动，由竹筒自下而上地将水运至上水轮

明本

集成本

陶本

图2-1-25　高转筒车

1 〔元〕王祯撰，缪启愉，缪桂龙译注．东鲁王氏农书译注［M］．上海：上海古籍出版社，2008：579．

处。文中称其高差有三十米，工程极其庞大，适用于地势高差尤其明显的地方。

此处三幅插图都为单幅版面竖构图，于右上角标有图名，明本称其为“高车”，集成本称其为“高转连筒”，陶本称其为“高转筒车”，构图方式基本一致，上轮置于左上角，下轮置于右下角，且三张插图由左至右，越发精细。除主体高转筒车外，明本上以山石为背景，下为水流，集成本与陶本分上中下三处背景，上部为稻田，集成本稻田中有纵横交错的小道，陶本仅左上角一道，中景为山石，两者山石的描绘手法类似，有明显参照痕迹，最下方为河流。集成本与陶本虽与明本有不同之处，但大体元素是一致的。

再着重观察主体物部分，值得注意的是，明本上水轮右侧站有一人，《农书》原文也说明了，高转筒车上轮需由人力或畜力驱动，因此此人站于上水轮的一侧是合理的，反观集成本与陶本中没有人或牲畜的存在，此机械应为静止状态，但显而易见的是上水轮顶端仍有水泻下，此点存疑。

三个版本上下水轮处两侧各竖一木桩为支柱，明本支柱较细瘦，看似难以支撑，而集成本与陶本支柱十分粗壮，更具稳定性。索道处由高至低分别竖有木桩若干，明本中每侧四根，共计八根，集成本、陶本每侧三根，共计六根。而三幅插图中的水轮，明本由两道圆环与八根短木条构成，集成本与陶本由两道圆环与十六根短木条构成，再看竹筒与水轮的衔接，集成本与陶本中竹筒顺次贴合在上下水轮上，但明本中竹筒与下水轮似乎错位，且下水轮角度不明，此处有误。可见后两个版本虽以最初的《农书》为参照，但也不能排除《农书》存在疏漏之处。

戽斗

【原文】

戽斗，挹①水器也。《唐韵》云，“戽，抒也”，抒水器挹也。凡水岸稍下，不容置车，当旱之际，乃用戽斗（图2-1-26）。控以双绠②，两人挈之，抒水上岸，以溉田稼。其斗或柳筲③，或木罂④，从所便也[1]。

【注释】

① 挹（yì）：舀。

② 绠（gěng）：汲水用的绳子。

1 〔元〕王祯撰，缪启愉，缪桂龙译注．东鲁王氏农书译注［M］．上海：上海古籍出版社，2008：584．

③ 筲（shāo）：竹制盛器。

④ 木罂：用于汲水、存水的盛贮器。

【译文】

戽斗是用于舀水的器具。《唐韵》称，戽就是舀的意思，就是用器具来舀水。河水稍低于河岸时，不需要放置水车，当干旱的时候，就用戽斗。方式是将两条绳子系在戽斗上，两人拽住绳子，将水舀上岸，来灌溉田中庄稼。戽斗或是用柳枝编织而成的筲，或是用木制的盛水器，随各地便利选用。

【异本插图比较】

与前文所述筒车、翻车这类大型水利机械不同，戽斗是用于舀水的简易农具，体型偏小，需用人力，原理是由两根绳索系于戽斗的两端，两人各拽一绳，通力合作，将戽斗甩入水中，而后将灌满水的戽斗顺势拉起，从而将水倾倒入田中。

此处选用插图所示行为与文字相符，三幅插图虽为竖构图，但幅宽不一，明本最宽，几乎为方形，集成本稍窄，陶本最窄。明本未见图名，集成本与陶本左上角注明“戽斗”二字。明本背景稍简，上半部分为一稻田，下半部分为一河流，集成本与陶本反之，下半部分为一稻田，上半部分为一河流，且有一树木横斜，画面丰富。

三幅插图各有两个人物，一左一右，相对而立，手中各持一绳，绳系一戽斗，戽斗造型与朝向却不一致，明本中戽斗朝上，集成本与陶本戽斗朝下，有水倾倒而出，流入稻田中。各个版本中人物站位类似，但形象各异，明本两个人物直立，头包黑色发巾，而集成本与陶本中，左侧人物扎一发髻，右侧人物头绑布带，二人半蹲，似在发力，相较而言，明本人物呈放松状态。集成本、陶本与明本对戽斗图的描绘相似度不高，但三个版本都对戽斗的用法有基本的呈现。

明本　　集成本　　陶本

图2-1-26　戽斗

辘轳

【原文】

辘轳，缠绠械也。《唐韵》云，“圆转木也”，《集韵》作“椟轳，汲水木也”。井上立架置轴，贯以长毂①，其顶嵌以曲木（图2-1-27）。人乃用手掉转，缠绠于毂，引取汲器。或用双绠而逆顺交转，所悬之器，虚者下，盈者上，更相上下，次第不辍，见功甚速。凡汲于井上，取其俯仰则桔槔，取其圆转则辘轳，皆挈②水械也。然桔槔绠短而汲浅，独辘轳深浅俱适其宜也[1]。

【注释】

① 毂（gǔ）：车轮的中心部分，有圆孔，可以插轴。

② 挈：举起，提起。

【译文】

辘轳是用来缠绕汲水绳索的机械。《唐韵》说，辘轳是圆形的转木；《集韵》称，椟（辘）轳，就是汲水的木头。在井上立一支架，放置一木轴，套上一长毂，顶部嵌曲木。于是汲水之人可以用手掉转曲木，将汲水绳缠绕于毂上，从而牵引汲水的器具，或者用两根汲水绳一顺一逆交织旋转，悬挂的器具中，空罐下，满罐上，更替上下，接二连三不停止，功效更快。在井上汲水，俯仰之间取水的机具是桔槔，利用圆转取水的是辘轳，都是用于汲水的机械。但桔槔的绳索更多，所以触及的水更浅，只有辘轳深浅都可适用。

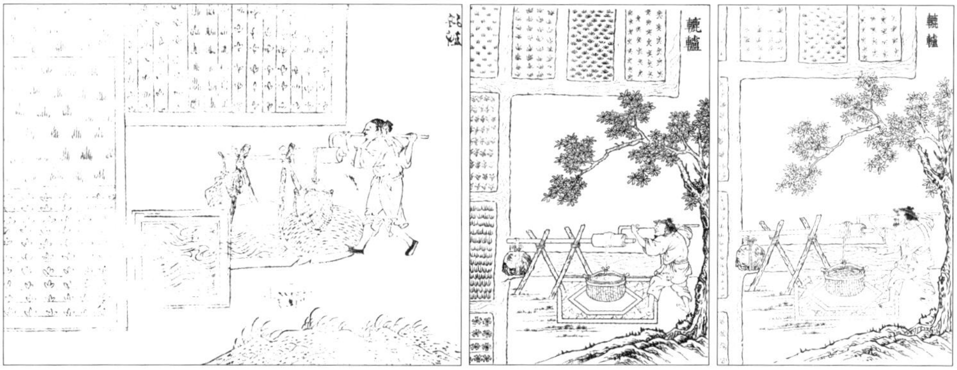

明本　　集成本　　陶本

图2-1-27　辘轳

1 〔元〕王祯撰，缪启愉，缪桂龙译注．东鲁王氏农书译注［M］．上海：上海古籍出版社，2008：588-589．

【异本插图比较】

辘轳与桔槔的功能类似，都是从井中汲水的机具，但两者原理有本质的区别，桔槔是运用杠杆原理，辘轳则是运用轮轴原理。辘轳的主要构件为一支架、转轴、曲柄、绳索与水篮，通过人力手摇曲柄，将灌满水的容器从井下提起，这一描述与图片所示同义。

明本与集成本、陶本图幅不一，前者是由两个版面组成的横构图，后两者为单幅版面竖构图，三幅图片右上角都标有“辘轳”二字，由一人、一辘轳构成主体画面。此图背景为种植各类农作物的农田，与其他插图不同，此图背景呈平面俯视图，大体可分为两大块，分别置于左侧与上部，右下角绘有杂草与高起的土块作为陪衬。集成本、陶本虽与之有所不同，但模仿的痕迹依稀可辨，在明本的基础上对农田进行了更为规整的分割，列于旁侧，右下角亦有土堆，并在其上绘制半棵树作为点缀。

三个版本的主体物都为一人一辘轳，辘轳在左，人物在右。明本主体物居于画面中心，而集成本与陶本主体物由于构图的不同居于画面下半部分，而半棵树木设置得较为巧妙，掩盖了构图的空缺处。明本人物双手分举在两侧，手握曲柄，面向左前方侧身而立，脚上穿一黑色布鞋。而集成本、陶本中的人物与之动作相仿，却是赤足，并各戴一斗笠。

此外，集成本与陶本辘轳的样式基本一致，于水井左侧支起两交叉木架，上置一横轴，横轴左端坠一石块，横轴右端穿一长毂，其上绕有一圈绳子，绳子末端系一竹网编成的水篮，而长毂一侧安一曲柄，即在农人手中。明本中亦是如此，但水篮、石块、支架造型稍有不同，木架视角偏侧，且架在了水井的正上方，水篮、石块稍小。此外，明本主体物旁有一正方形图示，应为水井的平面俯视图，这或许说明的是水井与农田的位置关系，又或者是井水流向农田的水道，观集成本与陶本所绘水井一侧，亦有一水道与农田连接。

综合来看，此幅插图对农田表现采用平面俯视图的视角，应是出于表达井水与农田的位置关系与水流流向的目的。而三个版本虽有些许差异，但对辘轳的基本原理和用法都给出了基础图示，直观易懂。因此《钦定古今图书集成》在对参考图示进行仿效解读的时候，还对其原理进行了解读和主观调整，从而充实画面，使其更为美观，而陶本《天工开物》基本是对已知版本所附插图的照搬挪用。

【本卷小结】

本卷首先对《乃粒》所附十三幅插图进行对比研究，可知涂本与杨本差异较小，多为细节、人物发型、画面背景、线条疏密这类区别，整体观感与构图方式基本类似，但陶本和这两个版本，无论是构图方式、背景元素、人物、动物，还是农具、机械都有较大差别，且在原书所附插图的基础上，多出七幅与原书内容关联不大的插图。笔者考据，觅得陶本《天工开物》的参照本为清雍正四年版《钦定古今图书集成》，而《钦定古今图书集成》的参照本或为明嘉靖九年版《农书》。

本卷又对陶本多出图幅与《钦定古今图书集成》《农书》对应插图进行异本图像对比，随之发现陶本《天工开物》有诸幅插图与《钦定古今图书集成》基本一致，而《钦定古今图书集成》虽有《农书》插图的影子，却呈现出另一幅面貌。《农书》比《钦定古今图书集成》更早面世，因此若两图存在相似之处，后者参考前者是必然的，陶本《天工开物》同理，但三本书各相距约二百年，期间诸多不明因素掺杂，笔者推测，明清之际又有其他农书参考《农书》绘制插图，辗转至陶本《天工开物》的出版年代，包括《钦定古今图书集成》在内的各类农书插图迭出，绘图者参考多方资料，加入个人风格，最终形成陶本《天工开物》的插图样式。即便陶本《天工开物》并非直接借鉴明嘉靖九年版《农书》，其参照本必定受《农书》插图影响，因此，陶本《天工开物》或多或少，或直接或间接，都受到《农书》的影响。但《农书》的初版时代为元代，故不能排除的是，明嘉靖九年版《农书》之前已存此类插图，只因古代文献散佚难寻，现下无从考证。

陶本插图虽未以《天工开物》原有版本作参照本，但其以前世其他农书作为参考，并对《天工开物》原文并未涉及的农具作出补充。陶本插图虽比涂本、杨本更为精细，但在一定程度上，曲解了插图原有的意思，并对其参照本进行了主观的修改、挪用，以致插图的合理性难以确立，且将《钦定古今图书集成》中“刮车”的图示照搬为“拔车”，是不可忽视的错误，又如“筒车”一图，原书已存误区，陶本将错就错直接照用。此非个例，其还将《钦定古今图书集成》中“耨马”的图示更改挪用为“耘”，虽并未对插图的合理性造成影响，但这一操作颇让观者啼笑皆非。可见，对于《天工开物》异本图像进行整理研究是有必要的。此卷仅对涂本、杨本、陶本《天工开物》所附《乃粒》一卷中的插图进行初步整理对照，并对陶本插图的来源进行辨析，下文中亦有诸幅陶本多出的插图，其来源与合理性仍有待考证。

二、乃服 第二卷

【按语】

“乃服”出自南北朝周兴嗣所编《千字文》，其称“始制文字，乃服衣裳”[1]，乃服，就是衣服的意思。与《乃粒》卷不同，《乃服》着重讲述养蚕技术与丝织技术，以及布料、成衣，其中不乏人的参与。因此，《乃服》卷中每幅插图基本由人物与各类工具共同组成。《乃服》卷对养蚕缫丝的过程记述极尽翔实，但此处不对其文章内容作深入解读，只探讨此卷所附插图及其对应的文字，且以图像解读为主，文字释义为辅。此卷共计十二幅插图，除山箔图是对蚕的加工处理外，其余插图都是对丝、棉加工的工序，既有各类小型纺车，也有提花机等大型织机。本书所选涂本、杨本、陶本中插图一一对应，但陶本比原书插图多出八幅，其中治丝图、纺车图在原有基础上各多出一幅，缫车图分一、二两幅，其余浴蚕、捉绩、分箔、择茧各一幅。下文依旧先对涂本、杨本、陶本共同具有的十二幅插图作异本图像的解读，其中，“治丝图二”与“纺车图二”与正文插图合并，而后对陶本另外多出的六幅插图再作解读。

山箔图

【原文】

凡结茧必如嘉、湖，方尽其法。他国不知用火烘，听蚕结出，甚至丛杆之内，箱匣之中，火不经，风不透。故所为屯、漳等绢，豫、蜀等绸，皆易朽烂。若嘉、湖产丝成衣，即入水浣濯百余度，其质尚存。其法析竹编箔①，其下横架料木约六尺高，地下摆列炭火，炭忌爆炸，方圆去四五尺，即列火一盆（图2–2–1）。初上山时，火分两略轻，少引他成绪，蚕恋火意，即时造茧，不复缘走。

茧绪既成，即每盆加火半斤，吐出丝来随即干燥，所以经久不坏也。其茧室不宜楼板遮盖，下欲火而上欲风凉也，凡火顶上者不以为种，取种宁用火偏者。其箔上山用麦稻稿斩齐，随手纠捩成山，顿插箔土②。做山之人最宜手健。箔竹稀疏用短稿略铺洒，妨③蚕跌坠地下，与火中也。

【注释】

① 箔：养蚕的器具，多用竹制成，像筛子或席子。亦称“蚕帘”。

1　寿大本．学解《千字文》［M］．北京：中国书店，2014：13．

② **箔土**：涂本、杨本称“箔土”，陶本写作“箔上”，意为“蚕帘之上”，此处更为贴切。

③ **妨**：阻碍，妨碍；涂本、杨本写作“妨”，陶本写作“防”，与“妨”同义。

【**译文**】

（蚕）结茧的时候必须按照嘉兴、湖州采用的方法，才能达到完善的地步。其他方法不知道用火烘，只任由蚕结茧而出，甚至让蚕待在丛杆、箱匣之中，不经历火的烘烤和风的吹拂。所以用这种蚕丝所做的屯溪、漳州等地的绢，河南、四川等地的绸，都容易腐朽化烂。如若是嘉兴、湖州所产的蚕丝制成衣物，就算是放入水中洗涤百余次，它的丝质依旧保存。嘉兴、湖州制丝的方法是劈开竹子编成蚕帘，在下面横架木头，高约六尺，地面上摆放炭火，炭不能用易爆裂的，以四五尺为半径，再放一火盆。起初将蚕放上蚕帘时，火势稍小，稍微引蚕吐丝，蚕贪恋火意，立刻结茧，不再游走。

蚕茧结成以后，每个炭火盆再加半斤炭火，吐出来的蚕丝随即干燥，所以长久都不会损坏。茧室不适合用楼板遮盖，因为蚕结茧时，下面需要烘火，与此同时上面需要吹风，火盆顶上的茧不适合作为蚕种，若需要取用蚕种可选择离火源较远的位置。蚕帘上的山簇需要用斩至齐平的麦秆、稻秆随手拧成，垂直插入蚕帘中，做山簇的人最好手劲大些。蚕帘的竹子需稀疏，用短截的秸秆稍作铺洒，防止蚕跌到地上或是火盆之中。

【**异本插图比较**】

《乃服》卷首用大量的篇幅对蚕的育种、养殖、吃食、禁忌、病症、优劣等内容进行具体描述，而插图并未涉及这一步骤，直接从如何用火烘烤蚕茧并

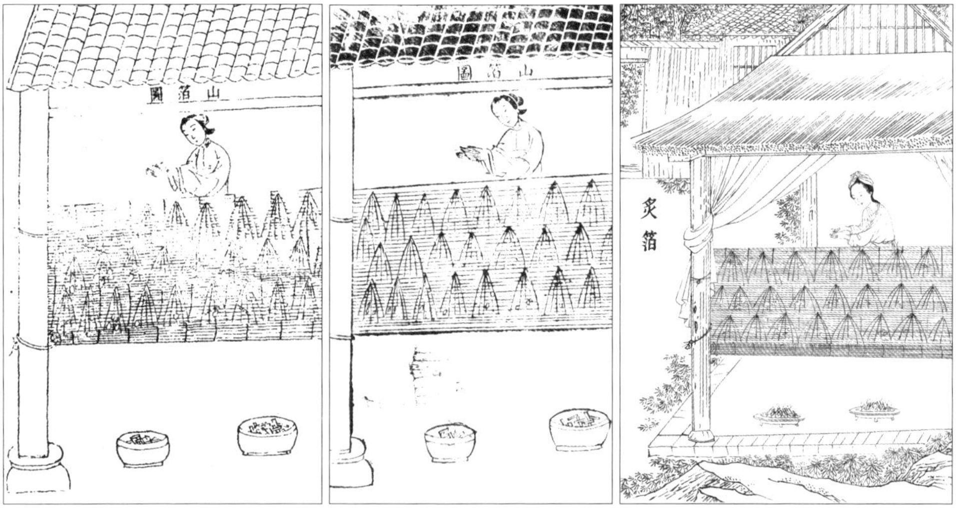

涂本　　杨本　　陶本

图2-2-1　山箔图

取其丝开始。此图图名即有不同之处，涂本、杨本都将图名标于屋檐下方，名为“山箔图”，陶本则将图名标于左侧立柱旁，名曰“炙箔”，名虽不同，但插图想要表达的内容一致。

与《乃粒》卷中大量农田里的场景不同，包括山箔图在内的诸幅插图都表现了室内场景，涂本与杨本的场景为一屋棚，上置一棚顶，左立一立柱，棚顶皆由瓦片铺设，涂本为线描，杨本则是黑底白线。而陶本对于场景的描绘更为具体，屋棚由稻草铺设，另加了窗帘与草木，屋棚后方还增加了其他建筑的局部，总体画面饱满丰富。

屋棚下立一女性，这也是《天工开物》开篇至此出现的第一位女性，或是符合男耕女织的封建社会时代背景。人物前方设一蚕箔，用两根绳子牢系于一旁的立柱上，蚕箔由此被拉平于半空，蚕箔下方放置两个火盆，这就是山箔图的基本内容。

《农书》称，“蚕箔，曲薄，承蚕具也”[1]，蚕箔可弯曲，质地轻薄，是用来放置蚕的工具，对应的图示即为横跨画面中心的草帘状编织物，其上放置蚕茧。《农书》也对蚕箔的使用做了具体说明：

“北方养蚕者多，农家宅院后或园圃间，多种萑苇，以为箔材，秋后芟取，皆能自织。方可四丈，以二椽栈之，悬于槌上。至蚕分抬去蓐时，取其舒卷易用。南方萑苇甚多，农家尤宜用之，以广蚕事。”[2]

这段文字说的是，北方养蚕的农人颇多，在农家宅院后头或是园圃间，多种芦荻，可以此为制蚕箔的材料，秋后收割，都可以自己编织。蚕箔可以有十二米宽，用两根椽木存放，悬挂在槌上。等到蚕可以分箔时，蚕箔可以舒展、卷起方便使用。南方芦荻更多，农家应该多加利用，来推广养蚕业。

养蚕缫丝在我国有着悠久的历史，至明清时期已形成了健全、科学的养殖、取丝、加工技术。此图对应的工序即为，在蚕即将结茧时，将蚕置于展平的蚕箔上，为使蚕丝牢固耐用，需在底下放火盆炙烤，上部用木料搭架，其名为“山”，涂本、杨本所绘山的下方有小圆圈，意指蚕茧，而陶本山下方的内容绘制得更为具体，隐约可见蚕的形状。

三个版本所绘蚕箔有所差异，涂本与陶本蚕箔分数道，杨本蚕箔未分道。涂本、杨本中，将蚕箔系于立柱上的绳子较粗略，陶本较细致，并绘有绳结。底部火盆的描绘细致程度也不同，涂本与杨本所绘火盆形制类似，平底盆状，

---

1 〔元〕王祯撰，缪启愉，缪桂龙译注．东鲁王氏农书译注［M］．上海：上海古籍出版社，2008：652．

2 〔元〕王祯撰，缪启愉，缪桂龙译注．东鲁王氏农书译注［M］．上海：上海古籍出版社，2008：652．

内置炭火，而陶本火盆底部有三脚支撑，盆底较浅，上有火焰。

另外，妇人姿势相似，只露上身，面部微向左侧，双手交叠置于蚕箔上，似在挑拣，涂本、杨本中人物梳一发髻，陶本人物头部用网巾包裹。此图所要表达的信息不多，工序也较为简单，构图方式类似，除背景建筑架构外，画面主体并未有较大差异。

治丝图

【原文】

凡治丝，先制丝车，其尺寸器，具开载后图（图2-2-2至图2-2-4）。锅煎极沸汤，丝粗细视投茧多寡，穷日之力一人可取三十两。若包头丝，则只取二十两，以其苗长也。凡绫罗丝一起投茧二十枚，包头丝只投十余枚。凡茧滚沸时，以竹签拨动水面，丝绪自见。提绪入手，引入竹针眼①，先绕星丁头②，以竹棍做成，如香筒样。然后由送丝干③勾挂，以登大关车。断绝之时，寻绪丢上，不必绕接。其丝排匀，不堆积者，全在送丝干与磨不④之上。川蜀丝车制稍异，其法架横锅上，引四五绪而上，两人对寻锅中绪，然终不若湖制之尽善也。

【注释】

① **竹针眼：** 古代缫车上集丝成缕的部件。

② **星丁头：** 一种起导丝作用的滑轮。

③ **送丝干：** 涂本、杨本称“干”，陶本改作“竿”，意为移丝竿，因以陶本为准，下文“全在送丝干与磨不之上”亦如此。

④ **磨不（dūn）：** 使移丝竿摆动的脚踏摇柄。

【译文】

缫丝之时需要先行制作缫车，缫车的尺寸、部件，都在后图中罗列。缫丝时，锅中需要烧水至极沸，缫丝的粗细要视投入蚕茧的多少而定，耗费整天的力气一人能够取到三十两的蚕丝。如果缫用于包裹头巾的丝，则只能取到二十两，因为这类丝的长度较长。缫绫罗用的丝需要同时投入二十枚蚕茧，而包头巾用的丝则只需投十多枚。当蚕茧滚沸的时候，用竹签拨动水面，丝的头绪自然可见。用手提起蚕丝丝绪，引入竹针眼，先绕过星丁头，星丁头用竹棍做成，如同香筒的形状。然后由送丝竿勾住，再接到大关车上。丝若将断，找寻下一段丝绪放上去，不需要再次缠绕衔接。让丝排列匀称，不堆积在一起，全凭送丝竿和磨不的作用。四川的缫车形制稍有不同，它的做法是把缫车架在锅上，引出四五根丝绪接上，两人面对面地寻找锅中的丝绪，然而这样的方法不如湖州的缫车完善。

涂本

图2-2-2　缫车运作机制

涂本　　杨本

图2-2-3　治丝图

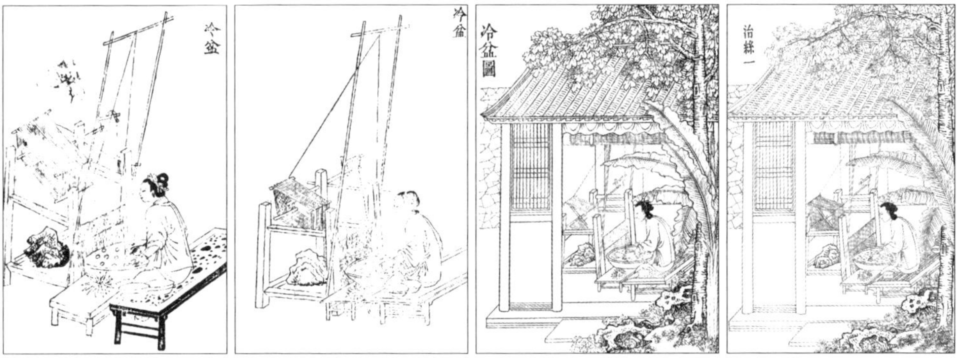

明本　　徐本　　集成本　　陶本

图2-2-4　治丝一

【异本插图比较】

在取得蚕丝之后即可缫丝，缫丝需用缫车，即本节对应的插图所示机构，此机具用于抽取蚕丝并卷绕待用，此图最明显的区别在于，陶本有两幅治丝图，并分别命名为“治丝一”“治丝二”，且两幅图与涂本、杨本差异较大，明显未以涂本、杨本插图作为参照，故先将陶本的两幅插图搁置一旁，先对涂本、杨本所附插图进行解读。

缫车的运作机制较复杂，在对插图解读之前先需了解它的运转原理与基础构件。以涂本为范例，缫车底座由四根立轴组成，而后有一可旋转绕丝的构件名曰“軠轴”，《天工开物》原文称其为“大关车”，軠轴有一曲柄，与踏板相连，当脚踩踏踏板时，軠轴随之转动。另有一名为“磨不”的构件与踏板、軠轴相连，踏板运转时，磨不亦被驱动，而磨不与送丝竿相连，送丝竿通过左右平移将蚕丝传送至軖轴，这就形成了一整套的运作机制，笔者用不同线条分别对“踏板-軖轴”与“磨不-送丝竿”之间的联系加以区分（图2-2-5）。

再对应《天工开物》此段原文来看，缫丝有如下几个步骤：第一步，“凡茧滚沸时，以竹签拨动水面，丝绪自见”，意思是说将蚕茧在水中煮沸，用竹签拨动水面，丝绪就会出现。这一步骤对应的是图中人物手握长签，身前置一圆缸，圆缸中有若干蚕茧的部分，但杨本中人物面前的缸线条没补齐，成了一圆盘。第二步，“提绪入手，引入竹针眼，先绕星丁头”，将丝绪理出之后，用手提起，引入缫车上集丝成缕的部件（竹针眼），然后绕过导丝用的滑轮（星丁头）。这一形容对应的是画面中圆盘右侧丝线绕至缫车上部架起的圆形构件处，名曰“星丁头”，且涂本、杨本对此构件都标有“星丁”二字。

第三步，“然后由送丝干勾挂，以登大关车”，涂本、杨本图中于左上立柱处标有“送丝干”的字样，但送丝竿并非文字标注的立柱，而是与立柱相连的横杆，蚕丝从星丁头处绕过，而后穿至送丝竿处，由送丝竿不断运作传送至转轮，并最终缠绕为一体。这便是原文描述的缫丝工序。由此对应插图，对于缫车的描绘，杨本基本是对涂本进行了复刻，但其中丝线的走向不易识别。而二图人物皆坐靠背椅上，面向右前方，涂本靠背椅为黑白线描，杨本靠背椅则填黑色，且椅子的比例和人体不符，不明其意。此外，涂本、杨本治丝图似乎都居于室外，涂本画面顶部有少许云朵，杨本则为些许草木。

再看陶本的治丝图，非但分治丝一、治丝二两幅图，而且与涂本、杨本插图几乎没有相似点，这与笔者在《乃粒》卷中提出的观点相符，陶本治丝图同样未以《天工开物》的已有版本为参考，而是另选底本作为参照，在研究不断深入的过程中，笔者发现，在《农书》与《钦定古今图书集成》之外，又有徐光启著《农政全书》所附插图与之具有连贯性，以下简称徐本，于此将其列入

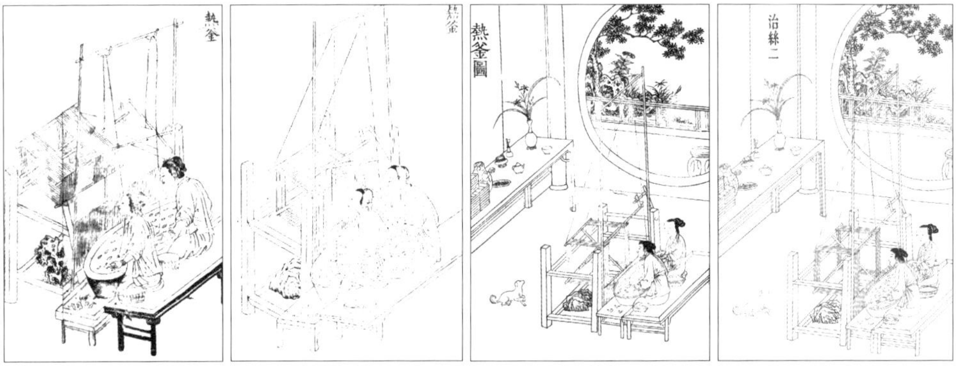

明本　徐本　集成本　陶本

图2-2-5　治丝二

此篇的对照版本，辨析各个版本中的联系，《农书》依旧沿用明本，《钦定古今图书集成》依旧沿用集成本。

陶本治丝图与所选对照本的图名不同，另外三个版本与“治丝一”对应的图名为“冷盆”，与“治丝二”对应的图名为“热釜”，因本书研究对象为《天工开物》，故此处主要对陶本插图着重研究。但陶本之前这两幅插图为何叫作“冷盆”和“热釜”？笔者暂且找到最原始的记录为《农书》对于插图的释义，分别对应以下文字：

“《农桑直说》云，冷盆可缫全缴细丝，中等茧可缫下缴，比热釜者有精神，又坚韧也。虽曰冷盆，亦是火温之。盆要小，先泥其外。口径可二尺之上者，预先翻过用长粘泥底，并四围至唇，泥厚四指，将至唇渐薄。日晒干。名为冷盆。用时添水八九分满，缫之。水宜温暖常匀，无令乍寒乍热不匀也。”

“秦观《蚕书》云，缫丝自鼎面引丝值钱眼。此缫丝必用鼎也。今农家象其深大，以槃甑接釜，亦可代鼎。故《农桑直说》云，釜要大，置于灶上。如蒸灶法。可缫粗丝单缴者，双缴者亦可。釜上大槃甑接口，添水至甑中八分满，可容二人对缫，水须常热，宜旋旋下茧缫之，多则煮损。凡茧多者，宜用此釜，以趋速效。”[1]

因句段略长，此处不做完整的解释，大致意思是通过引经据典，描述了两种缫丝的方式，区别在于放置蚕茧的容器是受热还是受冷。蚕茧多时宜用热釜，冷盆适用于缫细丝，比热釜更有光泽、更坚韧。

按图序来看，治丝一对应的是冷盆，《农书》《农政全书》《钦定古今图书集成》《天工开物》所选版本对应出版年份分别为1530年、1639年、1726年、1927年，故以明本《农书》为最早，且明本与徐本形似，集成本与陶本形似，其对象皆为一妇人于缫车前劳作的场景，前两个版本只绘一人、一缫车，而后两个版本还增添了场景，主体物置于一房屋中，大门敞开，露出其中放置的缫车和妇人，门前有假山石、芭蕉叶与树丛掩映。集成本增添的这类场景不知从何而来，或许是绘图者自主添加，但陶本插图无疑是对集成本的复制。

且不论多余的场景描绘，只看主体人物与缫车，此机具与涂本、杨本的视角不同，局部细节也有差异，但总体上同样是由四根立柱搭建支架，上置一軖轴，依稀可以观察到軖轴连接着转柄，最终应连至踏板，但图示未能体现。此缫车未有送丝竿、星丁头这些构件，而是将丝从上至横杆处直接穿至軖轴，这

---

1 〔元〕王祯撰，缪启愉，缪桂龙译注．东鲁王氏农书译注［M］．上海：上海古籍出版社，2008：671-674．

一特征在徐本中尤为明显。而缫车底部，各放置一石块，似做稳定缫车之用。缫车前面有一矮几，矮几上置一盆，盆中即为蚕茧，盆的一旁似乎放置一盆栽，不知是何用意。矮几再往前，有一长椅，明本长椅上布满斑点，而徐本长椅无任何装饰，集成本与陶本将其修饰美化，呈编织品。妇人形象大致相似，皆为面向左前方侧坐，明本夫人用布带将头发挽起，而其后的三个版本都将头发挽至脑后。明本妇人手边有两碗，徐本亦如是，至集成本与陶本变成了一个。此外，未见较大异处。

通过对四个版本中同一插图的对照，我们可以认识到，古代农书中的插图有多次复刻前人所做古本的现象，且从明代、清代乃至民国，形成了一条有迹可循的线索，其插图本身的内涵时而被多次解读，时而被忽视直接照搬，同一幅插图在不断修改、重复套用的过程中，有的越发精细美观，有的将错就错、一错再错，以至于失去本来面目与插图本意，因此需要后人寻找其中脉络，纠正其中的谬处。

按照这一逻辑，再看治丝的第二幅插图。与治丝一相同的是，治丝二也在原版的基础上加上了场景，但视角不同，前者为室外朝向室内的角度，而治丝二为室内视角，留一圆窗，以借景的手法展示窗外的景致。而室内场景中，除主体人物与缫车外，还有一长台，上置花瓶、茶壶、茶碗、圆盘、书籍等，集成本与陶本中这些摆件放置的位置与外观基本一致。除此以外，缫车一旁还有一小狗趴在地上，为画面增添趣味性。

而此图的主体物为两妇人与一缫车，其视角与治丝一类似，但缫车造型因多一人操作的缘故有些许不同。此车亦有四根立柱作为支架，明本中，原本单一的横杆上有两个钩子，用于穿丝，丝穿过弯钩之后，缠绕在了治丝一中没有的送丝竿上，这一点与上一组插图大不相同，丝绕过送丝竿后，再缠绕在軠轴上，这一运作机制与涂本、杨本的流程一致。从徐本起，缫车上部横杆上未安置弯钩，但仍有送丝竿的存在。再看集成本与陶本，则不再有送丝竿的存在，只剩下转轮。

还需要质疑的是，涂本与杨本中，軠轴明显地放置在了支架上，这才使得踏板受力时带动軠轴的旋转，但治丝一、治丝二图中軠轴除了与曲柄相连接，似乎处于悬空状态，这也是另一稍显怪异的现象。此外，缫车的整体架构、缫车底部上搁置的石块未有太多变化，但缫车上部的横杆高度从明本的适中，到陶本时比例略显夸张，若按人体比例与之相对照的话，横杆的高度与实际情况不太相符。

另有一细节，明本水盆一侧绘有火焰的图示，意图表达水盆的受热状况，但这一含义似乎被曲解，到陶本之时已变成了三根叶片，这也是不同版本在不断复刻的过程中，误解原意的体现。

最后，回归到本书的主题，若将涂本、杨本与陶本另行比较，其构图方式相异，但意图表达的运作原理类似。而陶本参照的对象，目前为止已经找到三个版本，在陶本插图再度进行复刻的过程中，免不了出现一些不合理的现象。因此，涂本与杨本相对而言更具备参考价值，但缫车这类复杂机械，只言片语难以解释到位，若有调节，还需结合实物再度对照解读。

调丝

【原文】

凡丝议织时，最先用调。透光檐端宇下，以木架铺地，植竹①四根于上，名曰络笃（图2-2-6）。丝匡竹上，其傍倚柱高八尺，处钉具斜，安小竹偃月挂钩，悬搭丝于钩内，手中执籰②旋缠，以俟牵经织纬之用。小竹坠石为活头，接断之时，扳③之即下。

【注释】

① **植竹**：涂本、杨本作“植”，陶本作“值”，潘吉星译注版改其为“置”[1]，结合前后语境，“置竹”是为本意。

② **籰（yuè）**：绕丝、纱、线等的工具。

③ **扳**：往下或往里拉；涂本、杨本作“扳”，陶本称“攀”，也有“拉动”之意。

【译文】

织丝之时，最先要做的是调丝。在光线明晰的屋檐下，把木架铺在地上，木架上竖起四根竹竿，称作“络笃”。将丝缠在竹子上，在一旁的倚柱八尺高的地方钉钉子，以倾斜的角度在铁钉上挂一带有半月形挂钩的小竹竿，将丝线悬挂在挂钩上，手中执着绕丝的工具旋绕，以备牵织经纬线之用。小竹竿一端坠着块石头作为活头，需要断丝的时候，一拉就能下来。

【异本插图比较】

缫丝类机具多为绳索传动，调丝亦如是。调丝为织丝前的步骤，在治丝之后，将绕于軠轴上的蚕丝取下，架起四根竹竿，原文称此机构为“络笃”，在图中亦有文字注明，而后绕丝于络笃上，通过在墙上钉钉子，并挂一弯钩，让丝从中穿过，最后缠于人手中的丝籰上。这组插图是全书目前为止最为统一的图像，陶本与涂本、杨本的构图、主体物基本一致，可以推测陶本此图是参照

1 〔明〕宋应星著，潘吉星译注．中国古代名著全本译注丛书 天工开物译注［M］．上海：上海古籍出版社，2016：102．

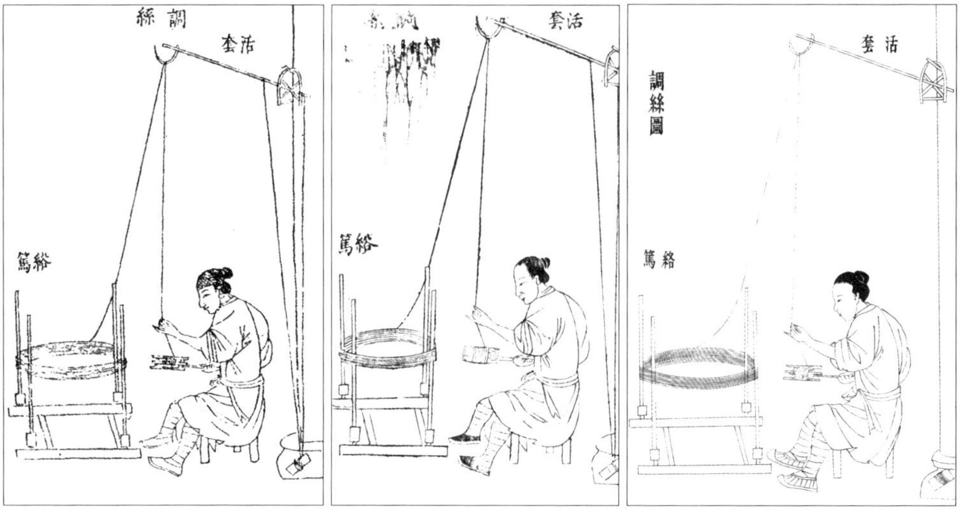

涂本　杨本　陶本

图2-2-6　调丝

《天工开物》已知版本所绘。

首先从图名入手，涂本名曰“调丝”，杨本图名也为“调丝”，标于左上角，但辨识不清，陶本名为“调丝图”，较为规范。图中有一人与一调丝装置，因调丝装置构件较多，故先对人物进行对比。各个版本中，人物面向左前方坐于板凳上，视线朝向手中丝篗，姿势一致，双腿置于板凳前，一手握丝篗柄，一手牵扯丝线，涂本人物头发用网巾包起，这也是涂本人物的一贯特征，杨本、陶本人物发型一致，扎一简单发髻。此外人物没有其他明显差异。

但人物手中的丝篗却有所不同，《天工开物》此段中并未对丝篗多做解释，而《农书》称，“丝篗，络丝具也……《说文》曰，篗，收丝者也。今字从竹，又从蒦，竹器，从人执之蒦蒦然，此篗之义也。然必窍贯以轴，乃适于用，为理丝之先具也”[1]。丝篗是用来络丝的工具，《说文》对“篗”字的解释为收丝用的工具。篗字为竹字头，又从蒦，为竹制用具，形容使用者将其拿在手中蒦蒦的模样，这就是篗的含义。但必须穿透丝篗贯通一轴，才能使用，这是理丝中首先用到的器具。《农书》附有一张丝篗的图示（图2-2-7）。

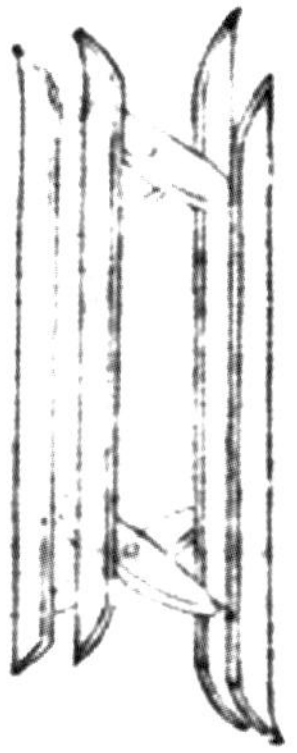

图2-2-7 《农书》所附丝篗图

由上可知，丝篗有一中轴，用于绕丝，涂本、陶本所示

1 〔元〕王祯撰，缪启愉，缪桂龙译注．东鲁王氏农书译注［M］．上海：上海古籍出版社，2008：689-690．

丝篗与《农书》所附插图一致，但杨本中丝篗却呈一圆筒状，与丝篗原貌不符，故排除陶本以杨本为参照的可能性。

除丝篗这一器具外，再看络笃，络笃由四根竹竿构成，底部有横竖交错的木材制成的底座，蚕丝缠于竹竿处，此处未见不同。通过丝线的脉络依次望去，络笃与人物一旁的柱子上，高处钉一钉子，钉子上挂一竹竿，竹竿另一端扣一弯月形挂钩，丝线即从挂钩处穿过，除杨本钉子与柱子交接处被图幅边缘切段，其他部分无异。丝线从挂钩处穿至人手中的丝篗处最后缠绕其上，除上文所言丝篗稍有不同外，亦无异。

最后，上方挂着的竹竿处，垂一石块做活头，且竹竿上方各个版本都注明“套活”二字，其用途在于断丝时拉绳把挂钩取下，涂本、杨本皆有示意，但陶本只留石块，未见与竹竿连接的绳子，此处稍有不合理。但总体观之，此幅插图的陶本与涂本、杨本十分相近，与前文所附插图参考其他农书的做法有所不同。

纺纬

【原文】

凡丝既篗之后，以就经纬[①]。经质用少，而纬质用多，每丝十两，经四纬六，此大略也。凡供纬篗，以水沃湿丝，摇车转铤[②]，而纺于竹管之上，竹用小箭竹。（图2-2-8）

【注释】

① **经纬：**经，织布时用梭穿织的竖纱，编织物的纵线，与“纬”相对。纬，织布时用梭穿织的横纱，编织物的横线，与“经”相对。

② **铤（dìng）：**同“锭”，纺车或纺纱机上绕纱的机件。

【译文】

等到蚕丝在篗上绕好之后，就可以做经纬线了。经线用丝较少，而纬线用丝较多，每十两丝，经线需用四两，纬线需用六两，这是大概的情况。供纬线用的篗，先用水将丝浸润，摇动纺车转动锭子，然后缠绕在竹管上，竹管需用小箭竹制成。

【异本插图比较】

《乃服》卷中，前后几幅插图有明显的连贯性，按照上文顺序，蚕丝在经过调丝这一步骤之后，需要制作经纬线，此处插图名曰“纺纬”，显而易见是在编织纬线。且陶本中的此幅插图也与涂本、杨本相近，其与涂本的构图与主体物大体符合。涂本图名为“纺纬”，置于画面中针叶下方，杨本未见图名，

涂本　　杨本　　陶本

图2-2-8　纺纬

陶本名为“纺车图”，居于画面左上角。本图是对纬车的示意，相较而言，涂本以“纺纬”为名更具说服力。

图中有一人、一纬车，居于画面中央，陶本偏左。涂本背景为半棵松树，树根与松针分别占据了画面右下角与右上角，陶本似乎是涂本背景的衍生，树根与松针占据的图幅更大，因此主体物稍往左偏移，而杨本背景并非树木，而是两块交叠的竹帘，或许是其他物品，较难识别。

图中人物背对画面坐于纬车前，双手、双脚分摊于身体两侧，左手握丝，右手摇动纬车。三个版本人物动态相似，区别有二：一为陶本人物头戴一尖帽，涂本、杨本人物只挽一发髻；二为涂本人物穿白鞋与白袜，而杨本人物穿黑鞋与白袜，陶本人物穿黑鞋与黑袜，但这对插图本身示意的内容无较大影响。

再看本图所示机具，纬车，即纺车，《农书》对于纬车有如下记载，“……其树上立柱置轮，轮之上近，以铁条中贯细筒，乃周轮与筒，缭环绳。右手掉轮，则筒随轮转，左手引丝上筒，遂成丝緯，以充织纬”[1]，这段话记述了纬车的制法，即在脚架上立起支柱用于放置转轮，于转轮上方靠近转轮的位置用铁条贯穿细竹管，竹管与转轮通过丝环绕在一起。操作的人用右手掉转转轮，竹管随之转动，左手引丝线绕上竹管，就可以形成收丝器，来编织纬线。

与文字信息相应，此图中纬车也为手摇式，以两根立柱为支架，支架上放

1 〔元〕王祯撰，缪启愉，缪桂龙译注．东鲁王氏农书译注［M］．上海：上海古籍出版社，2008：693-694．

置转轮，但涂本、杨本未见摇柄，涂本或因图片局部模糊难以识别，杨本则是明显没有绘制摇柄，陶本则有一构件握于人物手中，应为摇柄。转轮左侧有一横架，横架一端有一圆锭，通过丝线与转轮相连，使用纬车时，即由多股丝线束为一股，从人的左手穿过，绕于大转轮，收于小圆锭，最后绕在竹竿上。如是看来，涂本与杨本中所示行为与文字描述相吻合，杨本于调丝图中不太合规范的丝籰也未见错处，但与之形成对照的是陶本中所绘丝籰，十分饱满，丝籰两端略显夸张。而陶本插图未将绕于大转轮上的线条画出，为一小漏洞。

总体观之，纺纬图对人物形态与纬车有了大致描绘，且未见大错处，但背对而坐的人物将纺车遮去了一部分，对具体操作方式的辨识有一定迷惑性，对纺车的运作机制也未见详细说明。

溜眼 掌扇 经耙

【原文】

凡丝既籰之后，牵经就织。以直竹竿，穿眼三十余透过篾圈①，名曰溜眼（图2-2-9、图2-2-10）。竿横架柱上，丝从圈透过掌扇，然后缠绕经耙之上。度数既足，将印架捆卷。既捆，中以交竹二度，一上一下，间丝，然后扱于筘②内，此筘非织筘。扱筘之后，以的杠③与印架相望，登开五七丈。或过糊者，就此过糊。或不过糊，就此卷于的杠，穿综④就织。

【注释】

① 篾圈：竹圈。

② 筘：织布机上的一种机件，经线从筘齿间通过，它的作用是把纬线推到织口。

③ 以的杠：涂本、陶本写作“以的杠”，杨本称“然的杠”，皆做连接词；的杠，纺织用的经轴。

④ 综（zèng）：织布机上带着经线上下分开形成梭口的装置。

【译文】

将蚕丝在籰上缠绕好之后，就可以牵经线织丝。用一根直挺的竹竿，穿三十多个眼后再穿上竹圈，这就称作“溜眼”。将竹竿横架在柱子上，丝从竹圈内透过掌扇，然后缠绕在经耙上。丝的长度足够长以后，将其捆卷在印架上。捆好之后，中间用两根交竹，将丝间隔成一上一下，然后穿入筘内，此筘并非织机上的筘。等到穿过筘之后，将的杠和印架拉开五七丈远。需要浆丝的，就在此浆丝。若无须浆丝，就于此卷在的杠上，穿过综口就可以织丝了。

【异本插图比较】

经线与纬线相对，上文所言纬车用于纺纬线，而下图机具即用来纺经线。

涂本

杨本

图2-2-9　溜眼　掌扇　经耙

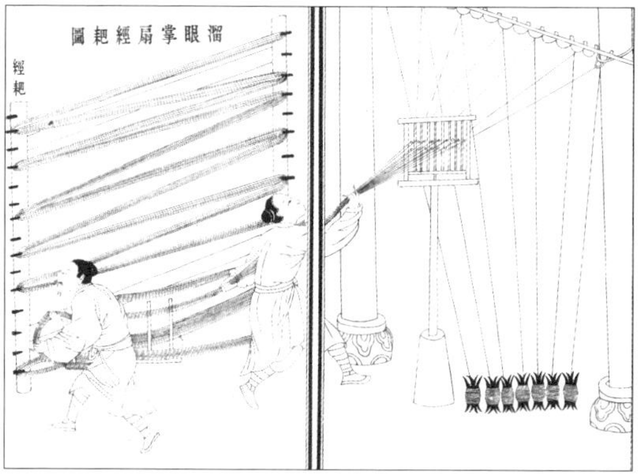

陶本

图2-2-10　溜眼掌扇经耙图

但涂本未对此图命名，只对图中四个构件分别注有“经耙”“掌眼”“溜眼”“交头”，杨本亦同，陶本则只标注了“经耙”，并将此图命名为“溜眼掌扇经耙图”，想必是对涂本文字的总结，因“交头”二字较小，不起眼，所以在起图名时被忽略。实际上“经耙”“掌眼”“溜眼”只是图中机具的三个构件，此具名为“经架”，是用于迁经线的机具。

“凡丝既籰之后，牵经就织”，按照原文所言，牵经这一步骤同样在调丝之后，通过在一根直竹竿上穿三十多个洞眼，洞眼上穿竹篾圈，这一构件就叫作“溜眼”；将竹竿横架在立柱上，将蚕丝从蔑圈中穿过，透过“掌扇”，然后缠绕在“经耙”上。原文所述工序对应了三个主要构件，其中“溜眼”已作出解释，而“掌扇”为图中注明的构件，支于一立架上，竹竿成排状，中间留空隙以供丝线穿过，又有一名称曰“分丝箝”，用于将丝线理顺，使其在纺线过程中不被绞乱；而经耙对应的是图中左侧的立柱，经耙上按等分的间隔嵌有齿耙，用于区分经线，故得名。

此图仅陶本命名为“溜眼掌扇经耙图”，为便于描述，简称其为经具图。经具图各版本都为两个版面的横构图，有两个人物与一经具，除杨本有若干线条外，每张图都没有多余的背景，且与上述两幅图相同，陶本经具图也基本参照涂本所绘。如图所示，经线原材料同样出自调丝后理成的丝籰，各版本图片中的丝籰数量不一，涂本有七个，分别对应七根丝线，杨本仅五个，对应五根丝线，但有一根丝线错位，绑在了另一丝籰上，而陶本也有七个，对应七根丝线。

随着丝籰引出的丝线看，丝线首先穿过架在立柱上的溜眼，溜眼两端固定在立柱上，涂本、陶本皆有示意，但杨本溜眼与立柱的交接处未体现，且陶本立柱底座绘制了花纹，另外两个版本呈空白状态。丝线从溜眼穿过后，再穿过掌扇，但三幅图中丝线与掌扇的衔接处都没有处理好，未曾穿过掌扇和穿过掌扇的丝线错位，这是此图不够严谨的地方。

丝线从掌扇穿过后，全部集于一人之后，汇为一股，交由另一人手中，其将丝线交错缠绕在经耙上，这一步骤对应的画面无较大差异，经耙所在位置的底部放一名为“交头”的构件，由一底座和两根竹竿组成，对应文字为“既捆，中以交竹二度，一上一下，间丝”，待经耙上缠满经线之后，通过交头分为上下两层，交错放置，为下一步骤做准备。

最后再对人物动态进行分析，经具图中共有两人，合作牵经线，右边一人面向右侧侧立，两手一前一后，都束着汇成一股的丝线，头部微仰，双脚前后跨立，杨本人物脚上的鞋子填了黑色，其他地方无较大区别。涂本人物上半身模糊不清，但能够辨识出他的大致动势与另外两个版本相仿。

另一人站于左侧，面向左前方侧立，留有胡须，双手置于身前，一同握着束在一起的丝线，涂本、杨本中此人未穿长袜，陶本穿长袜，而杨本中此人鞋子亦填黑色，但其动作、姿势并无较大差异。从人物，到经具，再到构图，三个版本相似度较高，陶本应对《天工开物》原有版本有明显的借鉴，这一现象在《乃服》卷中尤为明显。

过糊

【原文】

凡糊用面筋内小粉为质。纱罗所必用，绫绸或用，或不用。其染纱不存素质者，用牛胶水为之，名曰清胶纱。糊浆承于筘上，推移染透，推移就干（图2-2-11）。天气暗明[①]，顷刻而燥，阴天必藉风力之吹也。

【注释】

① **暗明：** 涂本、杨本称“暗明”，陶本为“晴明”，结合语境，前者有误，其意为天气晴朗，故应以陶本为准。

【译文】

浆丝所需的糊用面筋里的小粉为原料，织纱、罗必须用到它，绫、绸则可用可不用。染过的纱不存在原有的质地，需要用牛胶水浆丝，这称作“清胶纱”。过糊用的浆放在筘上，推移筘让丝被浆染透，推移之后就可干燥。天气晴朗的时候，立刻就能干燥，但阴天必须借助风力吹干。

【异本插图比较】

经线与纬线具备，统称为“牵经织纬”，于是就可进行丝绸的纺织工序。但在正式纺织前，还需对丝线进行一些处理工作，也就是此节所述的“过糊”。关于过糊的具体做法，在上一节中也有体现，延续经线牵成之后的做法，将经线分上下两层捆在交竹上，从一分丝筘中穿过，以免经线错乱。原文称，“扱筘之后，以的杠与印架相望，登开五七丈”，经线从分丝筘中穿过，绑在的杠上，的杠即织机上卷绕经线的转轴，后文花机图中亦有此具。的杠与印架位置相对望，可以拉开十五至二十一米。

过糊所用的浆料为面筋里的小粉，即淀粉，根据织品来区分是否过糊。过糊的做法是，将浆糊置于分丝筘上，推移的过程中将丝浆透，若无须过糊，就可以直接卷在的杠上待用。

已知其运作原理和基本步骤，我们再来对图片进行具体分析。涂本与杨本

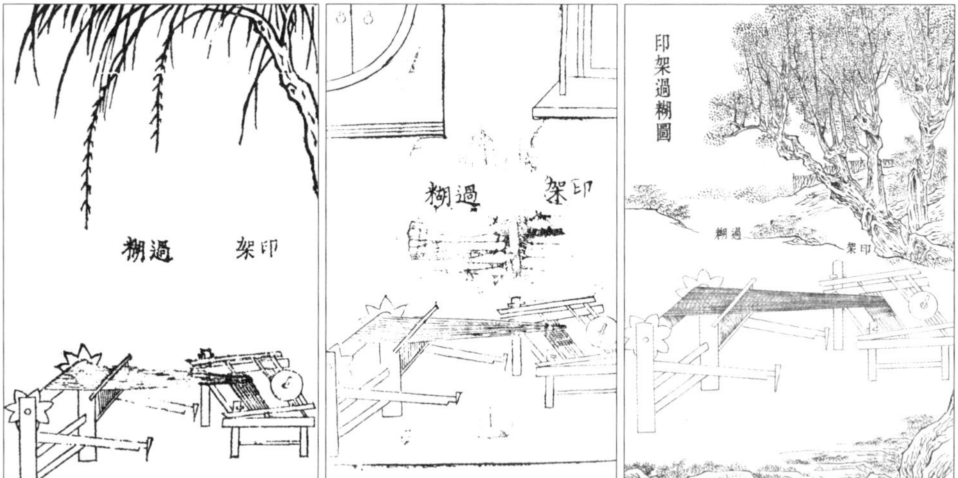

涂本　　杨本　　陶本

图2-2-11　过糊

名为“过糊”，“过糊”二字旁还有“印架”二字，“过糊”为图片所示对经线进行加工处理的工序，“印架”为“过糊”过程中用到的机具，因此笔者认为“印架”应该是指文字下方的机具，并非图名，但陶本图名直言其为“印架过糊图”，而在两个机具上方各有“印架”“过糊”的标注，这是图名及文字标注问题上不统一的地方。

三幅插图皆为单幅版面竖式构图，没有人物，只有两个用于过糊的机具，由经线连通，但画面背景未见统一。涂本为一棵柳树的局部，用于平衡图片上半部分的空白，杨本为建筑的局部，难见其全貌，不知具体为何物，陶本背景最为丰富，分远中近景，画面底部有土堆、杂草，画面上半部分为一棵古树，古树之后有远方的围栏，构图均衡，富有层次。

作为画面的主体物，的杠与印架如原文所言一致，呈一左一右相对放置，前文所言两个机具可以“登开五七丈”，此处并未拉开这般距离，靠得较近，应是碍于图幅，但对两者的构造与经线的缠绕方式做了基本的表述。印架置于右侧，底部立四根支柱，上部放置一木框，整体架构稳定，木框上横架若干木条，而经线缠绕在其中一组上，另一组木条上搁置一圆形容器，上留一小口，插一小条，或许是用于放浆糊的容器。

印架部分没有明显差异，顺着经线的走向，穿过分丝筘，再到的杠，的杠作为提花机的构件之一，应是从提花机上拆下置于此处，由两根支柱支撑，支柱中间有两根杆件，末端各有一锥形物，支柱上段各有一齿轮，中间架一横轴，各个版本大致构件相似，除比例、尺寸外，无较大差异。因而此图除背景外，主体物架构基本一致。

花机图

【原文】

凡花机通身度长一丈六尺，隆起花楼①，中托衢盘②，下垂衢脚③。水磨竹棍为之，计一千八百根。对花楼下掘坑二尺许，以藏衢脚。地气湿者，架棚二尺代之。提花小厮，坐立花楼架木上（图2-2-12、图2-2-13）。机末以的杠卷丝，中用叠助木两枝，直穿二木，约四尺长，其尖插于筘两头。

【注释】

① **花楼：**指提花机上用人力按花纹样稿控制经线起落的部分。

② **衢盘：**旧式提花织机上调整经线开口位置的部件。

③ **衢脚：**旧式提花织机上使经线回复原位的部件。

【译文】

提花机通身长度一丈六尺，隆起的部位称为“花楼”，中间托着衢盘，下部垂着衢脚，由水磨成的竹棍做成，共计一千八百根。对着花楼的下面挖掘出二尺多深的坑，来容纳衢脚。地面若是潮湿，架起二尺的棚代替。提花的小厮坐立在花楼的木架上。提花机的末端用的杠卷丝，中部有两根叠助木，直接穿过两根大概四尺长的木棍，木棍的尖部插在筘的两端。

【异本插图比较】

在经线、纬线都准备好之后，就可以正式开始进行织造工序，织机中有两类应用较广泛，分别是大型提花机与小型腰机，分别对应本节与下一节图示。提花机零件以千计，可以说是本书中最为复杂的大型机械，也是古人智慧的结晶，提花机可以织出较为复杂的图案，但相应的工序也更为烦琐。

本图所示提花机也被称作花本式提花机，同样构造繁复，且需两个工人同时配合进行。除杨本左上角有方窗的一角外，图中没有多余的背景，整张图幅

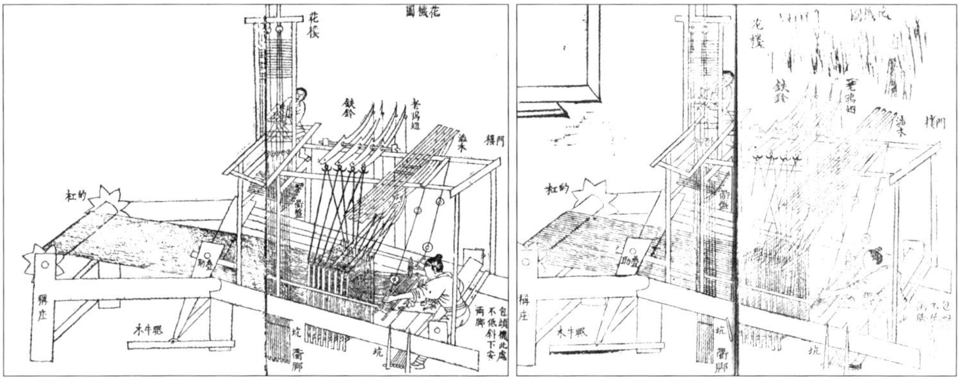

涂本　　杨本

图2-2-12　花机图

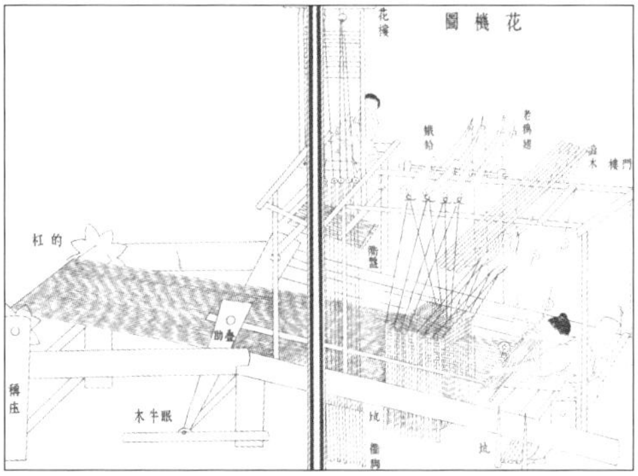

陶本

图2-2-13　花机图

都用于展示提花机的构造，并对几个重要的构件标注文字。首先根据文字信息对其对应的构件进行一定的了解。

图片名为花机图，图中所示提花机头在右、尾在左，最右侧也就是最前端的构件标有“门楼”二字，是整个织机前段的支架，门楼下方坐一织工，门楼上依次放置“溢木”“老鸡翅”“铁铃”三个构件，用于提下方牵制的纬线。而后是提花机的中段，一名为“花楼”的机构置于提花机中间，并有一名织工坐在花楼上面，花楼下有一构件名为“衢盘”，末端名为“衢脚”，用于提起对应的纬线。再往后，有一三角形构件名为“叠助”，下面由“眠牛木”支撑，由织工控制，是打纬时的摆件。提花机的末端，是前文提到的“的杠”，的杠呈六角齿轮的形状，在织造时用横木卡住，一段布料织完后，抽出横木，两端共同旋转，一放一收，放出未织的丝线，的杠下方的构件称为“称庄”，起支撑作用。

除以上文字外，衢脚处与人脚前方各有一“坑”字，应是说明此处地面挖坑以存放过长的部位。涂本与杨本在画面右下角还有“包头机此处不低斜下安两脚”十二字，应表示提花机前端没有低斜，还有织工放脚的位置，而陶本没有这一段文字。

再对应原文文字进行解读，原文称，提花机长四米八，中间隆起的部位叫做花楼，中间托着衢盘，下面垂吊衢脚，衢脚用水磨光的竹棍制成，有一千八百根，显然图中绘制的衢脚并没有这么多，原文也提到地下挖六十厘米的坑，用于容纳衢脚，提花的织工则坐在花楼的木架上，与图片示意的做法相符。提花机的末端用的杠卷丝，提花机中部用两根叠助木穿接两根长约一米三的木杆件，木杆尖端插入织筘的两端，即表示织筘打纬时，能够带动叠助木一同运作。

画面中有两个人物，坐在提花机右端的织工正在进行织造工作，侧身而坐，但没有绘制出他的五官，三个版本中此人大体形态一致，双手伸向前方，一手控制织筘，一手拿着梭子。花楼上的织工面对画面正向而坐，脑袋往右微斜，双手持握牵动衢脚的绳子，基本形态也没有不同之处。

如图片示意，织工坐在提花机的一端进行织造工作，身前即为织出的布料，布料前方是压纬线的织筘，织筘连着叠助木，织筘后方连接着长段的经线，经线最末端绑在的杠上，在一段布料织完后方才将经线放出。花楼处的织工通过提拉不同的绳索牵经线，但对应的数目与文字表述不符，显然是适当简化以便绘制。涂本、杨本中花楼的顶端有两截木料，而陶本没有。再看三个版本中，经线后半段与前半段似乎没能完全衔接上，被提起的经线与未提起的经线没能进行区分，导致前后经线数目不相符，应该也是简化图示的缘故。

花本式提花机的构造非常复杂，此图在很大程度上简而化之，但三个版本基本相差无几，后者对前者有明显的参照，并且没有进行主观调整，虽部分构件与实物有所差异，但大体上将提花机的主要构件排布清楚。

腰机图

【原文】

凡织杭西、罗地等绢，轻素等绸，银条、巾帽等纱，不必用花机，只用小机（图2-2-14）。织匠以熟皮一方置坐下，其力全在腰尻[①]之上，故名腰机。普天织葛、苎、棉布者，用此机法，布帛更整齐坚泽，惜今传之犹未广也。

【注释】

①尻（kāo）：屁股，脊柱的末端。

【译文】

织杭西、罗地这类绢，轻素等绸，银条、巾帽等纱，不必用到提花机，可只用小织机。织丝的工匠将一块熟皮放置在座位上，发力点全在腰与臀部上，所以称作“腰机”。各地织葛、苎、棉布，都用这一方法，布帛会更为整齐、坚实有光泽，可惜至今还没有广泛流传。

【异本插图比较】

相对提花机这类大型织机而言，腰机构件较少，体量较小，可被归类为小机，适用于织杭西、罗地等绢，轻素等绸，银条、巾帽等纱，但无法织出有花

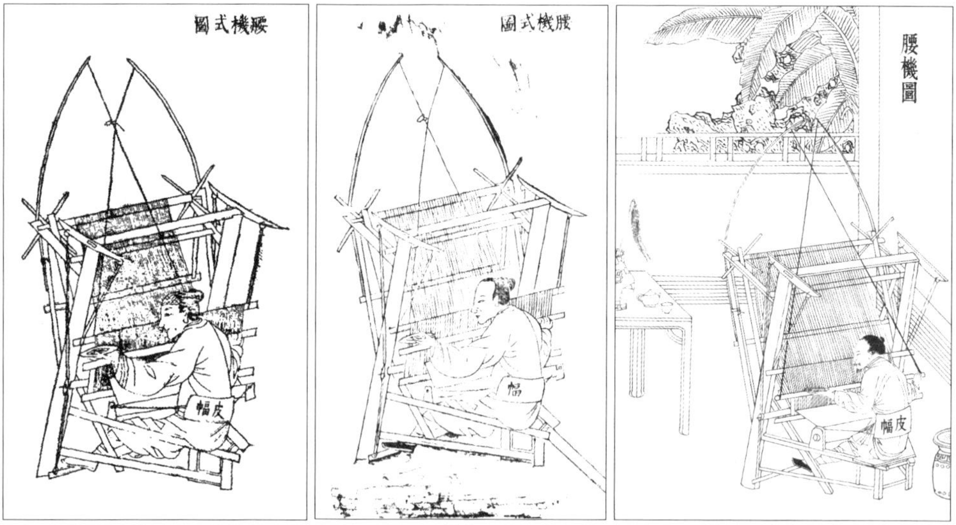

涂本　　杨本　　陶本

图2-2-14　腰机图

纹的布料。腰机只需一人操作，因此腰机对应的插图中即一人、一腰机，涂本、杨本未见其他内容，陶本中则绘制了室内外的场景，细观之下，腰机被设定在屋内的墙边，右下角有一罐子，只露一半，未见全貌，左侧有半张桌子，上面放置茶壶、茶杯等，另有半个花瓶插一拂尘，而左上角，为一半墙，露出屋外景致，有假山、芭蕉等。

涂本与杨本右上角提“腰机式图”四字，而陶本仅“腰机图”三字。除图名外，各个版本还在织工背靠的位置标有“皮幅”二字，但杨本仅一“幅”字，应为疏漏。抛去其他内容，再看主体物，图中人物动态位置一致，面向左侧侧身而坐，涂本、杨本人物坐在腰机支架上，陶本人物则坐于支架末端架起的木板上。三个版本的人物动作，都为左手持梭，右手握织筘，只见左脚踏于横杆上，不见右脚。涂本人物头发用发巾包起，而杨本、陶本人物仅扎一发髻，陶本人物留有胡须，此外无明显差异。而腰机置于人前，摆放位置亦相同。

腰机与提花机差别极大，但基本原理相似，腰机亦有一类似的杠的卷布轴，置于腰机顶部，由四齿转轴控制，经线从最上方卷布轴放出，绕过数根横杆，最后与织工面前的卷布轴相接，通过织工踩踏脚底杆件牵动上方横杆，提起经线，织工由此用梭子将纬线穿过经线，而后用织筘将纬线压紧实，而织筘就由图示绳子系在两根曲杆上，以便松手之后回弹。织至一定长度后，再通过卷布将经线放出，而后重复上述步骤。

从插图中织工处看起，如前文所述，涂本、杨本中织工坐于三脚立架的末端架上，陶本织工坐于三脚立架的横板上。因此，陶本与前两个版本相比多一横板，而杨本三脚立架末端多出一条状物，不知其意。织工面前放置卷布轴，涂本、杨本卷布轴两端各有一梯形构件，既用于衔接转轴，又连接织工背靠的皮幅，而陶本中梯形状构件略大，卷布轴位置与人略近，稍显不合理。织成的布匹上没有任何纹路，织工持握的织筘上本该牵线从而控制曲杆，但涂本、杨本线条不明，反倒是陶本将线条明显绘出，与织筘两端相连。牵经线的部位构造基本类似，但陶本线条似乎错位，从上至下数第二根横杆未与经线交织，而从下至上数第二根横杆处有两排经线，意味不明。

此外，腰机图中人机比例、绘画方式也稍显不同，涂本作为最初的版本，其绘画技术并不复杂，运用白描的手法展现人物神态和工艺场景。杨本的绘画技术较涂本有所不同，绘制的插图较涂本更为清晰，与涂本一样运用线条勾勒，虽更注重线条的作用，却还是停留在绘制技术相对简单的阶段。陶本插图则带有民间艺人的画风，且参照清代书籍加绘、改绘，绘制技术、技巧方面有很大提高，所绘机构立体，繁密精丽、富丽精工。陶本的插图还使用了石印等技术，不仅对细节进行了更为深入的刻画，还运用了近大远小的透视画法，但失去了初刻木的真实性和朴实性。

赶棉、弹棉、擦条、纺缕

【原文】

凡棉布御寒，贵贱同之。棉花古书名枲麻①，种遍天下。种有木棉、草棉两者，花有白、紫二色。种者白居十九，紫居十一。凡棉春种秋花，花先绽者逐日摘取，取不一时。其花粘子于腹，登赶车而分之（图2-2-15）。去子取花，悬弓弹化（图2-2-16）。为挟纩②温衾袄者，就此止功。弹后以木板擦成长条以登纺车（图2-2-17），引绪纠成纱缕（图2-2-18至图2-2-20）。然后绕籰牵经就织。凡纺工能者一手握三管，纺于铤上，捷则不坚。

【注释】

① 枲（xǐ）麻：大麻的雄株，亦泛指麻。

② 纩（kuàng）：絮衣服的新丝绵。

【译文】

棉布制成的衣物用于御寒，不分贵贱。棉花在古书中称作“枲麻”，遍植各地。棉花种植分木棉、草棉两种，花有白、紫两种颜色。种植的棉花中白棉占十分之九，紫棉占十分之一。棉花春天种下，秋天开花，先绽开的棉桃逐日摘取，摘取的时间不一。棉籽粘在棉桃腹内，需要用赶车才能将其分开。去除

涂本　　杨本　　陶本

图2-2-15　赶棉

涂本　　杨本　　陶本

图2-2-16　弹棉

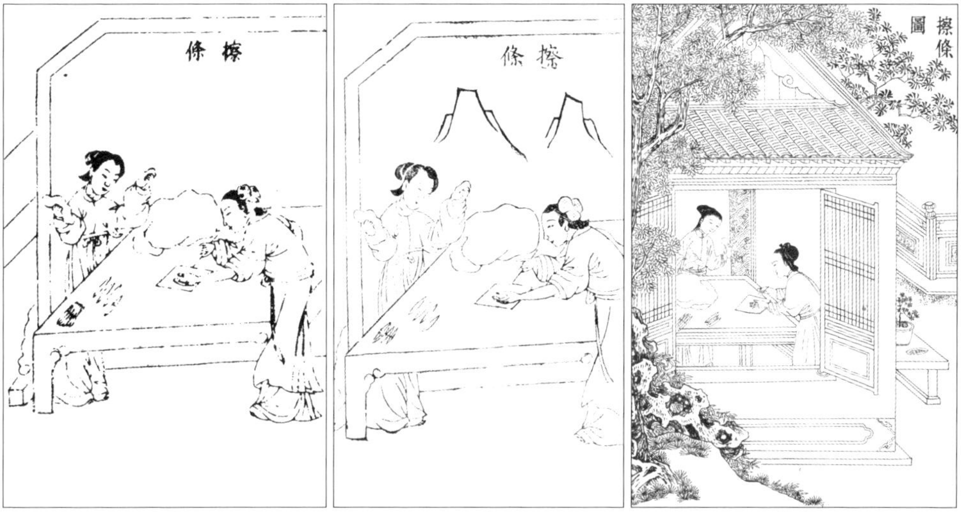

涂本　　杨本　　陶本

图2-2-17　擦条

棉籽取出棉花，用弹弓弹至松软。用作棉被、棉服的棉花，到这一步就可以停止。棉花弹松软后用木板擦成长条，用以放入纺车，引棉絮纺成纱缕。然后将棉纱绕在篗上，牵经线织丝。纺纱能手能够一只手握住三根纺锤，将棉纱纺在锭子上，若速度太快就会不牢固。

【异本插图比较】

在丝织品加工农器之后，《天工开物》在《乃服》卷中又对棉纺织品加工进行了一系列的描述，丝织品在古代可被视作高档品，而棉布则不分贵贱，用

涂本　杨本

图2-2-18　纺缕

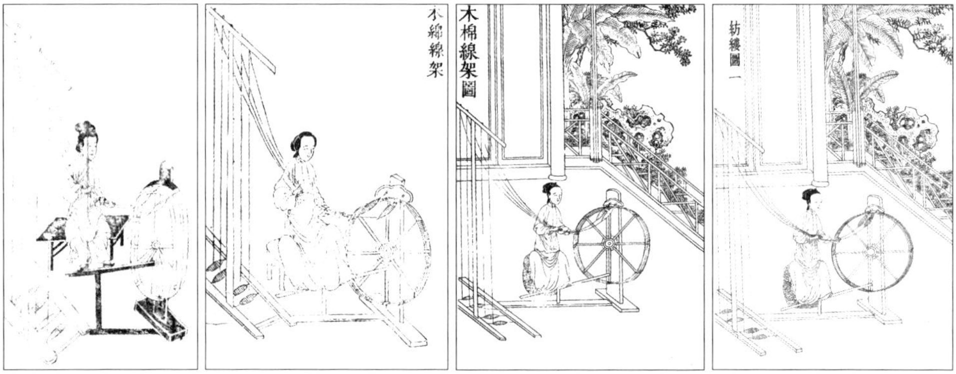

明本　徐本　集成本　陶本

图2-2-19　纺缕图一

明本　徐本　集成本　陶本

图2-2-20　纺缕图二

于御寒。此段文字即对棉布纺织做了大概描述，从棉花的摘取到脱籽、加工，再到搓条纺织，一应俱全，因此本文对应图示较多，共计四幅，但相应文字信息较少，故在《天工开物》原文之外，另选其他农书句段以便理解，并结合图片对其条分缕析，一一道来。

首先对第一幅“赶棉”图进行分析，其原文曰“其花粘子于腹，登赶车而分之”，意思是说棉花摘取后有棉籽粘在棉桃内，需要用赶车将其分开，但原文对于赶棉的做法并未展开描述，因此借《农书》对赶棉的做法对照分析：

“昔用辗轴，今用搅车，尤便。夫搅车，四木作框，上立二小柱，高约尺五，上以方木管之。立柱各通一轴，轴端俱作掉拐，轴末柱窍不透。二人掉轴，一人喂上绵英。二轴相轧，则子落于内，绵出于外。比用辗轴，工利数倍。”[1]

这段文字对赶棉进行了细致的分析，但与《天工开物》中赶棉的做法不同，《农书》中有一方架上立小柱，但《天工开物》中直接用小柱，无立架，但其他工序一致。在两根立柱上各通一转轴，转轴一端作摇柄，转轴末端在另一根立柱里，但不穿透。赶棉时，由两人转轴，一人在两轴中放入棉花，棉籽就会被轧出。

《天工开物》赶棉图所示赶棉方式是将搅车固定在一长椅处，使立柱固定，且无须三人，仅一人用一手操作一转轴，另一转轴连接底部杆件，用脚划踩，另一手用来放置棉花。这是两本古籍中对于赶棉方式的不同呈现。将分析对象锁定为《天工开物》的三个版本，涂本、杨本图名为“赶棉”二字，陶本为“赶棉图”三字，且涂本、陶本竹篓下方有二字“火烘”，杨本没有。图中各有一人一搅车，另外有一长椅与两个放置棉花的竹器，但陶本不再与另外两个版本类似，而是采取了相异的构图形式。涂本与杨本人物动态大致相同，皆面向右侧坐在长椅上，前方置一搅车，但涂本左侧绘制了假山、芭蕉作为装饰，杨本仅用寥寥几笔绘制了山石。陶本差异较明显，人物面向左侧坐于长椅上，面前放置搅车，且绘制了大量场景，除基本要素外，主体物置于一开放式的屋内，人物身后依稀可见桌子的一角，桌子上放置茶杯、瓷瓶等物，左侧为开窗的墙面，房屋由松树、篱笆掩映。

再聚焦至主体物，涂本与杨本人物动态一致，跨坐在长椅上，左手持转轴轴柄，右手往转轴内放置棉花，右脚踩于搅车底端的一根木条处，作摇动另一根转轴之用，涂本人物鞋为白色，杨本则将其填黑，且涂本依旧头戴网巾，杨本扎发髻，此外无较大差异。而陶本人物留有胡须，鞋子填黑，脚踏搅车底部伸出的横杆，右手握转轴轴柄，左手放置棉花，虽然朝向相反，但动作一致。

搅车如《农书》所言，有两根立柱，且各设一转轴，一根转轴轴柄由人手转动，另一根转轴用脚转动，但陶本用脚控制的转轴未设转柄，且长椅后半段

---

1 〔元〕王祯撰，缪启愉，缪桂龙译注．东鲁王氏农书译注［M］．上海：上海古籍出版社，2008：707-708．

被遮挡，不见全貌。涂本、杨本中竹篓绘制较为简略，陶本较为精细。从赶棉图起，此卷陶本的主要参照对象不再是《天工开物》已有的版本，而是其他农书，虽有部分差异，但大体的运作原理较为符合原意。

这一小节所示四组插图有较强的衔接性，继赶棉之后，就可进行弹棉这一步骤，弹棉是为了将棉花弹至舒松状，原文称“去子取花，悬弓弹化”，分别对应的工序就是赶棉与弹棉，且弹棉仅有“悬弓弹化”四字说明，但图示较为简易，便于理解。

这组插图涂本、杨本名为“弹棉”，陶本名为“弹棉图”，画面主体为一人一弹弓，涂本画面中除此之外没有其余的内容。但在此基础上，杨本左上方有一横板与一圆状物，不明其意。陶本相较于前二者有非常丰富的场景，人物与弹弓置于室内，且对房屋进行了详细描绘，画面右侧有半棵树，枝丫横斜逸出，掩映着房屋，但人物的动作与弹弓的摆放位置与前两者相近。

图中人物蹲坐在地，面向左前方，低头看向地面，各个版本的地面也有所不同，涂本、杨本地面只留一团棉花，但陶本地上铺设草席，其上再铺棉花。人物左手握着弹棉的木弓，右手握一木槌，该人物应为一中年男性，三个版本中都留有胡须，涂本仍旧用头巾包发，杨本、陶本则扎一发髻，陶本人物臂部与后背被树干遮挡，其他无异。

再看人物手中的弹弓，弓身朝下，弓弦朝上，弓前端弯曲，后段稍粗，易于手握，涂本与杨本弹弓弓弦接线处有一较长杆件，用两根小木条与弓身连接，而陶本则用一块木板。涂本与杨本弓身缠线为由左至右，排线较为松散，而陶本则是由右向左，排线紧密且均匀。涂本、杨本弹弓弓身有一小环与曲杆用弦相连，但陶本为一交叉结，涂本、杨本中，上方曲杆与一立柱相捆绑，而陶本不知其固定于何处。

总体观之，弹棉图原理较为清晰易懂，且器具构造简略，各个版本人物造型、动态相近，陶本与另外两个版本稍有差异，但未影响插图想要表明的含义，其最鲜明的差别在于场景的绘制。

赶棉、弹棉过后，纺织之前，还要进行擦条这一步骤，原文对擦条的释义同样一带而过，其称“弹后以木板擦成长条以登纺车，引绪纠成纱缕”，意思是说将弹好的棉花用木板擦成长条，以登纺车进行纺织，牵引棉絮纠成纱缕，擦条的工具与原理极为简易，主要用手工操作，将棉花擦成条状即可。

三个版本中，涂本、杨本图名为“擦条”二字，而陶本为“擦条图”三字，与前文所述各版本图名的区别类似，画面中有两名女性，站于桌边做擦条的动作，涂本、杨本有一屏风作为陪衬，涂本中的屏风没有任何装饰，杨本则勾勒出了山峦的形状。陶本将主体物另置一场景中，图中人物与桌子在一房屋内，且通过开窗才得以窥见，小屋左侧为假山与树木，右侧有一小几，几上放一盆栽。可以看出，陶本偏好在画面中增加场景，且以建筑、假山石、草木为主。

再看画面中的主体物，三个版本中人物站位一致，一左一右站于桌子的两侧，但细节上稍有差异，且桌子的摆放角度也不相同。涂本、杨本左侧女子站于桌子斜侧面，面向右侧站立，头部微向右偏，两手分举于身体两侧，手中各握一团棉花。陶本中左侧人物站于桌后，右手置于胸前，左手举在身体右侧。而涂本、杨本中右侧人物站于桌前，俯身而立，左手在桌子上擦条，右手握一长签，陶本右侧人物站于桌角，与前两个版本人物动作一致，由于建筑与窗户遮挡，人物后半身稍被掩去，但大致形态无异。

桌面上放一大团棉花，而后是擦成的条状棉絮，中间粗，两端细，人物操作的位置还有一木板，具体操作方式未能体现。三个版本对于擦条的诠释相近，且擦条这一工序本身没有较大难度，也没有特定的机具，因此易于理解。

纺缕图版本在设定上与治丝图相近，陶本也具有两幅纺缕图，分别名为“纺缕图一”“纺缕图二”，且基本与《天工开物》涂本、杨本所附纺缕图没有关联，陶本纺缕图同样是参考其他农书绘制而出。因此，本节首先对涂本、杨本进行比较，其次对陶本与其参照本进行比较分析。

纺缕图的工作原理实际上与纺纬图相近，区别在于纺纬图加工的是蚕丝，纺缕图加工的是棉絮。涂本、杨本中各有一人物、一纺具、一屏风，此外没有多余的内容，从最简单的屏风来看，两者都只露出屏风的半边，上绘云与日，无较大差异。再看人物，涂本、杨本中各有一女性面向左侧坐在矮椅上，上半身向前微俯，右手握在纺车转柄上，可见此具为手摇式，和纺纬图原理近似，用一大转轮绕线，带动小锭高频旋转，以便在小锭上形成细线，另有一用于缠棉线的构件称为“筟䊵”，纺纱人需将棉线缠在筟䊵上，而后将棉线连至纺车上，由此转动，图中人物左手即握着从筟䊵松出的棉线。

再看纺具，其主体为一转轮，由两根立柱架起，但杨本中只有一根立柱，不能起到架起转轮的作用，且杨本中人物并未握在转柄上，也是一处疏漏。大体上看，涂本与杨本的构图与构成元素较为相近，有明显的借鉴成分，而陶本却呈现出截然不同的面貌。

与上文治丝图选用参照图版本一致，分别为《农书》明代嘉靖九年刻本，简称明本；《农政全书》明代徐光启平露堂刻本，简称徐本；《钦定古今图书集成》清雍正四年刻本，简称集成本；《天工开物》民国十八年武进陶氏涉园石印本，简称陶本。四个版本图名有所不同，但因本书以《天工开物》异本插图为研究对象，故以陶本“纺缕图一”“纺缕图二”统称。

先看纺缕图一，从陶本回溯到各个版本，构图、风格、细节处理等与集成本最为相似，到徐本则只剩主体物，到明本虽已面目全非，但依稀可以分辨人物形态与纺织工具的原型，这也是笔者寻得的最早版本。

明本中此图虽没有命名，但其附文道：

“木棉线架，以木为之。下作方座，长阔尺余，卧列四維，座上凿置独柱，高可二尺余，柱上横木，长可二尺，用竹篾均列四弯，内引下座四維，纺于车上，即成绵线。”[1]

结合陶本之前已有的两幅图可见，此图原名应为“木棉线架”，木棉线架说的是图中左侧的木架，底座用木板制成，并放置四个筟繀，底座上又固定一立柱，长约六十厘米，立柱上再架一横木，也约六十厘米，均匀地装上四个竹篾做成的钩子，用钩子与下方的筟繀相连，汇成一股后引至纺车上，就能各自合成两根棉线，随后再绕于两个筟繀上。因此，此图的用意是将四股棉线汇成两股，且原有的农书所附插图想要说明的是左侧的木棉线架而非纺车。

由此再来对照纺缕图一各个版本的差异之处。四个版本都有一人与两纺具，且人物都为女性，除此之外，明本与徐本没有其余内容，而集成本与陶本则绘制了背景，画面场景由墙壁的一角和露台组成，露台周围围一圈栏杆，露台之外还有山石草木等景致，陶本对集成本有明显的参照成分，但这两个版本与另外两个版本相似度不高，不知其间是否还有未知的版本存在。

明本作为已知的最原始的版本，是图示本意最明确的一幅，但在画面角度、比例、透视关系上处理得并不完善。图中女性人物的体形较小，似乎是个女孩，头上梳一发冠，坐于方凳上，双脚踏在木杠上，以控制纺车的转动，双手则握着汇合起来的棉线。其余三个版本的人物和明本动作姿态相符，但体形略修长，发型各异，服装也略有不同，明本人物坐着的是黑色方凳，徐本人物坐着圆凳，集成本与陶本人物所坐之物呈圆筒状，并绘有精致花纹。而其足踩踏的位置也有高低之分，明本人物落脚的位置最高，徐本稍低，集成本、陶本更低，这也就对应了各个版本中用于踩踏的木杠的不同之处。

而后看木棉线架，明本木棉线架透视不准，底座向上倾斜，徐本也稍微倾

---

1 〔元〕王祯撰，缪启愉，缪桂龙译注．东鲁王氏农书译注［M］．上海：上海古籍出版社，2008：713．

斜，集成本、陶本透视基本合理，其他构件则相差无几，木棉线架底座处放置四个篗䉶，各引出四根棉线，从木棉线架顶部绕过，在人物手中汇成一股，而后通向纺车，直至汇成两股，各自绕于纺车顶部的两个篗䉶上，这一步骤没有较大区别。

最后看纺车，明本中最初的纺车转轮是椭圆形，且木架填黑，由十根短木作为支架。徐本转轮为圆形，固定篗䉶的位置变成三花装饰，由八根短木作为支架。集成本、陶本纺车与徐本近似，不做重复解读，但其木杠连接部位由靠近转轮中心，移到了转轮边缘。

综上，木棉线架准确来说并非纺缕的过程，而是将两根棉线编为一根的步骤，且与涂本、杨本有手摇与脚踏的区别，可见陶本的图片并不与《天工开物》原文意图表达的含义相符，而是将所借鉴的农书插图照搬至此处，并置换了图片名称，有一定的混淆性。

与纺缕图一类似，纺缕图二同样不是《天工开物》原文对应插图，而是出自《农书》的小纺车，明本图中虽未注明图片名称，但在徐本与集成本中皆有“小纺车”字样。而《农书》原文对小纺车未作描述，只称“前图具陈”，即小纺车的图在此前已有说明，且对应的另一插图为“木棉纺车”，其文道：

“其制比麻苎纺车颇小。夫轮动弦转，篗䉶随之，纺人左手握其绵筒，不过二三，续于篗䉶，牵引渐长，右手均撚，俱成紧缕，就绕䉶上。欲作线织，置车在左，再将两䉶绵丝合纺，可为线绵。”[1]

从中可知，《农书》所描述的纺车亦是通过转轮牵引棉絮，而后聚拢在篗䉶上，合成棉线，文中“再将两䉶棉丝合纺”，但小纺车中有五股，因此纺织工手中握一木杆，用于控制多股棉线，使其不互相缠绕。

纺缕图二中纺织的对象也并非木棉，而是麻缕，如明本中所示，篗䉶上的线连至五个线团，应为麻缕团，因此，纺缕图二与图一的纺织对象不同，与《天工开物》所描述的对象也不同。此图中有一人一纺具，与上一组插图情况类似，明本与徐本除主体物外没有多余内容，而集成本与陶本中的主体物被置于一处场景内，应为一露台，画面右上部为一面墙的局部，左上部为一露台，不远处同样有山石草木等景致，画面右侧设一桌子，上有多件摆设，右下角还有一阔口罐，但只余一半。

1 〔元〕王祯撰，缪启愉，缪桂龙译注．东鲁王氏农书译注［M］．上海：上海古籍出版社，2008：710-711．

再看主体物，图中人物都为女性，面朝正前方坐于方凳上，脸部微向左侧，双足踏在木杠上，右手握一木杆，左手束起几股麻缕。明本人物姿势最为挺拔，头饰精巧繁复，但因图片模糊，不易辨识，其他版本中人物没有多余发饰，只绾一发髻；明本人物上衣有较多纹饰，其余版本亦无；再者明本人物所穿鞋子填有黑色，其他版本无填色。由此可见，集成本应参照徐本，而非直接参照明本。人物手中握着的木杆长度也不同，明本最长，徐本其次，集成本、陶本最短，因此这两个版本距离纺车较近。

最后观察纺车，明本纺车有一方形木框作为底座，另有两根立柱分列两侧，立柱上架一横木，此处多条木杆件排列顺序混乱，但可以明确的是明本中脚踏的杆件并没有与转轮相连接，且转轮的轮辐与轮毂并未相接，而是空的，这显然是错误的。纺车上段设一五花板，连接五个筝繉，而五个筝繉分别对应着右侧的五个麻缕团，这就是明本图中的内容。再对照另外三个版本，它们都去掉了明本中多出的若干杆件，只留用于足踏的一根杆件，轮辐与轮毂也已连接，但徐本有十六根短木，集成本与陶本仅十二根，明本仅八根。这三个版本中纺车的底座都为长条状，更具有关联性。另外，明本中的麻缕团到了徐本中变小，到集成本中更小，最后至陶本中仅为一根卷线，对于麻缕团的改动较大。总体来看，笔者推测集成本参照徐本的可能性更大，而陶本参照集成本是无疑的，但纺缕图二与《天工开物》纺缕图意欲表达的内容差异较大，此图本身虽无过多疏漏，但其内容并非《天工开物》的纺缕图，而是源自《农书》的小纺车，这一错误在陶本中已多次出现，因此这类图片有文不对题之嫌。

【陶本多出图幅】

《天工开物》原书《乃服》一卷中共附十二幅插图，涂本、杨本基本一致，陶本在原有的治丝图与纺缕图中分为一、二两幅，但与涂本、杨本关联性不大。此外，陶本另多出六幅插图，分别是蚕浴、捉绩、分箔、择茧、缫车一、缫车二，其对应内容都为养蚕缫丝，除缫车一、缫车二外，笔者目前暂未找出明本、徐本、集成本中存在与陶本多出插图相似的图示，而在另一农书《钦定授时通考》中发现相似度较高的插图。

《钦定授时通考》由清鄂尔泰、张廷玉所编，为清乾隆七年（1742年）武英殿刻本，以下简称殿本。其初刻本尚存，且序言落款为“乾隆七年岁在壬戌春正月”[1]，此书开篇提到“……播种之方，耕耨之节，与夫备旱驱蝗之术，散

1 〔清〕鄂尔泰，张廷玉撰．钦定授时通考［M］．清乾隆七年内府刻本．中国国家图书馆：4．

见经籍，至详且备后世，农家者流其说，亦各有可取，所当荟萃成书……”[1]，可见《钦定授时通考》同样是对前世农家各类书籍的集成，且插图与《钦定古今图书集成》有着极高的相似度，但其刊行年份为1742年，晚于《钦定古今图书集成》，可知此书插图应是参考《钦定古今图书集成》。

此卷陶本多出图幅中，部分参考《钦定古今图书集成》，但由于集成本体量过大，未能寻得“蚕浴”“捉绩”等图,《农书》与《农政全书》中也未发现类似图示，故此处只能选用《钦定授时通考》所附插图作为参照。此类插图或许为《钦定授时通考》绘图者的原创插图，但也不排除参照其他农书的可能性。

与前卷《乃粒》不同，这几幅插图在《天工开物》原文中有对应段落，因此可借助原文对照解读。而缫车一、二分别对应的是《农书》农器图谱集之十六，蚕缫门中的南北缫车，与前文所述《农政全书》《钦定古今图书集成》中图片亦对应。因此，前四幅插图对照文字进行陶本《天工开物》、殿本《钦定授时通考》两个版本插图的解读，后两幅插图则结合其他农书版本进行四类异本图像的整理。

蚕浴

【原文】

凡蚕用浴法，唯嘉、湖两郡。湖多用天露、石灰，嘉多用盐卤水。每蚕纸一张，用盐仓走出卤水二升，掺水浸于盂内，纸浮其面（图2-2-21），石灰仿此。逢腊月十二即浸浴，至二十四，计十二日，周即漉起，用微火烘干。从此珍重箱匣中，半点风湿不受，直待清明抱产。其天露浴者，时日相同。以篾盘盛纸，摊开屋上，四隅小石镇压，任从霜雨、风雨、雷电，满十二日方收。珍重待时如前法。盖低种经浴，则自死不出，不费叶故，且得丝亦多也。

【译文】

蚕种需要用洗浴方法进行处理的地方，只有嘉兴与湖州两地。湖州多用天露、石灰，嘉兴多用盐卤水。每张粘有蚕卵的纸，需用盐仓中流出的两升卤水，掺水倒入盆中，纸浮在表面，用石灰时也照此做法。每逢腊月十二就浸浴，到二十四日，共计十二天，到了时间就将纸捞起沥干水分，用微火烘干。从此珍藏在箱匣之中，不让蚕种受到半点风湿，直到清明时孵化。其他用天然

1 〔清〕鄂尔泰，张廷玉撰．钦定授时通考［M］．清乾隆七年内府刻本．中国国家图书馆：6．

露水浴蚕的，时日相同。此种方法是用蔑盘盛放纸张，摊开后放在屋顶上，四角用小石块镇压，任其遭受风霜雨雪，满十二天后就可以收起。珍重保存的方式与前文所述的方法一致。只有这样，低劣的蚕种经过洗浴就会死亡，不浪费桑叶，并且得到的蚕丝更多。

殿本　　陶本

图2-2-21　蚕浴

【异本插图比较】

蚕浴图可对照参考的农书中只有《钦定授时通考》，因此只有此一种对照版本，此处借《天工开物》原文文字与插图所绘内容进行对照解读。原文叙述了蚕种在孵化前需进行洗浴工作，将蚕种泡在卤水或石灰水中，浸浴十二天后，捞起沥干，待到清明即可孵化，目的在于筛去品质不好的蚕种。

两个版本的蚕浴图中场景的绘制较多，绘有一房屋，屋前有大量树木掩映，人物占比不大，但有三位女性，且都头戴白色网巾。一人站在屋内，只有一背影，一手端着茶盘，上面放置两个茶杯，似乎与画面主题没有较大关联性，其余两人坐在房屋门口，其中一人似乎为小女孩，身材较为瘦小，另一人面朝右面而坐，二人中间摆一大盆，置于圆木凳上，盆中应该放置了浸浴蚕种的液体，具体为何不明。

此图看似复杂，但绝大部分都是场景绘制，真正涉及画面主题的只有右下角的两个人物，但她们也并无复杂的举措，只是将手举在盆上，似乎在往里放蚕种。此图仅有一组对照项，且陶本几乎是对殿本的复刻，除右上角省去原有的树枝，增加“蚕浴”二字作为图名，线条较为清晰外，没有较多可供解读的地方。

捉绩

【原文】

凡蚕食叶足候，只争时刻。自卵出蚪①多在辰巳二时，故老足结茧亦多辰巳二时。老足者，喉下两颊②通明，捉时嫩一分则丝少。过老一分，又吐去丝，茧壳必薄。捉者眼法高，一只不差方妙。黑色蚕不见身中透光，最难捉（图2-2-22）。

【注释】

① 蚐（miáo）：蚕卵孵化。

② 颊：原文为“口夹”，为生僻字，难以输入，以“颊”替代，原字释义为蚕的两颊。

【译文】

蚕在吃足桑叶后，就要掐准时间捉蚕结茧。蚕卵孵化通常在辰巳，即上午七点至十一点，所以老熟的蚕结茧也是在这一时间段。老熟的蚕，蚕喉下两颊透明，捉取时蚕若没有成熟，蚕丝就少一分。若过老，就已经将丝吐出，茧壳必定会薄。捉蚕的人眼法高明，一只不差才妙。黑色的蚕看不见蚕身，最难捉。

【异本插图比较】

捉绩图同样仅有一幅可以参考的对照图，可通过文字对其进行理解，曾有一宋代诗文名为《织图二十四首·捉绩》，殿本中画面左下角也有记录，诗曰：

“麦黄雨初足，蚕老人愈忙。辛勤减眠食，颠倒著衣裳。丝肠映绿叶，练练金色光。松明照夜屋，杜宇啼东风。”[1]

从上文只可得知捉绩与蚕事有关，并未提及具体做法，又有《农书》蚕缫门中提到“捉绩”二字，并释义为“蚕欲老时，取以视丝明也”[2]，即待蚕老熟时，取蚕观察丝的多少，这与《天工开物》原文中“老足”一段契合，因此借助此段文字来理解插图含义。

捉绩图中亦有三人，都为女性，三人聚在屋檐下，一坐二立，居于画面中间偏右的位置。除三个人物外，图中同样绘有大量的场景，左侧为庭院，庭院外面有大量竹子，下方有一池塘，露出一角。

画面的主体人物中间有两张小方凳，架起一长盘，上面放置的应是待结茧的蚕，一人正端着一个圆盘走向另外二人，盘中应为待捉的蚕，而在长盘另一边的两人，一坐一立，似在交流，站起的人双手伸

殿本　　陶本

图2-2-22　捉绩

1　刘野编．钦定四库全书荟要 钦定授时通考 2［M］．长春：吉林出版集团有限责任公司，2005：188．

2　〔元〕王祯撰，缪启愉，缪桂龙译注．东鲁王氏农书译注［M］．上海：上海古籍出版社，2008：646．

向走近的人，似要接过圆盘。整个画面呈现了三位妇人在庭院中互动的画面，描绘出古代农妇从事养蚕农事的场景。两个版本的区别在于，陶本捉绩图左侧缩进了一部分，有些内容没有体现，且省去了《捉绩》一诗，在右上角则多出了“捉绩”这一图名，此外并未有较多可以解读的地方，内容明晰，简单易懂。

分箔

【原文】

凡茧造三日，则下箔而取之（图2-2-23）。其壳外浮丝一名丝匡者，湖郡老妇贱价买去，每斤百文。用铜钱坠打成线，织成湖绸。去浮之后，其茧必用大盘摊开架上，以听治丝、扩绵。若用厨箱掩盖，则浥郁而丝绪断绝矣。

【译文】

蚕结茧三天后，就取下蚕箔取茧。蚕茧壳外的浮丝叫作丝匡，湖州的老妇将其贱价买去，每斤百文。用铜钱坠达成线，可以织成湖绸。去除浮丝之后，蚕茧需在大盘上摊开，并置于架上，来等待缫丝、制丝绵。如果用橱柜、箱子掩盖蚕茧，蚕茧就会郁闷受潮，导致断丝。

【异本插图比较】

按照养蚕缫丝的次序，分箔是待蚕结茧之后，将蚕茧壳外的浮丝去除的工序。如原文所说，除丝之后，将蚕茧置于大盘中等待下一步骤。图中有三位女性人物，两位为年轻人，一位为老人，或许代指的就是“湖郡老妇”。三人共处一屋檐下，在处理结好的蚕茧，画面剩余的部分大多是场景，除建筑部分，左侧有一树木，占比颇大，但与画面主题没有过多关联。

图中老妇居于画面右侧偏下的位置，面向左前方侧坐于一矮凳上，两只手一抬一放，面前放一大方盘，内置蚕茧，方盘一旁放一竹篮，应该是供老妇放浮丝之用。另有两位年轻妇人，一人正对画面，一人背对画面，一同搬运放于两张凳子上的大方盘，应该是要将其放置到一旁的架子上。图中三人都头戴黑色网巾，装束普通，在进行日常的蚕事活动。两个版本的差别在于陶本增加了“分箔”二字作为图名，陶本

殿本　　陶本

图2-2-23　分箔

左侧还绘制出了殿本缺失的树干，此外两个版本基本没有明显差异，可见陶本对于殿本复刻的精细程度。

择茧

【原文】

凡取丝必用圆正独蚕茧，则绪不乱。若双茧并四五蚕共为茧，择去取绵用（图2-2-24）。或以为丝，则粗甚。

【译文】

取蚕丝时必须用圆正的独头茧，丝绪不会断，如果是两个或四五个蚕织成的茧，挑出来用作丝绵。如果用来治丝，就会很粗。

【异本插图比较】

此图意欲描述的是将结好的茧挑出的步骤，其中独头茧品质最佳，丝绪不乱，而多个蚕织成的茧取出的丝则较粗，需挑出来制丝绵。因此茧也有品质的高低，需通过人力进行挑拣，图中即是对这一步骤的说明。

择茧图中共有四人，目前是人数最多的一幅插图，为一位老人，一位女性和两个孩童。四人坐在一张方桌的两侧，在一个被竹竿支起的屋檐下方，后面就是放置蚕茧的长盘的木架，画面中的其余部分依旧是大量的草木植被。

作为画面主体，四个人物动作不一。两个孩童背对画面，一人站在桌前，双手扶在桌沿上，一人跪坐在竹椅上，双手扶桌，并没有参与择茧的工作。女性与老人面对画面，女性坐在椅子上，身体微向左倾斜，双手捧着挑好的蚕茧，意图将其放置到一旁的竹篮中。老人面向右侧站立，双手捧着蚕茧，似乎是要将其放置于桌子右侧的竹篮里。二人面前的桌面上散落了一堆蚕茧。

这张插图与前三张图一致，同样对养蚕缫丝的前期工作做了一定的描述，是对原文所附插图的补充，且与参照版本基本没有差别，只多出“择茧”二字图名，画面底部则缩进省去了部分内容。这四幅图意图表达的内容相对简单，没有用到较为复杂的机具，而下文即将讲述的缫车则有所不同，其工序与机件较为复杂，将作详细论述。

殿本　　陶本

图2-2-24　择茧

缫车

【原文】

缫丝自鼎面引丝，以贯钱眼，升于锁星，星应车动，以过添梯，乃至于軖①，缫轮也，方成缫车。秦观《蚕书》缫车之制：

钱眼，为版长过鼎面，广三寸，厚九黍，中其厚插大钱一。出其端，横之鼎耳，后镇以石。

锁星，为三芦管，管长四寸，枢以圆木。建两竹夹鼎耳，缚枢于竹中。管之转，以车，下直钱眼，谓之锁星。星应车动，以过添梯。《农桑直说》云，竹筒子宜细，铁条子串筒。两桩子亦须铁也。

添梯，车之左端置环绳。其前尺有五寸，当床左足之上，建柄，长寸有半。匼②柄为鼓，鼓生其寅，以受环绳。绳应车运，如环无端，鼓因以旋。鼓上为鱼，鱼半出鼓，其出之中，建柄半寸，上承添梯。添梯者，二尺五寸片竹也。其上揉竹为钩，以防丝，窍左端以应柄。对鼓为耳，方其穿以闭添梯。故车运以牵环绳，绳簇鼓，鼓以舞鱼，鱼振添梯，故丝不过偏。制车如辘轳，必活两辐，以利脱丝。

窃谓上文云"车"者，今呼为軖。軖必以床，《农桑直说》云，軖床下鼎一尺。轴长二尺，中径四寸，两头三寸，用榆、槐木，四角或六角。辐，通长三尺五寸。六角不如四角，軖小则丝易解。以承軖轴。轴之一端，以铁为袅掉，复用曲木擐③作活轴。左足踏动，軖即随转，自下引丝上軖。总名曰缫车[1]（图2-2-25至图2-2-28）。

【注释】

① 軖（kuáng）：纺车。

② 匼（kē）：环绕。

③ 擐（huàn）：穿，贯。

【译文】

缫车缫丝时从锅面引丝，丝穿过钱眼，上升到锁星，锁星随着车转动，通过添梯，绕到了軖轴上，軖轴，就是纺车的转轮，经过这样一套步骤，就成了缫车。秦观在《蚕书》描述过缫车的形制：

钱眼，是用一块较锅口稍长的木板，三寸宽，九分厚，在板中间凿孔，插

1 〔元〕王祯撰，缪启愉，缪桂龙译注. 东鲁王氏农书译注［M］. 上海：上海古籍出版社，2008：666-671.

入一枚大钱。板两头超出锅面的部分，横在锅耳的两边，并在上面加石块压牢。

锁星，用三根芦管做成，管长约十二厘米，用一根圆木条作为中枢。用两根竹竿，架在锅耳两侧，将圆木条束缚在竹竿中间。芦管转动时，軖轴也在转动，下方正对着钱眼，这就叫做锁星。锁星随着缫车运动，丝就被引过添梯。《农桑直说》记载，竹管最好要细，用铁条穿过竹管，两根立柱也需要用铁。

添梯，是在缫车左端装上一个环绳。在绳圈前面四十五厘米的地方，缫车车架左边的车脚上，装上一个柄，长四五厘米。在柄上套一个旋鼓，鼓中部凹进，以便套入绳圈。绳圈随着缫车运转，像是一个没有端口的圆环，旋鼓也随着转动。旋鼓上有一个“鱼”，鱼有一半高出旋鼓，在高出的中间位置，装上一个一两厘米长的柄，上面承接添梯。添梯，是一根长约七十五厘米的竹片。在添梯上安装揉曲了的竹钩，来控制丝的走向，并在添梯左端开一个孔，来套入鱼柄。对着旋鼓做一个耳，开方孔穿过去即可闭合添梯。所以缫车运转的时候牵动环绳，绳会带动鼓，鼓就带动鱼，鱼来回摆动添梯，丝就不会偏离。制

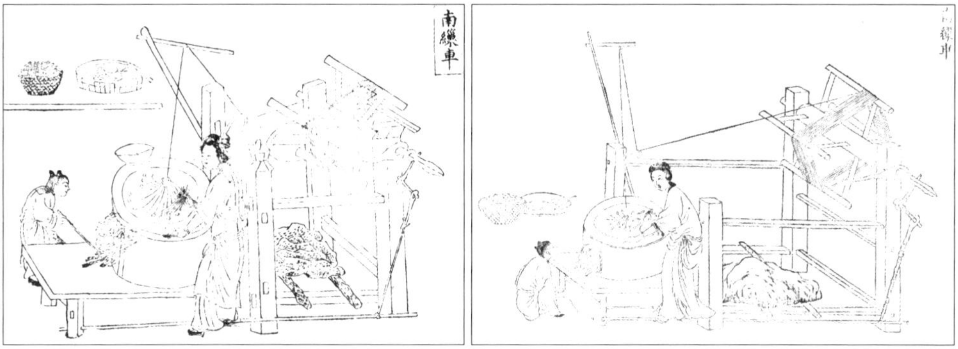

明本　　徐本

图2-2-25　缫车一（明本、徐本）

集成本　　陶本

图2-2-26　缫车一（集成本、陶本）

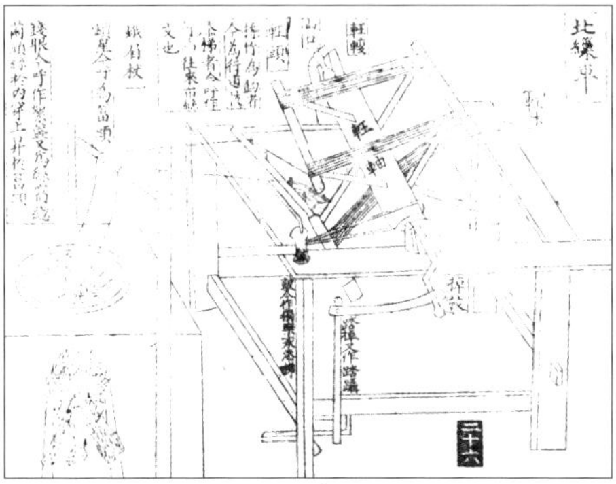

明本

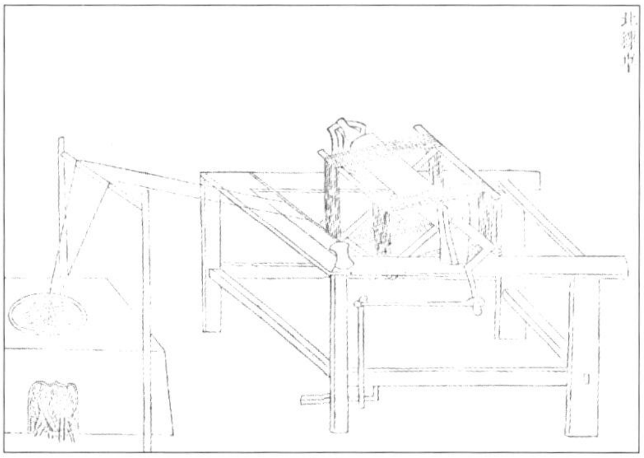

徐本

图2-2-27　缫车二（明本、徐本）

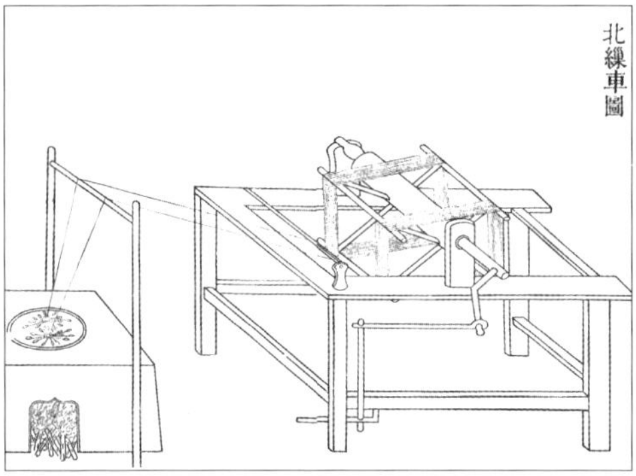

集成本

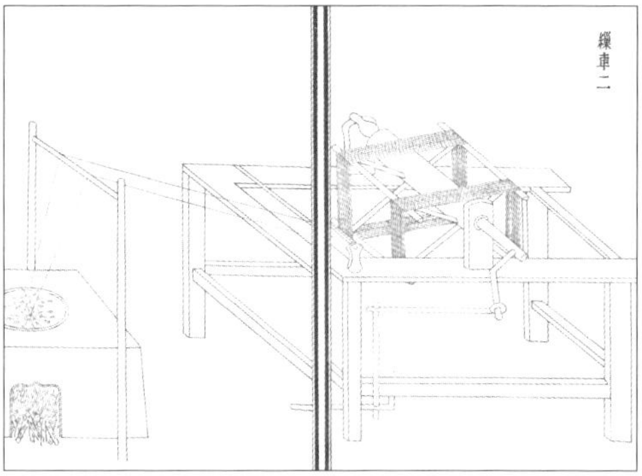

陶本

图2-2-28　缫车二（集成本、陶本）

作缫车就像辘轳，必须装上两副可以活动的辐条，以便脱丝。

自认为上文所说的“车”，如今被称为“軖”。軖必须用床来承受軖轴，《农桑直说》称，軖床比锅底三十厘米，軖轴长约六十厘米，中间口径约十二厘米，两头有九厘米，用榆木、槐木做成，四角或者六角。辐条通长一百五十厘米。六角不如四角，因为軖小的话丝容易解散。轴的一端，以铁杆为曲柄，再次曲木套为活轴。左脚踏动，軖轴随之转动，从锅中引丝上軖车。以上所说总名叫做缫车。

【异本插图比较】

陶本缫车图共计两幅，其名分别为“缫车一”“缫车二”，涂本、杨本无此图，其依旧参考《钦定古今图书集成》，而《钦定古今图书集成》则参考《农政全书》，最后还以《农书》为底本，故本节文字选自《农书》农器图谱之十六的蚕缫门。文中罗列了诸多缫车的构件，也并非原创，而是参考秦观的《农桑直说》，但插图是已知的最早源头，且除陶本外的前三个版本都分别命名为“南缫车”“北缫车”，《农书》在讲述缫车后又附一诗云，“南州夸冷盆，冷盆细缴何轻匀；北俗尚热釜，热釜丝圆尽多绪。即今南北均所长，热釜冷盆俱此軠”，意思是说南北两地缫车有冷盆、热釜之分，因此其插图也以此为区分。

在最初插图中，北缫车只绘有一整个缫车的构件，并附诸多文字进行注释；而南缫车则绘制了两人一同操作缫车的场景。这两幅插图在不同版本的传播中产生了不同的变化，但大致内容没有过多改动。因北缫车文字注释较多，便于理解，故先对北缫车，即陶本缫车二，进行解读。

首先，图上可以直观发现，只有明本标有文字，其余三个版本都不注明文字，只留图名。明本不仅对基本构件进行标注，还在图片左上角另作释义。对构件的标注，从右至左看，第一个为“軠牀”两字，“牀”通“床”，指的应该是整个缫车的底架；而后是軠轴的转柄，名为“掉枚”；再往左即为“軠轴”，也就是缫车的中心构件；而后有一名为“軠轒”构件，“轒”指车箱与车轴之间的木构件，此处指的是軠轴的分支；“山口”则为承载軠轴的杈口；“軠头”为軠轮横木；缫车底架左下角有一小构件名为“鼓”，应为文中所说的旋鼓；峨眉杖为文中所说的芦管，即锅上架着的横杆。

图上其余文字则是对构件的具体说明，依旧从右往左看，缫车底架的一脚有一竖排文字，称“踏掉又作踏蹑”，指的是用于踩踏带动軠轴的部位；而后又是一竖排文字，称“鼓今作独乐承添梯”，说明鼓这一构件用于承载添梯；其后文字居于画面左上角，第一排称“揉竹为钩者今为行道枝”，是说用做竹钩的原材料现用行道枝；其后称“添梯者今呼作行为往来布丝交也”，说明添梯现在的名称；其次是“锁星今呼为笛头”，说明锁星现在被叫做笛头；最后一排文字较长，称“钱眼今呼作絮盘，又为丝窝，总茧头丝于内，穿上升于笛头”，说明钱眼现在叫絮盘，又叫丝窝，放在锅上，用于将丝引至笛头。以上是图中所有的文字信息，基本是对缫车构件的标注，因《农桑直说》作于宋代，其中的构件名称至元代有了另外的称呼，因此于图中注明。

在了解每个构件名称与它在图中的组成关系后，再进行异本插图的比较。图中没有人物，只有缫车与放茧的锅，锅下生火，锅中的茧拨出丝从上方横杆引至缫车上，经过送丝杆，穿过竹钩，绕在軠轴上，而整个过程是通过脚踏带动軠轴运转完成的，而軠轴又带动旋鼓，旋鼓使送丝杆不断转动，于此形成了完整的运转过程。这一机具与前文中的治丝图类似，但有部分构件位置不同，原理近似。

徐本省去了明本所有的文字信息，只留下缫车，且将缫车按比例进行了拉宽调整，但蚕丝被引至缫车的过程中，被称为添梯的构件没有绘制出来，于是添梯上本应有的竹钩也不存在，旋鼓也孤立着，没有与軖轴相连。这样看来，徐本中北缫车的运转就出了问题，缫车基本的运转结构都未具备。

再看参照徐本绘制的集成本，与参考集成本绘制的陶本，这两个版本中自然也没有绘制添梯，旋鼓也没有与軖轴相连，因此这三个版本所附北缫车图都不符合缫车运转的基本原理。在这个过程中能够渐渐看出，明本—徐本—集成本—陶本，这一前后参照的顺序链是基本可以确定的。

由此再对缫车一，即南缫车，进行解读。依旧先看最原始的插图版本，与上组插图不同，图上除缫车这一机具外，还有两个人物，南缫车的基本架构与北缫车类似，但底座的位置放了两根木头与一石块用于固定，脚踏部位改成了一根长杆，方形的锅架变成了圆形，并有一小童在生火，锅上部的杆件本是用两根立柱架起，现仅用一根斜杆连接，部分构件被人物遮挡而不易识别，原本的送丝杆与竹钩改为了圆环形构件，但没有文字说明。

图中两个人物为一位妇女与一位孩童。妇女站在缫车一旁，面向左侧，一只脚踩踏控制軖轴的横杆，左手悬空置于身侧，右手握着锅中取出的丝绪；小童则曲背站在锅旁，手中握一竹竿挑锅下的火堆。此外，画面左上角还有一木盆和竹篮。整体来看，此图对缫车的构成有大致描述，与北缫车有多处不同，且多出两个人物，图中锅的透视不准，线条较为简略。

再看徐本，基本元素不变，但将缫车的比例拉宽，拉长了送丝部位与軖轴的距离，略显夸张；女性人物位置、动作不变，但身形偏纤长，身体向前微倾，小童由原本的坐姿变成了蹲姿，位置也从锅的一旁变成了锅的左前方。锅上放置的杆件高度变得不太合理。总体来看，改变了明本原有的布局与设定，左上角的竹篮与木盆也移至左下的位置。

最后看集成本与陶本，这两幅插图本身相似度极高，但与前两幅插图的差别到了匪夷所思的地步。依照陶本一贯的画风，在原有主题物的基础上，增加了非常丰富的场景，人物与缫车设定在了屋内，两个人物站在屋檐下，但在画面右侧有一小人，露出头肩，似在操作缫车，且缫车的一部分被建筑遮挡，依稀可辨大概的框架。女性人物位置、动作不变，但稍作调整，孩童由原本的两个发髻变成了一个，蹲坐在锅前生火，脚边散落了些许柴火，这一点对整幅画面不构成影响。图中缫车的形制极其夸张，似乎横跨了半间屋子，长宽高的比例都十分不合理，屋中唯一能分辨出的是軖轴位置，但基本脱离了缫车原有的框架。因此，这两个版本绘制的南缫车并不具备参考价值，且容易误导读者，虽然《农书》初版的插图也有一定的谬处，但还是应该以之为最合理的参照。

【本卷小结】

本卷首先对《乃服》卷所附十二幅插图进行对比研究，与卷一《乃粒》耕种、水利等室外场景不同，《乃服》卷中的插图有大量室内场景，也有若干复杂的织具，还有一点不同之处在于《乃服》卷中陶本所附插图有数张是参考《天工开物》已有的版本，笔者更偏向涂本，而《乃粒》卷的插图中基本没有与《天工开物》已有版本相似的地方，都是参考其他农书。在不断深入研究的过程中，笔者也发现另有一《农政全书》所附插图与其有关联，此书为明代徐光启平露堂刻本，出现在明嘉靖九年版《农书》之后，在清雍正四年版《钦定古今图书集成》之前，在对各个版本插图进行比较的过程中，能够大致确定四者按照时间顺序参考的次序。

在进行《天工开物》原有插图比较的过程中，三个版本主要是对养蚕缫丝这一系列农事的描绘，较大的差异在于场景绘制，涂本与杨本基本类似，陶本则在原本的基础上绘制大量场景，但如调丝、纺纬等图是以《天工开物》已有版本为参考，差别较小。或许是陶本一贯的画风，即便参考《天工开物》已有版本，也绘制了原本不存在的大量景观，而陶本与《天工开物》已有版本差异较大的图示，基本参考自《钦定古今图书集成》，这也就造成了文不对题的现象，如纺缕图，即用《钦定古今图书集成》中的木棉线架改名代替。还有一点，陶本中的治丝图、纺缕图等，比原本的插图多出一幅，这也是参考《钦定古今图书集成》的缘故。

在这一过程中，杨本比涂本出现的错误少，陶本出错较多，且因其参照本经过多次对他本的参照，容易出现一错再错的现象。因此，陶本中如调丝图、缫车图等有诸多不合理的地方，包括比例失调、构件缺失等。

在陶本多出的几幅插图中，有四幅是对养蚕结茧的描述，可与原文呼应，并非像《乃粒》卷中与原文毫无关联。再者，陶本中多出的几幅插图只找到《钦定授时通考》这一版参考图，且二者几乎没有差别，另外几版插图中没有这几幅插图出现，因此笔者推测这或许是《钦定授时通考》绘图者的原创，若找到参考对象再另行纠正。而缫车一、缫车二两图，亦是参考《钦定古今图书集成》，但两幅图都有各种错误，并不具备绘图的严谨性，仍旧是其初始版本，明嘉靖九年版《农书》最具参考价值。

三、粹精 第四卷

【按语】

《天工开物》原书有卷三《彰施》，主要介绍植物染料与染色技术，但并没有附上任何插图，故此处不对《彰施》卷展开论述，直接跳至卷四《粹精》。“粹精”出自《易经·文言》中“纯粹精也”[1]，本意是纯粹精华，此处引申为谷物加工，虽同样围绕农事展开，但《乃粒》中的插图主要讲述耕种与水利农具，《粹精》则着重讲述水稻、小麦等谷物的收割、脱粒与加工，以及这些过程中使用到的农具与技术。此卷中插图数目与前两卷相差无几，共计十三幅，但此处出现了一个少见的情况，即杨本中场稻与木砻两幅插图缺失，也许是刊印失误，也许是笔者找到的版本有缺页的情况。而陶本除原书插图外，额外的插图较多，共计九幅。本卷延续前两卷的模式，先对正文所附插图进行异本图像解读，后对陶本多出的图幅另作说明。

湿田击稻、场稻

【原文】

凡稻刈获之后，离稿①取粒。束稿于手而击取者半，聚稿于场而曳②牛滚石以取者半。凡束手而击者，受击之物，或用木桶（图2-3-1），或用石板（图2-3-2）。收获之时雨多霁少，田稻交湿，不可登场者，以木桶就田击取。晴霁稻干，则用石板甚便也。

【注释】

① 稿：谷类植物的茎秆

② 曳：拉，牵引。

【译文】

水稻收割之后，要使其脱离稻秆取谷粒。将稻秆束在手中以击打取稻粒的占据半数；将稻秆聚在一起以拉牛滚动石碾取谷粒的也占半数。若是束在手中击打取稻，被击打物为木桶或石板。收获的时候若是雨天多晴天少，田地与水稻会被淋湿，就不能上场，此时用木桶在田间击打取稻。待晴天水稻一干，再用石板就更为方便。

---

1 南怀瑾著述．易经杂说 第3版［M］．上海：复旦大学出版社，2016．03：158．

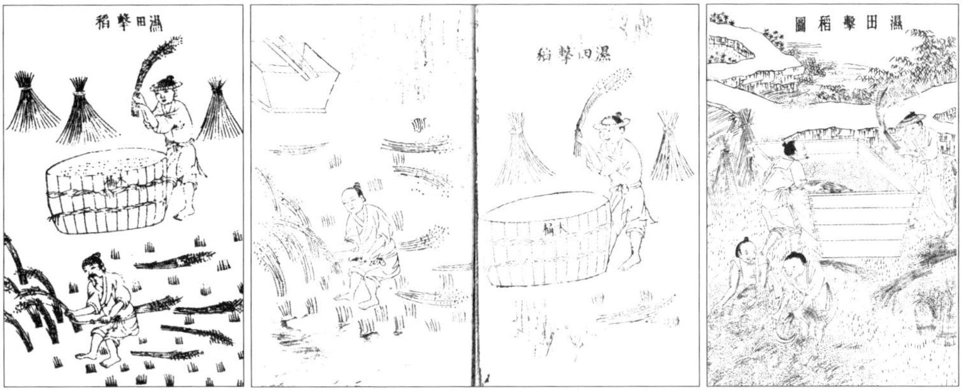

涂本　　杨本　　陶本

图2-3-1　湿田击稻

涂本　　陶本

图2-3-2　场稻

【异本插图比较】

湿田击稻与场稻行为基本一致，对应文字也在同一句段，故将其列于同一小节，原文提到水稻收割之后，要将稻秆束在手中击打取粒，湿田击稻与场稻也就是对这一行为的图示，区别在于湿田击稻所用的工具是木桶，场稻为石板，但做法基本相同，都是农民手握稻秆在木桶上或石板上击打的动作，没有用到特殊的、复杂的农具，因此这两幅图都易于理解。

先看湿田击稻，涂本与杨本图名为“湿田击稻”，而陶本名为“湿田击稻图”，且涂本与杨本中各有两个人物，陶本有四个人物，因而陶本构图与画面内容与前两者有较大差异。在这组插图中，涂本与杨本的构图方式也不相同，涂本为单幅竖式构图，而杨本有两个版面，为横构图；人物动态虽相似，但涂本人物呈上下分布，杨本转为左右分布。虽然这两个版本人物分布与构图出现了差异，但依旧能看出杨本是以涂本为参照。除去人物，涂本下半部分布满稻草，或是还未收割，或是收割过后散落在地，上半部分则是三束被扎起的稻秆和一个大木桶。杨本中画面元素与之类似，但分布情况不同，稻草被绘制在左半张图中，稻秆堆只剩两个，与木桶一同置于画面右侧，左上角还多出一个方形木桶。

陶本基本没有另外两个版本的影子，完全是同一主题的不同表现，但基本元素相似。下半部分布满稻草，木桶置于画面中央，另外两个版本中木桶为圆形，此处为方形，稻秆堆在木桶左上方。画面上部是一道小路，不远处的还有一方水塘，且陶本对这些内容绘制得十分写实、细致。

最后看各个版本中的人物形象，涂本与杨本人物位置虽有变化，但人物动作基本一致。居于下（左）方的人物赤足半蹲，左手握稻草，右手握镰刀，头戴发巾，留有胡须；杨本人物未留胡须，也无发巾，但其他描述与涂本一致。居于上（右）方的人物赤足站在木桶右侧，双手握稻秆，举至与头部齐平，头戴空顶斗笠，两图造型基本一致。

陶本人物有四个，动作各异，二人击稻，二人割稻，从右至左看，最右侧的人物面向左前方，头戴空顶斗笠，穿一草鞋，双手握稻秆，呈击稻状。其左侧人物面向右前方，背向画面，露一侧脸，留有胡须，手中亦握稻秆，但置于胸前。最后是两个割稻的人物，面向画面左侧的人物留有胡须，二人都用右手握镰刀，左手握稻，在进行收割工作。

湿田击稻画面表述内容较为简单，但在此组插图中，杨本首次出现了与涂本有差异的构图方式，而陶本仍旧采用了《钦定古今图书集成》中的图示，因此与另外两个版本有较大差异，但其意图表达的主题与涂本、杨本一致，也没有出现不合理之处。

如前文所述，杨本中缺失了场稻的插图，因此只对涂本与陶本进行比较。场稻与湿田击稻原理一致，都是击打稻秆使稻粒脱落的做法，涂本名为“场稻”，陶本则名曰“场中打稻图”，涂本与陶本中都有两人，且人物行为类似，都是在石板上击打稻草，但具体构成元素与场景有所不同。除主体物外，涂本只在画面顶部绘制若干云朵，陶本背景较丰富，左上角绘制一茅草屋，屋旁有一矮树，右上角绘有篱笆，其余位置铺满稻草与稻粒，而涂本仅有人物脚边有稻粒与稻草，相比之下，陶本稻粒与稻草数量颇丰。

在人物形象上，涂本左侧人物站在石板后，赤足而立，头戴网巾，双手举稻，陶本中一人物与其形象类似，但未戴网巾，且双手交错握稻，举至胸前，略显佝偻，脚上穿有草鞋。涂本另一人物则与陶本无相似之处，此人居于画面右侧，面向画面右前方，赤足，曲背，手握稻草，将其往地上击打，陶本中另一人物居于画面左下角，也在握稻击打，但背朝画面，头戴空顶斗笠，似一老农，穿有草鞋，右脚前迈，踏于石板上。

总体来看，涂本与陶本的画面风格全然不一，虽都为黑白线描，但陶本更写实，线条、内容更丰富，图中人物动作相似，都是握稻击打，此图也极易理解，没有出现复杂的农具，人物动作简易，故未有过多值得探讨的内容。

赶稻及菽图

【原文】

凡服牛曳石，滚压场中（图2-3-3），视人手击取者，力省三倍。但作种之谷，恐磨去壳尖，减削生机。故南方多种之家，场禾多借牛力，而来年作种者则宁向石板击取也。

【译文】

相比用人手击打稻谷的方法，利用牛拉动石磙在场中滚压稻谷，省力三倍。但用作播种的稻谷，恐怕会被磨去稻壳壳尖，削减生根发芽的机会。所以南方种稻多的人家，在场上的稻谷多借助牛力，而来年用作播种的稻谷就宁可选用石板击打取出。

【异本插图比较】

据原文，赶稻及菽也是稻谷脱粒的方式之一，与上文所述两种方式的区别在于，湿田击稻与场稻用人力，赶稻及菽用牛力拉动石磙压场脱粒，故此图中除了人与农具外，再次出现了牛。涂本与杨本类似，都为单幅竖构图，图中有一人、一牛、一农具，而陶本为两版面横构图，且出现了两人、三牛、一农具，与前两个版本差距较大。

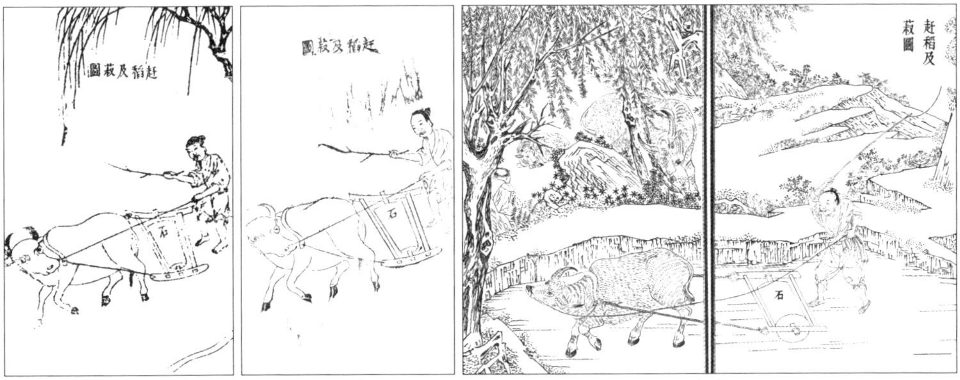

涂本　　杨本　　陶本

图2-3-3　赶稻及菽图

三个版本图名统一，都叫“赶稻及菽图”。涂本除主体物外，画面顶部还有半株垂柳，杨本将其省去，陶本背景则全然不同，主体物居于画面下半部分，其后是一道田埂，远处有一小坡，画面左侧为半株柳树，树后蹲一人，而后有一石块，石块旁有一柳树，其后又有两头牛，画面内容丰富。

再看主体物，三个版本主体人物驱牛拉石磙的行为大致相同，但细观之下又有不同之处。涂本人物与杨本人物动作一致，面向左前方赤足站立，左手牵牛绳，右手挥一树枝，朝前伸着，但杨本人物小半边因构图的关系未能画全，被遮去了一小部分。而陶本人物穿草鞋站立，右手举过头顶，手中握一细杆，杆上拴一鞭子，随着细杆向人的身后甩去。因此，陶本人物与另外两个版本稍有差异。

涂本与杨本中牛的形象基本一致，除涂本牛角填黑、杨本牛蹄微尖以外，没有明显差别。但陶本中的牛有较大不同，其牛首向前伸，而另两个版本牛首向后，且牛身布满牛毛，绘制得较为精细。

最后看牛拉着的农具，上有一“石”字，意思是石磙，这一农具又名“碌碡”，《农书》中有对此农具亦有描述，称“其制长可三尺，大小不等，或木或石”[1]。碌碡，即石磙，可有九十厘米长，大小不等，或木制，或石制，用在稻谷收割之后碾脱籽粒。此处插图上既然注有“石”字，定是石制无疑。但三个版本对石磙的形制有不同的描绘，涂本、杨本较为相近，石磙一头宽一头窄，以两根曲木、两根直木为底架，两根曲木中间置一横轴，用于装卸石块，且石块也呈一头宽一头窄的样式。而陶本石磙两端宽窄一致，以四根直木为支架，中间有一横轴，石块造型同样两端均匀。相比之下，似乎陶本所绘石磙较为合乎常理，不知是图绘透视不准确的问题，还是确有此宽窄不一的石磙存在。

木砻

【原文】

凡稻去壳用砻①，去膜用舂、用碾。然水碓主舂，则兼并砻功。燥干之谷入碾，亦省砻也。凡砻有二种：一用木为之，截木尺许，质多用松。斫②合成大磨形，两扇皆凿纵斜齿，下合植笋③，穿贯上合，空中受谷（图2-3-4）。木砻攻米二千余石，其身乃尽。凡木砻，谷不甚燥者，入砻亦不碎，故入贡军国漕储千万，皆出此中也。

---

1 〔元〕王祯撰，缪启愉，缪桂龙译注．东鲁王氏农书译注［M］．上海：上海古籍出版社，2008．06：391．

【注释】

① 砻（lóng）：去掉稻壳的农具，形状略像磨，多以木料制成。

② 斫（zhuó）：大锄；引申为用刀、斧等砍。

③ 笋：同“榫”，器物两部分利用凹凸相接的凸出的部分。

【译文】

稻谷去壳的时候需要用砻，去膜用舂和碾。水碓主要用于舂米，并且兼具砻的功能。干燥的谷物可以直接用碾加工，省去用砻的步骤。砻分两种：一为用木头制成，将木头截成一尺多长，多用松木。砍成大磨的形状，两扇都造成纵斜齿状，下扇接合榫卯与上扇穿合，稻谷从中空的地方落下。木砻磨米两千多石之后，寿命就到了尽头。用木砻时，稻谷若不是非常干燥，进入木砻之后也不会碎。因此，上贡的军粮、官粮，漕运与库存可达千万石，都是用木砻加工的。

【异本插图比较】

经过上述步骤，仅仅是将稻粒从稻秆上脱下，若需脱壳，就要用到砻这一农具，《农书》对砻的释义为，“礧谷器，所以去谷壳也”[1]。砻分两种，一种用木制，故名“木砻”，一种用竹制，内填黄土，故名“土砻”，《天工开物》对这两种砻分别作图示之，本节为木砻，与场稻一样，杨本缺失木砻的插图，故此处只对涂本与陶本所附木砻插图进行比较分析。

涂本与陶本木砻图中各有两人与一农具，由一人操作木砻，另一人用筛子筛去稻壳，人物虽位置相似，且两两共做同一动作，但形态各异。涂本除主体物外并无多余装饰，只在右侧竖一立柱，立柱顶上架一横木，横木上有一构件，用于系操控木砻转柄的绳子。陶本背景依旧丰富，除主体人物外，增添了竹篮、竹篓、扫帚等物，地上铺设草席，右侧房屋露出一角，人物站在屋檐下，其后有一土墙，土墙外头还有若干草木。

涂本　陶本

图2-3-4　木砻

两个版本中，画面靠左的人物都在操控木砻，较为新奇的是涂本

1 〔元〕王祯撰，缪启愉，缪桂龙译注．东鲁王氏农书译注［M］．上海：上海古籍出版社，2008．06：509．

中此人未穿上衣，膝盖稍曲，站于木砻之后，双手握住木砻上安置的手柄，手柄两端即系着与上方横木相连的长绳。陶本人物姿势与涂本不同，此人背朝画面，双脚一前一后跨立，只露出一只右手，但也呈握柄转砻的动作，且着上衣。而靠右侧的人物都在用筛子筛稻壳，涂本中此人面向画面站立，筛子置于身前，正对画面，陶本中此人朝左前方侧立，头戴一空顶斗笠，手中的筛子也置于身前。

此图中差异最大的是木砻这一农具，涂本中促使木砻转动的木柄系绳连在上方横木上，而陶本中则以木砻为中心，立一三脚架，绳子从三脚架顶端连至手柄。木砻的手柄也有所不同，涂本仅用一根曲木与木砻相连，而陶本用一杈木，且在与木砻连接时多一拐木，可灵活运作。如此看来，涂本手柄与木砻连接的方式存在问题，且涂本木砻也存在着透视的问题，木砻外圆为椭圆，内圆呈正圆，不合常理。因此，上组插图中石碾近小远大的问题，不知是否因透视关系出现。

这组插图由于缺少杨本作为参照，缺少一定论据，但涂本中木砻的透视问题确实存在，且其手柄与木砻的连接方式也没有交代清楚，故此组插图中，陶本少有的比涂本更具合理性。

土砻

【原文】

一土砻（图2-3-5），析[①]竹匡围成圈，实洁净黄土于内，上下两面各嵌竹齿。上合篘[②]空受谷，其量倍于木砻。谷稍滋湿者，入其中即碎断。土砻攻米二百石，其身乃朽。凡木砻必用健夫，土砻即孱妇弱子可胜其任。庶民饔飧[③]皆出此中也。

【注释】

① 析：分开，剖析。

② 篘（chōu）：一种竹制的滤酒的器具。

③ 饔（yōng）飧（sūn）：饭食。

【译文】

一种是土砻，剖开竹子编成圆筐，其中用干净的黄土填充，上下两面分别嵌入竹齿。上扇通过竹制器具接受谷物，其量是木砻的两倍。稍微湿润的谷物，进入土砻立即能被碾碎。土砻磨米达两百石后，砻身就会朽烂。木砻要健壮的男人才能使用，而土砻弱小的妇女、孩子就能胜任。黎民百姓的食粮都由土砻加工。

涂本　　杨本　　陶本

图2-3-5　土砻

【异本插图比较】

另一种砻即为本节所说的土砻，木砻用木制，土砻则用竹子编成圆框，中间用黄土填充，因此图中土砻有竹编的纹路。土砻图同样有两个人物与一农具，且人物位置、行为相近，为一男一女，男性操作土砻，女性坐着筛稻谷。涂本、杨本皆无额外的背景，而陶本中绘有一茅屋，土砻与人物脚下还有一块草席，画面左下角放置一竹筐，右下角为植被，作装饰之用。

先看正在操作土砻的男性，面向左侧站立，三个版本姿势相同，双手一同握着土砻的转柄，但细节处稍有差异，涂本中此人头戴网巾，脚上穿着白布鞋，杨本中此人梳一发髻，脚上穿黑色布鞋，而陶本人物留有胡须，穿一草鞋。再看女性人物，涂本与杨本中此人姿势相同，面向右侧盘坐在画面一角，手握一筛子，举在面前，似在筛谷，但涂本有一错处，即此人坐的位置与立柱重叠。陶本中这一人物面向画面而坐，且并未席地，而是坐在了一张竹椅上，手中亦握一筛子，置于膝盖偏上的位置。

最后看农具，插图中土砻有一竹编制的圆框作为底座，上置一横木，横木上架另一竹编圆框，两边固定在横木上，这一点三个版本统一。而相较于木砻图，涂本握柄与土砻的连接方式较为清晰，由一竖杆与横杆作为连接件，来带动土砻转动，且握柄两端的绳子依然系在上方的横木上，有一圆环作为固定，杨本与之相同。但陶本的绳子没有画明去向，疑似挂在了屋檐上，但屋檐与土砻显然不在一个垂直面，这是陶本稍显不合理的地方。

因此，这幅插图的构图与人物近似，但陶本出于修饰画面背景的目的，对绳子应该系的位置进行了调整，改变了原有的设定，有本末倒置之嫌。

风扇车

【原文】

凡既砻，则风扇以去糠秕①，倾入筛中团转（图2–3–6）。谷未剖破者浮出筛面，重复入砻。凡筛大者围五尺，小者平之②。大者其中心偃③隆而起，健夫利用。小者弦高二寸，其中平洼④，妇子所需也。

【注释】

① **糠秕**（bǐ）：糠，稻、麦、谷子等的子实所脱落的壳或皮；秕，子实不饱满。

② **小者平之**：涂本称“平”，杨本、陶本称“半”，结合语境，后者更为合理，意为小的（筛子）是（大筛子）的一半。

③ **偃**：仰面倒下，放倒。

④ **平洼**：涂本、陶为“平洼”，杨本为“平窒”，“窒”意为窒息、阻塞，语义不通，故应为“平洼”，意为稍稍凹陷。

【译文】

稻谷已经用砻加工之后，就要用风扇去除稻谷的壳皮以及干瘪的稻粒，再倒入筛子中使其团团转动。尚未被剖开的稻谷浮出筛面后，重新倒入砻具。大的筛子周围五尺，小的筛子是它的一半。大的筛子中心隆起，健壮的农夫可以利用。小的筛子边高二寸，中间稍稍凹陷，妇女、孩子可以使用。

【异本插图比较】

稻谷在用砻脱壳之后，还需用风扇车去糠秕，风扇车即借助风力脱去稻谷壳、皮的农具。《天工开物》原文并未对风扇车多做解释，根据《中国传统农器古今图谱》中对《天工开物》风扇车的解读，可以理解为，农民先往喂料斗中倒谷物，用手转动曲柄，使其通风，再开启喂料斗下方的调节门，谷物即可落入下方的竹筐中，而杂物则可沿着风道被吹散[1]。再结合中国农业博物馆藏风扇车实物（图2–3–7），更便于理解风扇车的基本构造。

再看此处选用的三个版本，涂本与杨本图名为“风扇车”，陶本名为“风车”，有歧义，应以“风扇车”为名。三幅图中都各有两人与一农具，人物行为相似，一人操作风扇车，另一人挑两筐谷物。涂本背景为两根松枝和两片云朵，居于画面上方偏右的位置，杨本背景改为茅草屋的一角，居于画面左上角，陶本则将风扇车置于屋内，画面左侧绘有一松树，但风扇车作为一类脱粒农具，放在屋内势必会使杂物散在屋中，这是场景设置不合理的地方。

1　潘伟．中国传统农器古今图谱［M］．桂林：广西师范大学出版社，2015．11：323．

涂本

杨本

陶本

图2-3-6　风扇车

人物方面，靠左的人物面向左前方侧立，涂本与陶本中此人穿着草鞋，杨本则将鞋填为黑色。此人左手调控喂料斗下方的调节门，控制谷物的掉落量，右手握一曲柄将转柄旋转至风扇的左下角，操控风扇的转动。涂本、杨本中曲柄的位置靠近风扇的中心，陶本则偏长。此外，陶本中人物头部微仰，留有胡须，稍异于另外两版。

靠右的人物挑担在旁，陶本、杨本中此人站在风扇车右侧，而陶本中此人站在屋外，于风扇车前方，且身形更为佝偻。涂本、杨本中此人赤足，留有胡须，陶本中此人穿一草鞋与长袜，未留胡须。涂本中人物右边的竹筐被画面裁切了一部分，杨本中左右两侧竹筐都被裁切，陶本中这一人物的形象则是完整的。

最后分析图中农具，虽被人物遮去部分，但基本构造依旧可辨，与中国农业博物馆所藏实物形似，当然也有些许不同之处。图中的风扇车有一方形底座将喂料斗与风扇架起，谷物从喂料斗倾倒其中，农人控制风扇转柄使其转动，再通过喂料斗下方掉落至竹筐中，多余的糠秕随风散出，插图所附风扇车都是对这一过程的说明，形制也相似。陶本在风扇车下还铺设一草席，但陶本所绘风扇车的出风口处未有杂物散出的迹象，且其将风扇车置于室内，对于场景处理实属画蛇添足。

图2-3-7　风扇车　中国农业博物馆藏

因此，在这组插图中，陶本虽与另

外两个版本有所不同，但组成元素大致相同，人物行为、农具构造也无大差异，但将农具置于室内这一错处不容忽视，也是陶本出现错误的一贯因素，即为绘制丰富精致的场景而忽视画面原本的合理性。

舂

【原文】

凡稻米既筛之后，入臼而舂，臼亦两种。八口以上之家堀地藏石臼其上，臼量大者容五斗，小者半之。横木穿插碓[①]头，碓嘴冶铁为之，用醋滓合上。足踏其末而舂之。不及则粗，太过则粉，精粮从此出焉。晨炊无多者，断木为手杵，其臼或木或石以受舂也（图2-3-8）。既舂以后，皮膜成粉，名曰细糠，以供犬豕之豢[②]。荒歉之岁，人亦可食也。细糠随风扇播扬分去，则膜尘净尽而粹精见矣。

【注释】

① 碓（duì）：木石做成的捣米器具。

② 豢（huàn）：喂猪，特指喂养牲畜。

【译文】

稻米筛过之后，放入臼中舂米，臼也分为两种。八口以上的人家掘开地面将石臼埋藏其中，容量大的臼可以容纳五斗米，小的则可容纳一半。将横木穿过碓头，碓嘴用铁冶炼而成，并用醋滓粘合。用足踩踏横木的末端而后舂米。力道不够米质则粗，力道过重米则成粉，精粮都是这么来的。吃粮食不多的人家，用短截的木头作为手杵，用木头或石头制成臼来舂米。将米舂过之后，稻谷的皮膜成为粉末，为“细糠”，来饲养猪狗等牲畜。收成不好的年头，人也可以吃细糠。细糠随着风扇播撒飞扬而去，皮膜灰尘除尽之后，精细的白米就出现了。

【异本插图比较】

舂，是在稻谷去壳、去皮，并筛过之后精加工的做法，原文描述了两种舂米的臼，以粮食加工数量来区分，大户的人家食米也多，需在地面掘出一个坑来放石臼，并以一横木穿插碓头，通过踩踏来舂米。而小户的人家无须过多的粮食，可持断木为杵，用木臼或石臼舂米。由此可对应图中绘制的两种舂米方式。

涂本图名为“舂”，杨本无图名，陶本名为“舂臼”。除图名外，图中还对人物的行为进行了文字标注。涂本下方人物手持一木杆舂米，其左侧标有“杵臼”二字，应是说明他使用的工具名为杵臼。而杨本中这一人物移至画面上方，标“杵臼”二字，而另一踩碓舂米的人右侧，标一字“舂”，虽然这一

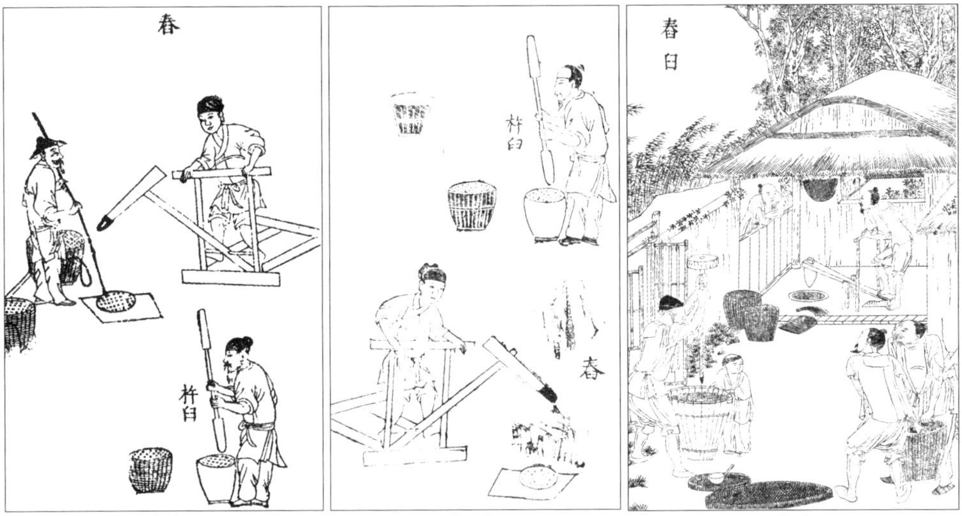

涂本　　杨本　　陶本

图2-3-8　舂

文字于此处不存在问题，但笔者推测杨本绘图者在绘制此图时，将涂本的图名错以为是对人物行为或农具的标注。陶本中此幅插图与涂本、杨本的差别甚远，因此其图名的由来应与后两者没有关联。

此组插图中，涂本、杨本除主体人物与农具外没有任何背景，而陶本则将农事设定在了一个院子里，踩碓的人在茅草屋内，杵臼的人在院子中，还绘有若干草木作为院落外的远景。图中人物数量各不相同，但分别进行着原文所说的两种舂米方式，涂本有三人，杨本有两人，陶本有六人，这也是陶本目前为止人数最多的一张插图。涂本与杨本重复的人物动作基本一致，但杨本在绘图过程中将涂本的一个人物省去了，并将两人的位置进行了调换。而陶本的构图、组成元素与另外两版全然不同，人物也无法互为对照，故单独讲解。

涂本中右下角的人物面向左前方侧立，双手一上一下握着杵，跟前放着臼，或为石臼，头戴网巾，脚穿白鞋，石臼旁还有一装谷物的竹筐，而杨本中此人基本造型与动作不变，位置从右下角挪至右上角，头上未戴网巾，鞋子被填为黑色，再就是此人左上的位置多出一竹筐，但并未对画面主题的表达起到补充作用。而陶本中手握杵臼舂米的人居于左下角，用一木桶，其手中的杵与另外两个版本不同，涂本、杨本中绘制的杵两端粗中间细，而陶本中的杵顶端为一圆木盘，另一端为铁件，但整根杆件偏细，与木桶的大小有些不匹配。此人头戴一黑帽，双手举起杵，正将它插入臼中，木桶另一侧还有一小童，双手扶着木桶边缘，似在东张西望。

涂本中另一人正在踩碓舂米，居于画面上半部分，人物正对画面，双手扶在横木上，脚踩于碓上。碓由两根木杆组成，活动杆尾端的位置穿一木轴，固定在两根立柱上，碓的端部装一铁件，用于舂米。图中埋于地下的石臼还没有置于地面的石臼大，与文中以粮食数量区分臼的方式相悖。杨本中此人动作与形态与陶本一致，但方向相反，且居于画面左下角。涂本中此人身边另有一农人，头戴斗笠，侧身而立，手中握一长杆，脚边放置一担谷物，似乎是与另一人协作舂米，但杨本中将此人省去。而陶本中踩碓舂米的人在茅草屋内，扶着横架面向左前方侧身而立，脚正在踩踏碓，并与屋外探头进来的人交谈，此碓同样由两个木构件组成，但没有了铁件，且用于舂米的构件状似子弹头，并非杆状。活动杆的连接方式也与另外两个版本不同，并未与立柱相连，而是在立柱前又安置两个木桩，由此连接碓的活动杆。

陶本除已提及的四人之外，另有两人，居于画面右下角，正在合力抬起一筐米，交与舂米之人。其脚边还摆放着一大一小两个竹筛，院落中还散落着若干竹筐与扫帚，画面内容较为丰富。

总体来看，三幅插图对画面主题的表达基本到位，分两种杵臼方式，一为于地面挖坑，做碓踩踏，另一为手持杵，用石料或木料作臼舂米。陶本中手持的杵似乎过细，而涂本与杨本中置于地下的臼似乎过小，且透视不准，谷物似要溢出石臼。此外，涂本与杨本细节之处虽有所差异，但基本相似；虽少了一人，但未影响全局，而陶本与前两版差别较大，但对画面主题的表达没有出现过多错处。

水碓图

【原文】

凡水碓，山国之人居河滨者之所为也（图2-3-9）。攻稻之法省人力十倍，人乐为之。引水成功，即筒车灌田同一制度也。设臼多寡不一。值流水少而地窄者，或两三臼。流水洪而地室宽者，即并列十臼无忧也。江南信郡水碓之法巧绝。盖水碓所愁者，埋臼之地卑则洪潦①为患，高则承流不及。信郡造法即以一舟为地，橛椿②维之。筑土舟中，陷臼于其上，中流微堰③石梁，而碓已造成，不烦椓④木壅⑤坡之力也。又有一举而三用者，激水转轮头，一节转磨成面，二节运碓成米，三节引水灌于稻田，此心计无遗者之所为也。

【注释】

① **洪潦：**洪水。

② **橛（jué）椿：**橛，小木桩；椿，落叶乔木。

③ **堰**：挡水的堤坝。

④ **椓**（zhuó）：敲。

⑤ **壅**：堵塞。

【**译文**】

水碓是居住在山区且接近河流的人使用的，用水碓加工稻谷的方法比人力省下十倍，人们也乐意用水碓之法。水碓作引水灌田之用与筒车的原理相同。水碓设置的臼数量不一，若是碰到流水量少且地方狭窄的位置，只需用二到三个臼；若是流水量宏大且地方宽敞的位置，即使并列摆放十个臼也无须担忧。江南广信府造水碓的方法十分巧妙，使用水碓时需要担心的是，埋臼的地势较低易有洪水之患，埋臼的地方过高则流水无法触及。广信府造水碓的方法是以一叶舟为地面，用木桩将其围住，在舟中填埋泥土，让臼陷入其中。如果是在河流的中间用石梁筑堤坝，那么水碓已经造成，不需要在花费敲打木桩围筑堤坝的力气。还有一举三得的办法，用激流的水使轮头转动，水碓的第一节可以转磨成面，第二节可以带动水碓舂米，第三节可以引入水流灌溉稻田，这需要心计十分周密的人才能做到。

【**异本插图比较**】

与上一节内容结合起来看，水碓与杵臼的功用一致，都是为了舂米，但杵臼靠人力，水碓靠水力，原文称水碓之法是人力的十倍，常见于靠水的地方，其运转机制，类似《乃粒》卷中的筒车，但又不尽相同。《农书》称水碓为"机碓"，并对其运作原理有以下解释，"今人造作水轮，轮轴长可数尺，列贯横木，相交如滚枪之制。水激轮转，则轴间横木，间打所排碓梢"[1]。水碓同样需

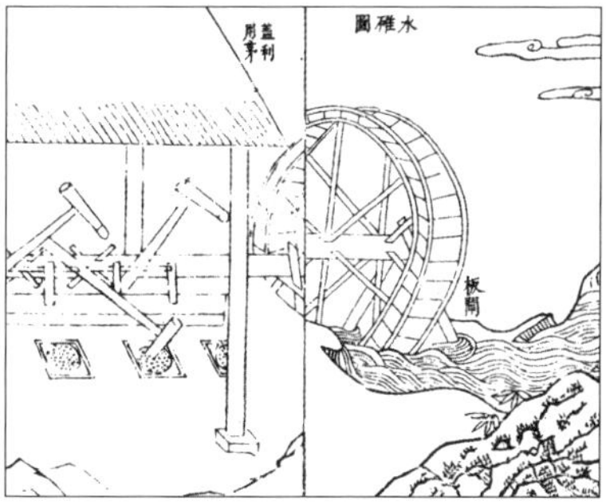

涂本

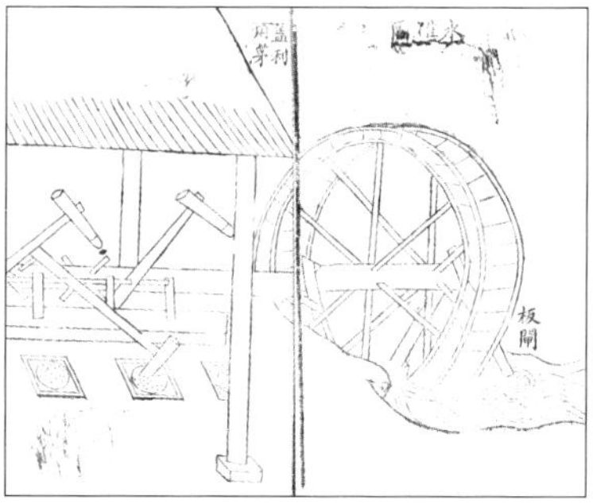

杨本

陶本

图2-3-9 水碓图

1 〔元〕王祯撰，缪启愉，缪桂龙译注．东鲁王氏农书译注［M］．上海：上海古籍出版社，2008．06：616-617．

要用到水轮，将其架于河岸，中间贯以横木作为中轴，运用水力带动水轮运转，水轮再带动中轴转动，中轴上安置的木构件在随着中轴转动时击打碓的一端，最后通过杠杆原理，碓由此击打臼中的谷物。

分析水碓对应的这组插图，涂本、杨本图名为“水碓图”，陶本名为“水碓”。涂本与杨本图中有两处标有文字说明，一处在水轮的右下方，标“板闸”二字，意为水轮上调节水流量的闸门，另一处在茅屋屋顶右侧，标“盖用利茅”四字，图、文都没有对这一文字作详细说明，只可推测屋顶需要一种特殊的茅草。再观其构图，最明显的不同是涂本、杨本为横构图，陶本为竖构图，因此在画面布置与构成元素上也有所不同，前两者左半边为水碓岸上的构件，右半边为水轮与河流；后者则将这些元素压缩在了单张图幅中，并且画面左侧多了一个人物，在拿着扫帚扫地，图中上半部分还绘制了几株竹子作为点缀。

涂本与杨本中的水轮以一横木为主轴，横木右端嵌入两组木杆件，一组六根围一圈，共计十二根，由这些杆件支撑起转轮，转轮分内外两圈，中间为扇叶，用以受力，横木支起转轮的两侧，则用四根木头两两交叉作为支撑。陶本中的转轮亦有一横木作为中轴，但仅用一组木杆件支撑，共计十六根，外置转轮，且转轮仅有一圈，没有扇叶用以受力。此外，在转轮左侧有一木方柱，不知是否用做支撑。总体来看，陶本转轮的支撑没有涂本、杨本牢靠。

再看岸上的构件，涂本、杨本中横木上等距排列四齿为一组的木构件，依次击打碓，而陶本中横木上的木构件为二齿一组。碓的组装与造型也有所区别，涂本与杨本中碓与臼被安置在水轮中轴的前方，陶本则相反；且涂本、杨本中的碓通过一中轴安置在了地面木架上，木架上的横木即为转轴，而陶本的碓则通过一中轴被固定在木架的立柱上，虽安装位置不同，但运作原理相似。此外，陶本碓的上方还垂落四根挂钩，笔者推测此为不使用水碓时固定碓梢之用。

这组插图虽有构图上的偏差，但对水碓的描述大体符合文意。陶本水轮出现了几个问题，其固定方式与另外两个版本也有所不同，且水轮上没有受力的扇叶，因此，陶本水碓的合理性还有待商榷。

牛碾

【原文】

凡河滨水碓之国，有老死不见砻者，去糠去膜皆以臼相终始，惟风筛之法则无不同也。凡硙[①]砌石为之，承藉、转轮皆用石（图2-3-10）。牛犊、马驹惟人所使，盖一牛之力日可得五人。但入其中者，必极燥之谷，稍润则碎断也。

【注释】

① 磑（wèi）：同“硙”，石磨。各版本皆作“磑”，图中称“碾”。

【译文】

在河滨居住且使用水碓的地区，有到老死都没见过砻的人，稻谷去糠、去膜从始到终用的都是臼，只有利用风力筛米的方法，与其他地区没有不同。石碾用石块砌筑而成，受力、转动的工具都用石头制成。人驱使牛犊、马驹运转石碾，一头牛的力气可以顶得上五个人。但放入石碾的必须是极其干燥的谷物，稍微湿润的稻谷就碎断其中了。

【异本插图比较】

牛碾的用途与前文所说砻、臼、水碓一致，区别在于需要用到牲畜，原文称此具受力的碾盘、转轮都用石头制成，《农书》对此有具体说明：

“今以砺石甃为圆槽，周或数丈，高逾二尺，中央作台，植以簨轴，上穿斡木，贯以石碢。有用前后二碢相逐，前备撞木，不致相击，仍随带揽杷，畜力挽行，循槽转辗，日可毇米三十余斛。”[1]

意思是将砺石砌为圆槽，周长可达数米，高可超过六十厘米，中央作台，中间立一根竖轴，竖轴上套一木杆，木杆一端贯穿一石碢，也可以用两个石碢，一石碢前用木头阻挡，以免两两相撞，但仍需随时带着揽耙，通过畜力绕行，循着石槽转动石碾，一天可以碾米三十多斛。

依照上述文字内容对照此处选用的牛碾图。涂本、杨本图名为“牛碾”，

涂本　　杨本　　陶本

图2-3-10　牛碾

1 〔元〕王祯撰，缪启愉，缪桂龙译注．东鲁王氏农书译注［M］．上海：上海古籍出版社，2008．06：512．

陶本图名为单字“碾”，且陶本中拉动石碾的不是牛，而是两头驴。因此，三个版本中主体物的组成不同，涂本、杨本为一人、一牛、一石碾，而陶本为一人、两驴、一石碾。涂本与陶本为单幅竖构图，而杨本有两个版面，为横构图，但实际上涂本与杨本的组成元素更为相似，而陶本则与之大相径庭。

需要提前说明的是，《天工开物》原文说到“牛犊、马驹”都可供驱使，《农书》中也说到石碾上可以安置两个石砣，因此陶本有两头驴、两个石砣的设定并无不妥。

首先对三个版本的画面组成进行分析。涂本与杨本虽有构图上的不同，但主体物一致。除主体物外，涂本的画面顶部绘有若干云朵，底部绘有草与石块；杨本则将主体物设定在了山石间，似一高地；陶本则设定在野外的草地上，画面四处有野草点缀，右上角横生一截树枝，这是画面背景的不同。

再对三个版本中的牲畜进行比较分析。涂本与杨本为一牛，而陶本为两头驴。涂本与杨本中的牛朝向右前方，左前蹄与右后蹄着地，右前蹄向后曲，左后蹄稍抬，牛脖颈处安一牛轭，拉动身后的石碾，两幅图中牛的动作形态一致。陶本中的两头驴一黑一白，站于石碾两侧，一头面向右前方，一头面向左前方，脖子上套一环，拉动身后的石碾。

涂本与杨本中驱牛的人动作一致，面向右前方侧立，涂本中人物头戴网巾，留有胡须，杨本则无网巾，也未留胡须，但二人手中各握一木杆，或为“搅耙”，用于搅动石碾中的谷物。陶本中的人物与前两幅图人物动态不同，人物正对画面曲足站立，手中握一构件，但另一只手被石碾遮挡，不明其意。

最后看石碾的构造，与《农书》中描述的相近，是在平地上筑一圆台，但涂本与杨本未体现出圆台的厚度。涂本与杨本在石碾左后方有一竹筐，涂本中有谷物，杨本无谷物，陶本则没有竹筐。再回到石碾，其圆台中心都设一立柱，涂本与杨本中此立柱较高，陶本稍矮。涂本与杨本中立柱与木构件的连接方式未能详细描述，有些不明所以，陶本中立柱与木构件的连接方式较为明晰，为两根平行横木，一上一下装在立柱上。圆台上还有一木杆连接一球状物，或许是《农书》所说以免两石砣相撞的构件。除木构件与立柱的连接方式之外，涂本、杨本木构件与石砣的连接方式也未体现。陶本则是通过两根横木各自连接两侧的石砣，再由两头驴各自拉动横木，其各个部位的连接方式较为清晰明确。

由此可见，涂本与杨本的插图有一普遍的问题，即未体现所绘构件的厚度，还停留在偏二维平面的阶段。在陶本中，这一问题就不再突出，虽然也存在透视关系的错误，但总体绘制出了描绘对象的立体效果。这幅图中，涂本、杨本线描风格未能体现出石碾的关键构件连接方式，反倒是陶本绘制得更加细致，但总体而言，三幅插图都将石碾的运作原理大致表述出来了。

水磨

【原文】

凡力牛一日攻麦二石，驴半之。人则强者攻三斗，弱者半之。若水磨之法，其详已载《攻稻·水碓》中，制度相同，其便利又三倍于牛犊也。凡牛、马与水磨，皆悬袋磨上，上宽下窄。贮麦数斗于中，溜入磨眼（图2-3-11）。人力所挨则不必也。

【译文】

凭靠牛的力气，一天可以加工二石麦子。换做人力的话，强壮的人一天可以加工三斗，弱小的人则是前者的一半。若是用水磨的方法（此法已被详细记载于《攻稻·水碓》中），构造相同，但其便利程度是用牛犊的三倍。无论是牛、马拉动还是水力拉动的磨，都在磨上悬挂上宽下窄的袋子，将麦子放入袋中，溜入磨眼。人力拉动的磨就无须如此。

【异本插图比较】

前文所述几类加工稻谷的农具，多是在陆地上，或借助人力，或借助畜力，而水磨的加工对象为麦子，与水碓相似，其主要运转构件被置于水中，借助的是水力。因此，此具也可被划分至水利类农具。这组插图对应的三个版本，分为两种形式，其构图与水磨形制全然没有相似之处，但这并非某一版的错误，而是对应了两种类型的水磨。

涂本与杨本为两个版面，横构图，而陶本为单个版面，竖构图。图上水磨

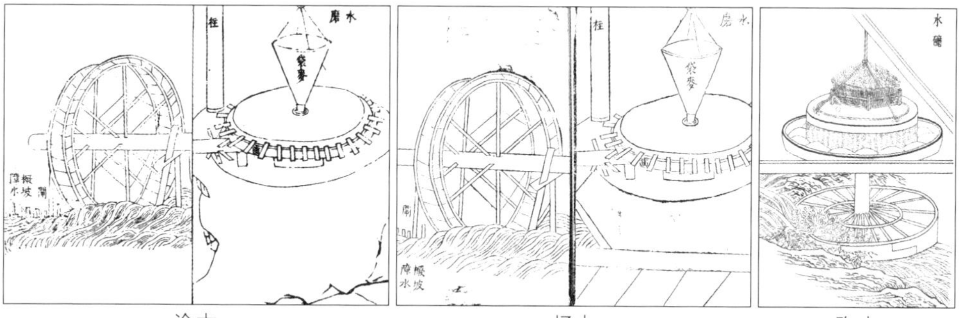

涂本　　杨本　　陶本

图2-3-11　水磨

造型也大不相同，涂本与杨本是明显一致的，水轮置于河中，磨置于岸上，而陶本水轮则呈卧轮状，类似《乃粒》卷中的水转翻车，而磨就置于卧轮之上，用一中轴贯穿上下。因此，水磨对应的运转原理也不同。

先看涂、杨二本，图中水轮与磨分别绘于画面两侧，中间用一横木作为横轴，横木的右端装有一小齿轮，并与磨上的大齿轮相扣，水轮被水力驱动后，促使中轴转动，带动小齿轮，小齿轮则带动大齿轮，最终使磨转动。磨上有一倒立的圆锥形容器，用四根绳索吊在磨上，容器上有“袋麦”二字，用以说明内装麦粒。另外，磨周围的一圈齿轮上，有一小字“齿”，意指齿轮，磨的左侧有一立柱，有一“柱”字。水轮的形制与前文筒车、水碓等图中的水轮形制相似，不加赘述。水轮左侧有一长木条支撑，标一“闸”字，应是用于控制水轮的运转。水轮左侧另有一排长短不一的木条，标“橛坡障水”四字，说明此处通过处理坡面调整水流速度与途径。

涂本与杨本的图示大致为上述描述，除一些细节上的不同外，基本一致，如杨本中“橛坡障水”四字移至画面左下角，且水流的线条表现有疏密之分，另外涂本右下角原本是几根错乱的线条，杨本中变为几条规整的线条，但这些小细节的不同并不影响整体表现与主要构件的运转原理，可忽略不计。但陶本与这两幅插图全然不一，需要另作解读。

陶本插图的参照源依旧为《农书》，与之对应的文字如是说道：

“凡欲置此磨，必当选择用水地所，先作并岸擗水激轮。或别引沟渠，掘地栈木。栈上置磨，以轴转磨中，下彻栈底，就作卧轮，以水激之，磨随轮转。比之陆磨，功力数倍。此卧轮磨也。”

水磨可分为立轮与卧轮，《天工开物》所述为立轮，《农书》所述为卧轮，也就是陶本插图对应的水磨形制。原文称此磨需掘地作栈台，栈台上放置磨，用中轴相连接，栈底装一卧轮，水流击打卧轮时，磨也随之转动。陶本所绘即为此“卧轮磨”，下方有一卧轮，中置一立轴，其上装磨，磨上有一木框，中置一装谷物的竹制容器，由吊绳悬置在一斜架上。但此图中，卧轮依旧没有体现出扇叶，且稻谷装在竹筐中，磨上留一圆孔以供谷物进入，因此还需人力将其倒入圆孔，似乎不太便利。谷物磨过之物被底部一圆盘承接，而盘中加工过的谷物如何拾取是图片与文字没有说明的，此处原设一平台，但陶本的插图未能体现。

由此看来，涂本、杨本与陶本分属两种水磨形制，分别是立轮与卧轮，各有裨益。涂本插图应为《天工开物》绘图者原创，杨本参照涂本，因此其内容相近。陶本则以《农书》为原型的插图，与另外两个版本相去甚远，在此插图进行二次参照的过程中，诸多原型意欲表达的内容被其忽视，从而出现一些不易解读的错误。

面罗

【原文】

凡麦经磨之后，几番入罗，勤者不厌重复（图2-3-12）。罗匡之底用丝织罗地绢为之。湖丝所织者，罗面千石不损[①]，若他方黄丝所为，经百石而已朽也。凡面既成后，寒天可经三月，春夏不出二十日则郁坏。为食适口，贵及时也。

【注释】

① 千石不损：杨本、陶本作“损”，而涂本写作“捐”，语意有误，“损”为本意。

【译文】

麦子磨过之后，多次放入罗中，勤奋的人不会厌烦重复。罗筐底部用丝织的绢制成，用湖州府产的丝织成的绢，罗面经受千石的麦子都不会破损，如果是其他地方的黄丝制成，那么经受百石的麦子就会损坏了。面粉制成之后，在寒冷的天气可以放置三个月，但春夏时节不出二十天就会闷坏。为了让面粉口感适当，贵在及时食用。

【异本插图比较】

在麦粒被碾过后，需用面罗加工成面粉，《天工开物》原书并未对面

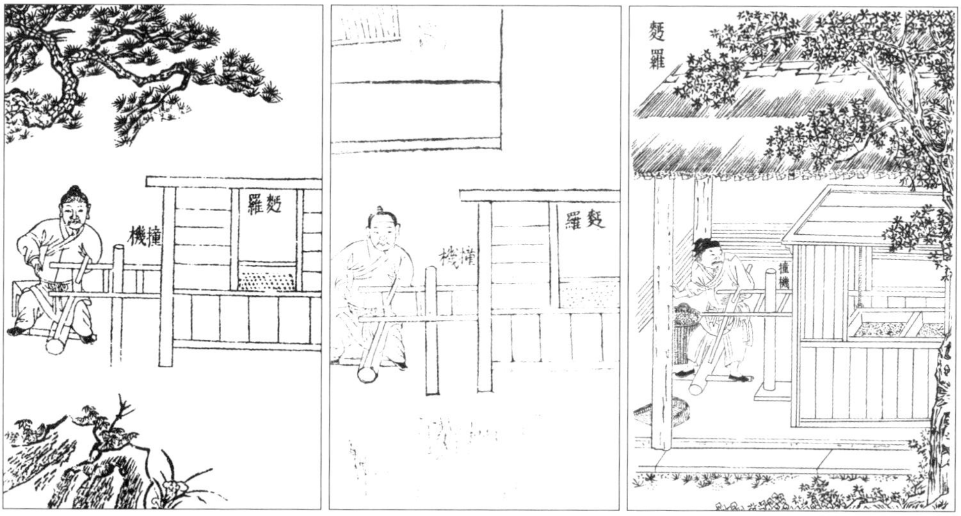

涂本　　杨本　　陶本

图2-3-12　面罗

罗多做解释，也没有对其使用方法作说明，因陶本的面罗图以《钦定授时通考》为参照，故此处借《钦定授时通考》原文对面罗的说明进行释义，其称：

“面罗以木为箱，中悬罗而著撞机于外，立直木以括之，机之首又贯以直木，下拄于轴，轴有两耳，可容人足，人倚于机而踏其轴，轴摇则机动，而麦末从罗下，去麸成面矣。”[1]

从上文可知，面罗是用木头做成箱子，箱子中间悬挂一罗，罗即筛面的工具，箱子外面装一撞机，竖一直立的木构件来约束它。撞机前段贯穿一根直木，直木下端用轴顶住，架于地面，轴的两侧各有一根木条，可以容纳人的脚，人倚在撞机旁踏动轴，轴摇动时撞机随之摇动，麦末就会从罗中掉落，这样麦麸就能除去，只剩下面粉。

结合文字说明看图片，涂本与杨本没有图名，只在图中机具上注“面罗”二字，而陶本则在图片左上角注明“面罗”二字。三图中都另有“撞机”二字且都标注在面罗箱体的左侧。涂本与杨本画面内容相近，为面罗的正立面，陶本则带有透视，具有体积感。图中各有一人一农具，且两者的位置都为一左一右。

涂本与杨本背景区别较大，涂本左上角有一棵松树，杨本左上角则为几根含义不明的线条，涂本左下角为几株花草与石头，但杨本左下角空无一物。陶本的背景区别更大，将主体物置于一个茅草屋棚，右侧绘制了半棵树，画面较为完整。背景的不同并没有影响主题的表达，三个版本的主体物都为一农人与面罗。

涂本、杨本中的人物正对画面，涂本中此人的左侧露出椅子的一脚，应为坐姿，杨本中未能体现，但其姿势与涂本一致，也应为坐姿。陶本中的人物虽正对画面站立，但面朝右侧，看向面罗。三个版本中的人物动作相似，双脚分踏于轴两侧的木构件上，左手扣着轴连接着的木构件，但涂本、杨本中的人物右手置于腰侧，陶本中人物的右手扶着一旁的立柱。涂本、杨本人物身旁空无他物，陶本人物身后则有一箩筐，左下的位置还有一簸箕。

再看面罗，涂本、杨本中此具为一方木箱，中间留空，标注“面罗”二字，箱体左侧为撞机，撞机中插一直木，另一木杆件即与轴相连，在这一点上三个版本都符合文意，区别在于陶本绘制的图示更细致具体，并绘制出面罗的内部构造。整体来看，陶本比另外两个版本更直观，且并未出现明显错误。

---

1 刘野编．钦定四库全书荟要 钦定授时通考 1［M］．长春：吉林出版集团有限责任公司，2005．05：559．

小碾图

【原文】

北方攻小米者，家置石墩，中高边下，边沿不开槽。铺米墩上，妇子两人相向，接手而碾之（图2–3–13）。其碾石圆长如牛赶石，而两头插木柄。米堕边时随手以小彗扫上。家有此具，杵臼竟悬也。

【译文】

北方加工小米，是在家中放置石墩，中间高、边缘低，边缘不开槽口。将米铺在石墩上，两个妇人面对面站立，交替接过石磙碾米。碾石形状圆长，像是牛拉动的石磙，碾石的两端插着木柄。米被碾至边缘时，需随手用小扫帚往上扫。家中有这一工具，杵臼只能闲置了。

【异本插图比较】

在讲述稻、麦的加工之后，《天工开物》又对小米的加工进行了说明，并绘制图示，此处的小碾图即为北方加工小米的方式。在家中置一石墩，将米铺在上面后，用石磙碾米，此处的石磙类似前文赶稻及菽图中绘制的碾具，但形制较小。此图并未涉及复杂的农具，仅通过石墩与石磙就能完成这一工序。

具体来看各个版本的图示，涂本与杨本图名为“小碾图”，陶本并未注图名。此外，三个版本中皆对图中一人物手中的农具标有“石衮”二字，且在画面空白处标有“梁粟稷黍皆用此碾”八字，意图说明小碾可适用的谷物种类，涂本与杨本标于石墩上方，陶本则标在了石墩的空白处。

涂本

杨本

陶本

图2–3–13　小碾图

三个版本的画面组成也存在差异。涂本与杨本的主体物为两人、一石墩，陶本则有三人、一石墩。涂本在画面下方设两张凳子，人物左侧有一竹篮，上方为若干云朵，且绘有月亮与星象图。杨本画面下方改为一张凳子与一个容器，人物左侧的箩筐不变，人物左上方还有半个圆盆，而画面上方空无一物。陶本与前两个版本差别较大，画面中有一建筑，正面开一窗，屋内有一女性，捧一茶碗，但似乎对画面主题的表达没有帮助，房屋外即为画面主体，画面左侧为半棵树，并以若干花草，石墩前方有一箩筐与簸箕，石墩右侧另有一竹筐的一角。

最后着重看画面主体物，涂本中左侧人物为一老妇，面向右前方站立，左手握了一把小笤帚，右手伸向前方，而杨本中此人的形象似乎变得年轻化，为一普通农妇，陶本中此人面貌更有辨识度，并非老年，明显是一位年轻女性，三个版本中此人物动作一致。右侧人物都为年轻女性，面向左侧，涂本、杨本中人物下半身被石墩遮挡，陶本稍露出了裙摆，此人右手握着小笤帚，左手握着石磙，除细节表现外，形态大致相同。

与赶稻及菽图中的石磙相似，涂本、杨本都存在一端粗一端细的问题，陶本则为等粗。但此处情况与赶稻及菽图不同，原文称石墩"中高边下"，石墩并非如平地，而是中间高起，因此，此处石磙一端粗一端细的情况是合理的。陶本的石磙也并非不合理，但涂本与杨本的石磙似乎过大。总体来看，此组插图各个版本意欲表述的内容是统一的。

打枷图

【原文】

凡豆菽刈获，少者用枷，多而省力者，仍铺场烈日晒干，牛曳石赶而压落之。凡打豆枷（图2-3-14），竹木竿为柄，其端锥圆眼，拴木一条长三尺许，铺豆于场，执柄而击之。凡豆击之后，用风扇扬去荚叶，筛以继之，嘉实洒然入廪矣。是故舂磨不及麻，硙碾不及菽也。

【译文】

豆类收割之后，量少则打枷，量多时为了省力，仍旧将其铺在场上，在烈日下晒干，再赶牛拉石磙碾压来使豆粒脱落。打豆枷用竹木竿做成柄，柄的端部钻圆眼，用以拴住三尺多长的木条，将豆铺在场上，握着柄来击打豆。豆被击打之后，用风扇扬去荚叶，继续用筛子筛出豆粒，质量好的豆粒就可以放入粮仓之中。因此，芝麻不需要用舂、磨，豆类用不到磨、碾。

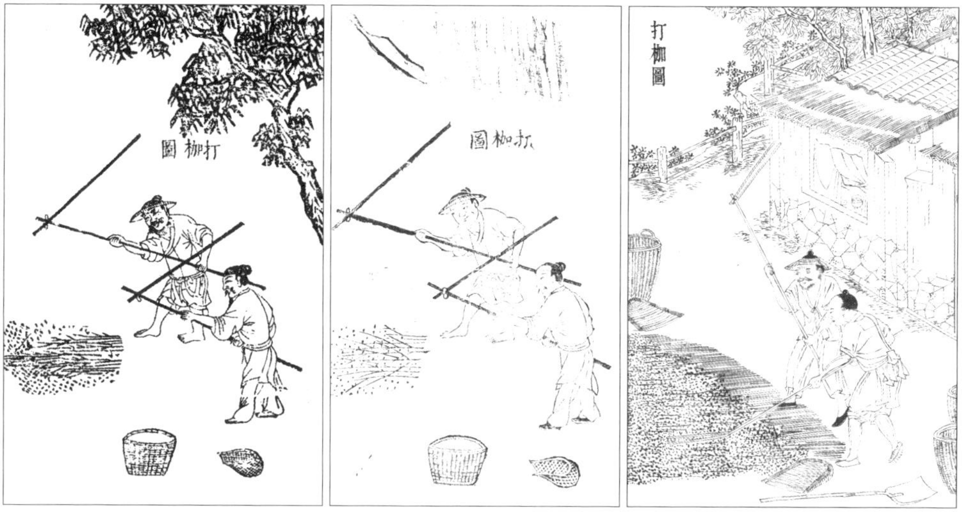

涂本　　杨本　　陶本

图2-3-14　打枷图

【异本插图比较】

不同的谷物对应的加工工具与方式也不尽相同，打枷图对应的则是豆类。因豆类颗粒较大，脱粒较为简便，其脱离方式也极易理解，只需用两根竹木竿，一根为柄，一根打枷，豆子铺在地上，执柄击打，豆粒就能脱落。

三个版本打枷图中均有两人，各执一竹木竿，未出现较为复杂的农具，因此易于理解。涂本与杨本打枷图大体相同，只右上角一处，涂本绘有一棵树木，杨本空白。而陶本在主体人物之外仍旧有丰富的背景，人物背后绘一房屋，屋旁有一小径，小径一旁设有栏杆，远处还有若干草木，这也是陶本与另外两个版本一贯的不同。

再看主体人物，左侧一人正对画面，头部向左偏，头戴斗笠，涂本与杨本中此人赤足，陶本中此人穿一黑鞋，而涂本与陶本中此人都留有胡须，杨本则未留。此外，涂本与杨本中人物握竹木竿的姿势相同，右手置于身侧，左手置于腰间，竹木竿偏横，陶本姿势虽类似，但倾斜角更大，其右手举至头部，左手放置在身前，因此竹木竿偏竖。再看人物手中的农具，涂本与杨本中的农具，各由两根竹木竿连接而成，且填黑色，但陶本由三根竹木竿组成，一根作为握柄，两根作为打枷，未填色。另一人背向画面侧立，面向左前方，涂本、杨本中此人留有胡须，陶本未留，涂本与陶本中此人穿一白鞋，杨本填黑色。

三个版本中人物前方都为一地豆荚。涂本与杨本面积较小，画面下方还有一竹筐、一簸箕。陶本占地面积较大，豆荚之后有一竹筐、一簸箕，前方有一铁铲、一簸箕，画面右下角还有两个竹筐的一角，画面构成元素较为丰富。

打枷图易于理解，一目了然，并未有难以解读的部分，虽有一定差别，但表述的内容一致。此卷中三个版本虽有诸多不同之处，但整体来说，没有较为突出的错误，甚至在有些插图中，陶本比涂本与杨本更具合理性，其表述内容也更为详尽。

【陶本多出图幅】

《粹精》卷中原有插图应为十三幅，但杨本缺失场稻、木砻两张插图，因此，涂本、杨本、陶本三个版本共同具有的插图共计十一幅。经过上文的一一论述，已对原书所附插图进行异本图像的整理说明，而后再聚焦陶本多出的九幅插图，数目虽多，但基本是对原文所附插图的拓展补充，如“砻”对应“土砻”“木砻”“碓”对应“水碓”，总体来说仍然围绕谷物的加工展开。

陶本此卷多出的插图也并非原创，其参照源不再像《乃粒》卷那般统一，虽仍主要参考《钦定古今图书集成》，但缺“筛谷”“簸扬”，与此同时，《农书》《农政全书》《钦定授时通考》所附插图与陶本《粹精》中相近的插图类别各不相同。因此，在对这几幅插图进行解读时，仅将各版本农书中已知的插图作为参照版。整体情况较为复杂，列表示之（表2-3-1）。

陶本多出的九幅插图在《天工开物》原书中并没有确切的对应文字，若有也仅是只言片语，但在《钦定古今图书集成》中，对每幅插图都做文字说明，且文字基本源自《农书》，故此处仍用《农书》原文文字借以说明，部分《农书》中没有的文字，则选用其他版本农书与《天工开物》。

因前文得出明本—徐本—集成本—（殿本）—陶本的插图翻刻次序，可知陶本大致以集成本为参照版，但部分图片于集成本中的位置暂不明了，故在集成本插图来源未知的条件下，也选取殿本插图作为对照。

表2-3-1 陶本多出图幅在各版本农书中出现情况表

图名/版本	明本	徐本	集成本	殿本
筛谷	√	√		
飏扇	√	√	√	√
砻	√		√	√
碓	√		√	√
磨	√	√	√	√
砻磨	√	√	√	√
水碾	√	√	√	√
击麻			√	√
簸扬				√

筛谷

【原文】

筛谷箉①，竹器，箉与袋同音，《篇》《韵》俱各不收，盖土俗所呼，传写于文字者如此。其制比簏②疏而颇深，如篮大而稍浅，上有长系可挂。农人扑禾之后，同稃③、穗、子粒，旋旋贮之于内，辄筛下之（图2-3-15）。上余穰稿，逐节弃去。其下所留谷物，须付之飏篮，以去糠粃。尝见于江浙农家。[1]

【注释】

① 箉（dài）：一种竹制的农用器具。

② 簏（lù）：竹篾、柳条等编成的圆筒形器具，多用于盛零碎东西。

③ 稃（fū）：稻、麦等植物的花外面包着的硬壳。

【译文】

筛谷箉是竹制的器具，“箉”与“袋”字同音，《玉篇》《唐韵》都没有收录这个字，应该是土俗称呼，传写的文写即是如此。筛谷箉的孔比簏稀疏，比竹篮大，但稍微浅一些，上面系着长绳可以挂起。农人在扑打禾之后，将其与稃、穗、子粒放在一起，装在筛谷箉中，就可以筛下谷物。筛上剩余的杂物，

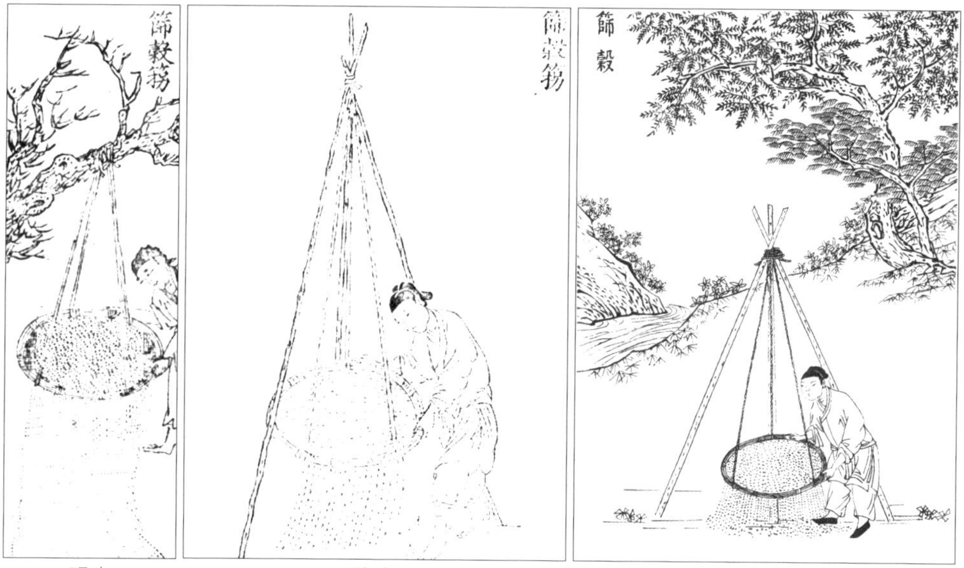

明本　　徐本　　陶本

图2-3-15　筛谷

1 〔元〕王祯撰，缪启愉，缪桂龙译注．东鲁王氏农书译注［M］．上海：上海古籍出版社，2008．06：500．

逐一弃去。筛下的谷物，需要放到飏篮中，以便去除糠秕。笔者曾经在江浙地区的农人家中看到过这一农具。

【异本插图比较】

在《粹精》卷陶本多出图幅中，“筛谷”并未在《钦定古今图书集成》与《钦定授时通考》中出现，也可能是笔者未发现，但这幅图在《农书》与《农政全书》中皆有体现。虽然此处所选三个版本，在细节处理上有较大的差别，但殊途同归，表达主旨是一致的，都描绘了一人与一筛谷篣。

三个版本中，明本与徐本名为“筛谷篣”，而陶本仅“筛谷”二字。明本图幅较为窄小，人物被遮去了一部分，通过“筛谷篣”这一图名的位置可以判断，此图本身只有这么多内容。徐本是主体物最凸显的一张，除人物与农具外没有多余的内容。陶本在人物与农具之外，还绘制了若干草木，有一小坡作为背景，画面右上角有一棵树作为陪衬。相对而言，陶本的构图较为规整、饱满。

由上述文字内容可知，筛谷篣即一竹制筛具，上系长绳，将谷物放置其中，筛动之后就能留下谷物，筛去杂物。明本图中筛谷篣上的长绳系在了一根树干上，树干与筛谷篣的距离较短，筛谷篣与地面的距离较大，筛谷篣中装有谷物，被筛出的谷物则通过筛谷篣落于地面。徐本与陶本所附插图中，筛谷篣周围立一三脚架，长绳系在三脚架顶端，其与筛谷篣间距较大，而筛谷篣离地面距离较近。

图中的人物姿势略同，面向左前方侧立，但明本只绘制了半个人物，露出头部，双手握着筛谷篣的边缘，徐本与陶本可以看到人物的全貌，但站姿不同，徐本人物双脚一前一后放置，陶本人物的双脚则是正常分开，因为陶本中筛谷篣的位置比另外两个版本低，因此陶本中的人物背部稍曲，且脚上穿一黑鞋，另外两个版本中人物为赤足。

三个版本的筛谷图对人物、农具、背景等的处理各不相同，但都表达了筛谷这一加工方式。整体上看，画面主体一致，都为一人手握筛谷篣，且无论是将筛谷篣挂于树枝上，还是立一三脚架都是合理的，因此，此图虽有差异但都没有出现错误。

飏扇

【原文】

《集韵》云，飏[①]，风飞也，扬谷器。其制中置簨[②]轴，列穿四扇，或六扇，用薄板，或糊竹为之，复有立扇卧扇之别。各带掉轴，或手转，足蹑，扇即随转（图2-3-16）。凡舂碾之际，以糠米贮之高槛，底通作扁缝下泻，均细如帘。即将机轴掉转扇之，糠粞③既去，乃得净米[1]。

【注释】

① 飏（yáng）：飞扬，飘扬。

② 簨（sǔn）：古代悬挂钟、磬、鼓的架子上的横梁。

③ 糠粞（xī）：谷皮碎米。指粗劣的粮食。

【译文】

《集韵》称，飏就是风飞扬的意思，用于形容扬谷的器具。飏扇中间放置一转轴，装有四扇或六扇薄木板，或是糊竹篾，扇片分为立扇与卧扇。轴的一端带有运转的把手，或用脚踏，扇就会随之转动。等到舂、碾谷物的时候，将糠米倒入上面的高斗中，底部打开窄缝用于泻米，均匀精细，像是水帘。即刻转动飏扇得转轴扇风，等到杂屑都去除后，就能得到干净的米。

【异本插图比较】

飏扇与前文所述风扇车为同一类谷物加工农具，其原理与用途相似，都是通过风力筛去谷物中的杂物，风扇车绘制的是农具的外形，此处飏车则是《天工开物》中较为罕见的剖面图，因而图中机具与人物都有些不易理解的地方，需要以剖面图的视角对其进行解读。

与筛谷图不同，飏扇图依旧依照明本—徐本—集成本—陶本的翻刻次序，此处将四个版本所附插图一同对照。总体来看，各个版本的画面中都有两人与一农具，且大致造型与构图基本相似，明本、徐本与集成本图名在画面右上角，陶本图名则在画面顶部的中心位置。而明本中的主体物位置偏上，另外三个版本主体物位置偏下，相较之下，陶本的构图最为舒适。

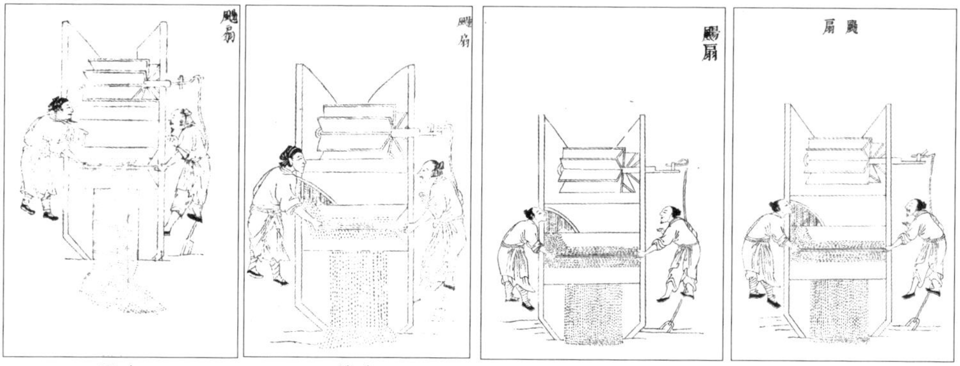

明本　　徐本　　集成本　　陶本

图2-3-16　飏扇

1 〔元〕王祯撰，缪启愉，缪桂龙译注. 东鲁王氏农书译注［M］. 上海：上海古籍出版社，2008. 06：515.

因此幅插图为飏扇的剖面，可以看到两道竖板中间有一中轴，上面装有八个扇叶，中轴下面是一个送料口，可以看到左侧人物正在往里倾倒谷物，下方为供两边人物操控的留缝处，经风扇过的谷物从中流出。飏扇外侧，中轴一端连着一长绳，通至地面，这一构件或许是操控转轴之用，由右侧人物拉动，转轴即可随之转动。但图中并未画出杂物的出口，也许开在别处。

再看各个版本的不同之处，明本与徐本中，飏扇的扇叶每片都独立放置，但集成本与陶本中的扇叶线条错乱，被无端并在了一起，这是两个版本的不合理之处。另外，明本与徐本谷物流通的位置，上下呈倒梯形与梯形，应是为了表达斗状容器，但集成本与陶本则省去了斜向的线条，变得直上直下，这同样不符合飏扇的构造。

而人物方面，各个版本都有两个人物，分立于飏扇两侧，面对面站立，手部正在调节飏扇送料口下的留缝，共同控制着谷物的流速。明本左侧人物留有胡须，另外三个版本未留胡须，明本与徐本人物头部包裹黑色发巾，集成本与陶本只扎一发髻，其余特征并无差异。左侧人物差异更小，只明本头部包裹白色发巾，另外三个版本扎一发髻，其余特征一致。

四个版本的飏扇图，乍一看别无二致，实际上集成本与陶本有几处细节没处理到位，而这也影响了飏扇基本运作原理的合理性。因此，明本与徐本更有参考价值。

砻

【原文】

礧①谷器，所以去谷壳也。淮人谓之砻，江浙之间谓之砻。编竹作围，内贮泥土，状如小磨，仍以竹木排为密齿，破谷不 致损米。就用拐木，窍贯砻上，掉轴以绳悬檩上，众力运肋转，日可破谷四十余斛（图2-3-17）。北方谓之木礧，石凿者谓之石木礧。砻、礧字从石，初本用石，今竹木代者亦便[1]。

【注释】

① 礧（léi）：撞击。

【译文】

砻是用于击打谷物的器具，用于去除谷物的外壳，淮人称之为“砻”

1 〔元〕王祯撰，缪启愉，缪桂龙译注．东鲁王氏农书译注［M］．上海：上海古籍出版社，2008．06：510-511．

明本

集成本

陶本

图2-3-17　砻

（lǒng），江浙一带称它为“砻”（lōng）。砻的做法是，将竹篾编成围筒，里面填入泥土，形状像小磨，用竹木片作为细密的齿，破开谷物但不致损伤米粒。在砻上装上拐木，掉转的轴用绳子挂在檩上，依靠众力转动，一天可以破开的谷物可达四十多斛。北方称其为“木礧”，用石头凿成的砻叫做“石木礧”。“砻”字与“礧”字都以“石”为偏旁，起初用的是石头，现在也可以用竹木替代，也十分便利。

【异本插图比较】

砻在《农政全书》中并未出现，此处仅有《农书》与《钦定古今图书集成》两版参照本。其中，明本为两个版面的横构图，集成本与陶本为单幅竖构图，前者人物数量、构成元素与后两者皆不相同，明本有六个人物、两组农具，而集成本、陶本中人物相对较少，有五人，仅一农具。

虽然插图表达内容相近，但明本插图名称为“砻磨”二字，其他两个版本插图名称仅一“砻”字，因明本其后还有一图，命名为“砻”，明本插图应是将图中的砻和磨相提并论，导致两张插图名称未能对上。

而后来看具体的插图，集成本与陶本相似度较高，而明本则差异性较大。明本中除去砻，还有一个类似磨的农具居于画面左侧，有两个农人在其旁，左侧人物手握拨杆，右侧人物正在往其中倾倒谷物，画面左下角还放置了一个空竹筐。但这一部分内容是另外两个版本没有的，因此不展开说明。

画面右侧为几个人物正在操作砻这一农具，图中的砻由竹篾编制而成，分上下两层，上层可以转动，底座有一三脚立架，砻的上层被一横轴贯穿，横轴上插一拐木，另一头连接长杆，长杆另一端又与一横杆相连，横杆两端系有长绳，两根长绳一同系在了房梁上，通过两个人握杆推移，另一人控制与拐木连接的杆件，促使砻转动。

集成本与陶本中砻的构造与连接的杆件没有较大不同，但原本拐木连接着的长杆被调整为“Y”形的树杈，而原本悬挂在房梁上的绳子，系在了支起的三脚架上，虽然这一点有所不同，但仍是合理的。

再看每张图中的人物，明本与另外两版人物行为仍有类似之处。在砻的后面，有一农人面向右侧，双手握着控制砻转动的杆件，陶本、集成本中此人头部微向前倾，但动作基本一致。三个版本中皆有两人站在长杆的一侧，二人双手皆握在杆件上，动作相似，区别在于明本中左侧的人物头戴发巾，没穿鞋，而陶本、集成本中左侧的人物头戴斗笠，穿草鞋；明本右侧的人物未留胡须，穿黑鞋，陶本、集成本中右侧的人物留有胡须，穿草鞋，但这些细节于整体而言无关痛痒，其动作是较为一致的。

此外，明本中砻的右侧还有一人，正对画面，偏向左侧，露出半边胳膊，留有胡须，似乎在挪动跟前的竹筐。而陶本与集成本中这一位置的人物，背对画面赤足行走，面向左前方，手中拿着一把锹，似乎要去铲地上的谷物。除此人外，陶本与集成本画面左侧还有一农人肩扛一筐谷物，向右侧走去。

总之，砻对应的三个版本插图中，明本为已知最早的版本，虽多出一件农具，但对砻的描绘相对到位。而《钦定古今图书集成》对其画面构成元素进行了调整，保留部分人物，省去左半侧内容，陶本则是对其的复刻，三者对主题的表述均较为明确。

碓

【原文】

碓，舂器，用石，杵臼之一变也（图2-3-18）。《广雅》曰，䃅①，碓也。《方言》云，碓梢谓之碓机，自关而东谓之梴②。桓谭《新论》曰，杵臼之利，后世加巧，因借身重以践碓，而利十倍[1]。

【注释】

① 䃅：原书为“石勺”，因生僻字无法输入，故以“䃅”替代。

② 梴（chān）：（木头等）长的样子。

【译文】

碓是舂米的器具，用石头制成，杵臼的变体。《广雅》说，䃅就是碓，《方

1 〔元〕王祯撰，缪启愉，缪桂龙译注．东鲁王氏农书译注［M］．上海：上海古籍出版社，2008．06：507．

言》说，碓机就是碓梢，自关以东叫做梴。桓谭在《新论》中说，参照杵臼的便利之处，后世添加了一些巧思，借助身体的重量来踏碓，能够超过杵臼十倍之多。

【异本插图比较】

碓与前文所述水碓同出一源，水碓是通过水力驱动，碓是水碓的基本形态，由杵臼变化而来，通过人力踩踏运作，因此与舂也有些类似，此图亦未有《农政全书》版，但余下三个版本内容相近。插图对碓进行突出表示，图中都各有一人一农具，明本与另外两个版本稍有不同，集成本与陶本相似度较高，但仍可以看出，明本为后两者的基本参照项，在构图与组成元素上，尤其是主体物方面，有一定程度的重复。

三个版本的插图中，除主体物外，明本背景为两道栏杆和茅草屋檐，另有一竹筐置于画面右下方，集成本与陶本的背景较为丰富，画面背景的左侧为一河流，右侧为一棵树，树后有房屋的一角，露出一扇半开的门，画面右下角为几株花草，省去了明本中的竹篮。

再看主体物，图中各有一人物，站在碓的支架中，支架有一底座，上竖两根立柱，而立柱两端又分别连接横杆，人就站在两侧的横杆中间。明本在立柱中间还设一连接件，另外两个版本没有，且明本的支架显然有些扭曲，另外两个版本的支架较为规整。但三个版本中都有一个不容忽视的错误，即碓的杆件与支架之间没有中轴或其他可供杠杆活动的构件，碓的尾端呈腾空状，无法达成其基本的运作条件。

明本

集成本

陶本

图2-3-18　碓

碓的落点为石臼，石臼埋于地下，明本为圆形，一旁有一扫帚，且支架旁放置一杆件，延伸至石臼中，可以供人拨弄石臼。集成本与陶本中，石臼周围还用砖垒砌方形，旁边亦有一扫帚、一长杆。但这两个版本中，碓的杆件较长，人也站得更远，与杆件距离稍远，不知是否便于操作。

这组插图总体上看没有太突出的问题，但对细节的处理不够，三个版本中碓都没有绘制中轴，无法构成基础的运作条件。因此，三个版本关于碓运作原理的表述都是错误的。且人物的站位离碓越来越远，虽然并非是错误点，但根据杠杆原理，陶本所示碓落下的力度会弱于明本，这也是值得留意的地方。

磨

【原文】

多用畜力挽行，或借水轮，或掘地架木，下置鐏①轴，亦转以畜力，谓之旱水磨，比之常磨，特为省力（图2-3-19）。凡磨，上皆用漏斗盛麦，下之眼中，则利齿旋转，破麦作麸，然后收之筛罗，乃得成面。世间饼饵②，自此始矣[1]。

【注释】

① 鐏（zūn）：农具名称。

② 饼饵：饼类食品的总称。

【译文】

磨多用畜力驱动，也可以借助水轮，或者掘开地面架木头，下面放置转轴，也可以用畜力转动，这叫做“旱水磨”，比平常的磨省力许多。磨的上面都用漏斗盛麦，麦下落到眼中，利齿旋转的过程中，破开麦粒使其成为麸面。世间的饼食就是从这里开始的。

【异本插图比较】

磨同样是加工谷物的工具，与前文所述水磨异曲同工，但水磨由水力驱动，此处的磨用畜力转动。此幅插图最早出现于明本，而后依次为徐本、集成本，符合陶本插图的传统由来方式，因此本节依然以如下四个版本为对照项。四幅图都命名为“磨”，明本、徐本与集成本的插图中各有两头驴与一石磨，而陶本中则为两头牛与一石磨，且明本与徐本皆无背景，只集成本与陶本在石

1 〔元〕王祯撰，缪启愉，缪桂龙译注．东鲁王氏农书译注［M］．上海：上海古籍出版社，2008．06：516．

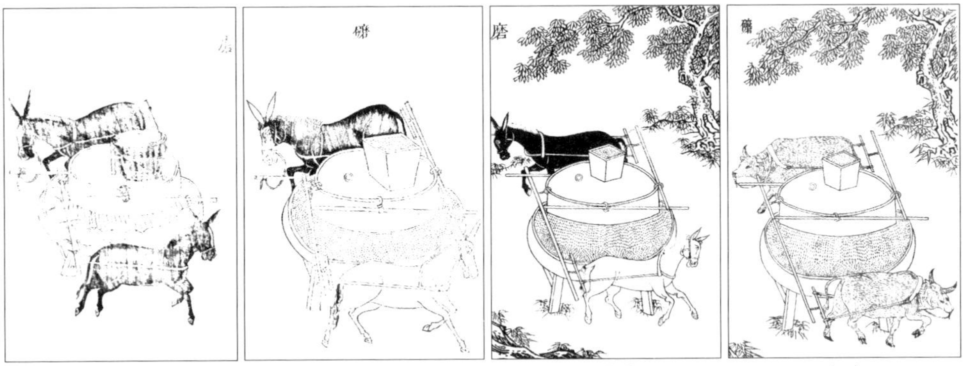

明本　　徐本　　集成本　　陶本

图2-3-19　磨

磨底下有几株草，并在画面上半部分画上一棵树作为点缀，另外左下角石磨旁有几株草，画面内容较为简明扼要。

先看前三个绘有驴的插图，其都以一上一下，一头面向左，一头面向右为设定，且姿势基本相同，但明本两头驴都填黑色，徐本与集成本则是上黑下白。再看细节之处，明本与徐本下方的驴收左前蹄，迈右前蹄，集成本则与之相反，且明本与徐本居于上方的驴，嘴部有一牵绳与磨上的杆件相连，集成本中这一位置被一丛草代替，牵绳不知所终。陶本与前三个版本，除牲畜的位置与朝向相同外，没有其他相似之处，且将驴改为了牛，但无论是牛还是驴，都可以作为拉动石磨的牲畜，因此这一改动不存在大问题。

再看石磨，明本因时间较为久远，画面有些模糊，但依稀可以分辨石磨的大致轮廓，且石磨上有一竹筐，其他三个版本则改为方斗，徐本中方斗较大，集成本与陶本较小，或许是其绘图者误将此物理解为倒入谷物的漏斗，但实际上，此具在明本中只是用于存放谷物的容器，谷物的真正入口为磨上的圆孔。石磨的四周由四根长杆组成支架，并用圆环与石磨上沿连接，杆件再由牲畜拉动，由此使石磨运转，但只有明本的石磨与竹竿的间距是适当的，之后的三个版本石磨的下沿越来越宽，比例失调，尤其是集成本与陶本，石磨上半部分似乎只占据了一半的位置，这是图示不正确的地方。

在此组插图中，笔者认为只有《农书》所附插图最合理，其他三个版本的插图在参照过程中改变了石磨实际的比例与设定，差之毫厘，谬以千里，其画面在一定程度上变动了原有的含义，虽然明本在一些细节的处理上有不到位的地方，但总体来说是最还原石磨本身的图示，而陶本中对牲畜的修改，并不是最值得关注的问题。

砻磨

【原文】

又有砻磨，上级甚薄，可代谷砻，亦不损米。或人或畜转之，谓之“砻磨”。复有畜力挽行大木轮轴，以皮弦或大绳绕轮两周，复交于砻之上级，轮转则绳转，绳转则砻亦随转（图2-3-20、图2-3-21）。计轮转一周，则砻转十五余周，比用人工，既速且省。

【译文】

又有砻磨，上面一层很薄，可以代替谷砻，也不会损伤米，或是用人力，或是用畜力驱动使之旋转，叫做“砻磨”。也有用畜力转动运行的大型木轮轴，用皮弦或者大绳绕转轮两周，然后相交于砻的上层，转轮转动时，绳子随之转动，绳子转动后砻就跟着转动。轮转一周，砻可以转十五多周，比起人力，既省速又省力。

【异本插图比较】

砻磨类似砻与磨的结合体，通过畜力拉动转轮，运用绳索传动的原理拉动砻，从而达到加工谷物的目的。此处所选四张插图，两两相同，也能够明显看出两两参照的特点，其最显著的差别，在于明本与徐本为两个版面的横构图，集成本与陶本为单个版面的竖构图，这也是后者最突出的错误点。

明本与徐本中以砻磨与两头驴为主体物，此外没有多余的背景，其横构图的形式，可以看出转轮的中轴与上方的横梁相连。而集成本与陶本为竖构图，除固有的主体物外，其中轴上端与建筑相接，且建筑上还有一个屋顶，屋顶上露出远处的两棵树。结合转轮的高度与驴的高度判断，建筑的高度相对来说不合常理，因此，这两个版本中额外的内容有些多此一举。

明本

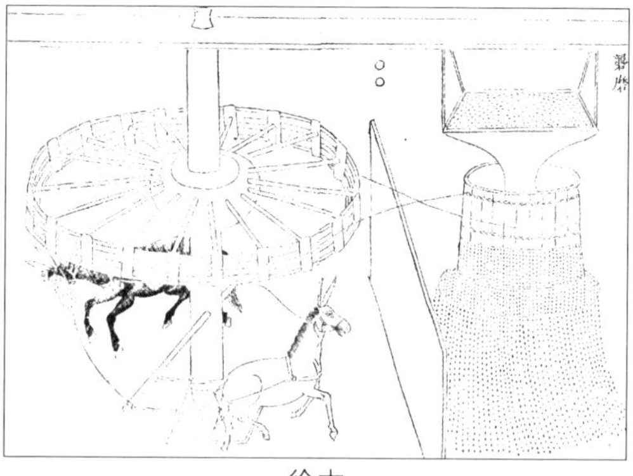

徐本

图2-3-20　砻磨一

分析主体物部分，四个版本乍看之下相似度较高，实则仍有较多不同之处，砻磨左侧由一转轮与一立柱组成，驴在转轮下方，由一根贯穿中轴的杆件牵制，转轮规格较大，外围由木板圈围，中间有一团状物作为轮辐，但不知其轮辐与轮毂的连接方式，转轮外圈有一大绳，交叉连接至右侧的砻上，中间有一隔板，不明其意。砻磨右侧即碾谷物的砻具，上有一方斗，放置谷物，方斗下端直接连至砻口，下方有大量加工过的谷物，隔板或许起到隔断谷物的作用。

集成本　　陶本

图2-3-21　砻磨二

明本与徐本中立柱较粗，集成本与陶本较细，且四个版本中轮辐与轮毂的交接方式不明。而转轮下方的两头驴，站位与朝向一致，除明本为两头黑驴外，其他版本都为一黑一白，明本与徐本中下方的驴迈出右前蹄，收回左前蹄，而集成本与陶本中，驴的前蹄都呈前抬状，且驴首微垂，姿势略有不同。

总体来看，主体物的错误并不鲜明，只是各个版本稍有差异，但集成本与陶本将原本的横构图改为竖构图，为此添加的上半部分的背景有画蛇添足之嫌。

水碾

【原文】

水轮转碾也（图2-3-22）。《后魏书》，崔亮教民为碾。奏于张方桥东堰谷水，造水碾数十区。岂水碾之制，自此始欤？其碾制上同，事见《杵臼门》。但下作卧轮或立轮，如水磨之法。轮轴上端，穿其碢①榦②，水激则碢随轮转，循槽轹③谷，疾若风雨。日所毇④米，比于陆碾，功利过倍[1]。

【注释】

① 碢（tuó）：同“砣”，碾盘上的石轮。

② 榦（gàn）：同“干”。

1 〔元〕王祯撰，缪启愉，缪桂龙译注．东鲁王氏农书译注［M］．上海：上海古籍出版社，2008．06：610．

③ 轹（lì）：车轮碾轧。

④ 毇（huǐ）：舂或碾米使精。

【译文】

水碾，是用水轮旋转的碾。《后魏书》说，崔亮教百姓做碾，奏准在张方桥东谷水上造堰，造水碾有几十处。难道水碾的建造就是从这里开始的吗？这类水碾，与前文所述畜力碾一样，详细情况可以看《杵臼门》。但下方放置卧轮或立轮，像是水磨的方法，轮轴的上端，贯穿了带磆轮的杆件，水激卧轮时，磆轮也随之转动，循着碾槽碾压谷粒，速度像是疾风骤雨，一天碾的米，比陆碾多一倍。

【异本插图比较】

上文提到水碾有卧轮与立轮两种，此处所选四幅插图都为卧轮。水碾原理与水磨略同，都是在水中放一卧轮，引水击打，卧轮转动，而后带动中轴，中轴顶端与碾盘相连，在中轴转动时，碾盘随之进行圆周转动。

四个版本中，都只有水碾这一农具，没有人物出现，且背景也为流水与河岸。四张图中绘制的水碾造型类似，由上下两部分组成，下方为卧轮，上方用以碾压谷物，用一根立柱作为中轴，将上下相连，且中轴上端被一根杆件贯穿，用以连接碾盘，碾盘的位置也十分相近，都居于画面右侧。但每个版本对水碾的不同部位进行了填色，明本将碾盘与卧轮内圈填黑，徐本只将碾盘填黑，集成本与陶本相似，将碾盘与水碾上半部分的内圈填黑。

在细节处理上，集成本与陶本的造型较为规整，透视也更准确，但省去了卧轮扇叶，使之变成用杆件连接的转盘，这是一个明显的错误，若是没有扇叶，卧轮则无法转动。再看水碾上半部分，图中应该设置一个平台，明本与徐本上半部分露出的空间较小，集成本与陶本上半部分的空间较大，且将其延伸

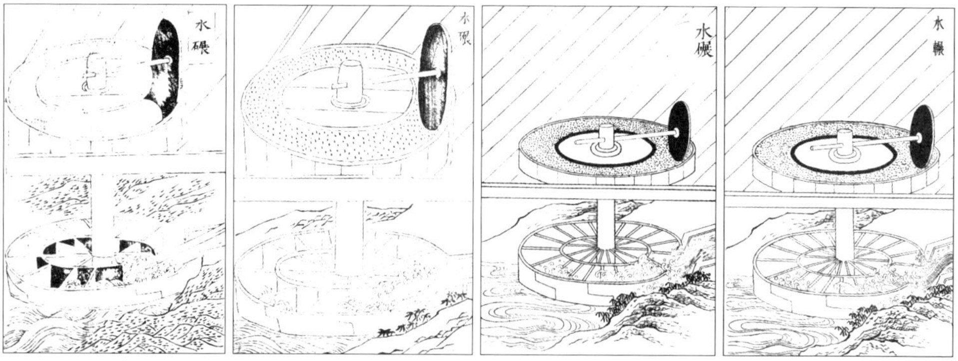

明本　　徐本　　集成本　　陶本

图2-3-22　水碾

成一排平行线，似乎曲解了明本的本意。

因此，虽然明本整体看上去是最不符合规范的，线条与透视都没有处理到位，但其绘制的内容最贴近真实情况。其他版本的图示，并未对所绘农具进行实际了解，仅是对已有插图的模范借鉴，虽然能够仿制原图，但在细节上会出现一些影响所绘农具结构合理性的错误。

击麻

【原文】

摜，抖擻也。箄，承所遗稻也。农家禾有早晚，次第收获，即欲随手得粮，故用广箄展布，置木物或石于上。各举稻把摜之，子粒随落，积于箄上（图2-3-23）。非惟免污泥沙，抑且不致耗失，又可晒谷物，或卷作囤，诚为多便。南方农种之家，率皆置此[1]。

【译文】

摜是抖擞的意思。箄用来承接击落的稻草。农家收获的稻谷有早晚之分，依次收获之后，需要随手取得粮食，因此在地上铺设箄，箄上放置木块或石块，将稻谷举起击打，稻粒随之脱落，积攒在箄上。非但可以免去泥沙的污染，也不会使其损耗，又可以晒谷物，或是卷起来作为囤积容器，有诸多便利之处。南方农家，大抵都有这一农具。

【异本插图比较】

击麻图只有《钦定古今图书集成》作为参照版，且构图方式与画面组成元素基本一致，细观之下也存在些许差异，但并未影响全局。集成本图名并非“击麻”，而是“摜稻箄”三字，与其原文所说内容也相呼应，因此陶本对其名称做了改动，变为“击麻”，但图片内容未变。《天工开物》对于击麻之法有所提及，其称“小麦收获时，束稿

集成本　　陶本

图2-3-23　击麻

1　刘野编．钦定四库全书荟要 钦定授时通考 1［M］．长春：吉林出版集团有限责任公司，2005．05：535．

击取，如击稻法”[1]，与前文所述“湿田击稻”之法同理，此图应是强调“箪”这一农具。

两个版本中，有一农人为主体，此人双手举起一把稻谷，双腿分立，穿一草鞋，站在草席上，也就是文字所谓的“箪”。农人面前有一石块，石块压在箪上，农人将稻谷击打在石块上，谷粒即可脱落，并汇集在箪上。两个版本中的人物动作、打扮基本相同，其脚下的箪则稍有差异，虽然都以方格为编织纹路，但集成本强调了方格的轮廓线，陶本则突出了方格中交错的排线。除主体物在，背景为一小排篱笆，似乎将场景设在断崖处，画面右上角，断崖边缘有一棵树。

此幅插图内容较为简易，其表达的谷物脱粒方式极易理解，画面内容也没有较多差异，除陶本改动了原有的图名外，总体而言基本符合文意。

簸扬

【原文】

凡攻治小米，扬得其实，舂得其精，磨得其粹。风扬、车扇而外，簸法生焉。其法篾织为圆盘，铺米其中，挤匀扬播。轻者居前，簸弃地下，重者在后，嘉实存焉[2]。

诗曰：临风细扬簸，糠粃零风前。倾泻雨声碎，把翫玉粒圆。短裙箕帚妇，收拾亦已专。岂图较斗升，未敢忘凶年（图2-3-24）[3]。

【译文】

加工小米时，扬可以得到谷实，舂可以得到谷粒，磨可以得到面粉。除风扬、车扇的方法外，还有一种用簸箕的方法。这种方法是将竹篾织成圆盘，将米铺在其中，挤匀后扬动簸箕。质量轻的会被扬至簸箕前方，落在地上，质量重的会被留在后面，米粒就被留存下来。

【异本插图比较】

此图描述的内容较为简明，但仅于《钦定授时通考》中寻得与此图相似的

1 〔明〕宋应星著；潘吉星译注．中国古代名著全本译注丛书 天工开物译注［M］．上海：上海古籍出版社，2016．05：44．

2 〔明〕宋应星著；潘吉星译注．中国古代名著全本译注丛书 天工开物译注［M］．上海：上海古籍出版社，2016．05：47．

3 刘野编．钦定四库全书荟要 钦定授时通考 2［M］．长春：吉林出版集团有限责任公司，2005．05：178．

图示，在其他版本中并未出现，而殿本插图的右上角有一处值得注意的地方，附有一首诗文，名为《簸扬》，诗曰：

“簸扬临风细扬簸，倾泻雨声碎，短裙箕帚妇，岂徒较升斗，糠秕凌风前。把玩玉粒圆。收拾亦已专。未敢忘凶年。”[1]

殿本　　陶本

图2-3-24　簸扬

这一形式与《乃服》卷中选自《钦定授时通考》的捉绩图相似，都在图中空白处留有一首诗文。据考证，此诗为南宋画家楼璹《耕织图》的题诗，《耕织图》共计四十五幅，包括二十一幅耕图，二十三幅织图，每幅图配五言律诗一首。这种组图诗形式虽创自南宋楼璹之手，但在清代，形式各异的《耕织图》层出不穷，《钦定授时通考》中《耕织图》一卷即为一例，其卷首序言称，此图为“圣祖仁皇帝御制”[2]，意指康熙帝，由此可知这组图绘制于康熙年间，而后被收录进《钦定授时通考》，且序言中还提到，“朕于每幅，制诗一章，以吟咏其勤苦而书之于图”[3]，可见图中诗文为康熙御题。

因此，《钦定授时通考》中被题诗的四十五幅插图出自南宋的楼璹《耕织图》，但几经再版，图为康熙年间绘图者所创，且诗文由康熙所题，这就可以解释为何《钦定授时通考》中部分插图，与《农书》所附插图有所差异，而这也是《农书》《农政全书》《钦定古今图书集成》中未曾出现此类插图的原因。

由图可知，陶本的簸扬图基本是对殿本的复刻，其将原有的诗文省去，在画面上方偏右的位置留“簸扬”二字图名，其余内容则与殿本基本一致。

图中共有三人，呈三角状分布于画面左下的部分，最左侧的人面向右方，弯腰曲背，手中握着锹，正在铲地上的谷物，他后面的人背对画面，朝向右侧，手中拿着簸箕，置于身前，正在筛米，而居于画面正中的人面向右前方侧

1　刘野编．钦定四库全书荟要 钦定授时通考 2［M］．长春：吉林出版集团有限责任公司，2005．05：178．

2　刘野编．钦定四库全书荟要 钦定授时通考 2［M］．长春：吉林出版集团有限责任公司，2005．05：157．

3　刘野编．钦定四库全书荟要 钦定授时通考 2［M］．长春：吉林出版集团有限责任公司，2005．05：157．

立，双手捧着簸箕高举至头顶，簸箕中质轻的杂物随着风力被吹向前方，而质量较重的谷物落至地面的草席上。画面左下角似乎是屋顶的瓦片，右下角为两个扁圆的竹筐，画面背景为一处池塘。两幅插图除文字信息有所区别外，基本无异，且易于理解，因此无须进行过多解读。

【本卷小结】

本卷仍旧先对《粹精》中原有的十三幅插图进行对比研究，从中可以得知此卷主要讲述谷物的加工方式与工具，与前卷《乃服》不同，《粹精》卷中较多图幅易于理解，诸如砻、磨、碾这类谷物加工器具，殊途同归，都是为了对谷物去壳或是碾碎，再如击麻、击稻这些无须用到农具，人力就能完成的谷物加工方式，更加易于解读。因此，在此卷中，没有涉及较为复杂的机械，不同版本中出差错的情况相对较少，但仍旧存在，有些是由于透视关系，有些是由于绘图者未能理解其本意。此卷异本插图易出现，乍看之下相差无几，但在细节之处大相径庭的现象。

此卷陶本多出图幅也是数量较多的一卷，共计九幅，其来源也多出了南宋楼璹《耕织图》这一项。陶本中这类源自《耕织图》的插图，取自《钦定授时通考》，可见《钦定古今图书集成》虽是陶本《天工开物》的主要参照版本，但陶本插图并非全出于此，另有《钦定授时通考》为参照。此类插图在《钦定授时通考》中还附有康熙御题的诗文，但在陶本中进行了删减，又因其源自《耕织图》，《农书》《农政全书》《钦定古今图书集成》中并无其身影，这也是此卷中陶本多出图幅在另外三本农书中或有或无的原因。此外，筛谷图在《钦定古今图书集成》与《钦定授时通考》中并未出现，也可以判断陶本《天工开物》中的插图来源丰富，出处不一。

再回到《天工开物》异本本身，涂本与杨本相似度较高，且多以平面、单线的形式绘制，陶本则偏向立体、多线的形式，且习惯绘制大量背景，因此比另外两个版本丰富许多，且画面表现更为精细，部分插图中，反倒是陶本绘制得更加直观。但陶本插图中也不乏舍本逐末的做法，为表现大量的场景，对于插图本身的构造做出改动，得不偿失。

无论是固有插图，还是陶本多出的插图，其异本都有一个特点，即初始版本最为合理，即涂本《天工开物》与明本《农书》，初始版本虽粗简，远不如陶本精细，但最能体现其绘制对象的基本构造，表达绘图者本意。而余下的版本，在不断参照复刻的过程中，或许无法理解初始插图的本意，对绘制对象并未理解透彻，照搬照抄，虽能模仿大致形态，但对其内核与运作原理未做探索，这也就是此卷插图易出现细节错误的原因。

至此，结合《乃粒》卷，关于耕种、水利灌溉、谷物加工等农事方面的插图已作大致解读，农耕方面的内容告一段落。与《农书》等农书不同，《天工开物》并非只是对农事的记述，也涉及大量其他方面的内容，余下将开启新的篇章。

四、作咸 第五卷

【按语】

本卷名为《作咸》，出自《尚书·洪范》“润下作咸”[1]，意思是说水性湿润向下流动，具有咸味，说明富含盐质。顾名思义，“作咸”就是对盐的加工处理，与后卷《甘嗜》制糖相呼应，都为副食品的加工，与民食生计息息相关。此卷涉及对海盐、井盐、池盐的制盐技术，原书共计五幅插图，三幅讲述海盐，另两幅分别对应井盐与池盐，插图数量较少，但陶本多出图幅较多，共计九幅，数量与上卷《粹精》一致，主要关乎井盐的生产过程。前几个章节关乎农事，以农书所附插图为参照，而《作咸》卷中陶本插图的参照对象则变为四川《盐法志》，于此又出现了新的参照版。此处先对《天工开物》原书所附五幅插图进行对比分析，其后对陶本多出图幅作另作论述。

布灰种盐

【原文】

凡海水自具咸质，海滨地高者，名潮墩，下者名草荡，地皆产盐。同一海卤传神，而取法则异。一法高堰地，潮波不没者，地可种盐（图2-4-1）。种户各有区画经界，不相侵越。度诘朝无雨，则今日广布稻麦稿灰，及芦茅灰，寸许于地上，压使平匀。明晨露气冲腾，则其下盐茅勃发，日中晴霁，灰、盐一并扫起淋煎。

【译文】

海水本身具有盐质，海边地势高的地方叫做潮墩，地势低的地方叫做草荡，这些地都生产盐。两者皆出于海中，但提炼的方法不同。一种方法是在地

1 陈戊国点校．四书五经 上［M］．长沙：岳麓书社，2014．11：247．

势高且潮水无法淹没的地方种盐。种盐户都有各自划定好的区域地界，互相不会倾越。预计第二天不会下雨的话，就在当天布满稻麦稿灰，以及芦茅灰，堆积在地上约一寸厚，压平并使其均匀。第二天早晨露水冲腾，底下的盐像茅草一样生机勃发，白天天气晴朗时，就可将灰、盐一并扫起来淋洗煎炼。

【异本插图比较】

据《作咸》卷首语，宋应星提到中国古代有五行之说，而后产生辛酸苦甘咸，其中，辛酸苦甘四味一年不吃都不会有问题，唯独食盐，几日不吃就会浑身乏力，精神不济，因此盐质是民食中不可缺少的一项。其又称盐产地分“海、池、井、土、崖、砂石”六项，其中海盐占比最大。本节正是围绕海盐的生产技术展开。

此节插图名称为“布灰种盐”，根据图名，插图内容对应的应是原文所述在“高堰地”布灰种盐的方法，其讲述了种盐户会在地势高的位置布“稻麦稿灰，及芦茅灰”，此为“布灰”，等到第二天早晨，露气冲腾，盐分就会凝结在灰层中，此为“种盐”。

由此来看三幅插图，涂本与陶本都在画面顶部标有“布灰种盐”四字图名，而杨本没有图名。除图名外，三个版本中还有若干文字，涂本与杨本较为相似，分别在图中上下两块种盐的位置标有“潮墩”与“草荡”，与原文相应，“潮墩”指的是海边地势高的地方，“草荡”则指海边地势低的地方。而陶本只在画面地势高的位置标“潮墩”二字，未注明“草荡”的位置。

此外，三个版本都对布灰种盐的两个主要步骤做了文字说明，一为“先日

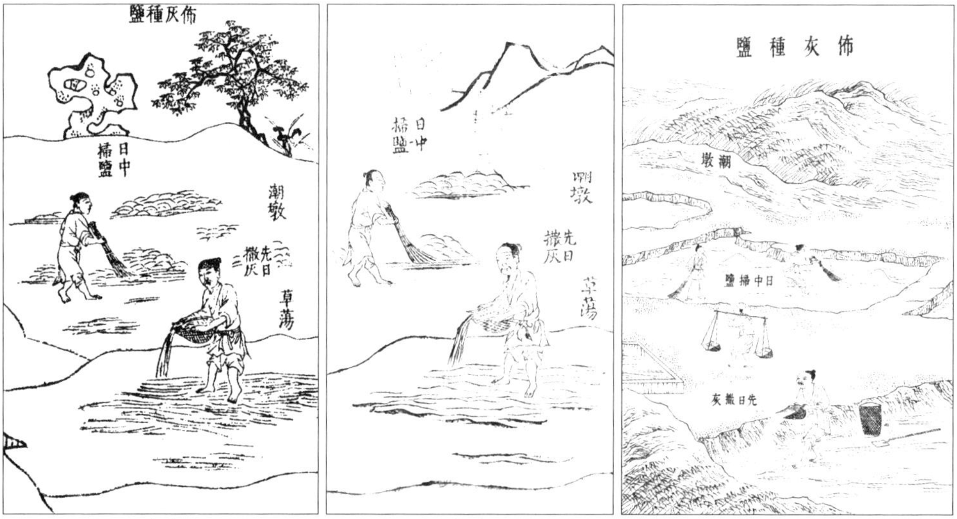

涂本　　杨本　　陶本

图2-4-1　布灰种盐

撒灰”，这一步骤对应的是种盐户在第一天要将草木灰撒在地势高的位置；二为“日中扫盐”，对应的是第二天将凝结在灰层上的盐层扫起的步骤。这两处文字对应的画面相同，但陶本中几处文字的位置不同，这是因其构图方式与画面组成有异于另外两个版本。

涂本与杨本中各有两个人物，一上一下，分别进行上述两个步骤，陶本则有四个人物，其中两人与另外两个版本中人物动作一致，另外两人为主观添加，一人也在扫盐，另一人挑担。需要说明的是，前文几卷中陶本的插图大多以《钦定古今图书集成》为参照，但此类插图多参照农书，主讲农事，并未有与制盐相关的插图。而陶本跋语称“《作咸》卷图则按两淮、河东、四川《盐法志》校正”[1]，又经笔者考证，两淮、河东《盐法志》中并未出现与陶本此卷插图相似的图示，唯四川《盐法志》中存在大量与之较为相似的插图，由此可知本卷陶本插图应出于四川《盐法志》。

此组图片中，陶本虽与另外两个版本有所不同，但也并非全然不一，除其标注的文字与另外两个版本类似外，画面中的两个人物与另外两个版本姿势也相似，或许陶本此处的插图部分是参照《天工开物》原版所绘，又或许是因为其参照本同样参考了《天工开物》的原有版本。

再具体看此组插图内容，涂本与杨本较为相近，涂本有一假山与一棵树为背景，杨本则省去了这些内容，改为远处的山峦。实际上，此处为海边种盐的场景，绘制假山与树似乎不太恰当，杨本更为合适。陶本则完全改变了画面布局，且绘制出了另外两个版本未曾体现的高差，画面中有几道地势较低的浅坑，远方为杂草覆盖的矮坡。

涂本与杨本图中有两个人物，下方偏右的人物正对画面，视线偏向左侧，赤足站在地上，脚下布满草木灰，其手中捧着一个簸箕，正在往地上撒灰料，涂本人物头戴网巾，杨本改为了一根系绳。陶本人物与其行为相仿，同样赤足站在地上，手捧簸箕撒草木灰，发型改为只扎一发髻，且左脚向前迈开，此人物身后还有一竹筐与锨，是另外两个版本所没有的。

涂本与杨本中上方偏左的人物依旧动作相似，面对右前方赤足侧立，右手握一扫帚正在扫灰，陶本与之形象相似，但因画面构图，这一人物小了许多。在其身旁，有一陶本独有人物，面对画面，正在拿一扫帚扫灰，而这两人前下方，另有一人物挑着扁担向左前方走去。陶本中人物个头较小，唯撒灰的一人绘制得较大，但总体来说，画面合理性并未受影响，且这张插图并未涉及复杂

1 〔明〕宋应星著；管巧灵，谭属春点校注释．天工开物［M］．长沙：岳麓书社，2002：423．

的工序或是难理解的农具，因此也没有出现难以解读或是绘制错误的地方。

但在原版插图中，出现了与环境不符的假山树木，有些突兀，且潮墩与草荡并未作出明显区分，而布灰种盐这一步骤本该在地势高的位置，即潮墩一处进行，图中却将其绘制在了草荡处，出现了图文不符的问题。

淋水先入浅坑

【原文】

凡淋煎法，掘坑二个，一浅一深。浅者尺许，以竹木架芦席于上，将扫来盐料，不论有灰无灰，淋法皆同，铺于席上。四围隆起，作一堤垱[①]形，中以海水灌淋，渗下浅坑中（图2-4-2）。深者深七八尺，受浅坑所淋之汁[②]，然后入锅煎炼。

【注释】

① 垱（dàng）：为便于灌溉而筑的小土堤。

② 所淋之汁：涂本、陶本作“淋”，杨本作“林”，结合语意，“淋”为本意。

【译文】

淋洗、煎炼盐的方法，是掘两个坑，一浅一深。浅坑深约一尺，用竹木将芦席架起，将扫来的盐料铺在席上，无论有灰无灰，淋洗的方法相同。周围隆起，呈现堤坝形，中间用海水灌入淋洗，任其渗入浅坑之中。深坑深七八尺，接受浅坑所淋的卤水，然后放入锅中煎炼。

【异本插图比较】

在收集好盐料后，定然无法直接使用，还需通过淋洗、煎炼，本节对应的工序为淋洗，按照原文对这一工序的描述，需要在平地上掘一深一浅两个坑，

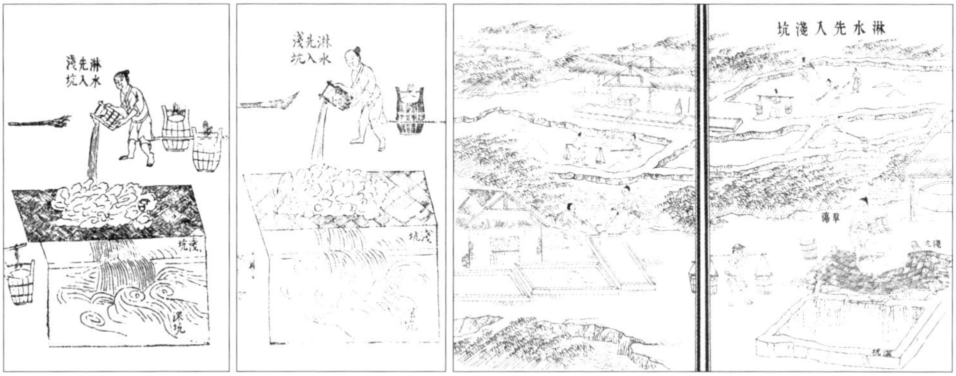

涂本　　杨本　　陶本

图2-4-2　淋水先入浅坑

并在浅坑上架芦席，将盐料铺在上面，将四周围高后，用海水淋洗，盐料随着洗下，一同进入深坑中，就得到了卤水。

在了解此幅插图意图表述的工序之后，画面内容就易于解读了。三个版本图名皆为“淋水先入浅坑”，初始版本涂本也许并非将其作为图名的意思，只是在表述这一步骤，而杨本与陶本将错就错，沿用这一排文字作为图名。三幅插图的构图方式也不相同，涂本与杨本为单幅竖构图，陶本为双幅横构图。涂本与杨本各有一人物，正在往浅坑中倒水，陶本中有十一个人物，数量颇多，主体人物只占据了画面右下的位置，同样在往浅坑倒水。

在场景的设定上，涂本与杨本的主体物占比较大，人物占据画面上半部分，两坑占据画面下半部分，清晰明了，没有多余的背景。但陶本在主体物外，用较大的图幅绘制了其他场景，似乎与上一张插图中的布灰种盐法相近。总之，其构设了一大片种盐、淋洗的地方，画面上半部分共有七个人物在进行种盐的工作，画面下半部分右侧的两个人物在对收集来的盐料进行淋洗，左侧的两个人物正用戽斗取海水往岸上的坑中倾倒。

涂本与杨本中唯一的人物，虽正对画面，但偏向左侧，双手提着水桶正在往坑中倒水，但其站立的位置有些不恰当，离浅坑稍远，若以现在的位置往浅坑中倒水，应该是泼的动作，除非人物所在的位置是一高地。而陶本中人物面向右侧站立，动作一致，也在倒水，而其站立的位置似乎也不恰当，浅坑之所以为坑，其下空置，但人物站在了浅坑正上方，除非人物站在支架上，才不会踩空，但显然图中浅坑的支架在坑的两侧。因此，三幅图中人物的站位都是需要质疑的地方。而前两个版本中，人物左侧有一放倒的扫帚，身后有一扁担和水桶，涂本有两个水桶，杨本仅一个且填了黑色，陶本人物身后仅一水桶。

再看深浅两坑，涂本与杨本较为相似，在两坑空白处分别标有“浅坑”与“深坑”，而陶本标注文字的位置与之不同，“浅坑”标在坑的上方，“深坑”标在坑的边缘。总体来看，涂本与杨本对坑的绘制较为简略，陶本则较为详细，绘制出了芦席边缘的高起，用板块状物体压制，且有两根木头作为支架，而另外两个版本既没有说明支架，也没有绘制隆起的四周，因此陶本更符合原文，涂本、杨本有些过于简单。而涂本与杨本的浅坑左侧有一个被扁担挑起的水桶，若将画面向左延伸，应是一挑扁担的人物形象，但这两个版本没有将其画出，陶本将其补充完整，此人物居于画面左下的位置，挑着两桶水，应是用于淋洗盐料。

再看陶本这两个人物左侧的插图，有两个人物站在岸边，用《乃粒》卷中提到的戽斗取水，并倾倒入岸边的坑中，人物再往左的位置有一茅草屋，被三个长坑围绕。另有一草荡作为上下两部分画面的分界，且以文字标注，草荡右侧有一小亭，草荡后方即前文所述布灰种盐的场景，其中五人正在扫盐，两人挑着水桶行走，人物极小，仅作示意，在人物一旁还有一茅草屋，远方则散布着草荡。

这组插图中，陶本与涂本、杨本的差距更大，改变了原有的构图与画面组成，增加的人物有十个之多，且主体人物只占据了画面的一小部分，但也表明了原有版本意图表达的主旨，只是被诸多无关的场景占据了画面。相较而言，涂本与杨本主体物占比虽大，但线条粗简，没有陶本绘制得详细，也没有体现出两坑之间的明确关系，两者各有千秋，可以两相结合，以便更好地理解淋洗盐料这一工序。

海卤煎炼

【原文】

凡煎盐锅，古谓之牢盆①，亦有两种制度。其盆周阔数丈，径亦丈许。用铁者，以铁打成叶片，铁钉拴合，其底平如盂②，其四周高尺二寸，其合缝处一经卤汁结塞，永无隙漏。其下列灶燃薪，多者十二三眼，少者七八眼，共煎此盘（图2-4-3）。南海有编竹为者，将竹编成阔丈深尺，糊以蜃灰③，附于釜④背。火燃釜底，滚沸，延及成盐，亦名盐盆，然不若铁叶镶成之便也。凡煎卤未即凝结，将皂角⑤椎碎，和粟米糠二味，卤沸之时投入其中搅和，盐即顷刻结成。盖皂角结盐，犹石膏之结腐也。

【注释】

① 牢盆：煮盐器具。

② 盂：一种盛液体的器皿。

③ 蜃灰：蜃，蛤蜊；蜃灰，用蛤蜊壳烧成的灰。

④ 釜：古代的一种锅。

⑤ 皂角：即皂荚。

【译文】

用来煎炼盐的锅，古代称其为“牢盆”，也分为两种制度。牢盆的周围宽数丈，直径也有一丈多。若为铁制，用铁达成如同叶子一般的薄片，用铁钉拴合在一起，牢盆的底部似盂，四周高约一尺二寸，它的合缝处一旦用卤汁堵塞，永远不会有空隙。牢盆的底下排列炉灶烧柴火，多的有十二三眼灶，少的有七八眼，一同煎炼牢盆底部。南方沿海有编竹子做牢盆的方法，将竹子编成一丈阔一尺深的盆，表面用蜃灰抹糊，附在锅的背部。燃火烧锅底，滚沸之后

涂本　　杨本　　陶本

图2-4-3　海卤煎炼

盐就烧结而成了，这也称为“盐盆”，但不如铁片镶成的方便。煎炼的卤水尚未凝结之时，将皂角捣碎，和粟米糠相混合，卤水沸腾的时候投入其中搅拌，盐就能立刻结成。用皂角结成的盐，就如同石膏点豆腐一样。

【异本插图比较】

煎炼是继种盐、淋洗后的下一个步骤，其原理也较易理解，只需用一“牢盆”熬盐，待卤水滚沸，即可凝结成盐。《本草纲目》记载，“其煮盐之器，汉谓之牢盆。今或鼓铁为之，南海人编竹为之”[1]，原文也称牢盆用铁片打制，或是用竹编成，但此处看不出材质，但《天工开物》的竹制品往往会有竹编的纹理，此处或许为铁制。这组插图中每个版本的人物数量都不同，涂本与杨本画面内容大致相同，但涂本有四人，杨本仅三人，而陶本则有五人，数量居之首位。

此图皆名为“海卤煎炼”，其意不言而喻，三个版本中都绘有一体量较大的牢盆，且其上注明“牢盆”二字，涂本与杨本所绘牢盆颇高，陶本稍扁。据原文，牢盆底下有一排灶眼，用以烧火，多则十二三个，少则七八个，因画面中只能看到一个角度，故只说明可见的灶眼数目，涂本与杨本数量一致，共五个，陶本为四个，其余部位被人物遮挡。

三个版本中，都有一人物站在牢盆后，正提着水桶往牢盆中倒水，且都戴着斗笠，从这一细节也可看出，陶本对涂本或杨本存在一定的参照。牢盆左侧

1 〔明〕李时珍．本草纲目［M］．太原：山西科学技术出版社，2014．01：284．

坐着的人物，面向右前方，留有胡须，正在往灶中添柴，涂本与杨本中此人身边并无柴火，而陶本在此人脚边绘制了一把柴火。另外，涂本牢盆右侧有两个人物，一个面向左前方坐着，留有胡须，手中握着柴火，也在往灶中添柴，杨本中这一位置也有此人，动作一致，但没有胡须，陶本这一位置的人物坐姿稍有差异，侧向的坐姿变成了正面偏左。

涂本中牢盆右侧还有一挑着水桶的人物，露出了左边一个水桶，右边的水桶被画面裁切，杨本中除以上三个人物外没有其他人物，而陶本亦有一挑着水桶的人物，与涂本相似，都戴一斗笠，但姿势不同，此人虽向左前方走去，但回头面向右侧，且居于右下角的位置，并不在牢盆附近。而陶本中还有一人物，居于画面中间偏右的位置，正在收拾柴火，并非画面中心。

涂本与杨本中，除牢盆与几个人物外，没有多余的内容，只在画面上方绘有几朵云，杨本同样如此，但将云朵改为几根枯木。陶本背景较为丰富，其将牢盆设定在茅屋下，画面左下角有一堆柴草，画面上半部分则是几处茅屋与草荡。

这组插图中，涂本与杨本相近，杨本虽缺少了一个次要人物，但没有影响整体，陶本虽然与另外两个版本差异较大，但对主旨的表述不存在问题，再结合前两组图来看，陶本反而对原有版本进行了扩充与细节的加工，由此可以推测，陶本的绘图者或许熟知制盐的相关知识。

池盐

【原文】

凡池盐，宇内有二，一出宁夏，供食边镇；一出山西解池，供晋、豫诸郡县。解池界安邑、猗氏、临晋之间，其池外有城堞[1]，周遭禁御。池水深聚处，其色绿沉。土人种盐者，池傍耕地为畦垄[2]（图2-4-4），引清水入所耕畦中，忌浊水参入，即淤淀盐脉。

凡引水种盐，春间即为之，久则水成赤色。待夏秋之交，南风大起，则一宵结成，名曰颗盐，即古志所谓大盐也。以海水煎者细碎，而此成粒颗，故得大名。其盐凝结之后，扫起即成食味。种盐之人，积扫一石交官，得钱数十文而已。其海丰、深州引海水入池晒成者，凝结之时扫食不加人力，与解盐同。但成盐时日，与不藉南风则大异也。

【注释】

① **城堞（dié）**：城上的矮墙。

② **畦垄**：畦，田园中分成的小区；垄，田地分界高起的埂子。

【译文】

国内有两个池盐产地，一在宁夏，为边境的乡镇供给食用；一在山西解池，供给山西、河南等郡县。解池位于安邑、猗氏、临晋之间，池外有城墙，周围被保护守卫。池水深处呈暗绿色，当地种盐的人，在池旁耕地使之犁为畦垄，将池内清水引入犁好的畦中，切忌污浊的水渗入，否则就会淤淀成盐脉。

引入池水种盐，春天就该进行，若时间久了水会变成红色。等到夏秋交替的时候，南风大起，一晚上就能结成盐，称作“颗盐”，也就是古书上写的“大盐”。因为用海水煎炼的盐质地细碎，而池盐的颗粒较大，所以也叫大盐。这类盐凝结后，扫起就能食用。种盐的人积扫一石的盐交给官府，只能得到数十文的酬劳。海丰、深州引海水进入池中晒出的盐，凝结之时扫起后不用加工就可食用，和解盐相同。但在成盐的时候不借助南风，这一点与解盐大不相同。

【异本插图比较】

此卷共五幅图，前三幅都围绕海盐的生产技术展开，本节文字与插图对应的则是池盐。原文称全国有两处产池盐，一为宁夏，一为山西解池，并对山西解池的池盐作详细介绍。池外有城墙，周围还有护卫，池盐有两种提取方式，一种是由制盐者在池旁犁地，引水进入犁好的畦中，而后晾晒使之凝结成盐，另一种方法是在夏秋之际，凭借南风，一夜就能凝结成盐。

池盐对应的三幅插图，涂本与陶本的图名标“池盐”二字，但杨本未注图名。涂本与杨本为单幅竖构图，陶本为双幅横构图，前后两者绘制的内容也有较大差距。涂本与杨本着重描绘两种池盐的凝结方式，图中各有三人、一牛、一犁，而陶本则重在表现池盐的全貌，且以俯视图的形式绘制了整块池子与外围的城墙，其中人物四散，两两组合，共十人。

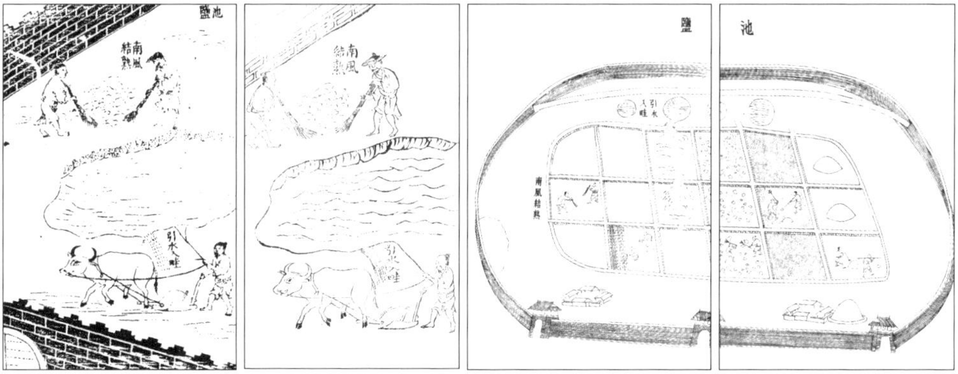

涂本　杨本　陶本

图2-4-4　池盐

因两种插图形式差异较大，先对涂本与杨本进行分析。图中是池盐的一角，涂本画面中左上角与左下角都绘制了城墙，与原文“其池外有城堞”的说法相符，杨本仅画面左上角有城墙，左下角的城墙被省去，且涂本的城墙填黑色，杨本为黑白线描。图的正中为一块水池，水池上方有两个人物各拿一把扫帚在扫盐，二人面对面站立，右侧人物戴斗笠，留胡须，特征明显，两个版本一致，且二人中间有“南风结熟”四字，对应文中依靠南风凝结成盐的方法。水池下方为一人、一牛、一犁，牛在最前方，被人牵制，后拉一犁，最后站着一人，一手执鞭，一手握着犁的手柄，与《乃粒》中的耕图相仿，两张图在这一点上没有较大差异，只涂本中的牛角与牛尾巴填黑色。牛与人之间标有“引水入畦”四字，对应的是文中提到的另一种说法，即制盐者在池旁犁出一畦垄，而后将池中的清水引入，晾晒凝结成盐。因此，文字的一旁就有一道水流，示意水的引入，涂本水流为点画线，杨本为连贯的曲线。

涂本与杨本总体来说是较为统一的，没有出现明显的错误，陶本插图则与之完全不同。陶本中的主体物形似操场，外围是一圈城墙，内部为盐池，城墙上有三个入口，分左中右，左右两个入口处有两组房屋，右边的房屋旁有一个圆坡，但不知其指代何物，或许是堆起的盐。画面中心是一个被分割整齐的池子，竖三横六，每个单元格内容不一,五组人物各司其职，按照从上至下、从左至右的原则，二排一列的单元格内，两人正在扫盐，且在各自左侧有“南风结熟”字样，与涂本、杨本中的一组人物对应。三排二列的单元格内，二人似乎在砌墙，这一行为暂无法解读。三排四列与二排五列中的人物似乎都在扫盐，可以看到绘图者用不同的表现手法示意单元格内不同的状况，而三排六列中有两个人在搬离一土坡状的盐，一人挑担，一人挖盐。

没有人物的单元格也各不相同，但其中有五个为空格，第三列的单元格应是用于“引水入畦”，在单元格交界处与盐池边缘都有开口，从而将池中的水引入畦中，此图中有四个小圆池，即用于引入盐水，从而凝结成盐。

综合来看，三个版本的插图都表述了池盐的提取方式，涂本与杨本放大了具体操作工序，陶本则绘制了整个池盐，但现实中的池盐或许并非陶本绘制得那样四四方方。笔者偏向涂本与杨本中水池的样子，没有规整的分界线，因此陶本中的池盐或许有些理想化，且其人物、水池、城墙的比例显然是错误的，人物于画面整体来说显得过大。除此之外，陶本对池盐制盐的两种方式虽做了说明，但没有涂本与杨本明确，故对这组图片，笔者偏向涂本与杨本的表达形式。

蜀省井盐

【原文】

凡滇、蜀两省，远离海滨，舟车艰通，形势高上，其咸脉即蕴藏地中。凡蜀中石山去河不远者，多可造井取盐。盐井周圆不过数寸，其上口一小盂覆之有余（图2-4-5），深必十丈以外，乃得卤信，故造井功费甚难。其器冶铁锥，如碓嘴形，其尖使极刚利，向石山舂凿成孔。其身破竹缠绳，夹悬此锥。每舂深入数尺，则又以竹接其身使引而长。初入丈许，或以足踏碓，稍如舂米形，太深则用手捧持顿下。所舂石成碎粉，随以长竹接引，悬铁盏挖之而上。大抵深者半载，浅者月余，乃得一井成就。

盖井中空阔，则卤气游散，不克结盐故也。井及泉后，择美竹长丈者，凿净其中节，留底不去。其喉下安消息，吸水入筒，用长縆[1]系竹沉下，其中水满。井上悬桔槔、辘轳诸具，制盘驾牛。牛拽[2]盘转，辘轳绞縆，汲水而上。入于釜中煎炼，只用中釜，不用牢盆，顷刻结盐，色成至白。

西川有火井，事奇甚。其井居然冷水，绝无火气，但以长竹剖开，去节合缝漆布，一头插入井底，其上曲接，以口紧对釜脐，注卤水釜中。只见火意烘烘，水即滚沸。启竹而视之，绝无半点焦炎意。未见火形而用火神，此世间大奇事也，凡川、滇盐井逃课掩盖至易，不可穷诘。

【注释】

① 縆（gēng）：粗绳子。

② 拽：涂本、杨本作“拽”，陶本作“曳”，皆为拉、牵引之意。

【译文】

云南、四川两个省份，远离海滨，船或车都难以通行，且其地势较高，盐脉蕴藏在地下。四川境内的石山与河流相距不远，多可凿井取盐。盐井直径不超过几寸，井的口部放一小盆就绰绰有余，但深度必须在十丈以外，才能抵达盐层，所以造井需要耗费很大的工夫。凿井的器具需要使用碓嘴形的铁锥，使其尖端极为刚利，能够在石山上舂凿出孔洞。夹悬这一铁锥的锥柄，通过破开竹子缠绳制成。每每钻入数尺深，就再用竹子接住使其延长。起初进入数丈深，可以用脚踏动碓，就像舂米一样，过深的地方就用手持碓往下压。需要舂的石块粉碎后，随即用长竹接引，悬吊铁夹将碎石挖上去。大概深井需用半年，浅井一个多月，才能凿出一口井。

井中空阔就导致盐卤流散，这是无法凝结盐分的原因。盐井凿到盐卤泉后，选择一丈长的好竹子，凿净中节，保留最后一节不凿去。在竹节末端装上

涂本　　　　杨本　　　　陶本

图2-4-5　蜀省井盐

阀门，以便将水吸入筒中，用长绳系住竹子将其沉入水中灌满。井上悬桔槔、辘轳等用具，架起转盘并套上牛。当牛拉动转盘时，辘轳绞动长绳，将水吸上来。将卤水倒入锅中煎炼，只用中号的锅，不用牢盆，立刻就会结成盐，颜色会变得很白。

四川有火井，非常奇特。火井内部居然是冷水，没有一点火气，但将长竹剖开后去掉竹节，用漆、布缝合密闭，将竹子的一头插入井底，而后接上曲竹，将端口紧紧对着锅底中间，往锅中倒入卤水，只见火意烘烘，水就会立即沸腾。将竹子打开细看，并无半点烧焦的痕迹。看不见火但却有火的功能，这是世间的一大奇事，四川、云南生产的盐井，逃税很容易，没办法追究。

【异本插图比较】

蜀省井盐是《作咸》卷的最后一张图，井盐，是继海盐、池盐之后的另一类出产来源。蜀省，即四川省，因云南、四川等地远离海滨，且地势较高，盐脉深藏地底，因此需要凿井取盐。此节即通过图文结合的形式，介绍了井盐的生产方式。

蜀省井盐所对应的插图中，涂本与杨本为双幅横构图，陶本为单幅竖构图，且前后内容并不相似。涂本与杨本内容虽近似，但人物数量不同，涂本由三人、一牛及若干器具组成画面，杨本在前者的基础上缺了左侧的一个人物，陶本虽也有三人，但没有牲畜的出现，画面内容也与另外两个版本相去甚远。

先看涂本与杨本，图中内容较为丰富，共分为三组，分别对应原文描述的井盐生产方式与工序。从右往左依次解读，最右侧有一人握着一把铁锥，正在往地上凿洞，也就是凿井的第一步，人物周围标注了几处文字，一为“竹身”，说的是铁锥的握柄需用竹子制作，二为“利铁”，说明铁锥的锥梢用铁制成。人物双手握竹身，面对左前方侧立，作凿井状，其旁还有“凿井图”三字，更是证明了这一点。这组内容两个版本没有明显差别。

再往左看去，右半张图左下的位置，没有人物，有一机具，上有“无火井处，炀灶燃薪”八字，但图中内容对应的是火井。文中称火井需用打通的竹子探入井中，然后用曲竹连接顶端，将其通往锅底，就能燃火，将锅中的卤水煮沸，因而图中所示内容对应的是火井，且各自标明了“火井”“曲竹”“井卤”“釜脐”四处，其中“釜脐”二字标在了锅上，字体较小，涂本不易辨识，杨本较为清晰。而前文提到的“无火井处，炀灶燃薪”，则是说明若没有火井，就另起炉灶，用柴火烧卤水。火井图示的差别在于，涂本的锅中有煮沸的水，杨本锅中空无一物，画面内容上略有遗漏，但对火井的产盐过程表述到位。

左半张图为一组内容，偏右侧有一人赶一牛绕着盐井汲水，一旁注有“转绳汲井放同，下井牛则左旋”两排文字，对应的是放竹筒下井，灌满水后靠牛力拉起的方式，图中牛围着一根立柱，立柱围有一圈竹木组成转盘，上面绕有几圈绳子，转盘一侧连接横杆，牛绳系在横杆上，在人的驱赶下，牛绕轴转动的同时拉动转盘，绳子被逐一收起，而绳子通过左侧的两个拉环与竹筒连接，竹筒半截露出地面，半截尚在井中。图中又标有“竹筒丈长”四字，说明竹筒长达三米，因此才需要用牛力拉动转盘逐步升起。两个版本的区别在于，涂本另有一人站在竹筒左侧，而杨本省去了这一人物，且涂本由四根立柱与一根横木构成整个结构，而杨本只有两根立柱，但对井盐取水方式的表述是正确的，只是比涂本删减了一些信息。

此外，涂本在右侧画面周围还标了三处“小河”字样，说明整个场景周围是河流，而杨本只在画面偏上的位置标一处“小河”，但这一内容对整幅插图没有较大影响。

陶本与前两个版本的内容完全不同。陶本中两人并肩而立，正对画面，似在交谈，另一人则蹲在一旁的井口，似乎是在凿井。画面右下方的位置还有一提水机具，旁置一竹篮。人物站在河岸边，身后为一小河，河对岸依稀可见一茅屋，大片的竹林，竹林后有一高台。图的右上角有“开井口”字样，说明此图正是在凿井，只是停留在开凿井口的初步阶段。

综合来看，涂本与杨本内容丰富，对井盐的提取方式做了系统地阐述，从凿井到取水，再到煎炼卤水，都有说明。两个版本虽有差异，但大体相同，且表述到位。而陶本对蜀省井盐的描述则停留在开凿井口的阶段，单从这一幅插图来看，远不如另外两个版本内容翔实，且陶本对开凿井口这一工序也没有提供太多的有效信息，因此，陶本的蜀省井盐图并不符合文意。

但需要说明的是，涂本与杨本《作咸》卷所附插图仅五幅，尤其是对井盐的说明只用了一张插图，因此将大量信息汇聚在了同一幅图上，而陶本另外多出了九张插图，其中有诸多图幅都是对井盐的扩充解释，此处名为“蜀省井盐”的插图仅绘制了凿井口这一步骤也就不足为奇了，余下的工序将被呈现在多出的几幅插图中。

【陶本多出图幅】

《作咸》卷中三个版本都有的插图共五组，但陶本多出的插图达九幅之多，主要围绕井盐的生产方式，也穿插着盐的储藏与运输。与前文其他卷相比，《作咸》卷有一定的特殊性，《乃粒》《乃服》与《粹精》三卷基本围绕着耕、织两类农事，因此其陶本的插图来源大多是《钦定古今图书集成》，并与《农书》《农政全书》有较强的关联性，但这此类书目多属农书，图文内容都围绕农业展开，而《作咸》卷所述造盐不在农业的范围内，此卷中陶本的插图也不再以《钦定古今图书集成》为参照，又根据陶本跋语可知，此卷插图应选自四川《盐法志》。

笔者暂搜寻到的一版四川《盐法志》为清光绪刻本，此书记载了四川盐业的相关内容，由清四川总督丁宝桢、盐茶道松蕃、礼部主事罗文彬等编纂，共40卷，汇集四川盐政史料，其中卷二所附《井盐图说》即对应了陶本《作咸》卷所附部分插图。

在“蜀省井盐”部分提到，关于大片详述井盐生产、加工方法的文字，陶本插图只表达了开凿井口这一小步，实际上，在陶本多出的图幅中，除“量较收藏”外，大部分是围绕井盐展开的，且每一关键步骤都对应着一张插图。而井盐所在小节的原文文字已经在前文“蜀省井盐”节全部进行释义，此处不再重复翻译，余下插图将选用四川《盐法志》中插图对应文字进行对照解读，因暂不知四川《盐法志》插图参照源，或为原创，此处仅选用四川《盐法志》与陶本《作咸》卷两版插图进行对比分析。

量较收藏

【原文】

凡盐见水即化，见风即卤，见火愈坚。凡收藏不必用仓廪，盐性畏风不畏湿，地下叠稿三寸，任从卑湿无伤。周遭以土砖泥隙，上盖茅草尺许，百年如故也（图2-4-6）。

【译文】

盐碰到水就会化，遇到风就会变为卤，碰到火会更坚硬。收藏盐时不必用仓库，盐的性质怕风不怕湿，在地面上铺约九厘米厚的稻草，就算在低湿处也不会有损伤。周围用土砖砌筑并用泥填缝，上面盖三十厘米厚的茅草，就算放置一百年也不会变质。

【图像解读】

此图是陶本多出图幅中唯一没有涉及井盐开采的，主要讲述盐的储藏。此图来源不明，四川《盐法志》中并未寻得类似图示，故此处仅对单幅图像进行解读。原文称盐遇水、遇风、遇火都会发生改变，但不怕潮湿。为了有效储藏，需在地上叠放稻草，周围用砖砌筑，上面再盖茅草，就可以存放很久。

图2-4-6　量较收藏　陶本

图中共计八个人物，各司其职，最下方有两叶小舟，上面放置着盐堆，其中一个盐堆上盖着草席，其旁有一人站在船头，手中握着撑杆，其余人物都在陆地上。有三人各挑一扁担，应是在运输盐料，右侧有一人在陆地上的盐堆取盐入筐。位置居于最上的人物中，两人站在一个木架两旁，不知道在做什么工序，木架下方与右侧各有一竹筐，另有一人站在他们左侧，手中拿着锨。人物较多，且占比较小，画面的大部分是被堆起储藏的盐。

正如原文表述的一样，画面中的盐仓分为三个主要部分，最底下一层用砖头垒砌，其上放了若干的盐堆，盐堆上则铺满稻草，状似锥形尖角帽。但图中盐仓的比例与文中所述并不相符，原文称“上盖茅草尺许”，意思是说茅草厚三十多厘米，但图中与人的比例两相对照，显然夸张了许多，因此，量较收藏图对盐的存储方式做了基本表述，但没有处理好人与盐仓的比例。

下石圈

【原文】

石圈方二三尺，中穿圆径八九寸或尺一二寸，累数石至数十石，为隔白水，岩际水横出不咸者曰白水，及崩岩坠石则下易施锉也。石重不易下（图2-4-7），置木架上，上横短木，再用长木，曰槁竿又曰提竿，衡其上绳系石圈，木未开载重石，缀木杪类桔槔，又如权称物，徐扬其末而下之，以省人力，累与地平，旁用土石坚筑之[1]。

1　《中华大典》工作委员会，《中华大典》编纂委员会编纂．中华大典 理化典 化学分典 1［M］．济南：山东教育出版社，2018．05：291．

【译文】

石圈长二到三尺，中间位置圆径八至九寸，石圈累计的数目达数个或数十个，来隔绝渗入的“白水”，白水即岩石边缘渗入的淡水，并且在岩石崩裂坠落时能够继续下钻。石圈较重不易放下，需要在井上架一木架，上面横放短木，而后用长木（也叫做“稿竿”“提竿”）斜架在上方，用绳子将石圈系住，木头上没有挂重石时，就可以像桔槔的用法，将树枝、碎土等物填在石圈周围，以减省人力，等到石圈垒放至与地面齐平，就可以用周围的泥土、石块加固。

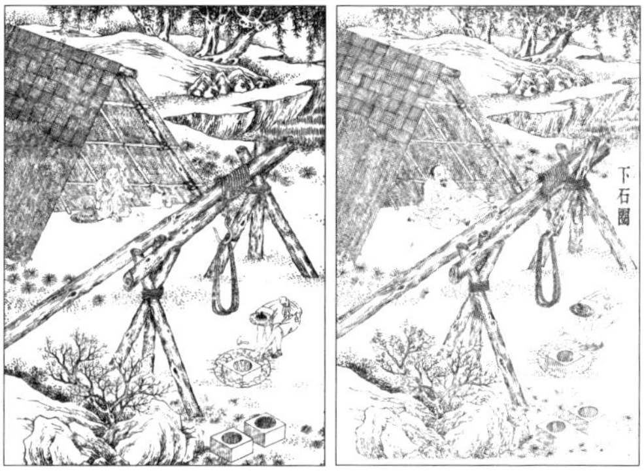

《盐法志》本　　陶本

图2-4-7　下石圈

【异本插图比较】

自“下石圈”一图起，陶本《作咸》卷所附插图皆与四川《盐法志》一一对应，都是对蜀省井盐生产方式的示意，两个版本的画面构成差距甚微，仅部分细节有所不同。下石圈一图，于陶本中附有图名，而《盐法志》版并无图名，两者都为单幅竖式构图。

此图各有两人，一人卧于一个木架、草席搭成的屋棚中，身旁放置茶杯、茶壶，似乎是在休息。《盐法志》中此人身型略小，盘腿而坐，双手扶在膝盖上，陶本此人则一手撑地，身形略显舒展，但其位置一致。另一人俯身站在井旁，手中捧着的或许是泥土，脚边放着一个小木槌。可以看到井上放置了一个石圈，而井旁还有两个石圈散落，而井上搭了两个三脚木架，两个三脚架之间横一短木，另有一长木斜架其上，长木上面缠一圈麻绳，麻绳末端吊一个铁钩，铁钩上又悬挂两圈绳索，应是用这一构件将石圈下放到井中，但具体操作没有体现。除去这些主体物，画面上下也绘制了诸多山石草木。

结合四川《盐法志》对此图的配文，文中描述石圈下放时需在井上置一木架，木架上放置短木，而后将一长木斜架在短木上，用绳子系住石圈，利用杠杆原理，将其下放入井中。图中仅对井上摆放的木架进行描绘，并未演示下放石圈的过程。因而本图需要考究的地方仅为井上的木架。较为明显的一处问题是陶本长木的摆放位置。《盐法志》中此木应架于短木之上，因刻画角度问题，长木似与三脚架重叠，在实际上理应错开，但陶本却将长木的一端置于三脚架之间，显然有误。此图其余部分虽有微小差异，但并未对图示的合理性造成影响，因而只木架一处差异较明显。

凿井

【原文】

锉井者（图2-4-8），先锉大口，利用大锉由石圈下捣。锉系于转槽子，转槽子系于篾，篾上由花滚下达于地滚，环绕车盘，大口自八九丈，锉至二三十丈不等。大口以下，视崖有白水，则急下木竹以格之[1]。

【译文】

凿井的人，先锉大口，利用大锉从石圈处往下捣。锉系在转槽子上，转槽子捆扎竹条，竹条由花滚下达连至地滚，环绕车盘，凿井需从大口开始，往下凿至八九丈到二三十丈不等。大口以下的部分，观察是否有淡水渗出，如有就需要立刻放下木竹来隔断淡水。

【异本插图比较】

继上一节下石圈之后，即可展开凿井的工序。按照四川《盐法志》对应文字来看，锉井的工具名为“大锉”，即井口坠着的构件，大锉由绳索牢系，通过上方的“转槽子”拉动，继而由名为“花滚”的转轮导向“地滚”，最后环绕在车盘之上。车盘应是由畜力拉动，从而带动绳索，导向大锉处，向下施力凿井。

两个版本图中各有三人，两头牛，以及较为复杂的凿井设备。在人物的刻画上，两版插图人物动作相似，只发型略有不同。而对重要构件的描绘也大体

《盐法志》本

陶本

图2-4-8　凿井

1　《中华大典》工作委员会，《中华大典》编纂委员会编纂．中华大典 理化典 化学分典 1［M］．济南：山东教育出版社，2018．05：291-293．

相似，且没有明显错误，与原文呼应。

其场景设定在一个庭院中，画面偏上的位置是几堵矮墙，以及房屋内部的一角，内有桌椅板凳，依稀可见一香炉，而院内植有两棵树。画面主体为凿井的一系列机具，从左半张图开始，有一升级版的辘轳，由两根立柱支撑，即转槽子，下悬凿井的大銼，且正对着井口，由一人把握角度。在立柱旁有一双层木架，木架旁设一梯子可供人攀爬，而此处的转槽子并非由人转动手柄，而是将绳索牵向右侧的转盘，但转盘没有描绘出全貌，只露出一小部分，可以与涂本、杨本所绘蜀省井盐图中的转盘对应，两头牛被一小童牵住，站在一旁进食，并没有参与转盘的牵动。

而绳索与转盘相接的中间位置，还放置了花滚与地滚，各自摆放在一长凳上，用来缓冲绳索的张力。转盘被设置在一个屋棚底下，有一木架置于一旁，若跳转到余下的汲卤图中，即可看到转盘的全貌。另有一人坐在画面最左侧，似乎在指点身旁操作凿井机械的人，这幅图相对来说人物数量较少，只一人对凿井这一工序有明显的参与，且此图中绘制的凿井大型机械与涂本、杨本毫不相干，完全复刻自四川《盐法志》，此机械在后文的图中多次出镜，但进行了一定的改装。

制木竹

【原文】

《凿井图记》：竹有木竹、梓竹两种。木竹，刳大木二，以麻合其缝，以油灰弥其隙。梓竹出马湖山中。《风物名实说注》：木竹以隔白水，浅者数丈，深者至三十余丈。浅者以松木为之，深者必用柏木，取其质坚，免崩漏之病。按，白水，俗曰冒白，銼井最忌。木竹外束以布，继缠以麻，以桐子油舂灰融傅之，使无渗漏。井眼大几何，木竹如之。绩处牝牡①相衔，本末相接。或曰，木中空若竹然，故曰木竹云[1]（图2-4-9）。

【注释】

① 牝牡（pìn mǔ）：阴阳。泛指与阴阳有关的如雌雄、男女等。

【译文】

《凿井图记》记载，竹有木竹、梓竹两种。木竹，是将粗大的木头一分为二，用麻绳合缝，用油灰填补缝隙。梓竹则出自马湖山中。《风物名实说注》

1 《中华大典》工作委员会，《中华大典》编纂委员会编纂．中华大典 理化典 化学分典 1［M］．济南：山东教育出版社，2018．05：293．

《盐法志》本

陶本

图2-4-9　制木竹

记载，木竹用来隔绝淡水，较浅的井需用数丈长的木竹，深井则可至三十多丈长。浅井所需的木竹用松木制成，深井所需的木竹则必须用柏木，取质地坚硬的一类，以免出现崩坏渗漏的问题。白水，俗称“冒白”，锉井时最大的禁忌。木竹外用布包裹，而后用麻缠绕，用桐子油舂灰涂敷，使之不会渗漏。木竹大小与井眼相匹配。木竹结合之处阴阳相接，首尾相连。也可以说是木中像竹子一样中空，所以称为“木竹”。

【异本插图比较】

为取得地底深处的盐脉，盐井需凿至极深，且为保卤气不流失、隔绝淡水，需用密闭的竹子传送，竹子在投入使用前需进行处理，即为“制木竹”的工序。

四川《盐法志》称，“木竹外束以布，继缠以麻，以桐子油舂灰融傅之，使无渗漏”，即将木竹以榫接的手法首尾相连，外部用麻布裹束，用桐子油舂灰涂抹，使之不会渗漏，画面中描绘的即为这一步骤。

与此卷陶本多出插图类似，两版插图最明显的区别在于，陶本加“制木竹”图名，而四川《盐法志》则没有图名。在画面其他内容的处理上并没有过多改变，图中共有八人，两人站在画面左上角的屋檐下，一老一少，未参与竹木的制作，且图中老人手握一折扇，《盐法志》版人物梳清代发型，陶本此人造型为明式。另外六人，都围绕着一根长竹，长竹被两个三脚立架支起，人物分列两侧，靠前位置的人在用布包裹竹子，靠后的人在用麻绳紧密地捆牢。

地面上散落着剪刀、麻绳等工具，而画面左侧由两张板凳将一排竹子架起，可以明显看出竹子露出的一端被削成榫卯结构，以便两两相接，竹子下方还放置茶壶与茶杯各一。

这一场景被设定在河岸边，另一侧为远处的山林与屋舍，总体来说画面易于理解，虽有诸多人物，但大多数都在进行同一工作，除左侧竹子的摆放有些透视不准外，没有明显错误，且两版插图对主题的描绘基本一致。这一行为也是《天工开物》没有涉及的。

下木竹

【原文】

木竹先下其一（图2-4-10），余三尺许于井口外，以花滚篾系之，令勿坠。又以竖木二先约其一端，横缚于天车两柱，张如翦①，以木竹挟持其中。再约其一端，一人以铁杖辏②两木令紧，一人绳束之令稳，乃加一木竹于上，绩牝牡笋傅灰束麻讫，稍燥，则尽下。下其一，又续其一如前法[1]。

【注释】

① 翦：同“剪”。

② 辏（còu）：聚集。

【译文】

木竹下入井中时，剩三尺多置于井口外部，用花滚连接的绳索牢系，使之无法下坠。再用另外两根坚实的木头，先约束木头的一端，横放并束缚于天柱的两端，像剪刀一样张开，将木竹固定在中间，再约束另一端，由一人用铁杖将两根木头凑紧，另一人用绳子束缚木头使之稳固，而后将另一根木竹放上去，捆扎的地方榫接后用石灰、麻绳束紧，稍等干燥后放置于井中，放下一个之后，再像前法一般，放下另一个。

《盐法志》本

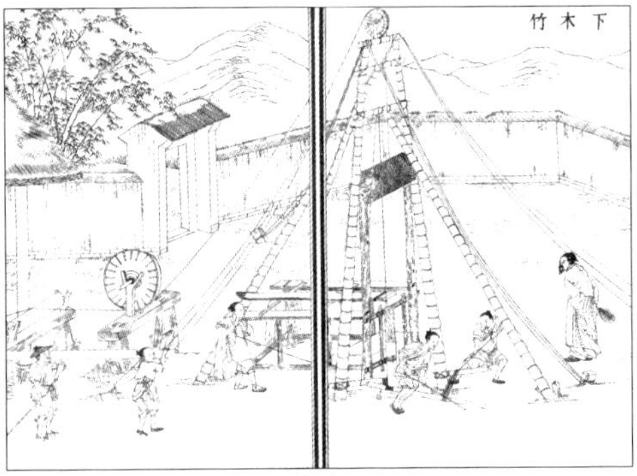

陶本

图2-4-10　下木竹

1 《中华大典》工作委员会，《中华大典》编纂委员会编纂．中华大典 理化典 化学分典 1［M］．济南：山东教育出版社，2018．05：293-295．

【异本插图比较】

依据上文，木竹制成后需下放至井中，先通过地滚、花滚所系绳索下放于井口，但并未完全坠入，而是通过绳索将一截木竹固定在井口，而后用两根坚实的木头将之固定，如剪刀状，而后再加上另一根木柱，榫接、捆扎，等待干燥后继续下放，图中描绘的即为这一工序。

此图场景与凿井图类似，仍为一庭院内部，只是变换了角度，背景为几堵矮墙，远方有连绵不绝的山峦。但对原本的转槽子进行了改装，用四根长竹作为构件在转槽子上安装了一个定向轮，定向轮垂线坠着一节竹筒，其余构件未变，另一端为一花滚和地滚，最后连接至牛力转盘，但未在图中画出，参考凿井图可知其大体构造。

两个版本插图同样不存在过多差异，只是陶本增加了“下木竹”三字作为图名。图中各有六人，左侧两人一同扛着一根长竹，人物造型上有一定差异。《盐法志》版靠左的人物头戴发巾，陶本改为空顶斗笠，《盐法志》靠右的人物上身赤裸，陶本则穿着上衣。中间三人在捆扎竹构件，即对应原文用木头呈剪刀形将木竹固定。右侧一人握着蒲扇背手而立，似乎没有参与其中，《盐法志》版中此人正对画面，留着清代发型，一手握蒲扇，一手握烟斗。陶本中此人则留着明代发型，手握蒲扇背身侧立。

由此可以看出，陶本此类插图对四川《盐法志》所附插图还原度较高，较为明显的不同在于人物的造型，因四川《盐法志》为清人所作，而陶本在翻刻其插图时，有意识地将清人的服饰、发型，改绘为明式。

汲卤

【原文】

井既见功，可以汲卤（图2-4-11），是曰推水。推水筒，以巨竹相续成之。井深者，可十余竹，高与天车等。系筒之篾，上由天滚，下达地滚，其端环绕车盘。筒入水，水满筒，则鞭牛转车盘以拽篾，篾尽而筒起。井旁一人急击柝①，鞭牛者闻声止不拽。一车盘有牯牛②二至五六牛不等，率三汲一易牛。井浅天车低，筒短者可用黄牛。小井出水一二担者，或佣贫人挽之。井上置辘轳，一二人就井旁转之。

【注释】

① 柝：旧时巡夜打更用的梆子。

② 牯牛：母牛或阉割过的公牛。

【译文】

井挖好后，就可以汲取卤水，也就是“推水”。推水筒用巨大的竹子连接制成。较深的井可以放下十多根竹子，和天车等高。系筒的绳索，上接天滚，下达地滚，尾端环绕车盘。筒置入水中灌满后，就可鞭打牛，驱使牛拉动车盘，从而转动绳索，绳索拉至尽头处筒就被拉起。井旁的人立即击打梆子，鞭牛的人听到声音后就停止。一个车盘需要牛二至六头，汲取卤水三次后换牛。井浅天车较低、推水筒较短时，可以用黄牛。小井汲取的卤水若只一二担，可以雇用贫穷的人拉动。井上放置辘轳，由一到两个人在井旁转动。

【异本插图比较】

继凿井、制木竹、下木竹一系列工序之后，就可以将盐井中的卤水提取上来。原文对此道工序的描述大致为，将竹子制成推水筒后下放至井中，灌满水后驱使牛拉动车盘拉动绳索，从而将竹筒拉上来，达到一定高度后就由一人打梆，鞭牛者听到声音后就停止。井口旁需放置一木盆，称“皇桶”，井水提取上来之后，即可引入皇桶中。

对照图片来看，在这张图中，总算看到了牛力转盘的大致面貌，这比涂本与杨本复杂许多。两个版本插图亦无较大差异，画面内容与构成元素基本相符。图中共有九人与两头牛，大致分为汲水、转盘、运水三个部分。

汲水部分与下木竹一图相同，其井口位置表现得很细致，一根竹竿被吊至半空，有一人站在旁边辅助，其身后放一张小凳，井口旁还放置了皇桶与一个水桶。

其余的部分与下木竹无异，只是变换了绘图的视角，绳索顺着最上方的定向轮向右侧延伸，经过转轮与转轴，最终被拉至牛力转盘的位置，被捆牢在转盘上。凿井图中我们看到了牛力转盘的一角，此处可以看到全貌。在一个茅草棚下，设两个三角木架，再由三角木架撑起一道曲木，曲木正中有一中轴，中

《盐法志》本　　　　陶本

图2-4-11　汲卤

轴外侧固定了一圈竹木，再由两头牛（或许有更多，但图上只绘出两头）拉动转盘，转盘上缠绕着提取竹筒的长绳，随着转盘的转动，绳索一圈一圈缠绕在转盘上，另一头系着的竹筒就能被提上来，竹筒中空，内灌卤水，卤水就这样被取出。

笔者观察到，画面中五名工人正从插图中心偏下的小屋棚中取水，因而推测盐井旁多出的构件即为皇桶，可将竹木中的卤水灌入，传至另一处，也就是工人们取水的小屋棚。这也就解释了竹筒取出的水如何收集、转移，图中五人为何从不相干的位置取水的问题。

在转盘一旁，有两人在驱赶牛，而一人站在转盘右侧，前方被遮挡，或许在驱赶另一头牛，这也是此转盘的转动或许不止两头牛的原因。插图中心偏下，还有五人各挑一担，从一屋棚中将水运出。另有一人较为隐蔽，在背景处的房屋内记账。此图内容较为丰富，对前文所附插图进行了一定的补充说明。

场灶煮盐

【原文】

今产盐州县大约煤煮者居多，潼川属及彭水活用草煤。盛以竹器，置别室，充栋山积。煮盐功倍于井火，而得盐不及半焉（图2-4-12）。弃余之煤，犹有贫户妇孺拾取以爨①。其木桶所贮者，咸土水也。别结草为棚，置锅灶，而差小者煮盐渣也[1]。

【注释】

① 爨（cuàn）：烧火煮饭。

【译文】

如今产盐的州县大多用煤煮盐，潼川属及彭水也会用到草煤。用竹器盛放，放置在另外的屋舍中，如山一般堆积。用煤煮盐的效力是井火的一倍，但煮得的盐不及井火的一半。被舍弃的煤块，也有贫困的妇孺拾取，用于烧火煮饭。木桶中放置的是咸土水。另需制作草棚，放置锅灶，用于煮较小的盐渣。

【异本插图比较】

在将卤水提取出来之后，需要煮沸煎炼，而后结成盐，《天工开物》原文

1 《中华大典》工作委员会，《中华大典》编纂委员会编纂．中华大典 理化典 化学分典 1［M］．济南：山东教育出版社，2018．05：298-299．

《盐法志》本　　陶本

图2-4-12　场灶煮盐

对煮盐的描述只有寥寥数语，但此图内容较为详实。其与井火煮盐图都为卤水的煎炼，陶本插图标“场灶煮盐”四字，四川《盐法志》虽未标图名，但其图名应为“炭火煮盐图”，虽有差异但皆与插图内容相符。此类方法煮盐使用的是煤块与炉灶，按照原文的说法，将煤放置在小屋中堆积成山，还需制作草棚，放置锅炉，煮较小的盐渣。

图中共有十二人，分拨成多批，画面中心偏左有一排场灶，共四个，上架四口大锅，下面中空用于添柴火。灶台上站着两个人，左侧的人只露出下半身，两人均穿短裤，可见该处温度较高，灶台旁有一长钩与铁铲，应是用于挑拨灶中柴火。

炉灶左侧另有一屋棚，其中有一人拿着不知名的器具，脚边放置着若干竹筐，或许是煮好的盐。其右侧又有一较小的屋棚，内置四层竹筐，装满了黑色块状物，因盐呈白色，或许是煤炭。再往右的位置，另有一场灶，上有一茅草棚盖着。偏后的位置有一人在往木桶中倒水，木桶底部有一竹管通往一小盆内，这一内容应属原文所说，“其木桶所贮者，咸土水也”，因此这一场景对应的内容或是盐土水的过滤工作，而其右侧另有一人挑着扁担走近。

画面中大部分人聚集在右下角，有人挑竹筐，有人拿一簸箕，有人坐在地上挑拣，旁置若干竹筐、竹篓，没有参与煮盐这一工作。应是原文提到的“贫户妇孺”，捡拾散落的煤块。场灶下方还绘有两个挑担的人，各挑两木桶，应是将卤水运至此处。此图不再是凿井相关的场景，而是讲述卤水加工煎炼，涉及内容较丰富，两版插图依旧相似度极高，但部分人物的行为无法理解，也没有相对应的文字可以解释。

井火煮盐

【原文】

用井火煮盐者（图2-4-13），凡火井成，井口尚陷地丈许，上用虚底木桶罩之，曰炕盆。桶式下阔而上狭，大小视火之强弱。桶上覆以木板，中留小窍，上覆片席。席上置木箱一，亦下阔上狭而方，与下井口相承，气由席上达箱，曰冷箱，又曰冲天枧。箱口不见火，惟有气。若在釜上，接以家火，光辙上腾，能毁物。故火井常缭以垣，置逻者守之。此惟有火无水之井，如水火兼有之井，则不用冷箱。

其桶旁凿窍，以枧①端接穿地中，将至灶外户，又作一桶，凿窍置枧如前，达于灶圈侧小气桶，又由气桶置铁枧达灶内。石火坛先用阳火引之，锅下四旁用泥作枕，高六七寸，以支锅。灶隅置盐水桶，灶房外置皇桶房，先担盐水注枧窝，由枧泻皇桶，皇桶房一人踞上层，旁置一笕窝，用修绠②汲上入枧窝，注灶隅桶内，又枧注于锅内煮之。[1]

【注释】

① **枧：**竹管、木管。

② **修绠：**汲水用的长绳。

【译文】

用井火煮盐时，在火井制成时，井口需陷入地下几丈深，上面用虚底木桶罩住，称作“赚盆”。桶的形制下宽上窄，大小视火力的强弱而定。桶上覆盖木板，中间留一小孔，上面覆盖片状的席子。席上放置一个木箱，同样下宽上窄，呈方形，与下方的井口承接，气体由席上达箱体，称作“冷箱”，也称作“冲天枧”。箱口看不见火，只有气。如果在锅上接入火，火光立即上腾，会毁坏物件。因此火井旁常常立起墙壁，安排巡逻的人看守。这是只有火而没有水的井，如果是水火兼具的井，就无须冷箱。

桶旁需凿孔，用竹管的一端接入地下，连至灶外的地方，令作一桶，像之前一样凿空放置竹管，以抵达灶圈旁侧的小气桶，又通过在气桶中放置铁管以达灶中。石制的火坛先用火点引，锅下四周用泥作为支撑，高六七寸，来放置铁锅。灶的一边放置盐水桶，灶房外放置皇桶房，先将盐水注入管道，再由管道倾泻入皇桶中，皇桶房有一人居于上层，旁边集中管道，用长绳汲水以灌入

---

1 《中华大典》工作委员会，《中华大典》编纂委员会编纂．中华大典 理化典 化学分典 1［M］．济南：山东教育出版社，2018．05：300．

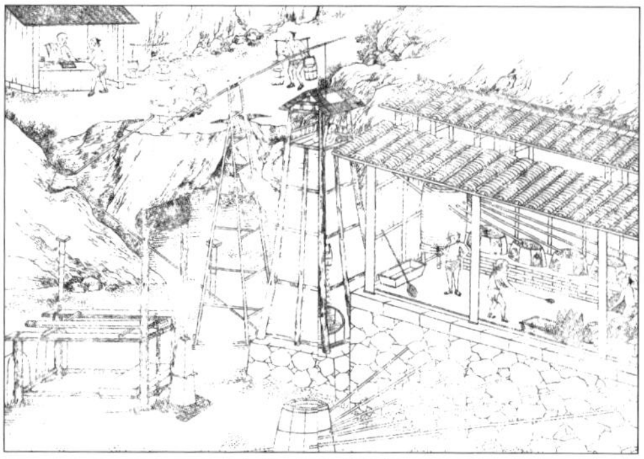

《盐法志》本

陶本

图2-4-13　井火煮盐

管道中，从而流入灶边的桶中，将至注入锅内煮出盐料。

【异本插图比较】

火井是另一种煮盐的方式，利用井中火气，煮沸卤水，而后结盐。插图内容较为复杂，需结合文字一一辨析。

根据四川《盐法志》对此图的解释，火井制成时，井口上方需用虚底木桶罩住，桶的形制下宽上窄，桶上覆盖木板，木板中间留一小孔，上面覆盖一张席子，席上又需放置一个下宽上窄的木箱，名为“冷箱”或“冲天枧”。因火光冲腾会损毁物件，需建起墙壁，派人看守。

桶上需凿孔，由此将竹管接入，从而使火气连通至灶中，而炉灶即建造在火井旁侧，炉灶旁放置一盐水桶，还需建一皇桶房，使盐水注入管道灌至皇桶中，再由一人于皇桶上方汲水，并将水灌入管道中，从而流入锅内，因此插图中涉及了两组管道，一为火气，一为盐水。

再看插图，此图共有八人，构件复杂多样 ，从左上角看，此处为一高崖，崖边设一小屋，内坐一人，也许是在结算工钱，屋外站一赤膊小工，将扁担放置一旁与屋内的人交谈，而一旁又有两人挑担走近，一人正将木桶中的水倒入一容器，这与汲卤图中水井旁的构件类似，可见卤水从这一容器中流入竹管中，而后又从竹管通向崖下，最后汇聚到一瞭望台底部的皇桶中。瞭望台右侧的部位，隐约可以看到一装水容器，内部应有将水汲取上去的构件，而后水又通过竹管被分散到炉灶上的大锅中，瞭望台顶端有一工人，但不知道他在做何事。

炉灶一旁有三名工人，一人叉腰而立，一人拿着工具，一人抱起一竹篓，似乎是结成的盐。《盐法志》中三人都赤裸上身，可见此处温度较高，而陶本中的三人身着上衣，有些许不同。可以看到炉灶被高台架起，另有六根竹管通向了一口井，此井应该就是所谓的火井。在画面左侧，还有一凿井的大型机械，与凿井图中一致，其右侧有一方锥形构件，上面有火气喷薄，或许是刚开凿出的火井。此图中构件诸多，通火气、通卤水的竹管走向曲折，可以从中了解火井的具体使用方式，但与涂本、杨本以及《天工开物》原文叙述的，用曲竹连接竹管，架一铁锅煎炼的方式显然不同。

川滇载运

【原文】

凡花盐，成包，荷以人。巴盐入筋，驮以骡马。运至马头，由官般验后入船载运各岸（图2-4-14）。其船官商皆有，以行楚、滇、黔各岸沿江各厂[1]。

【译文】

花盐包裹好之后，需人力搬运。巴盐运载时，需用骡子、马匹运到码头，由官员验收后，放入船中运输到各地。这类船只官商都有，穿行于湖广、云南、贵州等沿江地区。

【异本插图比较】

此图名为“川滇载运”，示意的应为四川、云南两地产盐运输至外地的方法，即船运。图中表示的不再是制盐的方法，而是盐制成后往外地运输的场景，绘制的人物较多，这也是此卷突出的特色。但运盐这一行为实际上并未在《天工开物》中提及，原文只称“凡滇、蜀两省，远离海滨，舟车艰通”，

《盐法志》本

陶本

图2-4-14　川滇载运

1　《中华大典》工作委员会，《中华大典》编纂委员会编纂．中华大典 理化典 化学分典 1［M］．济南：山东教育出版社，2018．05：302．

说明了云南、四川两地远离海滨，舟车难以通行。而四川《盐法志》中此图对应的文字意图表达的是四川产的盐向周边各地运输，云南为接收地而非生产地。

两幅插图内容构成相同，图中人物数量较多，各有十五人，再次刷新了《天工开物》单幅插图的人物数目，还有三艘船只与四头驴。图中分为河流与陆地两处，河中有三艘船只，两艘距离河岸较近，另一艘正从不远处驶来，船只上各有一人。陆地地势较为崎岖，高处有一小亭，有一人坐在其中，眺望远景。岸上其他人都在运输盐，画面右侧偏上的位置有一人挑着扁担从高处走下来，其他人则依次站在岸边，或一人挑担，或两人挑担，另有三头驴，驴身上驮着竹筐，内放盐块，其中有二人正在从驴身上将竹筐卸下，河岸边有成摞的盐，等待搬运。

画面中并未涉及复杂的器械，只展示了众人挑担往沿岸停留的船只上运盐的场景。因而，此图虽涉及诸多内容，但并没有出现明显错处，仅陶本图名的表达与四川《盐法志》所附插图原意有所出入。

【本卷小结】

本卷原有图幅较少，总计五幅，但陶本多出的图幅较多，共九幅。本卷仍旧先对《天工开物》三个版本共有的插图进行比对，其中涂本与杨本构图与组成元素基本一致，偶尔出现少一人物、少一文字标注的情况，但大致没有对主旨的表达产生影响，五幅插图集中在制盐的技术与工具上，前三幅讲述海盐，后两幅分别对应池盐与井盐。制盐的原理较易理解，通过提炼含盐分的海水、池水、井水，淋洗、煎炼，最后结成盐，三种主要的产盐方式因地制宜，各有裨益。因产盐的步骤较多，因此本卷所附插图中往往包含二至三道工序，因此内容较为丰富，不似前文别卷，一幅图只对应一个关键步骤。

陶本的插图则出现了较大的差异，其一，因制盐业不包含在农业内，故此卷陶本插图的参照源不是《钦定古今图书集成》，与《农书》《农政全书》也不再有关联，但从陶本插图的内容看，涉及细节较多，并未与《天工开物》原文一一吻合，可以推测陶本此卷的绘制并未依照原文，而是另参考自四川《盐法志》。其二，陶本所附插图与涂本、杨本差距明显，非但内容复杂，而且包含了数量较多的人物。涂本与杨本中，人物数量为一至四个，但陶本人物数量则为三到十五个，这一点与前文其他卷都不相同。陶本此卷中涉及诸多宏大场景，且有许多细节处理，明显比农耕类的插图精细许多，也可见其参照源绘图质量颇高。

而陶本多出的九幅插图，其参照源暂时可以确定为四川《盐法志》，但不排除其他参照本，其插图对应文字信息皆出自四川《盐法志》，基本都是对蜀省井盐生产的系列描绘，因此与《天工开物》有所出入。但陶本插图与四川《盐法志》原本插图相似度极高，并未对插图意图表达的内容进行大面积地主观修改，常见的问题如在原版的基础上增加了图名，改清代人物造型为明式，但基本没有出现关键性的错误，画面精致完整，人物众多，各司其职，对每幅插图中的构件都有清晰描绘。这说明，陶本绘图者或许对参照本做了较全面的理解，也或许是陶本绘图者本身对制盐知之甚多。

相比起来，涂本与杨本的风格一如往常，还是保持着较为朴素明了的绘图方式，从这一点上不难看出，涂本与杨本整本插图更具完整性、统一性，而陶本各卷参照来源不一，因此风格各异，总体上比涂本与杨本更精细，但难免有错误出现，因此需要对照查阅。而陶本中略有些与《天工开物》原文不匹配的插图，也为古代各行业的生产方式提供了不同的参考依据。

综上，《作咸》卷是插图数量较少的一卷，但其内容并不单薄，虽仅限于海盐、池盐、井盐三者，但为读者提供了较为清晰直观的制盐方式。另外，陶本插图在原书插图的基础上多出九幅，也对原书井盐的生产进行了补充说明。

五、甘嗜 第六卷

【按语】

甘嗜一词出自《书经·甘誓》：“太康失邦……甘酒嗜音”[1]，有爱好甜味之意。与《作咸》卷相似之处在于，《作咸》为制盐，此卷为制糖，都属于五味。但《甘嗜》卷插图极少，只两幅，是《天工开物》中插图最少的一卷，且没有陶本出处插图，文字篇幅也较短。而《甘嗜》的文字部分，具体讲述了甘蔗的种植与蔗糖的制造，还包括各类糖的生产方式，如红糖、白糖、兽糖等，其插图对应的内容即红糖与白糖的制造方法与工具，且三个版本的插图内容较为相近，易于理解。故此卷仅对《天工开物》涂本、杨本、陶本于《甘嗜》卷中的插图展开研究。

---

1 曾运乾注；黄曙辉校点．国学典藏 尚书［M］．上海：上海古籍出版社，2015．12：74．

轧蔗取浆图

【原文】

凡造糖车（图2-5-1），制用横板二片，长五尺，厚五寸，阔二尺，两头凿眼、安柱，上笋出少许，下笋出板[1]二三尺，埋筑土内，使安稳不摇。上板中凿二眼，并列巨轴两根，木用至坚重者。轴木大七尺围方妙。两轴一长三尺，一长四尺五寸，其长者出笋安犁担。担用屈木，长一丈五尺，以便驾牛团转走。轴上凿齿分配雌雄，其合缝处须直而圆，圆而缝合。夹蔗于中，一轧而过，与棉花赶车同义。

蔗过浆流，再拾其滓，向轴上鸭嘴扱入，再轧，又三轧之，其汁尽矣，其滓为薪。其下板承轴，凿眼，只深一寸五分，使轴脚不穿透，以便板上受汁也。其轴脚嵌安铁锭于中，以便捩[2]转。凡汁浆流板有槽，枧汁入于缸内。每汁一石，下石灰五合于中。凡取汁煎糖，并列三锅如“品”字，先将稠汁聚入一锅，然后逐加稀汁两锅之内。若火力少束薪，其糖即成顽糖，起沫不中用。

【注释】

① **出板**：杨本、陶本作“板”，涂本作“版”。

② **捩**（liè）：扭转。

【译文】

造糖车时，需要用到两片横板，长五尺，厚五寸，宽二尺，横板的两头凿孔安置柱子，柱子上部的榫稍稍出头，下部的榫多出横板二三尺，将其埋入地下，可使之安稳不动摇。上一块横板中间凿两个孔洞，两根大木辊并列放置，木辊需用最坚固且分量重的木材。木辊周长大于七尺才合适。两根木辊一根长三尺，一根长四尺五寸，较长一根的榫超出木板，用于安放犁担。犁担用长一丈五尺的曲木制成，以便驾牛转圈行走。木辊上部凿出可以相互咬合的齿轮，合缝处需要直且圆，使之贴合。将甘蔗夹于其中，一轧而过，和棉花赶车是同

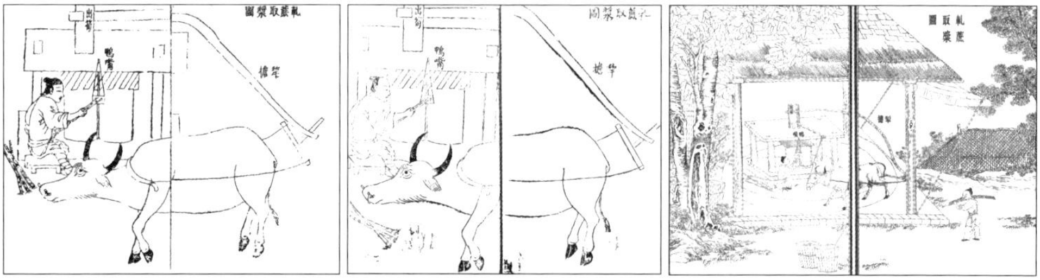

涂本　　杨本　　陶本

图2-5-1　轧蔗取浆图

样的原理。

甘蔗经过压榨后流出浆液，再将甘蔗的渣滓拾起，放入木辊上的鸭嘴中，再三榨取，直到汁液完全榨尽，它的渣滓可以用作柴火。将下部承接木辊的横板凿孔洞，只需深一寸五分，使木辊的下端不穿透，便于在板上接受汁液。木辊的下端嵌于铁块中，以方便转动。流通汁液的木板有槽，将汁液引入缸内。每当汁液满一石，将五合石灰放入其中。用汁液煎蔗糖时，将三口锅像“品”字一样并列排放，先将浓稠的汁液放入一口锅中，然后逐渐加入稀疏的汁液放入另外两口锅中。如果火力不旺少放一把柴，蔗糖就会被熬成顽糖，只起泡沫不能使用。

【异本插图比较】

《甘嗜》卷先对甘蔗的种植进行了叙述，但未附插图，直到对甘蔗进行榨取、制糖这一工序时，才有了轧蔗取浆图。图片内容看似简单，但《天工开物》对其有较为细致地描述。文中称糖车需用两块横板，一上一下，两端用立柱固定支撑，居于上面的横板，立柱需露出一部分，居于下层的横版，立柱则需多出几十厘米，埋在地下，以便糖车的稳固。而后需在上层的横板凿出两孔，用于安装两根大木辊，一根稍长，伸出横板安装犁担。犁担用一长曲木制成，由牛拉动尾端，从而带动长辊，两辊上端凿出可以咬合的齿轮，辊两两相交时，甘蔗从中被一轧而过，就可以取得浆液，这与《乃服》卷中的赶棉图是一样的原理。在甘蔗被轧过一次后，还需将其放入木辊上的鸭嘴中，再三榨取，直到水分被轧尽。

在了解了糖车的基本构件与使用方式后，再来对照插图释义。三个版本都名为“榨蔗取浆图”，除图名外，各有三处文字标注，分别为“出榫”“犁担”“鸭嘴”，三者一致，都对应着图中主要的构件。涂本与杨本中各有一人、一牛、一糖车，陶本则有两人、一牛、一糖车，且涂本与杨本除主体物之外，没有多余的背景，而陶本将主体物设定在一个大屋棚下，画面两侧有草木若干，还散落了几个木桶，右侧有一篱笆，画面内容更为丰富。

先对牛的形态进行解读，三个版本中的牛都面向左前方侧立，涂本与杨本中牛的占比较大，陶本较小。涂本与杨本的牛形态较为相似，前蹄与后蹄位置相近，陶本的绘图风格与前二者不同，偏向写实，牛角稍曲，前蹄与后蹄分得较开。涂本与杨本中牛只有牛轭的两端牵着牛绳，连至犁担，陶本除牛轭外，牛嘴处也被绳索牵制，连接至糖车榫上多出的一根木构件上，而这一构件在涂本、杨本中并不存在。

再谈及糖车，涂本与杨本的糖车与原文描述相差无几，但部分细节没能在插图中体现。除陶本榫处多出的木构件外，还有一处差异较明显，涂本与杨本由两根立柱支撑，陶本有四根，且没有露出横板，而是与横板齐平。糖车木辊处有一排未知的构件，倾斜排列，陶本与涂本、杨本相反，但此构件的用途在原文中没有提及。陶本与另外两个版本中的糖车形制差异较大，绘制风格更为写实立体，但与原文描述有所出入，勉强符合运转原理。

涂本与杨本中仅一人，坐在糖车前面偏左的位置，面向右前方侧坐，正在往鸭嘴里放甘蔗，其身后的地上也放置着几根甘蔗。陶本中一人物也在这一位置，动作一致，人物差别不大。陶本中另一人则在画面右侧，肩上扛着几根甘蔗，正在走近。

三个版本主题一致，主体物虽有差异，但表述基本完整。陶本虽在另外两个版本的基础上增加了许多额外内容，但人物、牛、糖车的设定与涂本、杨本相符，故可推测，陶本此图是以《天工开物》已有版本为参照的。

澄结糖霜瓦器

【原文】

凡闽、广南方，经冬老蔗，用车同前法。榨汁入缸，看水花为火色。其花煎至细嫩，如煮羹沸，以手捻试，粘手则信来矣。此时尚黄黑色，将桶盛贮，凝成黑沙。然后以瓦溜[①]，教陶家烧造，置缸上（图2-5-2）。其溜上宽下尖，底有一小孔，将草塞住，倾桶中黑沙于内。待黑沙结定，然后去孔中塞草，用黄泥水淋下。其中黑滓入缸内，溜内尽成白霜。最上一层厚五寸许，洁白异常，名曰洋糖，西洋糖绝白美，故名。下者稍黄褐。

【注释】

① 瓦溜：旧时制砂糖用的一种陶器。利用糖膏自身重力来分离糖蜜，取得砂糖。

【译文】

福建、广东这样的南方地区，放了一整个冬天的老甘蔗，用糖车榨取的方法如先前一致。榨出的汁液放入缸内，熬糖时观察沸腾的水花来把控火力。水花煎致细嫩时，像是煮沸的羹汤，用手捻试，粘手就意味着火候到了。此时尚且呈现出黄黑色，用桶盛放，待其凝结成黑沙。然后用陶工烧成的瓦溜放置在缸上。瓦溜上宽下尖，底部有一小孔，用草将其塞住，并将黑沙倾倒在桶中。等待黑沙凝结，然后拿去孔洞中塞着的草，用黄泥水浇淋。其中的黑色渣滓流入缸中，瓦溜内形成白霜，最上的一层有五寸多厚，异常洁白，称作洋糖。因西洋的糖非常白，所以取了这个名字。而下层结出的糖就稍显黄褐。

涂本　　杨本　　陶本

图2-5-2　澄结糖霜瓦器

【异本插图比较】

单就插图来说，澄结糖霜瓦器一图较为特殊，三个版本中，此图都只占据半个版面，内容也较为简单，只一人与三个水缸，涂本左上角稍有几根线条，应是示意一旁有建筑，杨本无其他内容，而陶本则绘制了一处室内场景，背景墙上还有一幅梅花，而陶本除额外的场景外，与涂本、杨本内容基本一致。

澄结糖霜瓦器表述的是白糖的制造，因蔗糖本为红色，若要生产白糖，就需经过这一步骤，根据文意，需用到瓦溜这一工具，上宽下窄，底部有一小孔，先将小孔用草塞住，而后往其中倒入黑沙，黑沙蔗糖熬煮之后碾碎而成，在瓦溜中的黑沙凝固后，除去孔中的草，往其中淋入黄泥水，黑渣滓就随着落入缸中，瓦溜中余下的就是白糖。

上述化学原理暂不深究，但从原文内容可以提炼出与图片对应的信息。图中人物面向左前方侧立，三个版本中此人都留有胡须，特征相似。人物左手握着瓦溜，右手拿一圆拍，或许是在扇风加快黑沙凝固，涂本圆拍中有几根乱线，杨本圆拍外圈填黑色，中间空白，陶本则以网编的形式绘制。

此外，瓦溜底下还有一木架，便于将其固定在缸口，三个版本都对具体的物件进行了文字注释，即“瓦溜”“小孔”“黄泥水”。言简意赅，整幅插图内容也较易理解，且三个版本除陶本背景外，差别不大，也没有出现错误，从陶本主体物的绘制与涂本、杨本相差无几这一点，也可以推断，此图应同样是直接参考《天工开物》已有版本。

【本卷小结】

因《甘嗜》卷中陶本没有多出的插图，故本卷仅对原文所附两组插图进行了解读。在这一过程中，第一幅插图陶本与涂本、杨本差别较大，第二幅差别较小，但总体而言与涂本、杨本内容相仿，并非像《作咸》卷一样与另外两个版本天差地别，因此本卷陶本插图更偏向于参考《天工开物》已有版本。

《甘嗜》卷中所附插图分别对应的是造红糖与造白糖，工序较为简易，也没有涉及大型的机械与复杂的构件，较易理解，故篇幅较短。此卷是《天工开物》上卷的最后一卷，上卷内容都属于农业与农副业，与人民的吃穿息息相关。余下将展开中卷的异本插图解读，即进入手工业中的多个生产领域。

第三章　中卷

一、陶埏 第七卷

【按语】

本卷主要讲述陶瓷的生产技术，“陶埏”二字取自《荀子·性恶》中的“故陶人埏埴而为器”[1]，“埏”指用水和泥，“埴”指黏土，此句意思是说陶工通过揉合水、泥制成陶器。原文主要讲述和泥、制坯、烧制等制陶、制瓷的步骤，包括原料配比、原料产地、烧制技术、施釉技术、制造工具等。此卷所附插图与文字内容大致对应，共计十三幅，数目较多，大体可以分为陶器与瓷器的烧造技术，陶器包括砖、瓦、瓶、缸等常见器具，占八幅，瓷器则着重讲述制作的技术与步骤，占五幅。需要注意的是，涂本与杨本插图数目都为十三幅，但陶本为十二幅，并非陶本内容有所缺失，而是将造瓦与瓦坯脱桶并在了一张图上。此卷中陶本没有多出图幅，未对原文所附插图有所补充，故此处仍旧只对《天工开物》陶埏卷中涂本、杨本、陶本三个版本所附插图做异本解读。

造瓦、瓦坯脱桶

【原文】

凡埏①泥造瓦，掘地二尺余，择取无沙粘土而为之。百里之内，必产合用土色，供人居室之用。凡民居瓦形，皆四合分片，先以圆桶为模骨，外画四条界（图3-3-1）。调践熟泥，叠成高长方条。然后用铁线弦弓，线上空三分，以尺限定，向泥不②平戛一片，似揭纸而起，周包圆桶之上。待其稍干，脱模而出，自然裂为四片（图3-1-2）。凡瓦大小，若无定式，大者纵横八九寸，小者缩十之三。室宇合沟中，则必需其最大者，名曰沟瓦，能承受淫雨不溢漏也。

1　魏承思著．荀子解读［M］．上海：上海人民出版社，2019：81．

【注释】

① 埏（shān）：用水、土（制作陶器）。

② 泥不（dūn）：泥墩子。

【译文】

和泥制造瓦器的时候，掘地二尺多深，需用不含沙子的黏土制作。方圆百里内，必定有合适的泥土，供人们建筑房屋之用。民居所用瓦片，都是四片合在一起后分开的，先以圆桶作为模具骨架，外部画四条等分界线。调好黏土后，将其叠放成高起的长方条。然后用铁丝作为弓弦，线上流出三分的空隙，线长限定一尺长，用铁线往泥墩子上平切一片，像揭开纸片一样掀起，将其包在圆桶上。等待瓦片稍稍晾干，脱开模具取出，自然会裂成四片。瓦的大小没有规定，稍大的纵横有八九寸，稍小的较之前者缩至十分之三。屋室房顶上的流水沟必须用最大的瓦片，称作“沟瓦”，能够抵挡雨水使之不漏水。

【异本插图比较】

《陶埏》卷中的第一幅插图，即描绘瓦的制作过程，分为“造瓦”与“瓦坯脱桶”两个步骤，此处陶本将两者并在了同一张图上，名为“造瓦”。根据文意，造瓦的过程是先从地下掘出合适的泥土，和水调制成熟泥，叠放成长方体，用铁丝旋成弓状，在泥墩子上平切，使其成片状，而后包在圆桶上，圆桶事先有四分的界线，待干后脱模，就能裂为四片。

涂本　杨本　陶本

图3-1-1　造瓦

涂本

杨本

图3-1-2　瓦坯脱桶

由此来看插图内容，涂本与杨本的造瓦中各有两人，在进行造瓦的工作，陶本有三人，在前者的基础上还多一人在进行瓦坯脱桶，因此陶本的构图方式有异于另外两个版本。涂本、杨本构图与内容基本一致，除主体人物外，涂本画面上方有几片云朵，右下角有几块山石，杨本则以几道曲线示意环境，陶本则增加了茅草屋、篱笆、假山、草木为背景，且在画面右下角与左侧偏下的位置放置了成排的瓦片。

图中没有过于复杂的机具，只有文中提到的几个用以造瓦的简单器具。先看涂本、杨本画面右侧的人物，此人在陶本中居于中间的位置，三人面向左前方侧立，身体微屈，涂本与杨本中此人赤足，陶本则穿一草鞋，且右脚被遮挡。此人双手握着弓状物，上面绷着铁丝，正在从泥墩上平切。涂本与杨本的泥墩上有两道划痕，陶本没有，三者泥墩上都标注了“铁线戛过”与“熟泥”的字样，在这一人物与其行为的描绘上，三个版本基本一致。

涂本与杨本中居于左侧的人物，在陶本中居于右侧，涂本、杨本中此人同样赤足而立，陶本穿一草鞋。人物面前放置一个圆台，涂本、杨本中有三脚，陶本有四脚，圆台上放置了一个圆桶，桶上正包裹泥片，上有“瓦模桶中，有四界限”八字，说明圆桶作为造瓦的模具，有四道平分的界线，区别在于涂本、杨本中的文字标在圆桶上，陶本则将一半标在泥片上。人物形态与动态相似，三个版本中此人都留有胡须，但涂本人物头上包着网巾，这也是涂本中另一人物与其他版本的不同之处。

此工序的三个版本都具有的两个人物，形态、动态近似，虽然陶本将其位置做了变动，且增加了诸多不必要的背景，但仍旧可以看出陶本对另外两个版本的参照，而陶本多出的另一人物，正在进行瓦坯脱桶的工序，我们将结合涂本、杨本的另一张插图进行释义。

《天工开物》原文提到，将黏土裹在圆桶上后，“待其稍干，脱模而出”，这一步骤对应的就是“瓦坯脱桶”的插图，涂本与杨本相似度较高，图中仅一人，面前放置了四个脱出的瓦坯，还有一桶握在手中。除此之外，涂本上方绘制了两片云朵与一排瓦片，下方则是若干石块，杨本与之稍有差异，上方绘有一草棚，未见全貌，左下角则是几道黑线，也许代表石块。陶本则与这两个版本差异明显，人物居于造瓦图的左下角，占比不大，身后有四个瓦坯，手中握一圆桶，其站位与瓦坯的摆放位置与另外两个版本不同。三个版本中此人手握圆桶桶柄，此外没有多余的动作，陶本中人物面向右前方，涂本与杨本面向左前方，涂本人物头上仍然包有网巾，此外没有明显差异。

但涂本与杨本中脱出的瓦坯高度较低，陶本较高，似乎与瓦片的基本大小有所不同，这也是值得关注的细节之处。此图仅涂本、杨本两张，陶本与前一幅造瓦图合并，稍有差异，但未对画面主题造成影响。

泥造砖坯

【原文】

凡埏泥造砖，亦掘地验辨土色，或蓝或白，或红或黄，闽、广多红泥，蓝者名善泥，江、浙居多。皆以粘而不散①、粉而不沙者为上。汲水滋土，人逐数牛错趾，踏成稠泥，然后填满木匡之中，铁线弓戛平其面，而成坯形（图3-1-3）。

【注释】

① 粘而不散：涂本、杨本作“粘”，陶本作“黏”，同义。

【译文】

和泥制造砖石，也需要掘地辨识土色，黏土有蓝色、白色、红色、黄色之分，福建、广东多产红色的泥土，蓝色的泥土叫做“善泥”，江浙一带较多。向来都以粘而不散、粉而不沙的泥土为上选。汲水来滋养泥土，人驱赶牛来践踏，践踏成黏稠的泥土之后，将之填满木框，用铁线刮平表面，就成了泥坯。

涂本　　杨本　　陶本

图3-1-3　泥造砖坯

【异本插图比较】

砖是继瓦之后，可以用黏土制成的另一基本构件，且砖不存在曲面，制法比瓦更为简单，结合文意，需将泥土和水，驱牛踩踏成稠泥，而后填满木框，用铁线弓平切，使表面平整，就可以成砖坯。

三个版本的插图中，各有两人在进行砖坯的制作，且站位相似，唯陶本又增添了许多背景，人物在画面中占比较小。涂本中一人站于画面右上，一人站于画面左下，左下的人物面前有一台阶，两人所处位置有一定地势高差，而左上的位置则放置了一排做好的砖坯。杨本中人物的位置与之一致，但省略了台阶，背景用几条曲线示意远山。陶本改动较大，保留了台阶，绘制得更为具体，另外，画面上半部分被一茅屋占据，还包括大量的草木，画面下半部分也被草木占据了一定比例，因此陶本中人物比另外两个版本小一些，但人物两侧都排列了几道砖坯，数目较多。

最后着重看三幅插图中的人物，画面中居于右侧的人物怀抱砖坯，手中有一方形托盘，涂本、杨本为两层砖坯，陶本则有四层，三个版本中人物都正向画面而立，涂本、杨本中人物赤足，陶本穿一草鞋，涂本、陶本中人物留有胡须，杨本未留胡须，唯有涂本人物头戴一网巾。

左侧人物则是将木框置于地面高起的位置，人物面向右前方，身体微向前屈，两手握着铁线弓将泥坯切平，这说明了台阶的作用。涂本与杨本中人物赤足，陶本穿一草鞋，而涂本与陶本中人物留有胡须，杨本未留，涂本人物仍戴一网巾。

从以上信息可知，陶本以涂本为参照的可能性更高，且保留了画面中的关键信息，细节处理较为到位。反观杨本，未将画面的高差部分体现出来。但陶本中右侧人物捧着的砖坯有四层，每层的厚度较薄，同样是值得推敲的地方。

砖瓦浇水转釉窑、煤炭烧砖窑

【原文】

凡砖成坯之后，装入窑中，所装百钧[①]则火力一昼夜，二百钧则倍时而足。凡烧砖有柴薪窑，有煤炭窑。用薪者出火成青黑色，用煤者出火成白色。凡柴薪窑巅上偏侧凿三孔，以出烟，火足止薪之候，泥固塞其孔，然后使水转釉（图3–1–4）。凡火候少一两则釉色不光，少三两则名嫩火砖。本色杂现，他日经霜冒雪，则立成解散，仍还土质。火候多一两则砖面有裂纹，多三两则砖形缩小拆裂，屈曲不伸，击之如碎铁然，不适于用。巧用者以之埋藏土内，为墙脚，则亦有砖之用也。凡观火候，从窑门透视内壁，土受火精，形神摇荡，若金银熔化之极然，陶长辨之。

凡转釉之法，窑巅作一平田样，四围稍弦起，灌水其上[②]。砖瓦百钧用水四十石。水神透入土膜之下，与火意相感而成。水火既济，其质千秋矣。若煤炭窑视柴窑深欲倍之，其上圆鞠渐小，并不封顶。其内以煤造成尺五径阔饼，每煤一层隔砖一层，苇薪垫地发火（图3–1–5）。

【注释】

① **百钧**：三千斤。

② **灌水其上**：涂本作“土”，杨本、陶本作“上”，应为“上”，此误多出。

【译文】

砖石成坯之后，装入窑中，若装三千斤则需烧一昼夜，若装六千斤则需要两倍时间才够。烧砖可用柴薪窑，也可用煤炭窑。用柴薪窑烧出的砖呈青黑色，用煤炭窑烧出的砖呈白色。柴薪窑顶部偏侧凿三个孔出烟。火力旺盛到可以停止加柴火的时候，用泥塞住三个孔，然后浇水转釉。火候少一成，釉色便不光亮，火候少三成的被称作“嫩火砖”。这类砖头还掺杂着原本的颜色，日后一旦经受霜雪就会散开，回归土质。火候多一成砖面会有裂纹，多三成砖头的形状会缩小裂开，弯曲不直，击打此类砖头像是碎铁，不适合使用。有巧思的工人会将之埋在土中作为墙脚，那么这类砖头就别有用处了。观察火候需要透过窑门观察内壁，黏土受火的灼烧，呈现出摇荡的形态，如金银熔化般，这需要陶工来分辨。

浇水转釉的方法，是在窑的顶部做一平面，四周稍微高起，在其中灌水。砖瓦重三千斤则用水四十石。水汽透入土窑中，与火力相互作用。水火同时作用，烧出的砖瓦可保质千年。若是煤炭窑则比柴窑高一倍，窑上的圆拱逐渐缩小且不封顶。窑内放置直径五尺的煤饼，每放一层煤就再放一层砖，用芦苇、柴火垫在底下点火燃烧。

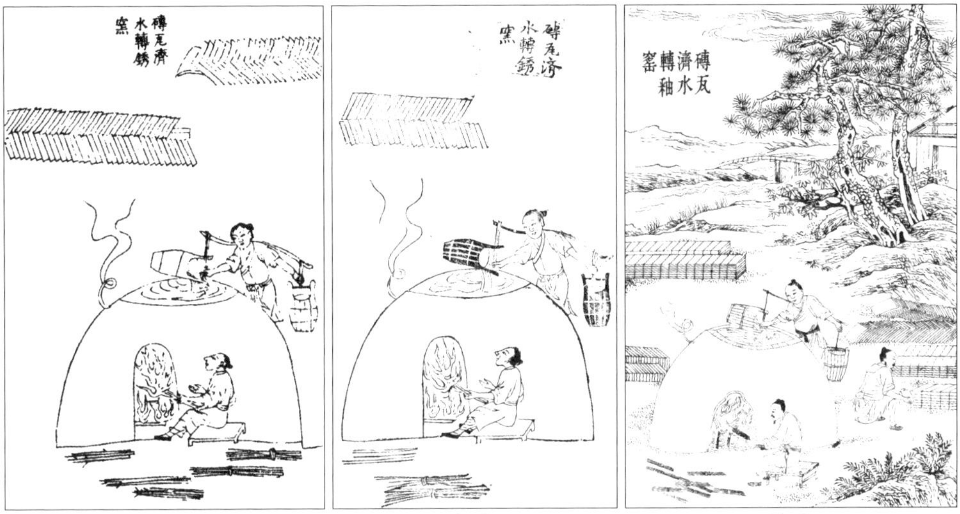

涂本　　杨本　　陶本

图3-1-4　砖瓦浇水转釉窑

涂本　　杨本　　陶本

图3-1-5　煤炭烧砖窑

【异本插图比较】

砖坯制成之后，需要入窑烧制，在烧制过程中，需要用到烧水转釉的方法使砖瓦更具稳定性，以保证长时间不碎裂。据文意，烧水转釉是在窑的顶面做一平面，四周稍微高起，而后往里灌水，待水汽透入窑中，与火相互作用。

图中即对应这一做法，此图图名较长，为“砖瓦浇水转釉窑”七字，此外图中没有其余文字。涂本与杨本中共有两人，陶本多出一人。涂本除主体物外，画面上方有一排砖、一排瓦，画面下方散落着几把柴火，而杨本仅保留一排砖，省去了瓦，画面下方的柴火分布情况与涂本不一。陶本则改动较大，主体物两侧摆放着七排砖、两排瓦，画面上半部分为背景，有一小桥横跨一旁的河流，偏右的位置有两颗松树掩映着后方的建筑，在涂本、杨本的基础上增添了诸多内容，形成丰富背景。

三幅插图中居于画面偏下位置的人，都面向左前方侧坐在板凳上，往窑中添柴火。涂本、杨本中此人仰面，陶本此人则是平视，且留有胡须，这是另外两个版本未曾体现的，而涂本与杨本中人物穿一黑鞋，陶本为草鞋，稍有差异，但行为一致。

另一居于画面偏上位置的人，正挑担提水桶往窑顶部灌水。此人正对画面，身体稍往左偏，双手分别控制两个水桶，右手握水桶往窑中灌水，涂本水桶最为简易，杨本水桶填黑色，陶本则较为细致，而陶本人物的腰带填了黑色，有异于另两个版本。陶本中多出的人物坐在窑的右侧，面向右前方，手中捧着数块砖头，对画面没有多大影响。

最后看三个版本中窑的区别，窑的外形都为半圆，中间开一半椭圆形的窑洞，用来加柴火，陶本则窑洞中间位置稍凸起，呈三花形，且以双线的形式表现。按照描述，窑的顶端四周需稍高起，但涂本、杨本中未体现，只陶本绘制了双线作为边缘，较为合理，这一现象也许是涂本、杨本较为简略的风格导致。窑的左侧有一缕烟冒出，对应了文中“巅上偏侧凿三孔，以出烟”。但文中描述浇水转釉之前需要用泥将孔塞住，这一点似乎出现了偏差。

总体来看，陶本的人物设定与画面构成对涂本、杨本有明显的参照，但在后者的基础上进行了主观调整，将绘画风格变得更为立体、具体、细节，并在每幅插图中增加了诸多背景，包括花草树木与建筑等，还增加若干与画面关联性不大的人物，作丰富画面之用。但目前来看，此卷中的陶本插图虽改动较大，但未对插图原型与主题的表达造成影响，反而在部分地方弥补了涂本、杨本未注意到的细节。

烧砖瓦有两种方式，一为柴薪窑，二为煤炭窑，前文所述砖瓦浇水转釉即柴薪窑，而名为“煤炭烧砖窑”的插图对应的即为煤炭窑。文中描述煤炭窑的做法是，在窑中垒放煤饼与砖头，每放一层煤，就放一层砖，用芦苇与柴火垫在下面烧火。此处插图显示的是窑内煤、砖的摆放情况，是继飏扇后又一以剖视图的形式表现的插图。

每个版本的图中都各有两个人物，人物身边摆放着若干圆球状的煤炭，人物两侧似乎还有两块大泥块，陶本的泥块稍小。涂本插图中，右侧人物身后摆放着两排砖与一排瓦，左侧即为煤炭窑，画面上方还有屋棚的一角，以及几条线条示意的断崖。杨本的画面构成与之相似，但有两排砖间留有空隙，瓦片数目减少，并且省略了背景内容。陶本改动较大，人物前方有一排砖、两排瓦，人物身后右侧的位置有两排砖，窑的位置固定，但画面背景增加了三棵树与被树遮掩的房屋。

再看两个人物，三个版本中左侧人物盘腿面向右前方侧坐，手中捧一煤块，而涂本与杨本中人物留有胡须，面相较老，陶本人物则未留胡须，岁数偏小。另一右侧人物盘腿正对画面坐着，手中同样捧一块煤，此人身体微微向左倾，陶本幅度最大，且涂本、杨本中此人也留有胡须，陶本未留。

最后看煤炭窑，三个版本中煤炭窑都符合原文的描述，一排煤，一排砖，上窄下宽，依次摆放，最上方有火焰。但需要注意的是，涂本与杨本中煤炭窑周围有一圈线，说明煤炭与砖都被限定在了窑中，而陶本外围直接与空气接触，这显然是不合理的。整幅插图对另两个版本的模仿基本到位，仅此处出现错误，可以判断为陶本绘图者并没有理解透另两个版本意图表达的内容，只是将画面照搬后进行主观的改动。

造瓶

【原文】

凡罂缶[①]有耳嘴者，皆另为合，上以釉水涂粘（图3-1-6）。陶器皆有底，无底者则陕以西，炊甑[②]用瓦不用木也。凡诸陶器精者，中外皆过釉，粗者或釉其半体。惟沙盆齿钵之类其中不釉，存其粗涩，以受研擂之功。沙锅沙罐不釉，利于透火性以熟烹也。

凡釉质料随地而生，江浙[③]、闽、广用者蕨蓝草一味。其草乃居民供灶之薪，长不过三尺，枝叶似杉木，勒而不棘人，其名数十，各地不同。陶家取来燃灰，布袋灌水澄滤，去其粗者，取其绝细。每灰二碗，参以红土泥水一碗，搅令极匀，蘸涂坯上，烧出自成光色。北方未详用何物。苏州黄罐釉亦别有料。惟上用龙凤器则仍用松香与无名异[④]也。

【注释】

① 罂缶：陶制容器，大腹小口。

② 炊甑：陶制蒸器。

③ 江浙：因明代未设江苏行省，应理解为“浙江”。

④ 无名异：矿物名，即天然产的含水氧化铁，可作陶瓷器的青釉料。

【译文】

大腹小口的陶器若有杯耳、杯嘴，都需另外接合，并用釉水粘合。陶器多有底，没有底的多为陕西蒸饭用的甑，只用瓦不用木。一众陶器中制作精良的，内外都需过釉，粗制的陶器就上一半釉。只有沙盆、齿钵这类陶器内部不上釉，保留内壁粗涩的质感，以便起到研磨的作用。沙锅、沙罐不上釉，有利于火力的传导以煮熟食物。

制釉材料各地都有生长，浙江、福建、广东一带用蕨蓝草。这种草被居民用来生炉灶，长度不过三尺，枝叶像杉木，用手勒时不刺人，它有数十种叫法，每个地方都不一样。陶工取蕨蓝草烧成灰，用布袋灌水来澄清过滤，去除粗粒，取出极细的部分。每两碗灰，掺入一碗红土泥水，搅拌均匀，并将之蘸涂在坯上，烧出后自成色泽。北方尚不清楚用哪种材料。苏州黄罐釉也别有用料。只有上贡所用的龙凤器，则需用松香与无名异。

【异本插图比较】

此处的瓶属于陶制器皿，其制作过程是由陶工先用陶车制出器皿的大

涂本　　杨本　　陶本

图3-1-6　造瓶

形，而后再接上瓶耳、瓶嘴，这也正是插图所示的两个行为。三个版本中人物数量一致，都为三人，两人在制陶器，另一人在接合瓶嘴、瓶耳。涂本中除主体物外，左下角有一石块，左上角为一草棚的局部，杨本则未见背景，为大片木板的划痕，或许是制板者没有处理到位。陶本中人物与前两个版本类似，且仍旧增加了大面积的背景，画面右下角为若干山石草木，右上为一茅草屋，屋内有一方桌，茅屋左侧有一棵树，树后的架子上整齐地摆放着数个陶瓶。

再看图中正在制陶的工人，涂本与杨本中偏左的人物正对画面，双手捧着陶器，正在凝神进行制造工作，留有络腮胡，下半身被陶车遮挡。而此人在陶本中造型、动作一致，但被改到了画面中心，且居于右侧。因此，这一人物除位置不同外，三个版本相似度较高。

涂本与杨本中偏右的人物，面向右侧，左手扶着陶车边缘，右手捧着陶器，似乎是一碗，部分身形被遮挡，但露出了双脚。而陶本中这一人物造型同样与前两个版本一致，但不见双脚，且人物被换到画面左侧偏下的位置，与另两个版本稍有差异。

第三个人物居于画面下方偏右的位置，此人面向左前方侧坐，正在粘合瓶耳，左手拿着陶瓶，右手拿着瓶耳，其身前摆放着若干制好的陶瓶与未粘合完成的半成品。涂本与杨本中此人偏俯视，未留胡须，陶本偏仰视，留有胡须。且三个版本中凳子的造型各有差异，涂本与杨本为四个边脚，涂本为黑白线描，杨本将凳子填为黑色，陶本改变了凳子的造型，偏长方形，两边各有两斜脚支撑。

此外，杨本与另外两个版本差异较为明显，杨本将陶车上的圆盘与地上散落的陶器都填为黑色，但对画面内容的本质并没有造成影响。三个版本之间都存在大大小小的差异，但对主题的表达是一致的，从中也可以看出，陶本习惯于改变涂本、杨本中人物的位置，并增加诸多背景。

造缸

【原文】

凡瓶窑烧小器，缸窑烧大器。山西、浙江各分缸窑、瓶窑[1]，余省则合一处为之。凡造敞口缸，旋成两截，接合处以木椎内外打紧（图3-1-7），匝口坛、瓮亦两截，接内不便用椎[2]，预于别窑烧成瓦圈，如金刚圈形，托印其内，外以木椎打紧，土性自合。

【注释】

① **各分缸窑、瓶窑**：陶本缺一“各”字。

② **接内不便用椎**：涂本、杨本称“接内”，陶本作“接合”，后文谈及用瓦圈“托印其内”，“外以木椎打紧”，故此处意为接合内部，陶本有误。

【译文】

瓶窑用来烧较小的器具，缸窑用来烧较大的器具。山西、浙江各自分缸窑与瓶窑，剩余的省份将两类窑合二为一。制造敞口缸时，（将泥坯）旋成两截，接合的地方用木椎内外打紧，窄口的坛、瓮也需先制成两截，接合内部时不便用木椎。而是先在另一窑中烧出瓦圈，像金刚圈的形状，承托住内部，外部用木椎打紧，泥坯自然粘合。

【异本插图比较】

造缸与造瓶同属陶器的制作类型，但方法有所差异，瓶类陶器体积较小，一气呵成，缸类陶器体积较大，需分别制作。原文称敞口缸在制作时，需旋成两截，而后接合，接合处用木椎打紧。与之类似的有坛、瓮等器皿，也需旋成两截，但不用木椎打紧，而是在另一个窑中烧出瓦圈，承托内部，外部用木椎打紧。

根据文意，再来看此幅名为“造缸”的插图，与原文内容一致。涂本、杨本中各有两人，陶本则有三人，其中两人与涂本、杨本相似，一人在屋内旁观。涂本除主体物外，画面右下角有一石块，右上角为一建筑的简图。杨本没有绘制背景，且没有图名。陶本依旧绘制了诸多背景，左下角有山石草木，左

涂本　　杨本　　陶本

图3-1-7　造缸

下的位置有一长凳，上面放置了茶壶、茶杯，左上绘一茅屋，屋内有一人站在窗前旁观，对画面内容没有影响，故略谈，右上角还有一茅屋，只露出一角。

三个版本中都有的两个人物，偏上的一人正在加工敞口缸，与原文表述的做法一致，即将其旋成两截，塑形之后合并，使用木椎打紧。图中此人正在进行最后的步骤，左右手分别握着一个木椎，人物正对画面，身形偏向左侧，此人两侧各放一缸，大小不一，陶本右侧的缸被画面裁去一半。

另一人正在进行原文所说的另一做法，即制作窄口的坛、瓮。此人正将陶器的上半部分与下半部分合并，身旁放置着还未合并的陶器，以及已经合并好的陶器。涂本与杨本中此人面向左前方侧坐，且居于画面底部偏右的位置，而陶本中此人则面向右前方侧坐，姿势、动作一致，但方向相反。人物坐着的凳子也各不相同，且与“造瓶”中的差异特征相同，涂本为黑白线描，杨本填黑色，前两者为圆凳，陶本为方凳。

此外，杨本中填色的部分诸多，与涂本有较为明显的区分，其将三口缸的外部填为黑色，另有一放置在画面左下角的陶器也填为黑色，还包括上文所述的凳子。但总体来看，三个版本对于缸制造过程的描绘并未出现错处。

瓶窑连接缸窑

【原文】

凡缸、瓶窑不于平地，必于斜阜[①]山冈之上，延长者或二三十丈，短者亦十余丈[②]，连接为数十窑，皆一窑高一级（图3-1-8）。盖依傍山势，所以驱流水湿滋之患，而火气又循级透上。其数十方成窑者[③]，其中苦无重值物，合并众力众资而为之也。其窑鞠成之后，上铺覆以绝细土，厚三寸许。窑隔五尺许则透烟窗，窑门两边相向而开。装物以至小器，装载头一低窑，绝大缸瓮装在最末尾高窑。发火先从头一低窑起，两人对面交看火色。大抵陶器一百三十费薪百斤。火候足时，掩闭其门，然后次发第二火。以次结竟至尾云。

【注释】

① **阜**：土山。

② **短者亦十余丈**：杨本作“六十余丈”，显然有误，应为原意。

③ **其数十方成窑者**：涂本、陶本作“窑者”，杨本作“陶者”，结合语境，应理解为数十个窑烧成的陶器，故应改为“陶者”。

【译文】

缸窑、瓶窑不置于平地，必定建在倾斜的山坡上，较长的或有二三十丈，较短的也有十多丈，连接几十个窑，呈现出一窑高过一窑的状态。因为窑依傍山势而建，所以可以避免流水湿滋的隐患，且火气能够循级透至上方。数十个窑烧成的陶器，其中虽然没有什么贵重的器物，但也是合众人之力与资金做成的。窑的圆顶建成后，上面铺覆上绝细的土，土厚三寸多。窑每隔五尺需要开一透烟窗，窑门在两侧相向打开。装载时将较小的器物放于最前面的低窑，特别大的缸、瓮装在最末尾的高窑。烧火时先从最前面的低窑开始，两人面对面交替观察火色。陶器若有一百三十斤大概需要耗费百斤柴火。火候足够时，将窑门掩起，然后依次在第二个窑中点火，这样逐步烧至最后一个窑为止。

【异本插图比较】

与砖、瓦相同，瓶、缸在塑成之后，还需放入窑中烧制，上一节对应的原文称，“瓶窑烧小器，缸窑烧大器”，山西、浙江有瓶窑、缸窑的区分，但其余的省份都是在一起烧制。此处提到的“瓶窑连接缸窑”，即是将二窑相连共

涂本

杨本

陶本

图3-1-8　瓶窑连接缸窑

同烧制的做法。此节所附插图较为复杂，不似前几幅易于理解，首先结合文意对“瓶窑连接缸窑”的含义进行解读。

瓶窑与缸窑由几十个窑组成，必定建在倾斜的山坡上，一窑高过一窑，从而使火势循级透至上方，几十个窑中绝大部分用来烧制小型陶器，且放在低处的窑中，大型的缸、瓮装在最末端，也就是最高处的窑中。窑顶上需铺细土，每隔约一米五需要开一透烟窗。烧火时需由两人面对面交替观察火色，火候足够时，将窑门掩上，而后在第二个窑中点火，以此类推，直到烧至最后一个窑。

此节所附插图都为双幅横构图，涂本与杨本中各有两人，陶本则有三人，按照三个版本一贯的风格，涂本在画面底部绘制了山石草木，并散落着若干柴火，画面四周散落着各种陶制器皿，画面右上角则是屋棚的一角。杨本则将背景内容省略，只留下部分柴火与陶器。陶本改动较多，首先在画面底部绘制了一些植物，并设一方桌，上面摆满了碗，画面上半部分偏右的位置则绘一茅屋，屋中摆放着大量的陶器，包括缸、瓶、瓮等，屋前还有一木板，上面放置七个陶罐，一人捧着一个陶罐正在走入屋内，此人也是另外两个版本中所没有的，为陶本额外多出的人物。

而三幅插图都具有的人物，按照原文的形容，分别坐在两个窑门前，往其中添加柴火，在其身旁就是连成一排的缸窑、瓶窑。涂本与杨本中的两个人物，都面向左前方侧坐，并往窑门中添加柴火，而陶本中偏左的人物，则正对着画面，面部偏向右方，两手皆拿着柴火，脚下有一火钳，与另外两个版本的朝向与动作都不相同。陶本中的人物虽与涂本、杨本稍有差异，但其行为都是在往窑中添柴加火。

再看此图中作为主体物的窑，涂本共显示八个窑，其中一头一尾只有局部，杨本则为七个，陶本为九个，首尾同样只露出一角。与涂本、杨本相比，陶本的窑拱起的幅度较小，所处地势也更平缓，没有体现出斜坡的高差，但总体来说，对主题的表达没有出现差错。而杨本依旧维持对部分内容填色的特点，杨本画面中散落的部分陶器，与左侧人物坐着的凳子都被填为黑色，这一做法同样没有影响主题的表达。

瓷器汶水、过利

【原文】

凡造杯盘无有定形模式，以两手棒泥盔冒[①]之上，旋盘使转，拇指剪去甲，按定泥底，就大指薄旋而上，即成一杯碗之形。初学者任从作费②，破坯取泥再造。功多业熟，即千万如出一范。凡盔冒上造小坯者不必加泥，造中盘、大碗则增泥大其冒，使干燥而后受功。凡手指旋成坯后，覆转用盔冒一印，微晒留滋润，又一印，晒成极白干，入水一汶（图3-1-9），漉[③]上盔冒，过利刀二次（图3-1-10），过刀时手脉微振，烧出即成雀口。然后补整碎缺，就车上旋转打圈。圈后或画或书字，画后喷水数口，然后过釉。

【注释】

① **盔冒：** 盔，盆子一类的器皿；冒，通“帽”。

② **作费：** 涂本、杨本作“费”，陶本作“废”，应为固定用词“作废”。

③ **漉：** 液体慢慢地渗下，滤过。

【译文】

制作杯、盘时没有固定的模型，用双手捧泥在盔帽上，让圆盘旋转，剪去拇指指甲，按住泥的底部，用大指轻轻盘旋而上，就能制成一个杯或碗的形状。初学者任其作废，坯体损坏了就取泥土再制作。工夫多了业务熟练了，即便做千万个泥坯，都像是一个模子做的。若在盔帽上制造小坯，就不需要加泥，制造中等大小的盘或较大的碗时，需要增加泥使盔帽变大，让其干燥后再加工。用手指旋成坯体后，翻转过来在盔帽上压一下，稍作晾晒，保留它的滋润性，再于盔帽上压一次，晒到极干、发白的程度，放入水中沾一下，沥去水后放在盔帽上，用锋利的刀刮两次。用刀时手稍稍振动，烧出的器物就会出现缺口。然后补齐破碎残缺的地方，在陶车上旋转打圈。经过这一步骤之后，或是绘画或是书写，之后喷上几口水，然后过釉。

涂本　　杨本　　陶本

图3-1-9　瓷器汶水

涂本　　　　杨本　　　　陶本

图3-1-10　过利

【异本插图比较】

在对陶器的制作、烧造进行描述之后，《陶埏》卷开始对瓷器的制作进行讲解，第一步即为瓷坯的制作，此处讲述的是杯盘等小件器皿，原文称在制作杯盘时，需用两手捧泥，而后置于盔帽上，盔帽即为陶车中心的构件，制作杯盘时，用拇指按在泥底，食指盘旋出轻薄的边缘，就能形成杯、碗这类器皿的造型。在旋成坯体后，还需将坯体翻转，在盔帽上压一下，晾晒后保留其滋润性，再于盔帽上压一下，而后晒干成极白的颜色，而后放入水中沾一下，这一行为即对应名为“瓷器汶水”的插图，做法较为简单。

三个版本图中各有两个人物，在人数与人物设定上没有不同之处。涂本的背景有上下两处，画面底部为一假山，上部为一歪斜的柳树。杨本则将涂本这两处背景改为几根线条，结合前文涂本、杨本的区别，都集中在背景的设定上，杨本往往会对涂本的背景进行主观省略，可见其对背景并不重视，或是删繁就简。而陶本则是另一种形式，往往极为重视背景的刻画，充斥着整幅画面，如此处的“瓷器汶水”一图，主体人物实际上与另外两个版本差别不大，但对背景进行了精心刻画，人物身后有一茅屋，屋内陈设简单，仅一方桌，上有一碗，屋外门口处用两根竹竿撑起了雨棚，二人即居于雨棚之下，人物右侧还有一方桌，上面放置了若干个碗，其余的部分绘制了大量的植物，整幅画面刻画得十分细致，在另外两个版本的基础上补充了许多内容。

而插图的关键在于主体物，图中两人面对面站立，在这一点上三个版本都是一致的，但在人物细节的处理上稍有差异。涂本、杨本中左侧的人物刻画相似，区别在于涂本人物戴一网巾，穿一黑鞋。而陶本中此人留有胡须，人物形态显然与另外两个版本有所不同，涂本、杨本中此人全身露出，未被水缸遮挡，陶本中此人下半身则被水缸遮挡了一部分，只露出右腿。涂本与杨本中此人双手捧碗，陶本右手捧碗，左手伸在水缸的边缘。画面右侧的人物面向左前方侧立，双手捧着一个碗，举在水缸上方。涂本此人头戴网巾，陶本此人双脚被一旁的桌子遮挡，其余部分差异不大。

人物中间的水缸里装满了水，水面上漂着几个碗，涂本、陶本为线描，杨本则将水缸填为黑色。另外，涂本、杨本中人物身后各有一长桌，用于放置瓷碗坯体，杨本中右侧的长桌同样被填为黑色，而陶本则将桌子换至人物右侧。总体来看，此幅插图的含义简单明了，即陶工将碗坯放于水中后拾起，画面表述内容也一目了然，各个版本虽有差异，但意图表达的含义是一致的，并未出现差错。

在经过“瓷器汶水”这一步骤之后，需要把水沥干，而后“过利”。原文称“漉上盔冒，过利刀二次”，过利就是将泥坯放在盔帽上，用锋利的刀刮两次，使其边缘平整。

以下三幅插图中，涂本与杨本名为“过利”，陶本名为“过利图”，有一字之差。三个版本中各有两个人物，且二人行为和位置相似，涂本背景仅为画面左下角的一株植物，杨本没有背景，陶本背景较丰富。陶本将场景构设在一个院子里，人物身后为一间茅屋，屋内有一张椅子，屋前放置一张方桌，桌上是若干坯体。画面左上的位置绘制了一道墙，墙上开一门洞，墙外有一棵树，且树枝伸入庭院中，画面底部则有山石、草木、栅栏。因其场景绘制较多，故画面中人物的占比较小，虽与涂本、杨本相似，但比例小了许多。

插图中共有两个人物，分别对应两组小场景，若按步骤前后分，画面下方的人正在造坯，画面上方的人则在过利，因此画面下方人物的工序在前。此人正对画面，下半身被陶车遮挡，双手一同捧着坯体，身着交领服饰，唯陶本中此人领子填为黑色，且陶本陶车更为细致，涂本与杨本陶车形制相似，但杨本将陶车与人物身后的长桌也填为黑色，陶本则将桌子移至人物右侧，绘制得更为立体，且各个版本中桌上都摆放置泥块与泥坯。

三幅插图中，在偏下一组场景中有两段文字，对画面进行释义，其一为“造瓷圆器杯盘”，涂本、杨本这一文字在人物上方偏右的位置，陶本则将文字放在了陶车上，这段文字也证实了此人正在进行泥坯的制作。其二为“陶车根埋土内”，涂本、杨本这一文字在陶车根部的位置，陶本则在人物左侧，说明了陶车根部的情况。

画面偏上的一组场景也有文字说明，只一段，“手刀一振，即成雀口”。这与原文所说“过刀时手脉微振，烧出即成雀口”是一样的意思，说明过利时手若是微颤，烧出的瓷器就会出现缺口，强调过利时需要果决。这一文字在涂本、杨本中居于人物左侧，而陶本则居于陶车上。

这一场景也由一人、一陶车、一方桌组成，人物站在陶车之后，微微偏向左侧，一手至于身前，一手握着刀置于泥坯上。三个版本中人物动作一致，细节之处稍有不同，但整体上没有错误。杨本中陶车与桌子依旧被填为黑色，涂本、杨本中长桌置于人物身后，但位置似乎存在问题，陶本则置于人物身后，位置正常，但造型为方形。

整体来看，这组插图没有出现明显的错误，与此卷其他插图相似，各自的特点在于涂本最为原始，杨本在涂本的基础上省去背景，且将部分内容填黑，但填色与否对画面内容并无影响，陶本则是在涂本的基础上加上若干场景，同时缩小人物的占比，但总体上看也没有过多的问题，甚至绘制得更为精美。

瓷器过釉、打圈

【原文】

凡饶镇白瓷釉，用小港嘴[①]泥浆，和桃竹叶灰调成，似清泔[②]汁，泉郡瓷仙用松毛水调泥浆，处郡青瓷釉未详所出，盛于缸内。凡诸器过釉，先荡其内，外边用指一蘸涂弦，自然流遍（图3-1-11）。凡画碗青料总一味无名异（图3-1-12）。漆匠煎油，亦用以收火色。此物不生深土，浮生地面，深者掘下三尺即止，各省直皆有之。亦辨认上料、中料、下料，用时先将炭火丛红煅过。上者出火成翠毛色，中者微青，下者近土褐。上者每斤煅出只得七两，中下者以次缩减。如上品细料器及御器龙凤等，皆以上料画成，故其价每石值银二十四两，中者半之，下者则十之三而已。

【注释】

① **小港嘴**：景德镇附近的地名。

② **泔**：淘米水。

【译文】

景德镇白瓷的釉，是用小港嘴的泥浆和桃竹叶灰调和制成的，像是将澄清的淘米水放入缸内。泉州府的瓷仙，是用松毛水调和泥浆制成的釉，处州府的青瓷，不知道是用什么材料做的釉。各种泥坯器具过釉时，先用釉水在内部摇荡，外部用手指蘸取釉水涂边沿，任其自然流遍。用来画碗的青色涂料只有无名异一种，漆匠煎油，也用此作着色剂。此物不生长于深土中，而是浮在地面上，较深的地方不会超过三尺，各个省份都有。也需辨认上料、中料和下料，使用时先用炭火煅烧，上料烧过后呈现出翠毛色，中料微青色，下料接近土褐色。每斤无名异只能烧出七两上料，中下者依次递减。如上佳的细料器及御用龙凤器等，都用上料画成，所以上料的价格达每石二十四两银子，中料减半，下料则是上料价格的十分之三。

涂本　　杨本　　陶本

图3-1-11　瓷器过釉

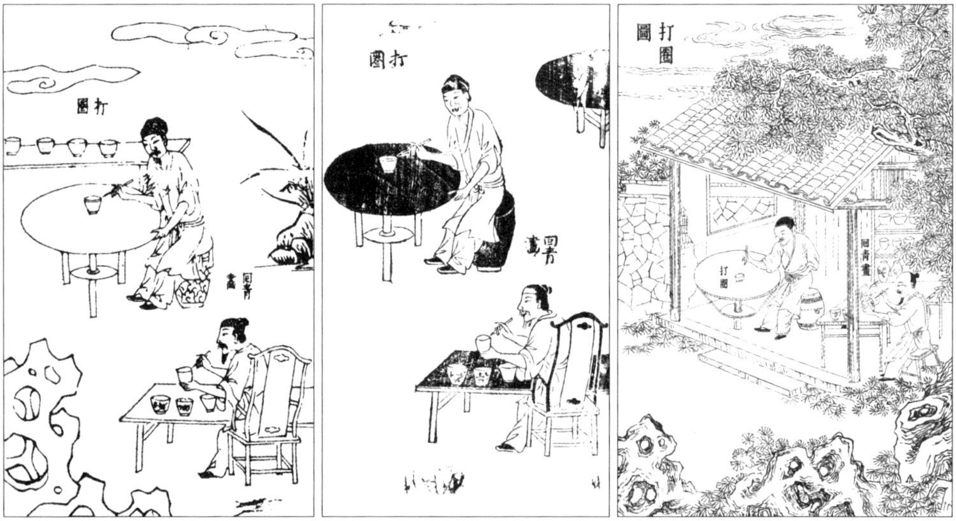

涂本　　杨本　　陶本

图3-1-12　打圈

【异本插图比较】

在坯体做好之后，只需进行过釉这一工序，也就是往坯体上一层釉，原文也对过利进行了说明，“凡诸器过釉，先荡其内，外边用指一蘸涂弦，自然流遍”，每一种器皿过釉时，先将釉水在内部晃荡，外部则用手指蘸釉水涂边沿，任其自然流遍整个坯体。因此只需人工处理，无须用到其他复杂的工具。

而图中共同的部分为两人、一水缸、一方桌，除此以外，涂本画面下方绘制了假山与植物，画面上方绘制了建筑局部与一小缸。杨本总体布局不变，但将涂本原有的背景改成了一上一下两口缸，且都填黑色。陶本则继续对场景进行精心布置，将人物设定在一间茅屋内，身后除原有的方桌外，另有一方桌，上面放置三个碗坯。茅屋左侧有两棵树与一道篱笆，屋门前有一假山，背景的基本元素与其他插图相似。

图中人物一左一右，站位一致，涂本、杨本左侧的人物坐在水缸后，陶本人物侧立，其身后虽有一把椅子，但没有坐下。三个版本中这一人物的双手放在水缸上，一手拿泥坯，一手拿一勺子，似乎是要舀釉水倒入坯体中。涂本、杨本人物身后放置一张长桌，陶本人物身后也有一长桌，但造型、角度、长宽比不同。

另一人物居于画面右侧，面向左侧站立，涂本、杨本为全侧，陶本为四分之三侧，此人用一曲型构件支撑泥坯，另一手则蘸取釉水涂抹坯体边缘，与稳重的说法一致。三个版本中这一人物都留有胡须，涂本、杨本戴一黑帽，陶本戴一白帽。此图细节之处虽有不同，但总体上看，人物的行为是一致的，且符合文意。

瓷器在确认造型并且过釉之后，还需要在其上绘制图案，“打圈”较易理解，即在圆口瓷器的边沿画上一圈。陶本中此图名为“打圈图”，但实际上，“打圈”二字对应的是图片中的做法之一，另一步骤标有“回青画”三字，因陶本图名确认无疑，故用“打圈”指代此图。

图中各有两人，分别对应两组小场景，一人操控陶车居于画面上方偏左的位置，一人摆一桌椅，居于画面下方偏右的位置，正在进行瓷器青花的绘制。涂本画面左下角有一假山，右侧偏上位置有一株植物，上方为几片云朵。杨本则将这些背景全部删去，但在画面右上角多出一圆桌。陶本则绘制了一个较为完整的场景，将两个人物设定在屋棚下，屋内还有一个木架放置各类瓷器。屋外有树木、花草、假山作为陪衬。可见，三个版本对画面的背景处理已经有了较为明显的区分。

画面共两个人物，且在从事不同的工作。偏左的一人，坐在陶车右侧，面向左前方，陶车上有一碗，此人一手控制陶车，一手拿着毛笔，正在进行绘制。此人坐一圆凳，三个版本中圆凳的花纹不一，涂本花纹不易识别，但遍布凳子的表面，杨本则将凳子与陶车都填为黑色，陶本则在圆凳上下边缘及中间的位置绘制了花纹。涂本在人物身后的位置放置了一张长桌，上有四个瓷碗，杨本与陶本则将这一内容省去，但对画面的合理性没有造成影响。

另一人物居于画面偏右的位置，涂本、杨本中此人坐一太师椅，陶本则坐一板凳。三个版本中人物都面向左前方侧坐，一手捧着碗坯，一手握笔绘制，身前放一长桌，碗坯即放置在桌上，此处杨本同样将桌椅的部分内容填为黑色。这组插图主要描述瓷器过釉之后用青料画碗的步骤，内容简洁明了，也没有出现明显的错误。

瓷器窑

【原文】

凡瓷器经画过釉之后，装入匣钵。装时手拿微重，后日烧出即成坳口，不复周正。钵以粗泥造，其中一泥饼托一器，底空处以沙实之。大器一匣装一个，小器十余共一匣钵①。钵佳者装烧十余度，劣者一二次即坏。凡匣钵装器入窑，然后举火。其窑上空十二圆眼，名曰天窗（图3-1-13）。火以十二时辰为足，先发门火十个时，火力从下攻上，然后天窗掷柴烧两时，火力从上透下。器在火中其软如棉絮，以铁叉取一以验火候之足。辨认真足，然后绝薪止火。共计一坯工力，过手七十二方克成器，其中微细节目尚不能尽也。

【注释】

① **小器十余共一匣钵**：涂本、陶本作“共”，杨本作“供”，应作“共”。

【译文】

瓷器经过画彩、过釉之后，装入匣钵之中。装时手劲稍重，日后烧出的瓷器就成坳口，不再复原。钵用粗泥所制，其中每一泥饼托住一件瓷器，底部空缺的地方用沙填实。较大的器具一个匣子装一个，较小的器皿十多个可以共用一个匣钵。好的匣钵可以装烧十多次，劣质的匣钵一两次就会损坏。匣钵装好器皿之后放入窑中，然后点火。窑的上方留十二个圆孔，叫做“天窗”。火烧满十二个时辰（24小时）才足够。先在窑门点火，烧十个时辰，火力由下至上，然后从天窗投入柴火烧两个时辰，火力由上至下。器皿在火中似是棉絮一样软，用铁叉取出一件可以验火候是否足够。辨认火候足够时，停止放入薪柴止火。制出一个坯体总共要花费的工夫，要经过七十二道工序才能成就一个器物，其中微小的细节尚不能详尽叙述。

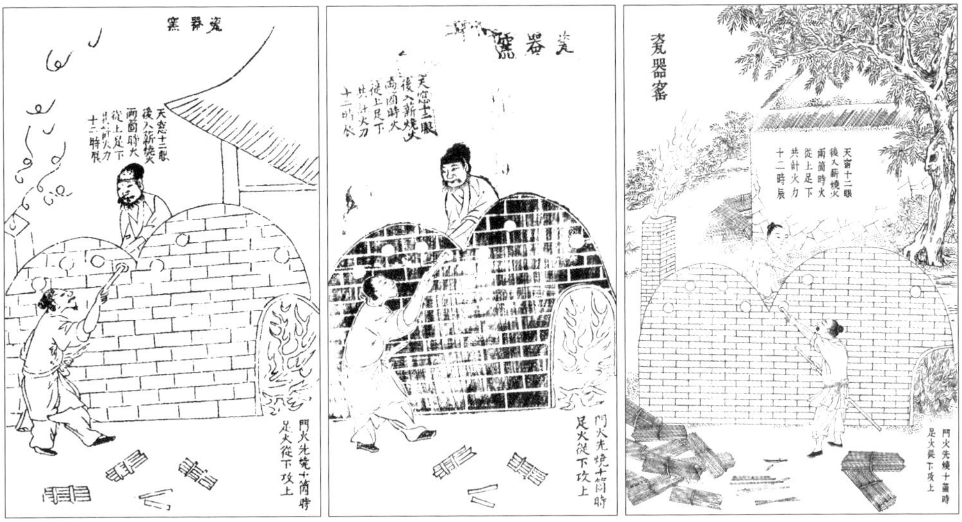

涂本　　杨本　　陶本

图3-1-13　瓷器窑

【异本插图比较】

此图是《陶埏》卷的最后一幅插图，即对应瓷坯入窑烧制的工序。画面中各有两个人物与一个窑，且画面下方都有几捆散落的柴火，陶本数目尤其多。涂本画面右上角有一建筑的局部，杨本没有这一构成元素，陶本则将其衍生为一道土墙与一棵树，墙上有一长段文字，“天窗十二眼，后入薪烧火，两个时火，从上足下，共计火力，十二时辰”，这段文字在涂本、杨本的画面空白处，陶本则是很巧妙地放在了背景墙面上。而在画面右下角的位置，有一排文字称“门火先烧十个时，足火从下攻上”，这两段文字也与原文对应。原文称“火以十二时辰为足，先发门火十个时，火力从下攻上，然后天窗掷柴烧两时，火力从上透下”，意思是瓷器窑需持续烧制十二个时辰，首先在窑门里烧十个时辰，火力由下至上，而后从天窗中掷入柴火，烧制两个时辰，使火力由上透下。

画面中的人物正将柴火掷于窑上方的圆孔中。画面中共两人，一人站在窑的后方，正对画面，只露出上半身。涂本与杨本中此人造型相似，留有络腮胡，面向左侧，陶本则未留胡须，且面向右侧，但三个版本人物动作一致，仅朝向不同。

图中另一人物站在窑的前面，侧身而立，涂本与陶本中此人留有胡须，杨本未留。此人正在往天窗中放置柴火，涂本与杨本中人物朝向右侧，陶本则朝向左侧，且涂本、杨本人物双手都握着柴火，右手举起，左手放在腰侧，陶本则是左手握柴火，右手握一长竿，应是陶本的绘图者误解了涂本中人物手中握着的东西，但也不能定义为错误。

三个版本中的瓷窑都由两个拱形连接，由砖垒成，涂本、杨本砖块较大，陶本砖块较小。在窑的左侧还有一长烟囱用来透出火气，杨本中没有这一构件，虽然原文文字未作说明，但这里显然是杨本的错误之处。此外，三个版本中正对画面的窑上方，都有七个圆眼，剩余的洞眼应是在另一侧。窑的最右边是用于烧火的门洞。这些部位相差无几，唯独杨本仍旧将窑填为黑色。

总体来看，三幅插图中唯一有错误的地方是杨本省去了窑左侧的烟囱，其余地方虽有差异，但都符合文意。

【本卷小结】

本卷对涂本、杨本、陶本三个版本所附插图进行了异本解读，共计十三组插图。涂本、杨本有十三幅，而陶本将“造瓦”与“瓦坯脱桶”合并为一张，故陶本仅十二幅，且陶本不存在多出的图幅，除合并的一张插图外，基本与涂本、杨本一一对应。

此卷插图数目虽多，但其内容都较为简易，主要讲述陶器与瓷器的造坯、烧制技术，画面涉及大量陶器、瓷器与窑，人物也在进行简单的操作步骤，从基础的砖、瓦，到稍显复杂的杯、碗，并没有涉及复杂的工艺品，贴近百姓日常生活。在进行图像分析的过程中，也能够从别样的视角了解古人的陶瓷生产技术。

根据对画面的分析，得出的结论是，陶本参照涂本绘制此卷插图的可能性较大，因其元素与涂本相符的程度较高，且杨本习惯删去涂本中的背景，并将部分内容填色。但陶本并非全然参考涂本，其特色在于主观增加一两个人物，同时对人物数量、位置、行为进行改动，并绘制出精细复杂的背景，但这并未对画面主题与画面合理性造成影响，反倒为画面增添元素，使其更为美观完整。

此卷中的每幅插图将人数控制在一到三人，且没有涉及复杂的器械，操作简易，图中内容易于理解，版本之间差别不大。但细节之处仍需注意，各版本难免出现一些不易察觉的问题。

总体来看，涂本最为原始，也最贴近原文想要表达的含义。杨本删减过多，将涂本中的次要构成元素省去，并将部分构件填黑的做法，是此卷特有的，且几乎遍布每张插图，也成了区分杨本的依据之一。陶本的插图明显不再参照其他书籍，而是以涂本为参考，但惯常增加背景，偶尔增加人物，因此卷插图内容简洁明了、通俗易懂，其出现错误的概率大大降低，有些地方甚至可以填补涂本的不足之处，并不能将陶本插图全盘否定，在某些地方同样具有可取之处。

二、冶铸 第八卷

【按语】

“冶铸”二字，出自《史记·平淮书》“富商大贾……冶铸煮盐，财或累万金”[1]，“冶铸”对应的是冶铁铸造技术。本卷内容正是讲述钟、鼎、釜、钱等古代金属制品的铸造方式，篇幅较短，具有七幅与文字对应的插图，其数量相对较少。《冶铸》卷中，每幅插图都有涂本、杨本、陶本三个版本，且陶本仍旧没有多出的图幅，易于进行对照比较。插图内容着重描绘金属铸造的工具、工序，其中包括钟、鼎、釜、钱等物品的铸造技术，以及失蜡铸造、实模铸造与无模铸造[2]三种方法，这些信息并非常识，但《天工开物》为我们提供了大量关于古代金属器具生产技术的图像与文字，因此在对异本图像进行对比研究的同时，还需结合文字加以理解。

塑钟模图

【原文】

凡造万钧钟与铸鼎法同，掘坑深丈几尺，燥筑其中如房舍，埏①泥作模骨，其模骨用石灰②、三和土筑，不使有丝毫隙拆。干燥之后以牛油、黄蜡附其上数寸。油蜡分两：油居什八，蜡居什二③，其上高蔽抵晴雨。夏月不可为，油不冻结。油蜡墁④定，然后雕镂书文、物象，丝发成就（图3-2-1）。然后舂筛绝细土与炭末为泥，涂墁以渐而加厚至数寸，使其内外透体干坚，外施火力炙化，其中油蜡，从口上孔隙，熔流净尽，则其中空处，即钟鼎托体之区也。

---

1 〔西汉〕司马迁．古典名著白文本 史记 上［M］．长沙：岳麓书社，2016．08：214．

2 〔明〕宋应星著；潘吉星译注．中国古代名著全本译注丛书 天工开物译注［M］．上海：上海古籍出版社，2016．05：4．

【注释】

① 埏（shān）：用水和土。

② 其模骨用石灰：陶本缺“其模骨”三字。

③ 油居什八，蜡居什二：涂本、陶本作“什”，杨本作“十”，同义。

④ 墁：涂抹，粉饰。

【译文】

铸造万斤钟的方法和铸鼎相同，先掘出一个深一丈多的坑，使坑内保持干燥，并使其如同房屋一样牢固，取泥和水制造模骨，模骨用石灰、三和土筑成，不能有丝毫缝隙。干燥之后用牛油、黄蜡涂抹在模骨上约几寸厚。油蜡的配方是油占八成，蜡占两成，制作模骨时上方设高棚遮挡烈阳与风雨。盛夏时节不能制造，因为油无法冻结。油蜡涂抹固定后，于上雕刻书文、图像，需细心制作。然后舂捣筛出细土与炭末成泥，涂抹于模骨之上，逐渐加至几寸厚，使模骨内外彻底干燥结实，外部用火力烤化，内部的油蜡，从模骨的孔隙中熔化流尽，其中空出部分，就成为钟鼎塑形的区域了。

【异本插图比较】

本卷首幅插图即用到了“失蜡法”，失蜡法是通过泥土、油蜡塑模，再用火力融化油蜡，使之中空，而后灌注铁水的方法。失蜡法有助于雕镂文字、图像，最早运用在古青铜器的铸造，此处则用于铸造“万钧钟”，《天工开物》原文对这一方法的描述较为详细，造模时，先用泥土、石灰等筑成模骨，干燥

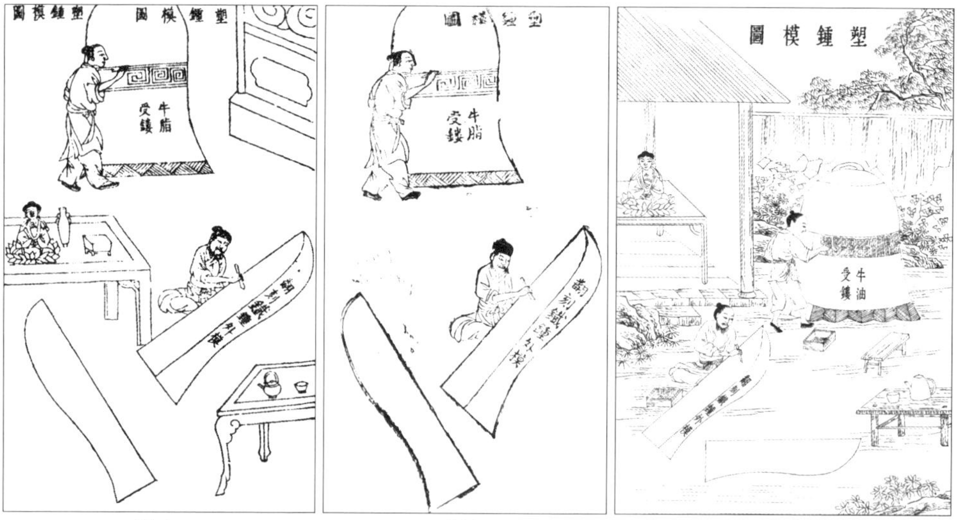

涂本　　杨本　　陶本

图3-2-1　塑钟模图

后用牛油、黄蜡附在上面，待干后，就可以在油蜡上雕刻书文、物像，然后舂捣筛出细土，与炭末和成泥，涂抹在模骨上，内外干透后加热，就可以让油蜡熔化流出，钟模就塑成了。

结合图像来看，三幅插图都有两个人物雕刻钟模，一人刻油蜡，另一人雕刻外模。涂本与杨本构图相似，陶本有所差异。三个版本图名一致，都为“塑钟模图”，但涂本的图名重复了一次。另外，文中还有两处文字标注，一处为“牛脂受镂”，一处为“翻刻铁钟外模”，通过两处文字可以判断图中两物正在进行的工序，即为雕镂油蜡与雕刻外模。

涂本除主体物外，摆了两张方桌，一张在画面右下角，上置茶壶、茶杯各一，另一张放在画面左侧中部，上置两个摆件与一个坐像，画面右上角还有一处的建筑局部。但杨本中除主体物与涂本一致外，两张方桌与建筑都被省去。陶本则恰恰相反，画面对涂本的构图有所调整，并增加了诸多额外的内容，其将右下角的方桌摆正，换了形制，但仍摆上了茶杯与茶壶，并在一旁放置了一张板凳，而另一方桌被设定在房屋中，只绘制了坐像。整幅插图的背景为一庭院，与另外两个版本相比，多出了若干花草树木，较为丰富。

图中主体物基本未变，三个版本中偏上的人物面向右前方侧立，右手拿着雕刻的工具正在钟模上雕镂回字纹，涂本、杨本为单排，陶本则为双排。钟模下方还有三角纹，涂本、杨本为平底，陶本则为波纹状此外，涂本与杨本中这组内容绘制在画面顶部，钟顶被遮去一部分，陶本则绘制在画面中心位置，露出全貌，且人物脚边还有一工具箱。这组内容虽有局部细节的差异，但大致相同。

画面中偏下的人物盘坐在地，身体正对画面，面部偏向右侧，右手持刀雕刻，左手应该扶着钟模。陶本中此人脚边放置了一个工具箱，另外两个版本没有。此外，陶本较为明显的差异在另一半模具，涂本、杨本中另一半模具位于人物左侧，六十度角倾斜放置，而陶本中的另一半模具放在人物右侧，平躺放置，虽有不同，但对内容本质没有影响。

此图讲述的是失蜡法整个工序中，雕镂钟模纹路的部分，乍一看难以理解，但结合文字就能明白图片内容。三个版本的插图虽有差异，但对画面主题的表述是一致的，其中涂本与杨本相似度较高，但杨本省去了主体物外的其他背景，陶本则保留了涂本中的元素，并主观增加了若干背景元素，对画面的构图也进行重新布置，但仍旧有涂本的影子。

铸鼎图 朝钟同法

【原文】

凡油蜡一斤虚位，填铜十斤。塑油时尽油十斤，则备铜百斤以俟之。中既空净，则议熔铜。凡火铜至万钧，非手足所能驱使[①]。四面筑炉，四面泥作槽道，其道上口承接炉中，下口斜低以就钟鼎入铜孔，槽傍一齐红炭炽围（图3-2-2）。洪炉熔化时，决开槽梗，先泥土为梗塞住。一齐如水横流，从槽道中枧注而下，钟鼎成矣。凡万钧铁钟与炉、釜，其法皆同，而塑法则由人省啬也。

【注释】

① **非手足所能驱使**：涂本、陶本为其原句，杨本曰“非手足使能驱使”，虽皆通顺，前者稍合语意。

【译文】

一斤油蜡熔化后流出的空位，可以填入十斤的铜。塑模时若用十斤油，就需要准备百斤的铜。模具中间油蜡流尽，就需要熔铜。用火煅烧熔化万斤的铜，不是手足就能驱使的。要在四面筑熔炉，在四周用泥作槽道，槽道上端与熔炉相接，下端向下低斜以连接钟鼎的入铜孔，槽道的一旁用烧红的炭火围起。炉内铜融化时，打开槽道的塞子，起先用泥土作为梗塞物。铜液会像水一般流出，顺着槽道倾注而下，钟鼎就制成了。制万斤的铁钟、香炉、铁锅，方法都是如此，只是塑造的方式被人们省略了。

【异本插图比较】

《塑钟模图》对钟模的雕镂进行了描绘，而此图描述的则是在油蜡熔化

涂本　　杨本

图3-2-2　铸鼎图　朝钟同法

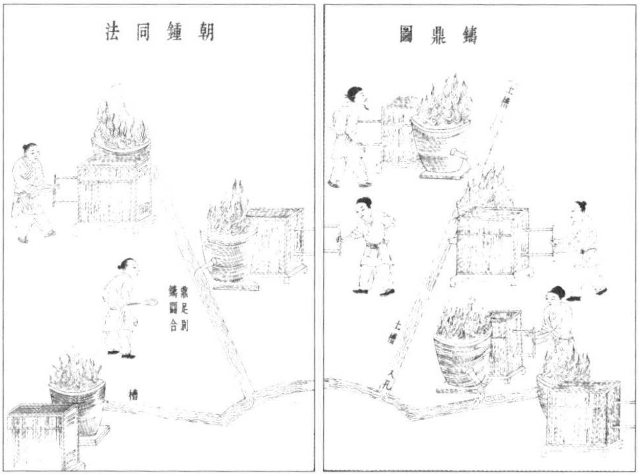

陶本

图3-2-2　铸鼎图　朝钟同法（续）

后，往模具中浇铸铜水的步骤。画面看似复杂，结合文字就较易理解。插图中的主要元素有四，土槽、人物、熔炉、风箱，运作原理是通过人拉动风箱熔铜，铜熔化后通过槽道汇聚在一处，由入孔灌注进模具中。

三幅插图都名为“铸鼎图 朝钟同法”，图名的意思是说此图描绘的是铸鼎的方法，与钟的铸造相同。除图名外，画面中还有几处文字，这组插图都由两个版面构成，从右往左看，右半张插图中标有两处“土槽”，涂本与陶本还在土槽底端的位置标有“入孔”两字，说明槽道孔洞就在此处，而杨本未标注“入孔”。左半张图中槽道上标注“槽”一字，在图中空白处标注“鼎足别铸斗合”六字，应该是说鼎模被浇铸满之后就可以关合熔炉。

插图中各个元素的数量不一，涂本、陶本中有四个槽道，杨本仅三个。三个版本中人物数量也各不相同，涂本共五人，各自操控身旁的风箱，画面边缘两侧各有一风箱，但未露出全貌，因此没有人物操控。杨本仅三人，右下槽道被省去的同时，人物也被删去，另有一画面中心的人物被删，因此其对应的风箱是没有人操控的。陶本人物与涂本相似，但在左半张图中多出一人，拿着一个勺状工具站立，不明其意。

根据文意，画面中的人物站在风箱旁，拉动风箱煽火加热熔炉，风箱即放在熔炉旁，熔炉上有一管道可以使铜水流入土槽中，通过槽道汇聚并灌入模具中。先看构成主体结构的土槽，涂本、陶本有四道直槽与一道弧状槽，弧状槽将四道直槽相连，孔洞设置在右数第二道直槽与弧状槽的交汇处，而杨本只有三道直槽，右数第一道直槽被删去，且没有标注入孔处，是杨本较为明显的错误。

再看需要结合使用的熔炉与风箱，涂本、陶本中熔炉与风箱的数目相同，共七个，其中两个分别置于画面两侧边缘地带，因此有部分被遮盖，其余的风箱与熔炉较为完整。熔炉呈筒状，上面有火灼烧，下方熔铜，铜熔化后顺着管道流入槽中。风箱为方形，侧边有一拉杆，需要人力推动，鼓风煽火，居于熔炉旁侧。因杨本少了一道直槽，因此其对应的风箱与熔炉也被删去，共五组。

图中的人物基本在做操控风箱的工作，涂本中共五人，分别对应一组风箱，另外两个置于边缘处的风箱没有绘制出人物。而杨本中仅三人，除去删除的一道直槽外，左数第二道槽偏下的风箱没有人操控。或许是出于画面构图的目的，图中留有的空隙较小，不宜绘制人物，但这也就造成了杨本此幅插图的不合理。陶本则在涂本的基础上多出了一个人物，已在前文进行描述。

此图中涂本与杨本的画风虽较为相近，但实际上杨本少了许多内容，并对画面的合理性造成了影响，反观陶本，虽然画风改动较大，但对涂本的内容有完整地复刻，没有少去关键内容，即便多出一个人物，也没有对画面主旨造成影响。因此，这组插图中错误最多的是杨本，另外两个版本较为合理。

铸千斤 钟与仙佛像图

【原文】

若千斤以内者则不须如此劳费，但多捏十数锅炉（图3-2-3、图3-2-4）。炉形如箕，铁条作骨，附泥做就。其下先以铁片圈筒直透作两孔，以受杠穿。其炉垫于土墩之上，各炉一齐鼓鞴①熔化。化后以两杠穿炉下，轻者两人，重者数人抬起，倾注模底孔中。甲炉既倾，乙炉疾继之，丙炉又疾继之，其中自然粘合。若相承迂缓，则先入之质欲冻，后者不粘，衅②所由生也。

【注释】

① 鞴（gōu）：风箱。

② 衅：缝隙。

【译文】

如若制造千斤以内的器具，就无须如此大费周章，只需要多捏制十几个锅炉。炉的形状像簸箕，铁条为骨架，附上泥土制成。锅炉的下边先用铁片卷成的圆筒穿透出两个孔洞，以便承受穿过的抬杠。锅炉垫在土墩上方，各个锅炉一同鼓风熔铜。铜熔化之后用两根杠从炉的下方穿过，轻的需要两个人抬，重的需要多人抬起，将其倾注模具底部的孔中。甲炉烧完，乙炉立马继续接上，丙炉又迅速跟上，模具内的金属自然能够粘合。如果相互承接注入的速度迟缓，那么先注入的铜将凝结，无法与之后注入的铜相连接，就会出现缝隙。

【异本插图比较】

上一节说到，“凡火铜至万钧，非手足所能驱使”，万斤重的鼎需要用土槽灌注，但若制造器具仅千斤重，就无须如此复杂，只需用数十个锅炉，在锅炉下穿孔，两侧用杆件穿过，由两人一同抬起，并将铜水倾注进入模具中。数个锅炉同时受热，鼓风熔铜，而后接二连三地往模具孔洞中倒入铜水即可。原理与上一节类似，只是做法有所差异。

图名为“铸千斤 钟与仙佛像图”，涂本与陶本图名都位于画面顶部，杨本分“铸千斤”与“钟与仙佛像图”两部分，前者位于画面顶部，后者位于画面底部，图名含义应为铸造千斤重的钟与仙佛像的方法。

此图也由两个版面构成，涂本与陶本中各有六人，对应三组锅炉与风箱，杨本中同样有三组熔铜工具，但只有五人。三个版本中，画面左下角各有一钟，

图3-2-3　铸千斤　钟与仙佛像图　涂本

杨本

陶本

图3-2-4　铸千斤　钟与仙佛像图

应是用于灌注铜水的模具。涂本中除上述主体物外，较为鲜明的是画面右侧有一竖屏，画面左上角有一墙角。杨本仍旧没有保留涂本的背景元素，但在画面中间有半口钟，因此图由两个版面并在一起，可以看出杨本并未处理好两者的关系，是一处明显的错误。而陶本衔接得较为流畅，画面背景元素多样，设定了一个院落，有土墙、茅屋、草木作为陪衬，但主体物与涂本是一致的。

先看图中最显著的大钟，都居于画面左下角的位置。涂本与杨本钟的造型一致，没有任何纹饰，而陶本钟的纹饰较为丰富，集中在钟的中间部位，但按照失蜡法的原理，模具中空，纹饰应出现在内侧，此处颇有些多此一举。

再看图中熔炉与风箱，共计三组，风箱都被放置在地上，熔炉中有两个各由两人抬起，将要进行灌注，另一个熔炉仍放置在地上，即将被抬起。三幅插图中，这一工具的设定是相同的，陶本中风箱摆放的位置稍有差异，但影响不大，而关键的问题在于抬动熔炉的人物。三个版本中各有三组人物，居于画面上方的两组人物一同抬动熔炉两侧的杆件，居于画面下方的人物则正在做准备工作，一人空手站立在熔炉一侧，一人双手持着杆件站在另一侧，涂本与陶本无异，但杨本缺了双手持杆件的人物，也正导致两个版面衔接不当。

可见这组插图出现的问题与上一组一致，错误同样出在杨本上。涂本与陶本虽有较多的差异，但对意图描绘的内容是清晰明确的。杨本缺少了主要人物，无法构成画面的完整性，左侧图幅多出了半口钟，少去了一个人物，若是不结合其他版本理解，会让读者不知所云。

铸釜图

【原文】

凡釜储水受火，日用司命系焉。铸用生铁或废铸铁器为质。大小无定式，常用者径口二尺为率，厚约二分。小者径口半之，厚薄不减。其模内外为两层，先塑其内，俟久日干燥，合釜形分寸于上，然后塑外层盖模。此塑匠最精，差之毫厘则无用。

模既成就干燥，然后泥捏冶炉，其中如釜，受生铁于中，其炉背透管通风，炉面捏嘴出铁。一炉所化约十釜、二十釜之料。铁化如水，以泥固纯铁柄勺从嘴受注（图3-2-5）。一勺约一釜之料，倾注模底孔内，不俟冷定即揭开盖模，看视罅绽未周之处。此时釜身尚通红未黑，有不到处即浇少许于上补完，打湿草片按平，若无痕迹。

【译文】

铁锅用来储水、受火，与日常生活息息相关。铸铁锅时用生铁或废铸铁器作原料。铁锅的大小没有定式，常用的口径以二尺为准，厚约二分。较小的铁锅口径是前者的一半，厚薄相同。制铁锅的模具内外分为两层，先塑造内部，等待多日任其干燥后，根据铁锅的形态尺寸，再塑造外层盖膜。这道工序对工匠的精细度要求最高，相差毫厘模具就没用了。

模具制成之后待其干燥，然后捏泥制成熔炉，其内部像铁锅形，在其中装入生铁。炉的背部接管通风，表面捏出嘴形以便铁水流出。一个铁炉熔出的铁水，大致能够化成十到二十口铁锅的材料。铁化后似流水，用泥固定的铁柄勺从嘴部注入铁水。一勺大约够一口铁锅的材料，将其倾注于模子底部的孔内，不用待其冷却就需揭开盖膜，观察有无缝隙与不周到的地方。此时铁锅通身发红尚未变黑，若有不周到的地方立即浇上少许铁水补完，用打湿的草片按平，基本不会留下痕迹。

【异本插图比较】

本节讲述的是铁锅的铸造方法，运用的是失蜡法之外的另一种金属器具铸造方法——实模铸造法。通过原文的描述可以得知，铁锅的模具由内外两层构成，先塑造内部模型，待干后根据铁锅的造型塑造外层盖模。模具干燥后，仍旧使用熔炉熔铁，用风箱鼓风，表面留一嘴形，以便流铁水。在浇铸时用铁柄勺接铁水，而后灌注进模具中，不需要等待其冷却即可揭盖，观察是否存在缝

涂本　　杨本　　陶本

图3-2-5　铸釜图

隙，如有不周到的地方可以再次浇铸铁水，并且用打湿的草叶按平，不会留下痕迹。

除图名“铸釜图”外，图中还有多处文字，一处位于熔炉上，名为“铁水熔内”，其含义易于理解，另两处位于铁锅的模具与铁锅上，一曰“揭盖”，一曰“补罅”，也就对应了文中所说揭开外模、填补缝隙的做法。

图中各有五人，较为统一，一人鼓风，两人持铁柄勺取铁水，两人揭盖填补缝隙，分工明确，画面中还有一熔炉、一风箱，以及若干用于铸造铁锅的模具，放置在地面上。此外，涂本的背景为画面顶部的几根线条，不明其意，杨本依旧没有多余背景元素，陶本绘制了草木、土墙、茅屋作为背景。整体来看，涂本、杨本画面较为丰满，陶本则略显松散，但无大碍。

与前几组插图不同，此图中杨本并未缺少关键内容，且三个版本的主体部分大致相似。按照铸釜的次序来看，首先由一人拉动风箱鼓风熔铁，因此图中位于风箱左侧的人物正在拉动风箱的把手。三个版本中此人形态类似，但涂本、杨本中此人只扎一发髻，陶本扎了两个发髻。在风箱的右侧另有一人持着铁柄勺正在接熔炉中流出的铁水，面向左侧站立，涂本、陶本中此人物留有胡须，杨本未留，且杨本由于构图问题，此人右半侧被遮挡。而另一持勺的人则站在画面左侧，面向右前方，俯身正往模具中浇灌铁水。另外两人正在进行揭盖补缝的工作，一人面向右前方侧坐在板凳上，一人面向左前方，左手拿着草叶按平铁锅表面。这三个人物没有较大的不同，且行为清晰明了，易于区分。

除陶本的构图有所偏差外，这组插图对应的三个版本对画面主旨都有明确地表述，杨本没有缺漏的内容，因此这组插图都符合文意，并没有出现明显的错处。

铸钱、锉钱

【原文】

凡铸钱模以木四条为空匡（图3-2-6、图3-2-7）。木长一尺二寸[①]，阔一寸二分。土炭末筛令极细，填实匡中，微洒杉木炭灰或柳木炭灰于其面上，或熏模则用松香与清油，然后以母钱百文，用锡雕成，或字或背，布置其上。又用一匡如前法填实合盖之。既合之后，已成面、背两匡，随手覆转，则母钱尽落后匡之上。又用一匡填实，合上后匡，如是转覆，只合十余匡，然后以绳捆定。其木匡上弦原留入铜眼孔，铸工用鹰嘴钳，洪炉提出熔罐，一人以别钳扶抬罐底相助，逐一倾入孔中。冷定解绳开匡，则磊落百文，如花果附枝。模中原印空梗，走铜如树枝样，挟出逐一摘断，以待磨锉成钱。凡钱先锉边沿，以竹木条直贯数百文受锉，后锉平面则逐一为之（图3-2-8）。

【注释】

① 木长一尺二寸：涂本、杨本作“一尺二寸”，陶本作“一尺一寸”。

【译文】

铸钱的模型用四根木条作为空框。木头长一尺二寸，宽一寸二分。筛出极细的土炭粉末，填实在框中，微微在上面撒些杉木的炭灰或柳木的炭灰，若是熏模就用松香与清油，然后用锡雕成的百文母钱，或是字面或是背面，放置于上。再用一木框像前文所述之法填实盖上。这一工序结束之后，就形成了面部、背部两个木框，随手翻转，母钱就尽数落在木框上。再用一木框填实，合上后框，再像这样翻转。这样合成十多个木框，然后用绳子捆住固定。木框的上边留有铸入铜水的孔眼，铸工用鹰嘴钳将熔铜的炉从熔罐中取出，一人用另一个鹰嘴钳扶抬罐底辅助倾注，逐一将铜水倾注孔中。冷却后解开绳子打开木框，则一百文铜钱就如花果缀于枝头一般。模具中原印的空梗处，像树枝一样留有铜质，夹出后逐一摘断，来等待磨锉成铜钱。锉钱时需要先锉边缘，将数百文铜钱串联后用竹木条磨锉，然后逐个锉其平面。

【异本插图比较】

本卷前几小节对钟、鼎、釜等大型、中型金属器具的铸造方式进行了描述，而从此节开始，主要围绕铜钱这类小型金属器具展开。此节包括两幅插图，一为铸钱，一为锉钱，分别对应铜钱铸造的两个步骤。铜钱铸造前需用四根木条作为方框，筛除极细的粉末将木框填实，而后用锡雕成百文母钱，放置

涂本　　杨本

图3-2-6　铸钱

图3-2-7　铸钱　陶本

涂本　　杨本　　陶本

图3-2-8　锉钱

在木框中，再用另一木框填实粉末，覆盖在母钱上，形成正反两个木框之后，将母钱取出，按照这一工序制作出十多个木框，然后用绳捆在一起，木框上留一孔眼以便浇铸铜水。在浇铸时，用鹰嘴钳提熔罐，另一人用钳扶持配合，通过孔眼逐一倒入木框中。冷却之后解开木框，铜钱就已初见雏形，还需将铜钱之间的枝状杂质一一剪去，而后锉钱。锉钱则是用竹木条贯穿几百文铜钱，先锉其边沿，而后逐一锉其平面。

先看《铸钱》一图，涂本与杨本图名为“铸钱”，陶本为“铸钱图”，有一字之差。此图由两个版面构成，衔接的地方较为妥帖，三个版本各有六人，在人物的设定上没有差异。除主体物外，涂本左上角有一竖屏，右上角为一墙角，杨本不设背景，陶本中多出的内容较多，从右往左分别是假山与草木、一道墙、一竖屏，与一张方桌，竖屏的设置或许是参考了涂本，但角度与屏风图样不同。

此组插图中人物数量较多，且完全按照原文表述的那样进行铸钱的几个步骤，此处即按照步骤的前后关系逐一分析。铸钱时首先做出木框，在上面填实筛好的细粉，涂本、杨本图中间偏上位置的人物就在筛粉，此人在陶本中居于画面中间偏右，但行为一致，面向右前方侧坐，手中拿一筛子，面前是摞起的土炭。此人身旁的人物蹲在地上，正在往木框上摆放母钱，且木框上方还有“母钱印模”四字。三个版本中此人的形象与动态也没有过多差异，但此人周围的画面内容有所不同，涂本中此人脚边有两个木框，杨本中木框的造型有所差异，而陶本中除木框外还有若干铜钱与两张圆凳。

另有两人站在火炉旁，一人推拉风箱，一人握着鹰嘴钳。在这两个人物的处理上，涂本与杨本中推拉风箱的人背对画面，没有露出面部，陶本中此人角度偏侧，露出侧脸；涂本、陶本中握着鹰嘴钳的人留着胡须，杨本未留，虽在细节处理上有所不同，但整体来看没有出现错误。

最后两个人各握一鹰嘴钳提着熔罐。左侧的人面向右侧，钳着熔罐的顶端，右侧的人面向左侧，钳着熔罐的底部，且在二人之间有“鹰嘴钳”的字样，这组人物也没有较多不同之处。而此人身后摆放着捆扎在一起的木框，立在地面上，木框上方标注“入铜孔”三字，区别在于涂本、杨本只有一组，且文字标在木框上方，陶本有两组，文字标在两组木框之间，且地面上散落着若干铜钱。

此图虽有诸多细节上的差异，但总体表述是一致的，且都符合原文文意，并没有出现较为明显的错误，几组人物分工明确，各司其职，画面内容的设定都较为合理。

在经过上一个步骤，待铜钱冷却后，从木框中取出，串联在竹木条上锉齐边沿，而后锉平表面。《锉钱》图即对应了这一工序，图中仅两人，分别坐在一张长桌的两侧，涂本的画面背景为人物前方的假山植物，与人物后方的竖屏，屏风占比较大，因此人物形象被设定在画面偏下方。杨本将涂本所绘制的背景完全省去，简化为竖条曲线组成的远山，与半张桌子，画面较为松散，人物被调整至画面中间的位置。而陶本对涂本原定的背景进行了大幅度地改造，将人物设定在一处茅屋中，将假山与草木绘制在画面右侧，较为细致，也更为美观。

此图没有涉及复杂的工具与运作原理，只是通过长木条串联数百文铜钱，用锉刀锉齐边沿。画面中只有两个人物，分别坐在长桌的两侧，左侧的人物正对画面，稍往右侧偏，右手拿着串联好铜钱的长条，左手拿着锉刀，铜钱串与锉刀交叠。右侧的人物面向左侧坐着，涂本与杨本中此人双手持一铜钱串，陶本则左手持铜钱串，右手拿着桌面上散落的铜钱，应是进行串钱的工作，且仅陶本中此人留有胡须，稍有不同。

此外，涂本两个人物坐在圆凳上，圆凳有部分花纹，杨本则将圆凳的局部填黑色，涂本、杨本中的圆凳为平底，陶本改为四角圆凳，在细节的处理上有所差异。陶本中除主体人物外，还在屋内设置了一套桌椅，桌子上还摆放着三套串联好的铜钱串，椅子上则放置了茶壶、茶碗，比另两个版本内容更为丰富，也较为合理。

此图的原理与意图表述的内容都较为明晰，也没有出现明显的错误。涂本最为原始，杨本在其基础上大量简化，有些单薄，陶本则是在保留主体物的同时，进行了主观删改，并一如既往地设定了诸多背景，虽改变了原始版本的设定，但没有改变其主旨，因此单就画面合理性来说，三个版本的插图都没有违背原意。

倭国造银钱

【原文】

凡钱高低以铅多寡分，其厚重与薄削，则昭然易见。铅贱铜贵，私铸者至对半为之，以之掷阶石上，声如木石者，此低钱也。若高钱铜九铅一，则掷地作金声矣。凡将成器废铜铸钱者，每火十耗其一。盖铅质先走，其铜色渐高，胜于新铜初化者。若琉球诸国银钱，其模即凿锲铁钳头上，银化之时入锅夹取，淬于冷水之中，即落一钱其内（图3–2–9）。

【译文】

钱成色的高低，按照锌的含量来区分，它的厚重与轻薄，是显而易见的。锌价低而铜价高，私自铸钱的人甚至将二者对半混合铸钱，将铸成者扔在石阶上，发出的声音像是木石，这类就是成色低的钱。若是成色高的钱，铜占九成，锌占一成，扔在地上会发出金石的声音。将废铜器制成铜钱时，每熔化一次会损耗原物的十分之一。因为锌会先流失，所以铜的成色逐渐增高，成色要好过新铜初次熔成的钱。若是琉球诸国铸成的银钱，它的模具凿在铁钳头上，银融化时，将铁钳伸入锅中夹取，在冷水中淬炼，一枚钱币就落于水中了。

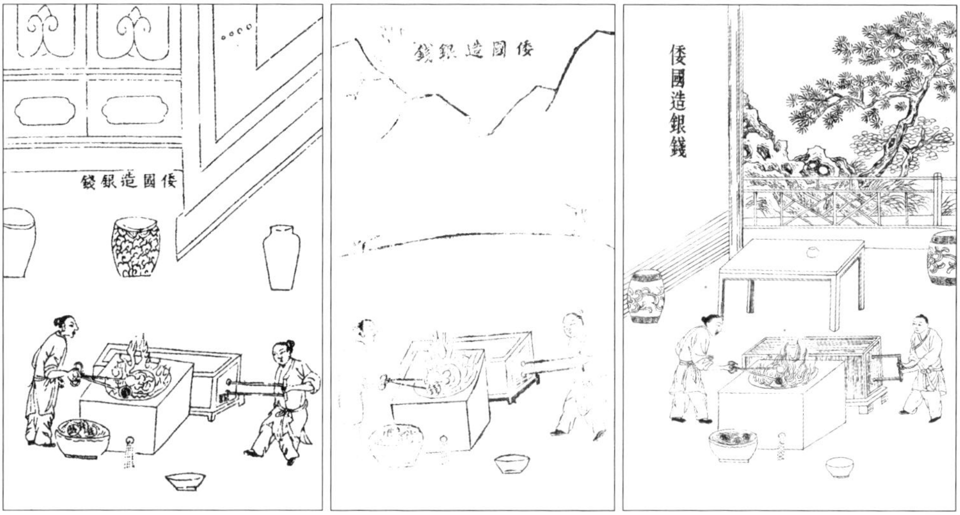

涂本　　杨本　　陶本

图3-2-9　倭国造银图

【异本插图比较】

倭国即我国古代对日本的称呼，此处描述的是除上一节之外，日本制造银钱的方法，此法并非塑模后批量生产，而是将模具凿锲在铁钳头上，银化成水时将铁钳放入锅中夹取，而后放在冷水中冷淬，就可以制成一枚钱币。

图中各有两人，一人拉风箱，一人用铁钳夹取银币，人物都置于画面底部，涂本画面上方放置了三个容器，并用两面墙作为背景。杨本一贯将涂本中的背景删除，绘制几道线条代表山峦。陶本则绘制了两张圆凳与一张方桌，并将场景设定在了一处房屋中，屋外有篱笆、假山、草木等元素。

画面中偏右的人物面向左侧站立，涂本与杨本中此人仅用左手拉风箱，陶本则用双手。画面中偏左的人物面向右侧站立，右手拿着铁钳正在从锅炉中取银水，此人脚边放置一圆盆，应是作冷淬银币之用，隐约可以看出银币上还有“钱”的字样。此图含义较为浅显，各个版本的插图也没有出现明显的错误，基本符合文意。

【本卷小结】

本卷所附插图主要讲述古代金属器具的生产方式，包括钟、鼎、釜、钱四类。虽然插图内容对应的生产对象不同，但其生产原理有共通之处，即塑模后浇铸铁水。虽然使用的工具与工序不同，但殊途同归，无论是运用铜、铁、锌，还是何种工序，塑造钟、鼎、釜、钱，都属于金属器皿加工。

通过对七组插图进行对照分析，可以看出此卷中杨本出现的错误较多，《陶埏》卷中杨本插图只是省略了背景，但此卷杨本部分插图删去了诸多重要元素，使画面合理性大大降低，陶本反倒更为合理。

作为《天工开物》的原始插图版本，涂本自始至终都保持着同一种画面风格，构图、主体内容、画面背景都较为合理，而杨本与陶本作为涂本的衍生，具有截然不同的特性。

在此卷中，杨本习惯性地将涂本的背景删去，或许是出于减轻刻板工作量的缘故，往往只保留主体物，如《塑钟模图》即删去部分仅作为陪衬的画面内容，无伤大雅。但部分插图在省略背景的同时，还删去了画面重要的构件与人物，如《铸鼎图》省去了一道土槽、熔炉、风箱，甚至一个主要的人物，这就大大降低了画面的合理性，漏洞百出。更有甚者，出现了两个版面无法衔接的问题，如《铸千斤 钟与仙佛像图》，左右两个版面合并是驴唇不对马嘴。因此，在此卷中出现错误最多的是杨本。

而陶本仍旧习惯性地改变涂本原有的构图，并绘制大量场景，但并没有失去画面的合理性，也没有对画面主旨进行改动，是合理性相对较高的一卷，除开细节处理，基本没有出现错误。并且可以判断的是，陶本不再以其他古书插图为参照，而是以涂本作为参照对象，虽然改动了许多，但仍旧可以辨识出涂本的影子，不似《乃粒》《乃服》等卷，与涂本、杨本全然不同。

除开杨本出现错误的插图，从《铸釜图》开始，杨本虽然依旧对涂本背景进行主观取舍，但其主体物不再作过多改动，基本与涂本相符。与此同时，陶本也未出现明显错误，因而并不能将其全盘否决，而是通过辩证说明，在一定程度上，三个版本的插图都具备参考价值。

整体来看，此卷插图共七幅，数量居中，涂本作为原始版本中规中矩，杨本风格虽然与其相似，但出错率较高，陶本风格虽与另外两个版本全然不同，但合理性大大提升。

三、舟车 第九卷

【按语】

“舟车”顾名思义即船只与车辆，因此此卷主要讲述的就是古代交通运输工具，本卷原文称“四海之内，南资舟而北资车”，意思是说南方运输多用船，北方则以车辆为主，南北两地使用的交通运输工具相异，因“生于南方者不见大车，老于北方者不见巨舰”，故作此卷对舟车进行具体描述。本卷所附插图共五幅，其中两幅为船，三幅为车，数目相对较少，造型用法各异，且这些交通工具的用材、构件、用法都有对应的原文文字，需互相结合进行释义。此卷中陶本仍旧没有多出的插图，三个版本都有各自对应的插图，可以一一对照说明。且《天工开物》其他卷聚焦人与生产工具，本卷插图主体描绘对象转为船只与车辆，又因船只、车辆多集中在室外地面、水面上，场景与前文其他插图有所不同，因此在进行异本插图解读之前，此卷与其他卷就已存在描绘对象与场景的差异。

漕舫

【原文】

凡京师为军民集区，万国水运以供储，漕舫所由兴也。元朝混一，以燕京为大都。南方运道，由苏州刘家港、海门黄连沙开洋，直抵天津，制度用遮洋船。永乐间因之。以风涛多险，后改漕运（图3-3-1、图3-3-2）。

平江伯陈某始造平底浅船，则今粮船之制也。凡船制底为地，枋为宫墙①，阴阳竹②为覆瓦。伏狮③前为阀阅，后为寝堂。桅④为弓弩，弦、蓬为翼，橹⑤为车马，簟⑥纤为履鞋，𦈌⑦索为鹰雕筋骨，招为先锋，舵为指挥主帅，锚为扎车营寨。

【注释】

① **枋为宫墙**：枋，方柱形木材；宫墙，原指住宅的围墙，此处引申为船的四壁，涂本、陶本作“宫墙”，杨本作“官墙”，“官墙”无他意，故为误。

② **阴阳竹**：竹一破为二，以代屋瓦。凹部向上者称阴，凹部向下者称阳。合称“阴阳竹”。

③ **伏狮**：指船头或船尾顶部的大横木。

④ **桅**：竖立于船的甲板上的长杆，用来挂帆悬旗或兼做吊杆柱等。

⑤ **橹**：拨水使船前进的工具，置于船边，比桨长，用于摇动。

⑥ **簟（tán）**：纤索。

⑦ **𦈌（yù）**：长（绳）。

【译文】

京师是军民集中的区域，全国各地都需要以水运的方式来供应首都所需物资，漕舫行业就是这么兴起的。元朝统一之后，将燕京作为都城。南方的水运航线，由苏州刘家港、海门黄连沙出发，直抵天津，按照法令使用遮洋船。永乐年间也是如此。后又因海运线路风涛大风险高，改为漕运。

平江伯陈某最早开始制作平底浅船，是当下粮船的形制。造船之法，若以船底为地面，船枋就如同四周的墙壁，阴阳竹为屋瓦，船头的横木作为前门，船尾的横木作为寝室。若将船桅比作弓弩，船帆就好比弓翼。船桨若是车马，纤绳就是行走时穿的鞋子，长绳则相当于鹰、雕的筋骨，船头的桨是开路的先锋，船舵是指挥的主帅，船锚则作安营扎寨之用。

【异本插图比较】

“漕舫”即用于漕运的船只，根据文意，漕舫多作为粮船，由南至北向京都运输物资。漕舫图中主体物为一整艘船，除周围的水面外没有多余的背景，

图3-3-1　漕舫图　涂本

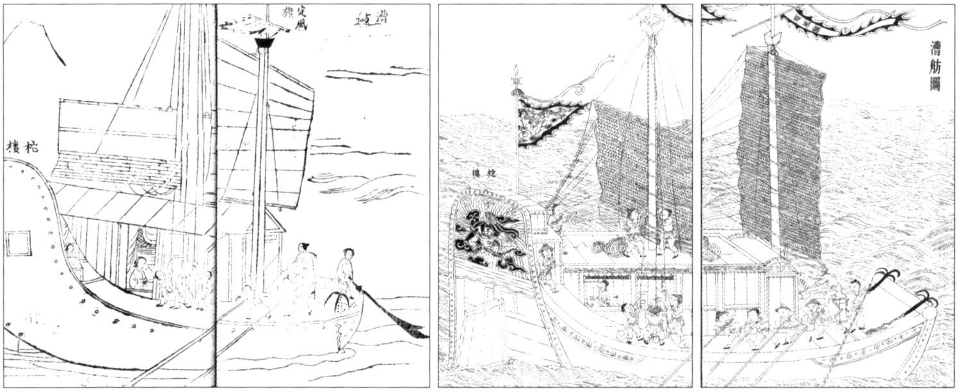

杨本　　陶本

图3-3-2　漕舫图

涂本、杨本名为“漕舫”，陶本名为“漕舫图”。涂本所绘船只上有八人，杨本有九人，陶本中人物的设定有所不同，共十六人。此图涉及的人物数目较多，船体结构也较为复杂，需一一辨识。

船身左高右低，船尾隆起的部分叫做舵楼，图中亦有文字标注，涂本舵楼处露出全貌，杨本被画面裁切了一部分，两个版本舵楼没有过多纹饰，只有一个方框。陶本舵楼元素较为丰富，有一圈复杂的祥云图案，陶本船身部分也有部分纹饰，与另外两个版本不同。涂本、杨本船的造型类似，船舱上为斜坡，不站人，陶本则是平顶，上面有三个人正在收船帆，陶本船舱也更为精致，舱顶还有一圈纹饰。三个版本中船上都有两根桅杆，一根立在船头，一根穿过船舱，在这一设定上，三个版本较为一致。

但陶本与涂本、杨本对船帆的绘制差异较大，《天工开物》原文称“凡船篷其质乃析篾成片织就，夹维竹条，逐块折叠，以俟悬挂”，意思是说船帆用竹篾编成，用绳子编织在一起，逐块折叠，收起后可以悬挂。如此看来，涂本与陶本的船帆似乎是用帆布与竹条做成，陶本则是用编织在一起的片状物，反倒是陶本符合原文的说法。

涂本与杨本偏右的桅杆顶端有一面旗帜，标有“定风旗”三字，另一桅杆的顶端被画面裁切，未露出全貌。陶本则显示了两面旗帜，其中一面上标有“顺风旗”三字。另外，陶本中船尾处还有一面旗帜，上有龙纹图案，可见陶本的船只更为气派。

图中人物数目较多，涂本与杨本人物的设定基本一致，一人站在船舱中，露出上半身，三人站在桅杆下，正在齐力拉动船帆，另外四人都站在船头，一人握一桨，为首的人握着的桨被填为黑色，其身旁有一锚，杨本中的锚填为黑色，涂本未填色。另外，杨本另有一人在舵楼边上，只露出头部，不易发觉，涂本或许是画面不够清晰的缘故，此处没有这一人物。

陶本在人物的设定上有较大的改变。首先其保留了桅杆下拉动船帆的三人，其中两人戴着斗笠，而船舱中原本的一妇人，变成了一妇人加一孩童，舵楼处的人物以全身像的形式呈现，头戴斗笠。船头的人物增加为七人，两人背身站立，其中一人被船舱遮挡，只露出后背，较难察觉，另外五人面对画面，各撑一桨，船头处变为两个铁锚，有所改动。另外三人站在船舱顶上，正在调整船帆。

总体观之，陶本的漕舫图与另外两个版本差异较大，但大体的构造与人物设定有所保留，虽在原版的基础上增加了许多内容，但不是随意增减，反而更加贴合实际。笔者推测，陶本此图的绘制者对现实中的船只有所参照，并非全盘借鉴原版插图，或是凭空想象。

六桨课船

【原文】

江汉课船：身甚狭小而长，上列十余仓，每仓容止一人卧息。首尾共桨六把，小桅篷一座（图3-3-3、图3-3-4）。风涛之中恃有多桨挟持。不遇逆风，一昼夜顺水行四百余里，逆水亦行百余里，国朝盐课淮、扬数颇多，故设此运银，名曰课船。行人欲速者亦买之。其船南自章、贡，西自荆、襄，达于瓜、仪而止。

【译文】

长江、汉水上的课船：船身狭小且长，船上列有十多个船舱，每个船舱可以容纳一人卧着休息。船的首尾共有六把船桨，且有一座小桅篷。船在风涛中可以依靠多把船桨的挟持运作。不碰上逆风时，一昼夜可以顺着水流前行四百多里，若是逆水而行则可至一百多里，本朝（明朝）盐业需要纳税的地方以淮安、扬州居多，所以设立了这一运送税银的船只，称作“课船”。若有想要速速赶路的行人也会租用此船。这种课船的航线，南至江西的章水、赣水，西至湖北的荆州、襄州，到达江苏的瓜埠、仪征为止。

【异本插图比较】

《舟车》卷中提及的船种类较多，但绘制的插图仅有两幅，其一为上一节所述“漕舫”，其规格与构造都较为复杂，其二为此节所述“六桨课船”，形制较为简单。“课船”即运送税银的船，船身狭长，上有十多个船舱，船只首

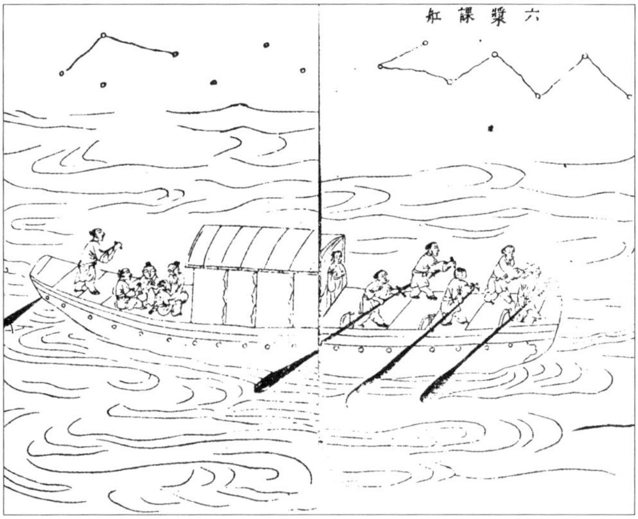

图3-3-3　六桨课船　涂本

杨本

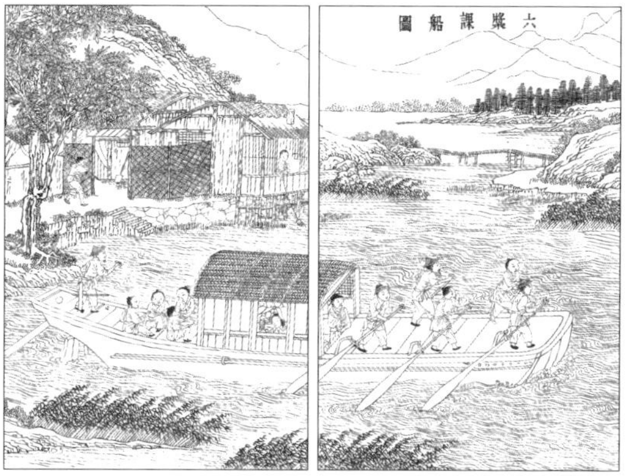

陶本

图3-3-4　六桨课船

尾共六把船桨，故称“六桨课船”。

三组插图中主体物都为一整艘船，涂本、杨本船上各有十一人，而陶本有十二人，其中六人控制船桨，船的一端有一人掌舵，另一端有五人撑桨，三个版本在这一设定上一致，但陶本中岸上还有两个人物，故涂本、杨本中各十一人，陶本共有十四人。三个版本中的船只都漂泊在水面上，涂本除水面外，画面上方还有星象，这并不是星象的首次出现，在《粹精》卷小碾图中就曾出现过。杨本中不存在星象图，而是用山峦代替。陶本则仍旧保持繁复的背景，画面底部有几片芦苇荡，上方是一处河岸，河岸上设一茅屋，岸上有两个人物，一人扛着锄头走过，一人从屋中探出身子，似乎在从水中打捞什么，但这两个人物与画面的主题并没有联系，是可有可无的存在。

再看主体物，三个版本的船只的造型有所差异，但大致形态是相似的，船身左边狭窄，右边较宽，船上有一船舱，涂本由四块木板构成，杨本仅三块，陶本有些特殊，船舱绘制得较为细致，可以开窗，共计四扇，其中一扇窗户被打开，露出一人头，这也是陶本比另外两个版本多出的一人。另外，涂本、杨本船舱顶部为木板遮挡，陶本则用编织品。

除陶本船舱中的一人外，三个版本的船上各有十一人，一人站在船的左端撑桨，五人站在右端撑桨，这六个人物造型与动态相似，较为明显的不同是陶本中有四个人戴着斗笠。涂本与杨本中的船桨被填为黑色，陶本未填色。船的左端有四人盘腿坐着，三个版本对于这一组人物的描绘大体相同。另一人单独站在船舱右边，面向右侧，区别在于，涂本与杨本中此人为女性，陶本为男性。

三个版本对六桨课船的描绘虽有差异，但大体上是类似且合理的，此船的形制并不复杂，因此易于解读。但三幅图有一共同的不恰当之处，即船只与人物的比例似乎不太合理，船舱如何容下数目如此之多的人物也值得思索。因而此图在船只的绘制上有小异而无大误，但人物与船只比例的设定上存在着一定问题。

合挂大车图

【原文】

凡车轮，一曰辕[1]，俗名车陀。其大车中毂[2]，俗名车脑，长一尺五寸，见《小戎》朱注[3]。所谓外受辐[4]、中贯轴者。辐计三十片[5]，其内插毂，其外接辅[6]。车轮之中，内集轮、外接辋[7]，圆转一圈者是曰辅也。辋际尽头则曰轮辕也。凡大车脱时则诸物星散收藏。驾则先上两轴，然后以次间架。凡轼、衡、轸、轭[8]，皆从轴上受基也。（图3-3-5、图3-3-6）

凡四轮大车量可载五十石，骡马多者或十二挂或十挂，少亦八挂。执鞭掌御者居箱之中，立足高处。前马分为两班，战车四马一班，分骖[9]、服。纠黄麻[10]为长索分系马项，后套总结收入衡内两旁。掌御者手执长鞭，鞭以麻为绳，长七尺许，竿身亦相等，察视不力者鞭及其身。箱内用二人踹绳，须识马性，与索性者为之。马行太紧，则急起踹绳，否则翻车之祸，从此起也。凡车行时遇前途行人应避者，则掌御者急以声呼，则群马皆止。凡马索总系透衡入箱处，皆以牛皮束缚，《诗经》所谓“胁驱[11]”是也。

【注释】

① **辕**：车前驾牲畜的两根直木。

② **毂（gǔ）**：车轮中心，有洞可以插轴的部分，借指车轮或车。

③ **朱注**：涂本、杨本作“朱”，陶本作“车”，此处意为朱熹作的批注，故陶本有误。

④ **辐**：连结车辋和车毂的直条。

⑤ **辐计三十片**：涂本、陶本作“三十片”，杨本作“三十斤”，此处意为三十根木条，“斤”不作计量单位，故为误。

⑥ **辅**：古代夹在车轮外旁的直木，每轮二木，用以增加车轮载重支力。

⑦ **辋**：旧式车轮周围的框子。

⑧ **轼、衡、轸（zhěn）、轭（è）**：轼，古代车厢前面用作扶手的横木；衡，车辕头上的横木；轸，古代指车箱底部四周的横木；轭，驾车时搁在牛马颈上的曲木。

⑨ **骖（cān）**：古代驾在车前两侧的马。

⑩ **纠黄麻**：涂本、陶本作“黄麻”，杨本作“为麻”，后者与语境不符。

⑪ **胁驱：** 出自《诗经·秦风·小戎》“游环胁驱，阴靷鋈续”[1]，释义为装在马胁两边的皮扣。

【译文】

车轮又名“辕”，俗名叫做“车陀”，大车的车轮中心，俗名叫做“车脑”，长一尺五寸，可见于《诗经·小戎》的朱熹批注。所谓毂，就是外部承辐，中间贯通轴的部件。辐共计三十片，内部插毂，外部承接辅。车轮中内集中轮、外接辋的圆形部件叫做辅。辋的最外圈叫轮辕。不使用大车时，各部件可被拆卸收藏。驾驶大车时，先放上两轴，然后依次装上其他部件。因此，轼、衡、轸、轭这些部件，都是在轴上安装起来的。

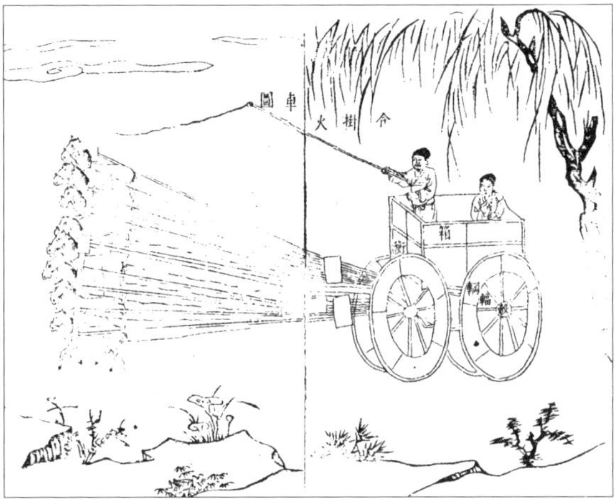

图3-3-5　合挂大车图　涂本

杨本　　　　陶本

图3-3-6　合挂大车图

1　曹音著．诗经释疑［M］．上海：上海三联书店，2016．04：82．

四轮的大车可承载五十石重的物品，骡马最多可以有十二匹或十匹，少的也有八匹。执鞭控制车马的人站在车厢中，立于高处。前面的马匹分两组，战车以四匹为一组，两侧的称“骖”，内部的称“服”。将黄麻制成长绳分别系在马的颈部，后端的绳收束在一起放在衡的两旁。执掌车驾的人手中拿着长鞭，长鞭用麻拧成绳子，有七尺多长，鞭竿的长度与鞭子等长，观察到有马不用力时就鞭打马身。箱内由两个人踩绳，一人需要熟识马的性子，一人需要控制绳索。马跑得太快，就需要赶紧踩住绳子，否则翻车的祸事就会因此发生。车行进时遇到前面有行人则需要躲避，执掌车驾的人需要赶紧高声呼喊，群马就会停下。拴马的绳索要系紧，穿过车辕上的横木放入车厢中，且用牛皮束缚，这就是《诗经》所说的“胁驱”。

【异本插图比较】

本卷插图数目较少，共五幅，前两组插图对两类“舟”作出基本描述，余下三幅用于描绘“车”，此节对应的合挂大车即为一例。涂本、杨本中用“火”字，陶本为“大”字，但“大”字是更为合理的，“火”字或许是刊印错误。

三个版本都由两个版面组成，画面中心都是两人驾一大车。涂本背景为画面底部的花草，右上角有一棵柳树。杨本对其背景进行了省略，画面底部仅几根线条，上方用线条组成了云朵。陶本对背景有较为细致的描绘，画面底部与上半部分都有较多植被，可以看出背景设定在了一处稻田旁。

按照原文的说法，四轮的大车可以用十二、十或八匹骡马驱使，此处三个版本骡马数目都为八，分为两组，一组四匹，每一匹马都有绳索牵制，绳索最后收束在一起，穿过横木用牛皮束缚在车厢内，车上有两人，一人执鞭，两人一同踩踏绳索，以便控制马匹的速度。

图中大车有四个轮子，涂本、杨本中靠近画面偏右的轮子上，有“辋”“辐”“毂”三字标注车轮的不同构件，另外，涂本与杨本车厢上也有“箱”“衡”二字，以便读者识别大车的基本构件，陶本则未做任何标注。

三幅插图中大车的基本构造一致，主要差异出现在陶本中，虽然陶本的大车绘制得更为细致，但与原文的描述有出入，例如马绳应该从横板中穿过，置于车厢中，由人踩踏控制速度，但陶本的麻绳被束在一起，被执鞭的人用手握住，这一点显然与原文不相符。此外，陶本车厢中放置了若干麻袋，车厢比另外两个版本大不少，另一人物坐在车厢角落似乎在休息，并没有起到控制车速的作用。

图中虽有八匹马，但仅有两个人物，按照原文的设定，两人应该共同控制车速，其中一人执鞭驱赶马匹。虽然车厢内部没有显示，但涂本、杨本两个人物都是站姿，没有违背文意。陶本中由同一人物执鞭，并手握马绳，另一人则怡然自得，坐在车中，与文意相悖。

由此看来，陶本绘制的合挂大车整体造型更为规整，乍看之下似乎更有观赏性，但其表述的驱车方式是错误的，并不符合原文，而涂本、杨本所绘大车，虽比例与造型有些怪异，但与原文描述一致，更贴合实际。因此，此处陶本在大车操控方式的表述上，出现了明显的错误。

双缱独辕车

【原文】

又北方独辕车，人推其后，驴曳其前，行人不耐骑坐者，则雇觅之。鞠[①]席其上以蔽风日（图3-3-7）。人必两旁对坐，否则欹[②]倒。此车北上长安、济宁径达帝京。不载人者，载货约重四五石而止。

【注释】

① 鞠：弯曲。

② 欹（qī）：斜倚，斜靠。

【译文】

再谈及北方的独轮车，由人在后面推行，驴在前面拉动，不耐烦长时间骑坐的行人，就会租赁这类交通工具。在车上卷曲席子以便遮风蔽日。人必须在两边相对而坐，否则车就会倾倒。这类车在北方可以从长安、济宁等地出发，径直抵达京城。若是不载人时，承载的货物约重达四五石。

【异本插图比较】

与上一节所述的四轮大车相比，本节对应的独轮车体型就小了许多，其用

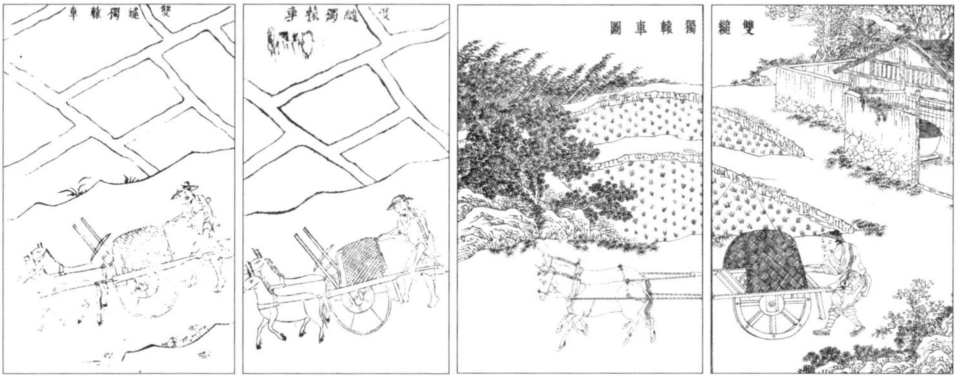

涂本　　杨本　　陶本

图3-3-7　双缱独辕车

途也有所不同，合挂大车通常用来运输大量的货物，独轮车则用于载人或质量较轻的货物，其名曰“双缱独辕车”，陶本多一“图”字，由两头驴拉动，一人把持两侧的车柄，用一个轮子运行，这也就限制了此车的用途。

涂本与杨本为单幅竖构图，陶本则由两个版面组成，三者的主体物都为一人、一车、两驴。涂本与杨本构图方式大致相同，主体物居于画面下方，上方是简笔画出的稻田。陶本主体物横跨两个版面，较为细致，画面上半部分为稻田、茅屋、山石、草木，元素极为丰富。

三个版本的插图中，驴、车、人从左至右的排列方式一致，涂本图像略显模糊，但大致造型可以辨识。三个版本中都由两头驴牵着独轮车，涂本、杨本绳索套在驴脖颈处，陶本在脖颈、驴嘴、驴身三处都有绳索套牢，更为贴切。绳索由驴身牵至独轮车车头，涂本、杨本中驴与车的距离较近，陶本较远。

再看独轮车，涂本、杨本中车头都设一木架，陶本则未绘制木架，其余构件大致相符，仅一车轮置于中间，车上设一草席，可以遮风蔽日。原文称此车可载两人，但无论是哪个版本，车身载人的部位空间都过小，与人的比例不符。

最后看图中的人物，三个版本中此人都面向左前方行走，头戴斗笠，肩上套着绳索以便控制独轮车。涂本、杨本人物赤足，陶本穿着草鞋，另外，陶本人物还握着鞭子，与另外两个版本差异较多。但陶本与另两本虽有多处不同，但并不能算错误，应属不同的形制与表达方式。

南方独推车

【原文】

其南方独轮推车（图3-3-8），则一人之力是视。容载两石，遇坎即止，最远者止达百里而已。其余难以枚述，但生于南方者不见大车，老于北方者[①]不见巨舰，故粗载之。

【注释】

① **老于北方者：** 杨本、陶本为“于”，涂本为“子”，前者符合语意，故涂本有误。

【译文】

南方的独轮推车，凭借一个人的力量就能操作。可以载重两石，但遇到坎坷不平的地方就会停止，最远的也只到一百里为止。其余的各种车辆无法一一列举，但生于南方的人没有见过大车，老于北方的人没有见过大船，故在此简略介绍。

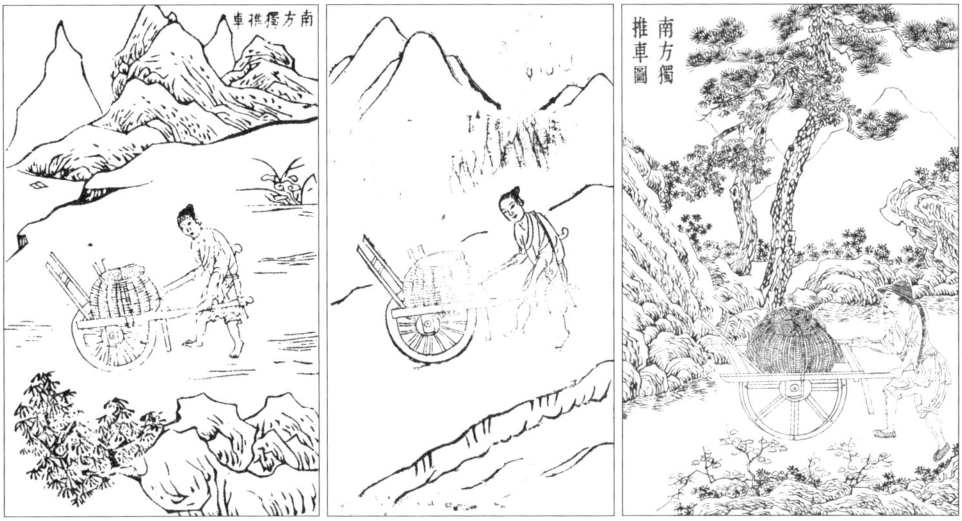

涂本　杨本　陶本

图3-3-8　南方独推车

【异本插图比较】

此节所述的南方独推车，与上一节描述的双缱独辕车，有南北差异，双缱独轮车多用于北方，而此车多用在南方，形制相似，只是南方独推车省去了牵引车辆的牲畜，完全依靠人力。

涂本、杨本图名为“南方独推车”，陶本亦多一“图”字，并无影响。三个版本插图主体物都为一人、一车，涂本背景为上下两处山石，杨本在其基础上做了删减，但大致构图与构成元素保持一致。陶本改动较大，原本上半张图中的远山变成了近景，还多出两棵松树，使主体物不在突出地位，有些喧宾夺主。

图中独推车的形制与上一组插图基本一致，只是少了驴，车上的草席也改成了竹筐，因此南方独轮车此处作载物之用。另外，此图中三个版本车头的位置都有一木架，原文提到“横架短衡，列轿其上，人可安坐，脱驾不攲”，或是为了不让乘车之人与货物滑落所设。

而图中的人物依旧面向左前方行走。涂本与杨本中人物赤足，没有戴斗笠，陶本则穿着草鞋，头戴斗笠，在造型设定上有所差异。总体来看，陶本与另外两个版本画风明显不同，但对画面构成与主体物的设定大体一致，尽管细节之处仍旧各异，但基本符合文意，也较为合理。

【本卷小结】

此卷插图数目较少，仅五幅，结合近两卷与余下的卷落所附插图与文章篇幅，其插图数目控制在三到七幅之间，因此这类简短的章节并不是此书的核心，重要内容集中在开篇的《乃粒》《乃服》等长卷间。而如本节所述船只、车辆，仅是对古代运输工具的简要表述，并未大篇幅展开。

《舟车》卷中，两幅插图用来描绘船只，三幅插图用来描绘车辆，贴合古代平民的生活，其内容也基本符合实际。三个版本插图的差异依旧保持先前的特性，涂本为初版，杨本在其基础上删减了部分背景，陶本则对画面构成进行调整与补充，尤其使背景更为复杂，但有些地方实属多此一举。

值得注意的是，此卷中杨本虽对涂本内容有所删减，但并未影响画面的合理性，其对主体物描绘与涂本也基本保持一致。而陶本出错率较高，虽然在画面完整性与规整感上大大提升，但有些插图却忽略了原文含义，如《合挂大车图》中对缰绳的设定，就与原文、涂本、杨本不符，且违背了原有设定，是一处明显的错误。

陶本出错率较高，但并非一无是处，在对《漕舫图》的描绘上，比另外两个版本更为全面、精细，对画面的完整性进行了补充，线条流畅清晰，没有出现突出错误。

此卷插图数目较少，且部分插图内容也较简洁明了，如《南方独推车》，画面元素相对较少，运作原理也较易理解。因此在这类图中，三个版本即便有不同之处，也处于合理范围内。

四、锤锻 第十卷

【按语】

本卷内容与《冶铸》卷略相似，同属于对金属器具的加工。《冶铸》集中讲述了钟、鼎等器具的铸造技术，往往通过塑模浇铸铁水铸造铁器，而《锤锻》则是通过热熔后锤打铁器，两卷在加工方式上有本质的区别。《锤锻》卷篇幅较短，包括冶铁、治铜等热处理技术，还提及了锯、凿等锻造方式，但仅附三幅插图，对应的加工对象包括锚、针以及铜制乐器，画面主要介绍这几类金属器具的加工方式，大到铁锚，小到细针，加工范围较小，但其跨度较大。与此同时，三个版本中此卷所附插图都较为完整，且一一对应，陶本也并没有多出任何图幅，易于对照解读。

锤锚图

【原文】

凡舟行遇风难泊，则全身系命于锚。战船、海船有重千钧者，锤法先成四爪，以次逐节接身（图3-4-1）。其三百斤以内者，用径尺阔砧[①]，安顿炉傍，当其两端皆红，掀去炉炭，铁包木棍夹持上砧。若千斤内外者，则架木为棚，多人立其上共持铁练[②]。两接锚身，其末皆带巨铁圈练套，提起捩转，咸力锤合。合药不用黄泥，先取陈久壁土筛细，一人频撒接口之中，浑合方无微罅[③]。盖炉锤之中，此物其最巨者。

【注释】

① 砧（zhēn）：捶、砸或切东西的时候，垫在底下的器具。

② 铁练：练，通“链”。

③ 罅（xià）：缝隙，裂缝。

【译文】

船只在行驶过程中遇到强风难以靠岸停泊时，就需要将全体的性命寄托在船锚上。战船、海船有重达百斤的锚，锤锻时先制成四个爪子，而后依次衔接锚身。三百斤以内的锚，用直径一尺的砧座安置在火炉旁，当工件的两端都烧红之后，掀去炉炭，铁用木棍包裹，将工件夹持至砧上煅烧。如果锚有千斤之重，就要架起木棚，多人站在棚上一同持握铁链。铁链连接锚身，末端带有巨大的铁环，以便提起锚身使其转动，集众人之力锤锻接合。黏合的药不用黄泥，而是选取陈旧的墙土筛细，一人频繁撒细土于锚的接口处，使其浑然一体毫无缝隙。在使用炉锤这一工序制造的物件中，锚是最巨大的。

涂本　　杨本　　陶本

图3-4-1　锤锚图

【异本插图比较】

《锤锚图》是此卷仅有的三幅插图中最为复杂的一幅，人物众多，体量较大。按照文字说明可以了解，铁锚用于海船、战船等大船的停泊，制作时需先做四个锚爪，而后逐次接在锚身上。锤锚时需将砧板放置在火炉旁，将锚的构件烧红之后，用木条裹铁锤炼。若锚有千斤重，则需架木为棚，让数个工人站在木棚上，用铁链把锚吊起，再由地下的人进行锤炼，这一做法也就对应了此节插图。

三个版本插图中都有十五人，八人在下，七人站在棚上。这组插图最鲜明的差异在于，涂本、杨本由两个版面组成，陶本则是单幅竖构图。但三图在画面组成上差异不大，只是陶本缩短了另外两个版本的横向距离，增长了竖向的间距，因此陶本在构图上与涂本、杨本差异较大。三图视角也有所不同，涂本、杨本偏俯视，且有透视上的错误，从锅炉上可以明显看出，陶本则偏向平视，透视较为准确。

不同版本之间的构图虽有差异，但都按照上下两组人物划分。站在木架上的共有七个，排列较为紧凑，这组人物每人都拽着一根铁索，三根铁索套牢铁锚左端，四根铁索则套在铁锚的右端。木棚下方的共八人，三人持着铁锤对铁锚进行锤炼，四人用铁杆将铁锚撬起，一人似乎是在指挥。此卷人物数目众多，且形态各异，但其行为目的是统一的，因此不进行人物造型的一一分析。

图中人物进行锤炼的铁锚造型一致，锚身在左，锚爪在右，被搁置在砧板上，锚身首尾两端由铁索吊起。画面右侧是一风箱与锅炉，涂本、杨本中锅炉的造型略显畸形，不符合透视原理，且填为黑色，陶本未填色。画面左侧的位置有一竹筐，其中放置的应是文中所说的细土，用于衔接铁锚的接缝。画面中占据主体位置的木架也有些许差别，涂本与杨本较为相近，陶本则在前者的基础上进行了部分构件的增补，并在木架右侧设一梯子，两侧还有额外的木杆斜放固定，显得比涂本、杨本更为到位。

此图看似复杂，其实画面中的人物行为易于理解，七人站在木棚上用铁索合力将铁锚拉起，八人在木棚下进行铁锚的锻造。三个版本在主旨的表达上都没有出现问题，但涂本、杨本中锅炉的透视关系尤为怪异，陶本则增加了木架的牢固性与合理性。由此看来，这组插图中陶本构图方式虽做了调整，但其画面更贴合实际。

抽线琢针图

【原文】

凡针先锤铁为细条。用铁尺[①]一根，锥成线眼，抽过条铁成线，逐寸剪断为针（图3-4-2）。先鎈其末成颖[②]，用小槌敲扁其本，钢锥穿鼻[③]，复鎈其外。然后入釜，慢火炒熬。炒后以土末入松木火矢[④]、豆豉三物罨盖，下用火蒸。留针二三口插于其外，以试火候。其外针入手捻成粉碎，则其下针火候皆足。然后开封，入水健之。凡引线成衣与刺绣者，其质皆刚。惟马尾刺工为冠者，则用柳条软针。分别之妙，在于水火健法云。

【注释】

① **铁尺**：铁制的尺，用作计量工具。

② **颖**：东西末端的尖锐部分。

③ **钢锥穿鼻**：杨本、陶本作“钢”，涂本作“刚”。

④ **松木火矢**：杨本、陶本作“矢”，涂本作“夭”。

【译文】

制造针时需先将铁锤炼成细条。用一根铁尺，将其钻孔成眼，将铁条穿过孔眼成线，逐寸剪短后就成了针。先将针的一端锉磨成尖状，用小槌将针敲扁，用钢锥穿出针鼻，再锉磨外部。然后将针放入锅中，用慢火炒熬。炒后用土末、松木炭、豆豉三物遮掩，下部用火烧。留出两三根针插在外部，以便试探火候。外部的针能用手捻至粉碎时，就说明下面的针火候足够了。然后开封，放入水中淬炼。若是缝制衣物与刺绣所用的针，质地都较坚硬。只有福建马尾刺工做帽子的针，用的是柳条软针。区别软硬的方法，在于火炒、淬炼的方法不同。

涂本　　杨本　　陶本

图3-4-2　抽线琢针图

【异本插图比较】

与上一节所述铁锚类大型构件不同，此节对应的则是细针，但其同样需要用到锤锻的加工方式，根据原文文意，制造铁针时，需将铁块锤成细条，在铁尺上钻孔，将铁条从中穿过，拉成铁线，逐寸剪短成针。而后将针的一端锉成针尖，再用小槌将另一端敲扁，用钢锥穿出针鼻，锉光外部。之后放入锅中慢火炒熬，炒过之后用土末、松木炭、豆豉三物遮掩，下面用火继续烧制。留两三根针放在外部以试探火候，等到外部的针能够用手捻碎时，就说明火候到了，然后将针放入冷水中淬炼，即完成整个制作工序。

这一小节对应的插图名为《抽线琢针图》，涂本少一“针”字，应是漏刻，陶本此图构图方式亦有改动，为单幅竖式，涂本、杨本则由两个版面组成。三个版本中各有四个人物，分为两组，一组正在抽丝，另一组进行琢针的步骤，与图名呼应。涂本与杨本中的人物处于同一水平位置，分布于画面左右两个版面，陶本则位于左下与右上。

可以分辨的是，此图场景都处于室内。因涂本、杨本是由两个版面拼接而成，两者背景衔接得并不到位，涂本为几道有装饰线条的墙面，杨本只剩下线条若干，并未组成确切的画面内容。陶本仅单幅，同样处于室内的环境中，画面右下的位置放着一个装饰器皿，以及一张方桌，桌上面放着茶壶与茶杯。画面上方有一竖屏，以及一扇开着的窗户，并绘制出了窗外的树木，整体布局与另外两个版本差异较大，但主体物并没有较大改动。

按照“抽线琢线”这一步骤的前后顺序看，涂本与杨本中抽丝之人居于画面右侧，陶本则位于画面左下的位置。抽丝的二人坐在方桌的两侧，桌面上放着两卷铁丝，桌后的人正在将丝拉直，桌前的人物拿着铁尺，其身旁还有一风箱与一锅炉。从锅炉与方桌的造型来看，涂本与杨本绘图者显然并不理解透视关系，因此这两个版本中物体的造型有些不规整。虽然陶本中这组人物的位置与物体的透视关系与另外两个版本有所不同，但三者意图表达的内容是一致的。

另一组人物正在琢针，涂本、杨本中这组人物居于画面左侧，陶本则居于画面右上的位置。此二人同样分别坐在方桌两侧，桌后之人拿一长锥绕铁线，应是将其逐寸剪短，桌前之人拿一小槌，应是在对铁针进行锤凿，桌上还放置着一个方盒，用于存放铁针。此图有一异处，即涂本、杨本桌后之人面前有一长尺，应是用于测量针的长度，陶本没有此物，对这一细节处理得不够严谨。此外，涂本、杨本桌前之人面向左前方侧坐，陶本此人面部偏向正面，但这一问题对画面整体影响不大。涂本、杨本在这组人物前方还有一锅炉，前后摆着三口缸，陶本中锅炉置于人物右侧，未绘制缸。因此在这组人物的处理上改动较大，也出现了些许的错误。

整体而言，陶本此图对构图、人物位置都做了改动，并添加了若干陈设，虽然画面看起来更为整洁，但在一两处细节上未能符合原版的含义。而涂本与杨本画面虽然不够紧密、规整，但对原文意图表达的主旨是到位的，而其频繁出现的透视问题，也是《天工开物》插图初期版本的常见问题。

锤钲与镯图

【原文】

凡锤乐器，锤钲①，俗名锣，不事先铸，熔团即锤。锤镯②，俗名铜鼓，与丁宁③，则先铸成圆片，然后受锤。凡锤钲、镯皆铺团于地面（图3-4-3、图3-4-4）。巨者众共挥力，由小阔开，就身起弦声，俱从冷锤点发。其铜鼓中间突起隆炮，而后冷锤开声。声分雌与雄，则在分厘起伏之妙。重数锤者，其声为雄。凡铜经锤之后，色成哑白，受锉复现黄光。经锤折耗，铁损其十者，铜只去其一。气腥而色美，故锤工亦贵重铁工一等云。

【注释】

① 钲（zhēng）：古代的一种乐器，用铜做的，形似钟而狭长，有长柄可执，口向上以物击之而鸣，在行军时敲打。

② 镯：古代乐器，形似小钟。

③ 丁宁：古代行军时用的铜钲。

【译文】

锤造乐器时，钲（俗名锣）不需事先铸造，将铜熔化成团后就可直接锤打。镯（俗名铜鼓）与丁宁，就需要先铸成圆片，然后锤造。锤钲、镯时都需将其铺在地面上。形体巨大的乐器需要众人合力挥打，由小逐渐铺开，乐器发出的声响，都是从锤锻的点发出的。铜鼓中间打出突起的圆泡，而后用冷锤定音色。乐器发出的声音分高低，这就要看锤锻时力道分厘起伏的妙处了。重力锤打数次之后，乐器发出的声调较低。铜经过锤锻之后，色泽哑白，锉过后会重新呈现出黄色的光泽。铜器经过锤锻后折损的材料，是锤铁所耗材料的十分之一。铜有腥气但色泽美观，所以锤铜的工人比锤铁的工人收入更高。

【异本插图比较】

《锤锻》一卷仅有三幅图，此图为最后一张，是对铜制的乐器进行说明，

图3-4-3　锤钲与镯图　涂本

杨本　　　　　　陶本

图3-4-4　锤钲与镯图

“钲”与“镯”都是古代乐器的名称。钲也就是锣，其造型为中间微突的圆片，无须塑模浇铸，只将铜化成团后直接锤打而成。镯为铜鼓，需先铸成圆片，而后锤造。总之，二者都是通过锤打制造的圆形乐器，需依靠众人合力锤打。

图名为《锤钲与镯图》，与上述文字说明保持一致，杨本缺一“镯”字，也许是漏刻。此图三个版本的构图一致，都由两个版面组成，画面中共有八人，三者数目相同，分为两组，四人锤钲，四人锤镯。两组人物的刻画基本相同，每组都有一人用铁钳夹牢铜器，另外三人执槌敲打，并无过多不同之处。但此图较为特殊的地方在于，对于背景的刻画大不相同。

因每个版本的插图都由两个版面拼合而成，故在衔接部位多多少少会出现问题。陶本问题较少，只是墙壁与地面的接缝处一高一低。涂本与杨本问题较大：其一，在画面中间的位置有一方桌，但两个版本都只画出了方桌的一半，另一半不见踪影；其二，涂本画面背景应在室内，接缝处为两个版面共同组成的屏风，但涂本左侧的屏风为斜侧的视角，而右侧的屏风为正面，两图无法贴合，反倒显得空间错乱。而杨本的场景改成了室外，画面两侧为若干建筑，中心位置除了半张桌子外空无一物，未出现与涂本同样的屏风问题。

陶本背景则进行了主观改动，虽然仍在室内，但画面背景为一个圆形的窗口，外面有竹帘与花草，较为雅致。并且陶本保留了涂本、杨本都只绘制了一半的方桌，并将其绘制完整，是处理较为妥帖的地方。

三个版本地面上都散落着若干铜块，陶本还有两张圆凳。此外，三个版本画面两侧边缘的位置，各放置一组风箱与熔炉，涂本、杨本仍旧存在透视错误，陶本较为合理。另有一明显的差异，即杨本对部分内容进行了填色。

总体观之，三个版本中陶本是最为美观规整的，没有出现明显错误。虽然三者对主旨的表达都没有出差错，但涂本与杨本在背景处理上出现了画面衔接的问题，而反观陶本，处理得更为到位。

【本卷小结】

此卷插图数目极少，仅三张，一张用于说明铁锚的锤炼方式，一张用于说明铁针的抽丝、琢针过程，最后一张则描绘铜制乐器。三幅插图都运用了“锤锻”这一金属锻造方式，各随其宜，与《冶铸》一卷遥相呼应。

因插图数目较少，因此可以得出的结论也较为短促，在《锤锚图》与《抽丝琢针图》中，陶本对画面构图做了较大改动，原有的两个版面被调整为单个版面，因此对主体物的摆放也有所不同，所幸其本意未出现大的波动，仅在细节处理上有待考证。虽然有部分错误无法忽视，但陶本在透视关系的处理与画面细节的完善上下了功夫，这一点是值得肯定的。

与之相反的是，涂本、杨本虽然更贴合原文本意，但其透视关系是一大弊病，尤其是对炉灶、方桌等矩形体块的绘制，往往出现视角不一、远近不一的问题。另外，因涂本、杨本此卷插图都由两个版面拼合而成，故其拼合接缝处的问题也不可忽视。

三组插图中，其实并没有出现较大的错误，因此每幅插图在大体上都是合理的，这也是出错率较少的一卷。

五、燔石 第十一卷

【按语】

“燔石”指的是烧制矿石，此卷着重讲述非金属矿石的开采烧造，如石灰、煤炭、皂矾、硫黄等，包括矿石的开采、加工、分类、产地、用途等。此卷共有六幅插图，数目也偏少，且本卷篇幅也较为短小。因矿石的开采与加工往往在室外进行，因此本卷插图场景多在室外，这也使得陶本不再对场景进行精细化加工。三个版本所附插图能够一一对应，并未出现缺漏，且陶本依旧没有出现多出的图幅。可见，在农桑等卷结束后，陶本《天工开物》所附插图大部分以涂本插图为参照。如《燔石》卷描述的石灰、煤炭等矿石，虽然也是古代常见的生产加工门类，但对其进行系统描述的古书较少。这也说明了《天工开物》后文对古代生产技术涵盖的范围是较为广泛的，并未局限在常见的农桑等门类，这也是《天工开物》的价值所在。本卷同样按照惯例，结合原文文字信息，对三个版本所附插图进行对照解读。

煤饼烧石成灰

【原文】

凡石灰经火焚炼为用。成质之后，入水永劫不坏。亿万舟楫，亿万垣墙，窒隙防淫，是必由之。百里内外，土中必生可燔石[①]，石以青色为上，黄白次之。石必掩土内二三尺，掘取受燔，土面见风者不用。燔灰火料，煤炭居什九，薪炭居什一[②]。先取煤炭泥和做成饼，每煤饼[③]一层叠石一层，铺薪其底，灼火燔之（图3-5-1）。最佳者曰矿灰，最恶者曰窑滓灰。火力到后，烧酥石性，置于风中久自吹化成粉[④]。急用者以水沃之，亦自解散。

【注释】

① **燔石：**焙烧矿石。

② **煤炭居什九，薪炭居什一：**涂本、杨本作“十九”，杨本作“十一”，“什”与“十”多处混用，其意相同。

③ **煤饼：**涂本、陶本称“煤饼”，杨本误作“媒饼”。

④ **自吹化成粉：**涂本、陶本作“吹”，杨本作“炊”，后者误之。

【译文】

石灰经过火焚炼才能使用。石灰定性凝结之后，遇水永远不会损坏，是众多船只与墙壁填缝防雨的必用品。百里内外的土中必定会有用于制作石灰的矿石，这类石头以青色为上乘，黄白色品质稍次。矿石必定在土层下二三尺处，掘土挖出矿石焚炼，表面风化的不可使用。制石灰的燃料中，煤炭占十分之九，柴火炭火占十分之一。先将煤炭和泥做成煤饼，每叠一层煤饼就叠一层矿石，下面铺上柴火，烧火焚制。石灰中质量最佳的叫“矿灰”，最差的叫做“窑滓灰”。达到一定火力之后，石性就会变得酥脆，长久放在风中会被吹化成粉末。着急使用的人用水将其沃湿，也会自行解散。

【异本插图比较】

此图名曰《煤饼烧石成灰》，即通过将煤炭灼烧，使矿石成为石灰。除图名外，画面中还有一处文字为“烧蛎房法”。何谓“蛎房”，下一节有所提及，即簇聚而生的牡蛎，牡蛎壳与煤炭垒在一起烧制，烧成的灰料可以用来砌筑城墙、桥梁。结合原文文意，石灰需用火烧制才能使用，其法与烧制蛎房的方法一致，即用煤炭烧制石灰石，先将煤炭和泥做成煤饼，每叠一层煤炭，就叠一层矿石，下面铺上柴火，点燃灼烧。

图中各有一人与一火堆，构图方式一致。涂本画面中除主体物外，还有一处断崖，断崖边有一柳树。杨本省去了断崖，只余若干石块。陶本场景即便处于室外，依旧绘制了较为丰富的背景，包括山石土堆、篱笆、丛生的植被，保留了涂本中的柳树，并进行二次加工，因此主体物占比小了许多。

画面中煤炭堆被置于右下方，可以看出其由石块堆成，布满火焰，并没有

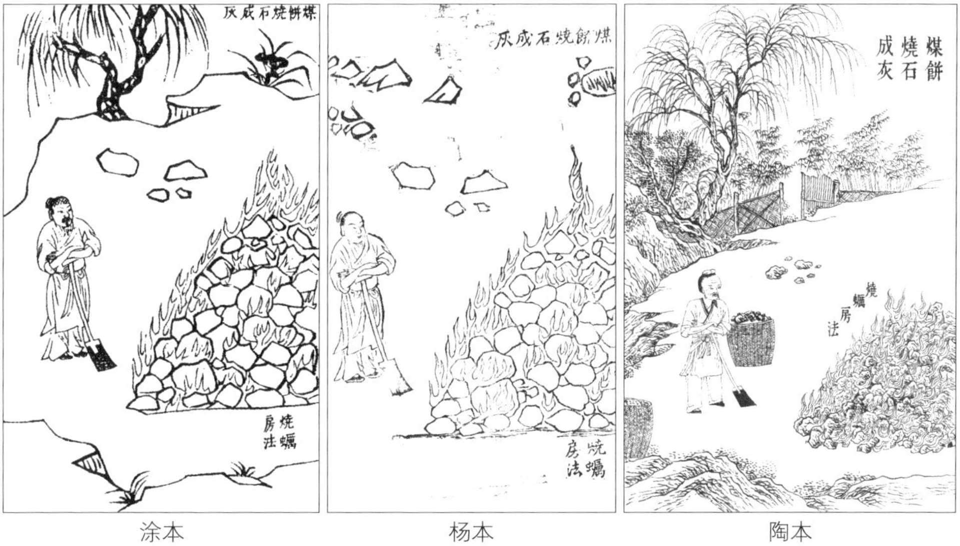

涂本　　杨本　　陶本

图3-5-1　煤饼烧石成灰

值得分析的地方。人物站在火堆左侧，双手交叉抵着一把钎，涂本、陶本中锨底端填为黑色，杨本反倒没有填色。人物面向火堆站立，造型与动态基本一致，只是陶本人物身侧还有一竹筐。

此图表达的含义较为简明，即将煤炭与石块堆积在一起烧制石灰。三幅插图虽有差异，但对主旨的表述是一致的，也未出现较为明显的错误，因此三幅插图都具合理性。

凿取蛎房

【原文】

凡海滨石山傍水处，咸浪积压，生出蛎房①，闽中曰蚝房。经年久者长成数丈，阔则数亩，崎岖如石假山形象。蛤②之类压入岩中，久则消化作肉团，名曰蛎黄，味极珍美。凡燔蛎灰者，执椎与凿，濡足取来，药铺所货牡蛎，即此碎块（图3–5–2）。叠煤架火燔成，与前石灰共法。粘砌城墙③、桥梁，调和桐油造舟，功皆相同。有误以蚬④灰，即蛤粉，为蛎灰者，不格物之故也。

【注释】

① **蛎房**：指簇聚而生的牡蛎。因牡蛎附石而生，连结如房，故称。也特指牡蛎的壳。

② **蛤**：蛤蜊，软体动物，壳形卵圆，色淡褐，稍有轮纹，内白色，栖浅海沙中，肉可食。

③ **粘砌城墙**：涂本、杨本作“粘”，陶本作“黏”，异字同义。

④ **蚬**：软体动物，介壳形状像心脏，表面暗褐色，有轮状纹，内面色紫，栖淡水软泥中。肉可食，壳可入药。

【译文】

在海滨靠水的石山处，长期受海浪的堆积冲击，会生出簇聚的牡蛎壳，福建称之为“蚝房”。有些蛎房经年累月之后能够长至数丈，宽至数亩，崎岖得像是假山石。蛤蜊这类生物被压入岩层，久而久之消化成肉团，称作“蛎黄”，味道极其美味。烧蛎灰的人，往往拿着椎子和凿子，涉水来取蛎房，药铺所售卖的牡蛎，就是蛎房的碎块。烧蛎房时将煤饼叠起后用火焚烧，与前文所述烧石灰的方法相同。用蛎灰粘黏砌筑城墙、桥梁，与调和桐油造船，用途是一样的。有的人会将蚬灰（即蛤粉）误以为是蛎灰，这是没有推究事物的道理导致的。

【异本插图比较】

如前文所提，蛎房即簇聚而生的牡蛎，蛎房需人力凿取，可作为药物售卖，抑或是像石灰那样与煤炭交叠烧石成灰。此图并未提及蛎房的加工方式，而仅限于蛎房的凿取。

涂本　　杨本　　陶本

图3-5-2　凿取蛎房

图中仅一人物，行为也易于理解，即坐在石块上凿取蛎房。画面大部分内容都在描绘场景，画面以河岸为分割线，下半部分为水流，上半部分为河岸与山石。人物坐在岸边的石块上，面向左前方，两手各拿一锥与一槌，三个版本中人物动态一致。涂本与陶本人物留有胡须，杨本未留，陶本人物身旁还放置一小竹篓，较为细节。

三个版本画面的主要不同在于场景，涂本用线条勾勒出山石水流的大致形态，而后用点状线条点缀山石，杨本则省略了诸多点状线条，画面较为简明。陶本画面风格与前两者全然不一，运用多种线条，表现水流、山石、植被等，画面层次较为丰富。另外，三幅插图的水流中都有一“潮”字，代表水流。

此图内容相对简单，仅一人，行为也并不复杂，只是坐在岸边凿取蛎房，因此没有过多可供解读的地方。

南方挖煤

【原文】

凡取煤经历久者，从土面能辨有无之色，然后掘挖，深至五丈许方始得煤。初见煤端时，毒气灼人。有将巨竹凿去中节①，尖锐其末，插入炭中，其毒烟②从竹中透上，人从其下施钁③拾取者（图3-5-3）。或一井而下，炭纵横广有，则随其左右阔取。其上枝板，以防压崩耳。

【注释】

① **凿去中节**：涂本、陶本作“中节”，杨本误作“大节”。

② **其毒烟**：涂本、杨本作“毒烟”，陶本误作“竹烟”。

③ **镢（jué）**：一种用于挖掘土地的农具。

【译文】

长时间挖煤的人，能够从表层的土质分辨底下是否有煤，然后挖掘，挖至五丈多深才能挖出煤。煤层初露时，冒出的毒气能把人灼伤。有人会将巨大的竹筒凿去中节，削尖竹筒的末端，并将其插入煤炭中，毒烟就会从竹筒透往上方，人就能在下方用锄头挖煤。从一口井中挖下去，煤炭广布在纵横交错的周围，挖煤的人就可以沿着煤层左右任意取用。煤井的上方用木板支撑，以防煤井被压塌。

【异本插图比较】

继蛎房之后，本节所附插图也是对矿石的开采，其对象转为煤炭。煤炭并不像蛎房那样生长于地表，而需要从地下挖掘。煤矿刚被开采出时，会产生大量毒气，这时就需将粗壮的竹子凿通竹节，削尖末端，插入煤炭中，毒烟就可通过竹子透至上方。与此同时，挖煤的工人就可以在矿井中用锄头挖煤。

此图名曰《南方挖煤》，但陶本图名仅“挖煤”两字。除图名外，插图还对画面其他内容做了文字说明，第一处是在竹筒露出的烟上注明“毒烟气”三字，第二处是在矿井中空白处标“井内”二字，两处文字都一目了然。因陶本的构图与另外两个版本不同，涂本、杨本为单幅竖式，只绘制了矿井的上下情况，陶本为两个版面，左侧画面与涂本、杨本一致，右侧画面则是矿井外部工人运煤的场景，中间由一剖面串联，因此在画面中间偏右的位置有“剖面”二字，与涂本、杨本不同。

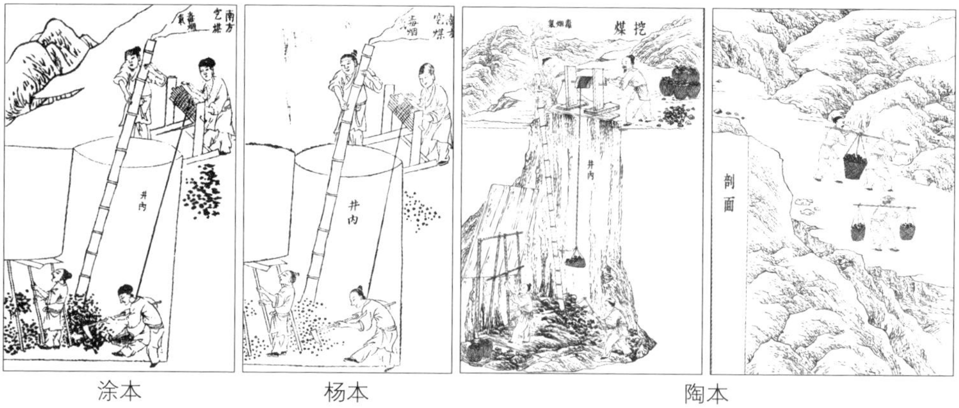

涂本　　杨本　　陶本

图3-5-3　南方挖煤

在人物数量上，陶本也与涂本、杨本有所区别。后者图中各有四人，陶本有七人，其中，四人为三个版本固有的人物，另外三人为陶本自行添加。先对三个版本共有的画面内容进行分析，图中四人分为两两一组，两人在地面上，两人在矿井中。地面上位于左侧的人物抱着竹竿，使其直立，三个版本中此人的行为目的一致。但涂本、杨本人物面向左侧，并将竹竿扛在左肩，陶本人物面向右侧，竹竿也位于右肩，因此陶本竹竿的倾斜方向也与另外两个版本相反。

另一人物位于画面右侧，正在转动类似辘轳的机械，将煤炭从井中吊起。机械由一木架与转轴组成，绳索缠绕在转轴上，人力转动转轴，煤炭随之吊起。但在这一构件的处理上三个版本也有所不同，涂本、杨本不设转柄，只依靠人力直接转动转轴，而陶本则在转轴右侧另设一转柄，方便施力。涂本与陶本可以看到绳索底部与一簸箕相连，涂本中的簸箕放在井底，似乎还在加煤炭，陶本簸箕悬至半空，显然正在被吊起。

在井底的二人，一人正在挖煤，另一人正在安置木板。挖煤之人居于画面偏右的位置，正在俯身用锄头挖煤。在这一人物的设定上三个版本差别不大，陶本人物手中的锄头正在往上抬，而涂本、杨本中的锄头则往下放，但两种形式都符合用锄头挖煤的动态。

井底偏左的人物面向左侧侧立，头部微仰，双手扶着木架。按照原文表述，矿井“其上枝板，以防压崩耳”。因矿井中煤炭遍布，需一一开采，就要将四壁凿开，为了稳固矿坑，就需要在井壁上安置木板。将陶本与涂本、杨本进行对比，可以看出陶本风格更为写实，而涂本、杨本若不结合文字则难以辨识画面中木板的含义。除此之外，陶本对矿井、煤炭、山石等内容的绘制也更为具体，在井上人物身侧，还放置了几筐煤炭。

再看陶本比另外两个版本多出的半幅插图，内容较为简明，即三个挑担之人正在往山下运输煤炭，其中一人挑一扁担，另外两人共挑一扁担，都面向右方前行。其余的画面都集中在对山石的描绘，无须解读。

从此组插图可以看出，三个版本对煤炭的开凿都有大致描绘，其中杨本最为简单，在背景刻画的过程中省去了左上角的山石，在画面细节处理上，缺失了将煤炭吊起的簸箕，因此杨本存在的问题最明显。而涂本、杨本中矿井上方的转轮单纯靠人力扳动，似乎有些勉强，反倒是陶本中设置的转柄比较合理，而且陶本在细节的刻画上较为细致，并未出错，并增加了一个版面，使画面更为具体，并且修正了涂本、杨本中出现的问题。总体来看，这组插图中陶本最显合理。

烧皂矾图

【原文】

凡皂、红、黄矾，皆出一种而成，变化其质。取煤炭外矿石俗名铜炭子，每五百斤入炉，炉内用煤炭饼，自来风不用鼓鞲者[①]，千余斤，周围包裹此石。炉外砌筑土墙圈围，炉颠[②]空一圆孔如茶碗口大，透炎直上，孔傍以矾滓厚罨。此滓不知起自何世，欲作新炉者，非旧滓罨盖则不成（图3-5-4）。然后从底发火，此火度经十日方熄。其孔眼时有金色光直上。取硫，详后款。

【注释】

① **自来风不用鼓鞲（gōu）者**：涂本、陶本称“自来风”，杨本作“自家风”，前者更为通顺；鞲，活塞，唧筒里或蒸汽机、内燃机的气缸里往复运动的机件，作用是把蒸气或燃料爆发的压力变成机械能。

② **炉颠**：涂本、杨本作“颠”，陶本作“巅”，皆有顶部之意，“巅”或特指山顶。

【译文】

皂矾、红矾、黄矾，由一种物质变化而成。挖取煤炭层外部的矿石（俗名铜炭），每次将五百斤放入炉中，炉中用一千多斤煤炭饼，是不用鼓风而是自来风的那类，将其包裹这类矿石。炉外部砌筑土墙将其包围，炉顶空出一个茶碗碗口大小的圆孔，使火焰透上，圆孔旁用烧矾的渣滓厚厚掩盖。用矾渣掩盖的方法不知是从何时出现的，若要做新炉，非得用旧矾渣掩盖。然后在底下点

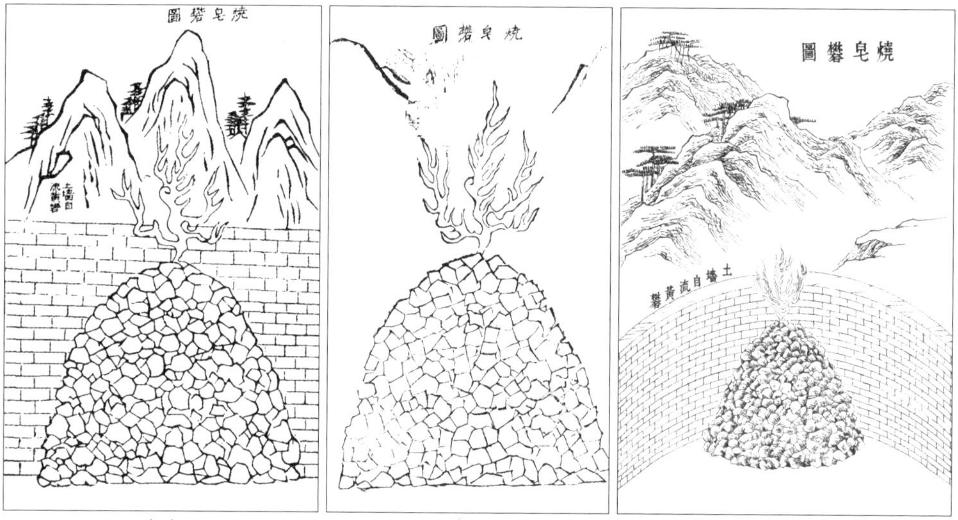

涂本　　杨本　　陶本

图3-5-4　烧皂矾图

火，经过十日这把火才会熄灭。孔眼处时常有金色的光束冒出。与烧硫黄之法相似，后文详述。

【异本插图比较】

在《燔石》卷余下的插图中，不再涉及矿石开采的内容，而是描绘矿石的煅烧过程，如此节对应的插图，即皂矾的烧制方式。原文对皂矾的烧制过程叙述得较为详细。按照文意，需将铜炭这类矿石放入锅炉中，而后用煤炭垒砌成石堆，最上方露一碗口大小的洞眼，使火焰透出，炉外需砌筑土墙圈围，烧制时在炉的底部点火，灼烧十日即可。

图中内容极为简单，并不包含人物，只有一石堆作为主体物。石堆顶部有一小口透出火焰，且涂本、陶本在石堆后面还有一砖砌的土墙，上有“土墙自流黄矾”字样，符合文意。但涂本土墙以平面形态展示，陶本则以立体的视角呈现。杨本石堆周围空无一物，显然是错误的。

三个版本画面背景都为远山。涂本以简笔勾勒出远山的轮廓，上面还有几棵松树。杨本仅有两处线条，十分简化。陶本背景颇为复杂，与涂本绘制的风格大相径庭，但殊途同归，同样是对山石草木的场景描绘。

在一定程度上，这组插图中涂本与陶本的相似度更高，也更加贴合文意。而杨本则缺失了文中提及的土墙，此为构成皂矾烧制的必要条件，属于一处明显的错误。

烧取硫黄图

【原文】

凡烧硫黄石，与煤矿石同形。掘取其石，用煤炭饼包果丛架①，外筑土作炉。炭与石皆载千斤于内，炉上用烧硫旧滓罨盖，中顶隆起，透一圆孔其中（图3-5-5）。火力到时，孔内透出黄焰金光。先教陶家烧一钵盂，其盂当中隆起，边弦卷成鱼袋②样，覆于孔上。石精感受火神，化出黄光飞走，遇盂掩住不能上飞，则化成汁液靠着盂底，其液流入弦袋之中，其弦又透小眼流入冷道灰槽小池，则凝结而成硫黄矣。

【注释】

① **用煤炭饼包果丛架**：涂本、陶本作“煤炭”，杨本误作“媒炭”；涂本、杨本作“包果”，陶本作“包裹”，后者更符合语意。

② **鱼袋**：唐代官吏所佩盛放鱼符的袋。宋以后，无鱼符，仍佩鱼袋。

【译文】

用于焙烧的硫黄石，形状与煤矿石相同。将硫黄石掘出，用煤炭饼包裹堆积，外部砌筑泥土作为炉。煤炭与硫黄石各重一千斤，并都装载在炉中，炉上用烧硫黄的旧渣掩盖，中部的顶端隆起，在其中开一圆孔。达到一定火力时，孔内透出金黄色的火焰。事先让陶工烧出一个钵盂，盂的中部隆起，边缘卷成鱼袋形状，盖在圆孔上方。硫黄石内部受火的作用，化成黄色的气体飘散，遇到盂后被掩住无法往上飞，就会化成汁液聚在盂的底部流入边缘的凹槽中，盂的边缘又穿小眼，液体就可顺着小眼流入冷管，再进入石灰槽小池中，就能凝结成硫黄了。

【异本插图比较】

此节插图同样是对矿石的加工，其对象变为硫黄，《天工开物》原文称，“凡硫黄乃烧石承液而结就”，意思是说硫黄是通过灼烧矿石生成的液体凝结而成，在烧制硫黄时需将矿石与煤炭一同装在炉中，上方用烧硫黄产生的旧渣滓掩盖，并在上方开一圆孔，用一钵盂放在孔口，火力一到，硫黄石化成黄色的气体飘散而出，遇到钵盂时被掩住无法往上升，化成液体流入外部的石灰槽小池中，最终形成硫黄。

此幅插图中同样没有人物，只有一石堆与一方形小池，三图一致。石堆置于画面左侧，顶部有一隆起，并开一孔洞，有一圆管连至小池中。中间隆起的位置标有“卷弦向内”的字样，孔洞旁有“注黄”二字，对应了硫黄遇到钵盂

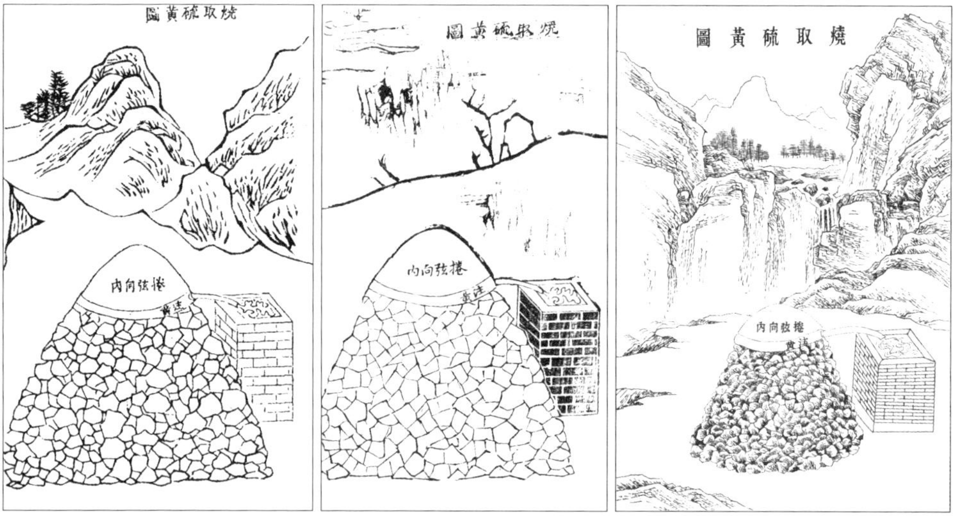

涂本　　杨本　　陶本

图3-5-5　烧取硫黄图

化为液体流出的原理。小池位于画面右侧，涂本、杨本有一部分被石堆遮挡，陶本露出全貌。小池的造型基本一致，只是杨本将其填色。

另外，三个版本对背景也有不同的处理方式，涂本依旧用点、线绘制山石，杨本简而化之，只有若干凌乱无序的线条。陶本对背景的处理极为细致，对山石的远、中、近景有极富层次感的刻画。总之，三个版本对此幅插图主体的描绘基本一致，差异集中在对背景的描绘上。

烧砒图

【原文】

凡烧砒，下鞠土窑，纳石其上，上砌曲突[①]，以铁釜倒悬覆突口（图3-5-6）。其下灼炭举火。其烟气从曲突内熏贴釜上。度其已贴一层厚结寸许，下复息火。待前烟冷定，又举次火，熏贴如前。一釜之内数层已满，然后提下，毁釜而取砒。故今砒底有铁沙，即破釜滓也。凡白砒止此一法。红砒则分金炉内银铜恼气[②]有闪成者。

【注释】

① 曲突：烟囱。

② 恼气：涂本、杨本作“恼”，陶本误作“脑”。

【译文】

烧砒霜时，先在地下挖一土窑，将砒石放入其中，上方砌筑烟囱，将铁锅倒放悬置在烟囱口。下方烧炭取火。产生的烟气通过烟囱熏蒸在铁锅上。估计铁锅上已贴有一层几寸厚的积结物，下边再将火熄灭。等待之前产生的烟气冷却稳定，再次点火，像之前那样熏贴。铁锅中积结几层之后，将铁锅取下，毁掉铁锅以取砒霜。所以如今生产的砒霜底部会有铁沙，就是破铁锅产生的渣滓。烧制白砒就只有这一种方法。红砒则是在分金炉内炼制含银铜矿石时，产生的气体凝结而成的。

【异本插图比较】

“砒”即砒霜，砒霜在古代作为一类有毒的农药使用，以便驱赶农田中的鼠害，也可作为火药与铜合金的原材料。烧砒时，需先挖一土窑，将砒石置于窑中，窑的顶端装上弯曲的烟囱，并用一口铁锅覆盖其上，引火烧造时，烟气从烟囱中冒出，熏蒸在铁锅锅壁上，等到凝结成一定厚度，熄火冷却，而后再次点火，反复几次后将锅取下，毁锅取砒霜。

《烧砒图》中各有两人与一土窑，内容相对丰富一些。图中一人坐在窑洞

涂本　　杨本　　陶本

图3-5-6　烧砒图

口放柴火，另一人站在不远处，也许是在毁锅取砒霜。三个版本中这一人物的设定稍有差异，涂本、杨本中此人站在画面中间偏上的位置，面向左前方，其面前摆放着一堆块状物，手中亦拿着石块，而陶本中此人的位置被改到了画面中间偏左，且面向右前方，但其动作与另外两个版本中的人物是一致的。

坐在窑洞口的人物，正对画面，面部偏向右侧，一手握一火钳，一手拿着柴火，其脚边散落着若干柴火。陶本中这一人物的刻画与另外两个版本稍有不同，其身体偏向右侧，不似后者图中那般端正，且此人手中的火钳被拾起，正在夹取另一只手中的木柴，而另外两个版本人物手中的火钳呈下垂状，有所差异。另外，陶本人物身侧还放置了两个竹筐，是另外两个版本所不具有的。

图中占据主体地位的是土窑，与前两张烧造矿石的土堆不同。砒霜的烧制需要用砖石垒砌一土窑，窑顶安置一曲形烟囱，再用一铁锅倒扣在上面。图中只绘制了铁锅，并附“其下曲突”四字，也大致符合文意，虽然陶本中土窑的造型有些怪异，但不能算错。

最后，涂本中此图背景包括远处的山丘，以及显示两个人物之间地势高差的线条，杨本则只保留了山丘，陶本也没有体现地势的高差，只绘制了远处的山丘。

此图中，陶本人物的位置、形态，以及土窑的造型与涂本、杨本有诸多不同，但这些差异不能被视为错误。因此，即便陶本有较多不同，但依旧符合文意。

【本卷小结】

本卷插图数目居中，共计六幅，主要描绘了非金属矿石的开采、烧造，包括石灰、蛎房、煤炭、皂矾、硫黄、砒霜六类，其中“凿取蛎房”与“南方挖煤”描绘的是开发过程，其余是矿石的烧造方式，其方式各异，有的堆石堆灼烧，有的需垒砌土窑，根据矿石的不同属性因地制宜，各有裨益。

三个版本中，涂本为原始版本，杨本则在其基础上对部分内容进行了删减，有时无关痛痒，但有时却造成了一些错误，如“烧皂矾图”中杨本省去了围着石堆的砖墙，不符合文意；“南方挖煤”图中，杨本漏画了本应具有的簸箕，使画面合理性降低；其他插图则是对复杂的背景进行了简化，未对画面主旨的表达造成影响。

陶本在此卷中出现的错误并不频繁，甚至在涂本的基础上进行了加工，填补了一些空缺内容，最为鲜明的是“南方挖煤”一图，在原插图的基础上增加了另一个版面，使画面更具整体性。且陶本有一个显著的特征，即对背景进行详细刻画，使画面更加写实。但实际上，《天工开物》所附插图的目的在于对文章提及的古代生产技术进行解释说明，原版插图，即涂本，其画面背景往往只寥寥几笔，陶本对背景刻画得如此精细，其实并不必要。但陶本所绘背景也并未对画面主体造成影响，因此并未造成错误。

此卷插图多围绕矿石的开采与加工，场景往往定于室外，参与人数并不多，如《烧皂矾图》《烧取硫黄图》等并未出现人物，只有石堆，因此其画面也易于解读，这也就降低了各个版本的出错率。整体来看，三个版本对应的此卷插图大多符合文意，只上述杨本的个别插图有明显错误。

六、膏液 第十二卷

【按语】

“膏液”在此卷中指代食用、工业用植物油。此卷篇幅较短，共分三个小节，包括“油品”“法具”“皮油”，分别论述了各类油料的性状、用途，以及油料的榨取、加工方式与工具。而此卷所附插图数目也较少，共三幅，分别对应了油料的榨取、蒸炒与舂碾工艺。同时，涂本、杨本、陶本中此卷对应的插图亦没有缺少，基本一致，陶本也并未有多出的图幅，易于解读。

南方榨

【原文】

凡取油，榨法而外，有两镬[①]煮取法，以治蓖麻与苏麻。北京有磨法，朝鲜有舂法，以治胡麻。其余则皆从榨出也。凡榨木巨者围必合抱，而中空之（图3-6-1）。其木樟为上，檀与杞次之。杞木为者，妨地湿[②]，则速朽。此三木者脉理循环结长，非有纵直文。故竭力挥椎[③]，实尖其中，而两头无璺[④]拆之患，他木有纵文者不可为也。中土江北少合抱木者，则取四根合并为之。铁箍裹定，横拴串合而空其中，以受诸质，则散木有完木之用也。

凡开榨空中，其量随木大小。大者受一石有余，小者受五斗不足。凡开榨，辟中凿划平槽一条，以宛凿入中，削圆上下，下沿凿一小孔，㓾[⑤]一小槽，使油出之时流入承藉器中。其平槽约长三四尺，阔三四寸，视其身而为之，无定式也。实槽尖与枋[⑥]唯檀木、柞子木两者宜为之，他木无望焉。其尖过斤斧而不过刨[⑦]，盖欲其涩，不欲其滑，惧报转也。撞木与受撞之尖，皆以铁圈裹首，惧披散也。

【注释】

① **镬（huò）**：古代的大锅。

② **妨地湿**：涂本、杨本作“妨”，陶本作“防”，此处意为有害于、碍于，后者意为防止，故为误。

③ **挥椎**：杨本、陶本为“椎”，敲打东西的器具，涂本误作“推”。

④ **璺（wèn）**：裂纹。

⑤ **㓾（chí）**：削。

⑥ **枋（fāng）**：方柱形木材。

⑦ **不过刨**：涂本、杨本作“刨”，陶本作“饱”，此处意为推刮木料，故后者有误。

【译文】

制取油料时，除了榨法之外，还有用两口锅煮取的方法，此法用来处理蓖麻与苏麻。北京有磨法，朝鲜族有舂法，都用以处理胡麻。其他地方是用榨法来制取的。做成榨具的巨木，应为用手合抱才能围合的尺寸，并将中间挖空。木材的用料以樟木为佳，檀木与杞木稍次。用杞木做成的榨具，应防地面潮湿，潮湿会加速腐朽。这三种木材纹理循环成长圈，没有纵横的直纹。所以需要竭力挥动椎具，将其尖端嵌入其中，这样两端才不会有断裂的隐患，其他有纵横纹路的木料不可用这样的方法。中原江北地区少有合抱之木，就需取用四根木料拼合成榨具，先用铁箍包紧，再用拴子串合起来，并将中间挖空，以放

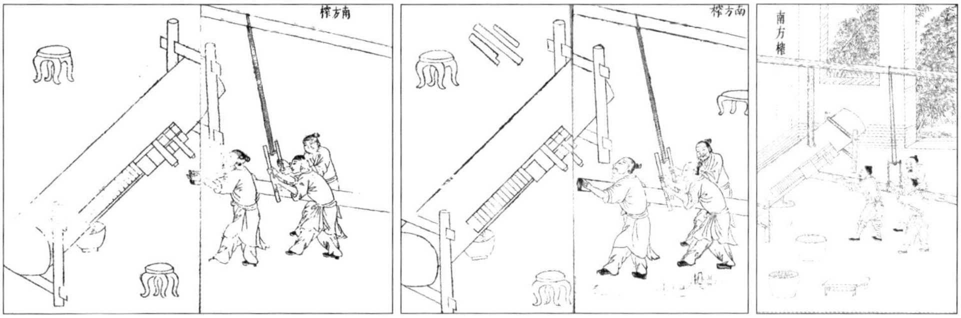

涂本　　杨本　　陶本

图3-6-1　南方榨

置各种榨油材料。因此，散木也能发挥完木的功能。

开始做榨具中空的地方时，其容量随着木的大小而定。大的可以放置一石多，小的可放置不足五斗。做榨具时，需在中间凿开一道平槽，用弯凿削圆上下部位，下沿凿一小孔，削一小槽，使油可以流入承接的器皿内。平槽约长三四尺，宽三四寸，视木料的大小而定，没有固定的样式。装在槽中的尖楔与枋木，只有檀木、柞子木这两种木材适合，其他木材不合适。尖楔用刀斧砍成，不必再刨，这是为了让其粗涩而不光滑，以防出现转动较滑的问题，撞木与受撞的尖楔，都要用铁圈裹住头部，以免木料散开。

【异本插图比较】

本卷所附第一张插图，即一大型榨具，此法谓之“南方榨”，按照原文的说法，榨具需用一合抱巨木，掏空中间部位，在木中一侧开一平槽，槽的下沿凿一小孔，削一小槽，以便油料流出，而平槽部位，需装入削尖的木楔，再由人力撞击木楔，来榨取油料。

结合原文所述内容对插图进行解读，涂本与杨本都由两个版面组成，陶本仅一个版面，但三者绘制的内容大体相同，只是陶本的构图方式有所调整。图中各三人与一榨具，三个人物一同抱着一根粗木撞击榨具，除此之外没有其余的有效信息。画面处于室内，涂本、杨本在画面其余的部位也未着墨过多，只散落着几张圆凳，杨本还多出三个木构件，对画面主题并无影响。陶本则绘制了一定的场景，根据画面可以明确周边环境，背景为两道墙，正对画面的墙壁开一门洞与一窗口，外面是成片的竹木，室内除主体物外，有一矮几与两个水缸。

画面主体部分为三个人物与一榨具，按照原文的说法，榨具由一巨木制成，由两个木架固定，榨具横放在木架上，开一槽口，槽口中有若干高低起伏的木楔，通过人力撞击，在木楔的挤压下，油料顺着槽道流入下方的容器内。

三个版本对这一描述的表达基本一致，但细看之下陶本问题颇多，其一，木楔高低不平，是因为在撞击下有所起伏，而不是陶本所绘制的面貌。其二，由人力控制的圆木，应与木楔直接相撞，涂本、杨本没有绘制出两者撞击的情况，但陶本中圆木与木楔处于同一垂直面，但显然没有发生碰撞。其三，圆木由一长绳固定在上方的横木上，横木与榨具并无关联，但陶本中横木的另一端却由一根竖立的圆木与榨具相连，这一点显然也是不必要的。

再看图中共同具有的三个人物，一人抱着圆木前段，另外两人牵制着横木与绳索的连接件。三个人物在外貌、形态的设定上没有过多的区别，只是站在靠前位置的人物左手本该紧靠着圆木的一端，在陶本中圆木前段与榨具相接触，因此此图中人物左手贴在了圆木中段。

通过对画面的逐一分析，乍看之下三个版本相差无几，但实际上陶本出现了较多错误，且无法忽视，这也就大大降低了画面的合理性。因此，陶本所附插图参考价值不高，有一定的误导性。

柏皮油及诸芸苔胡麻皆同

【原文】

榨具已整理[1]，则取诸麻菜子入釜，文火慢炒，凡柏、桐之类属树木生者，皆不炒而碾蒸，透出香气，然后碾碎受蒸。凡炒诸麻菜子，宜铸平底锅，深止六寸者，投子仁于内，翻拌最勤（图3-6-2）。若釜底太深，翻拌疏慢，则火候交伤，减丧油质。炒锅亦斜安灶上，与蒸锅大异。凡碾埋槽土内[2]，木为者以铁片掩之。其上以木竿衔铁陀，两人对举而椎之。资本广者则砌石为牛碾，一牛之力可敌十人。亦有不受碾而受磨者，则棉子之类是也。既碾而筛，择粗者再碾，细者则入釜甑[3]受蒸。蒸气腾足，取出以稻秸与麦秸包裹[4]如饼形。其饼外圈箍，或用铁打成，或破篾绞刺而成，与榨中则寸相稳合。

【注释】

① **已整理**：涂本、陶本作“已”，杨本误作“以”。

② **凡碾埋槽土内**：涂本、陶本作“土”，杨本误作“上”。

③ **甑（zèng）**：古代蒸饭的一种瓦器。底部有许多透蒸气的孔格，置于鬲上蒸煮，如同现代的蒸锅。

④ **包裹**：杨本、陶本作“裹”，涂本误作“果”。

【译文】

榨具准备好之后，就将各类麻子、菜子放入锅中，用文火慢炒，凡是柏、桐这类树木上生长的，都不用炒，而是碾碎后蒸。炒各类麻子、菜子的时候，应当用铸造的平底锅，深约六寸，将子仁扔进去，勤翻滚搅拌。若是锅底太深，翻拌疏忽怠慢，火候不均衡，会损伤产油的质量。炒锅也需斜放在炉灶上，与蒸锅大不相同。碾槽埋在土中，若是用木做成的需用铁片掩盖。上面用木杆衔接铁饼，两人相对举之敲打。资金宽裕的人砌筑石头作为碾，并靠牛拉动，一头牛的力气可以抵十个人。也有不用碾而用磨的方法，如加工棉子这类的。碾过之后需要筛，筛取出粗粝的再碾，较细的就放入锅内蒸。蒸气足够蒸腾后，将其用稻秸与麦秸包裹成饼状。饼的外圈需箍起，或用铁打制，或用竹篾绞成，饼箍的尺寸要和榨的中间空槽处大小吻合。

【异本插图比较】

此节可以视为倒叙，描述的是榨具准备好之后，榨油之前，对麻子、菜子的加工过程，麻子、菜子需要进行翻炒、碾蒸，用稻秸与麦秸包裹成饼状，而后放入榨具中，因此这一步骤应在上一节之前。

此图图名颇长，为《柏皮油及诸芸苔胡麻皆同》，意思是于柏皮油与芸苔、胡麻等材料的加工方式相同。图中各有两个人物和一个灶台，一人坐在灶台前添柴加火，另一人站在灶台后正在翻炒锅内物料，涂本、杨本中灶台右侧有一排文字，为“此釜平底深不”，陶本文字偏上，有所改动，为“此釜平底不深”。原文解释道“若釜底太深，翻拌疏慢，则火候交伤，减丧油质”，即用于翻炒的铁锅需用平底，否则来不及翻拌。结合语意，陶本所附文字更贴近正确用法，意思是此锅为平底，锅底不深。

涂本

杨本

陶本

图3-6-2　柏皮油及诸芸苔胡麻皆同

灶台的左半边放置了一个木桶，上有一“甑”字，甑即蒸具，原文称“柏、桐之类”无须翻炒，可以直接碾蒸，而麻子、菜子，需要翻炒后碾碎受蒸。总之，用于榨油的材料大多需经过蒸这一步骤。而图中釜、甑的描绘也大体相同，符合文意。

在人物的刻画上，三个版本中人物动作一致，居于画面下方的人物面对右前方侧坐，涂本、杨本赤足，陶本穿一黑鞋，涂本、陶本留有胡须，杨本未留。此人左手置于身前，右手拿一木柴，应是将要往炉灶中添柴。陶本人物脚边有散落的木柴与另一甑的一角，另两个版本没有。

而画面上方的人物站在灶台后面，下半身被遮盖，此人面向正前方，身体偏向右侧，涂本、陶本中此人戴一白帽，杨本为黑帽。三个版本中人物双手握着一长杆铲子，正在翻炒铁锅内的物料。总体而言，三个版本中的两个人物大同小异，虽有细节处理上的差异，但大体形态是一致的。

最后看此图的画面背景，涂本除上文提及的主体物外空无一物，杨本反倒在画面上方空白处绘制了两个容器，但都只有局部，未见全貌。陶本一如既往地刻画了另外两个版本所不具有的场景。主体物被置于茅屋中，屋外有一树木掩映，看起来更为丰富。即便三个版本对背景的设定全然不一，但对主题的描绘上并未出现差错，在人物、灶台、文字等画面内容上也保持了一致。

推柏子黑粒去壳取仁

【原文】

凡皮油造烛，法起广信郡，其法取洁净柏子，囫囵入釜甑蒸，蒸后倾入臼内受舂（图3-6-3、图3-6-4）。其臼深约尺五寸，碓以石为身，不用铁嘴，石取深山结而腻者，轻重斫[①]成限四十斤，上嵌衡木之上而舂之。其皮膜上油尽脱骨而纷落，挖起，筛于盘内再蒸，包裹入榨[②]皆同前法。皮油已落尽，其骨为黑子。用冷腻小石磨不惧火煅者，此磨亦从信郡深山觅取。以红火矢围壅[③]煅热，将黑子逐把灌入疾磨。磨破之时，风扇去其黑壳，则其内完全白仁，与梧桐子无异。将此碾蒸，包裹入榨[④]，与前法同。榨出水油清亮无比，贮小盏之中，独根心草燃至天明，盖诸清油所不及者。入食馔[⑤]即不伤人，恐有忌者，宁不用耳。

【注释】

① 斫（zhuó）：大锄；引申为用刀、斧等砍。

② 包裹入榨：杨本、陶本作“裹”，涂本误作“果”。

③ 壅：堵塞。

④ **包裹入榨**：陶本作“裹”，涂本、杨本误作“果”。

⑤ **馔（zhuàn）**：饮食，吃喝。

【译文】

用柏皮油做蜡烛的方法起自广信郡，这种方法是将处理干净的柏子整个放入蒸锅内蒸，蒸过之后倾倒入臼中舂捣。臼深约一尺五寸，用石头做碓，而非铁嘴。石头取自深山中结实滑腻的那类，砍凿至四十斤重为限，上方嵌在横木之上而后舂捣。皮膜上的油脂尽数脱落后将其挖出，在盘内筛取后再蒸，包裹入榨的方法与前文所述相同。皮油落尽之后，剩下的内核为黑色的颗粒，用不怕火灼烧的冷腻小石磨，这类磨石也是从广信郡的深山中寻得的。四周用烧红的炭火围堵烧热，再将黑子逐一灌进疾速转动的磨中。在表皮被磨破的时候，用风扇吹去黑壳，内部就是白色的果仁，与梧桐子没有区别。将白仁碾碎后

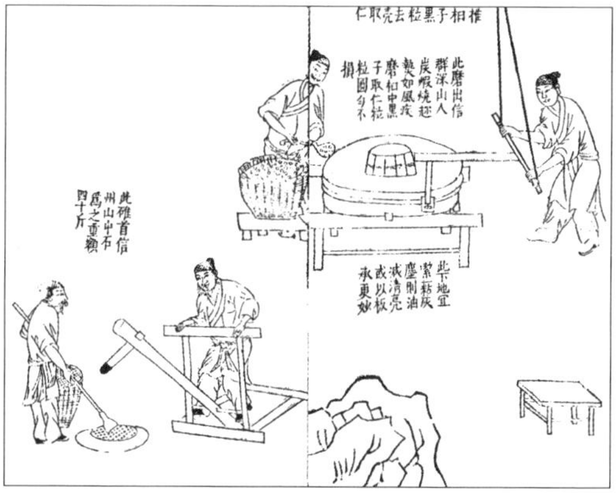

图3-6-3　推柏子黑粒去壳取仁　涂本

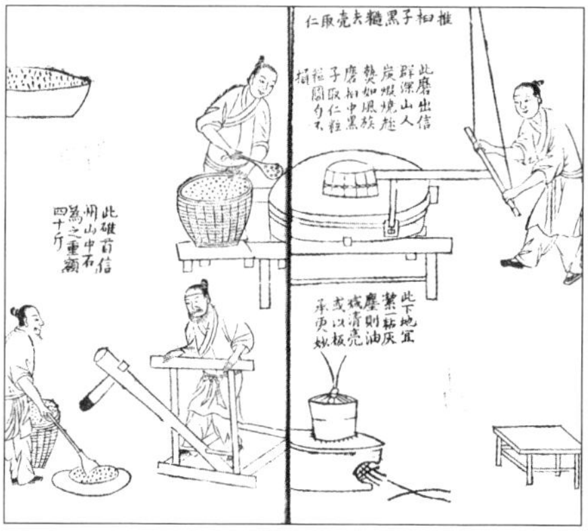

杨本

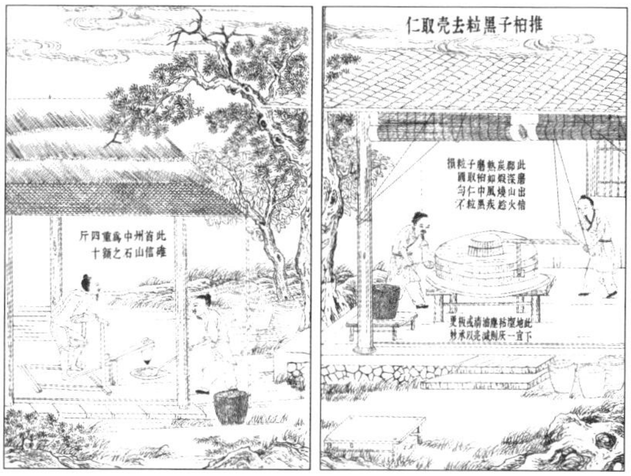

陶本

图3-6-4　推柏子黑粒去壳取仁

蒸，包裹入榨，与前法相同。榨取出的水油清亮无比，将其贮藏在小灯盏中，用一根灯芯草就能烧至天亮，各种清油都无法比拟。用以食用也不会伤及人体，但也有忌食的人，宁可不用。

【异本插图比较】

此节脱离了前文所述的油料榨取方式，自成一类，其加工对象为桕子，在加工过程中，需先放入蒸锅内蒸，而后入臼舂捣，待表面油脂脱落后取出，再蒸，剩下的内核为黑色，再将其放入石磨中，磨破外壳时用风扇吹去，留下白色的果仁，碾碎再蒸，包裹入榨，与前文所述的方法亦同。

在其对应插图中，没有描绘出桕子加工的完整步骤，而是有所取舍，只绘制了入臼舂捣、入磨去壳两道工序。图名较长，名为《推桕子黑粒去壳取仁》，意思是将桕子的黑粒去壳取出白仁，与原文所述一致。杨本误将“粒”写作“糙”，是一错处。除图名外，此图出现了较多的文字内容，需一一解读。

先看碓上方的文字，“此碓首信州山中石为之，重额四十斤”，信州即文中提到的广信郡，今江西上饶，意思是说制作碓的石料取自广信山中，重量限定在四十斤。而磨上下都有文字，上面一段称“此磨出信群山，入炭煅烧，趁热如风疾磨，桕中黑子取仁粒，粒圆匀不损”，磨石同样出自广信山中，需放入炭中煅烧，趁热快速磨桕子，黑粒被磨破后去壳，露出内部的白仁，仁粒圆润均匀没有损伤。而磨下方的文字为“此下地宜洁，一粘灰尘则油减清凉，或以板承更妙”，说的是，石磨下方的地面应洁净，否则桕仁粘到灰尘会影响油的色泽，或者在地上垫板。

图中三处文字都是基于画面内容的补充，说明了石料的来源，包括一些注意事项，较为翔实。再看画面内容，三个版本都有四个人物，两两一组，分列于画面两侧，分别在用碓与磨进行加工。除这两处主体物外，涂本背景较为简单，仅画面右半侧有一石块与一小凳。杨本则将涂本中的石块改为一个不明物体，保留了小凳，另外，画面左半侧的上方还有一容器。陶本用大量的版面绘制了场景，缩小了人物的占比，大部分内容为画面背景，两组人物分别位于两处房屋内，房屋之间有两棵树，四处散落着竹筐。总之，陶本画面元素极其丰富，改变了原有的布局与构图方式。

按照桕子的加工步骤，碓在前，磨在后。用石碓舂捣的一组人物居于画面左下的位置，一人踩踏石碓，一人翻拌臼中的物料。在人物设定上，陶本与另外两个版本有所不同，涂本、杨本中踩踏碓的人居于右侧，翻拌臼的人居于左侧，陶本则与之相反。因此，三图在人物形态上也有了一定差异。涂本、杨本右侧的人物正对画面，面向左侧，陶本则背对画面，面向右侧，但三个版本中人物的行为与碓、臼的设定相差无几。另一人物也只出现了朝向的不同，而杨本中此人因居于画面边缘而被裁去了一小部分。

另一组人物正在使用石磨加工柏粒，一人转动石磨，一人拿着勺子往磨中添加柏粒，且此人身旁有一矮几，矮几上放置了竹篓，用于放置柏粒。石磨被设置在一个木架上，中轴的部位有一木柄，人物双手握柄，柄上牵着两根绳子，吊在房梁上，以便石磨的转动。此图中的两种农具在《粹精》卷中有详细论述，不再重复说明。而此组人物的造型、站位没有出现较大的不同，基本相符。

此节工序较为复杂，所附插图对柏子的加工过程进行了简化，只剖析了碓、磨两种加工工具的用法，且这两种工具在《粹精》卷中已作说明，因此更加易于解读。虽看似复杂，实则原理共通，且此幅插图中有诸多文字作为参考，更易于理解。三个版本虽有差异，但基本符合文意，也没有出现明显的错误。

【本卷小结】

此卷总计三组插图，较为简易，但其描述的对象颇为生僻，尤其《南方榨》中提及的榨具，较为陌生，但另外两幅插图提及的釜、甑、碓、磨都较为常见，且是前文已经出现过的工具，较为熟悉。

三幅插图内容各异，《南方榨》对油料的榨取方式进行了大致描述，需用一巨木做槽，嵌入木楔，用圆木撞击榨油。《柏皮油及诸芸苔胡麻皆同》则说明了各类原料的初步加工方式，需要进行翻炒、碾蒸等步骤。而《推柏子黑粒去壳取仁》一图，介绍了柏子这类特定原料的加工方式。

因此卷仅三幅插图，故其出现的问题便于在此处一一论述。《南方榨》中较为突出的是陶本，问题并非出自构图方式，而是绘图者并未理解画面构成与工具运作的原理，榨具与上方的横木并不相连，榨具中放置的木楔可以活动，且随着圆木的撞击起伏不定，圆木在撞击过程中应与木楔发生碰撞。但陶本此幅插图问题频出，导致画面合理性大大降低。

而另外两幅插图，在画面主题的表达上差异不大，且没有出现较为明显的错误，三个版本都符合文意。此卷涂本不再有过多的背景，基本没有多余的装饰物，显得过于空旷，反倒是杨本，在涂本的基础上增加了部分内容，而陶本一如既往地投入于场景的绘制，但除了“南方榨”一图外，其他插图的合理性并未受到场景的影响。

总之，三组插图中，仅陶本中《南方榨》一图问题较为明显，其他插图中的画面背景、主体人物、主要加工工具虽形态各异，但在多重元素结合之下，在主题的表达上并未出现问题。

七、杀青 第十三卷

【按语】

“杀青”可见于西汉刘向《战国策叙》中“定以杀青，书可缮写”[1]之句，指的是在造纸术出现之前，去除竹的青叶制造竹简的工艺，此处借指造竹纸。因此，本卷诸多内容与竹、纸关联性较大。本卷篇幅亦短，共分“纸料”“造竹纸”“造皮纸”三节，“纸料”讲述了造纸的原料种类与用法，分竹纸与皮纸两类，即后文对应的内容。其中“造竹纸”是本卷的重点，也是本卷所附插图集中的一节，从竹纸原材料的选取、砍伐，到纸张的压榨、烘干，本卷详述了造纸的完整步骤。而本卷所附的五幅插图，也都是对“造竹纸”各个工序的描绘。本卷插图共计五幅，三个版本所附插图亦不存在增减，较为完整。

斩竹漂塘

【原文】

凡造竹纸，事出南方，而闽省独专其盛。当笋生之后，看视山窝深浅，其竹以将生枝叶者为上料。节界芒种，则登山砍伐①。截断五七尺长，就于本山开塘一口，注水其中漂浸（图3-7-1）。恐塘水有涸时，则用竹枧通引，不断瀑流注入。浸至百日之外，加功槌②洗，洗去粗壳与青皮，是名杀青。其中竹穰③形同苎麻样。用上好石灰化汁涂浆，入楻桶下煮，火以八日八夜为率。

【注释】

① **砍伐**：涂本、杨本作“砍伐”，陶本为“斫伐”，“ 斫”与“砍”同义。

② **槌**：通“捶”，敲打。

③ **穰**：稻、麦等的秆，此处指竹竿。

---

1 〔汉〕刘向编订．战国策［M］．上海：上海古籍出版社，2008．12：568．

【译文】

造竹纸多出现在南方地区，福建省尤为盛行。当竹笋生出之后，观察山沟中竹子的长势高低，以即将生长枝叶的竹子为最佳。到芒种这一节气时，就需要登山砍伐竹子。将竹子截断为五到七尺的长度，在伐竹的山上开一口塘，将水注入其中浸泡竹子。若要避免塘水干涸，就要用竹管引水，不断注入流水。浸泡百天之后，将竹子取出捶洗，洗去粗壳与青皮，这就称作“杀青”。其中竹竿的形状像是苎麻，用上好的石灰化成石灰浆涂在竹竿上，放入楻桶蒸煮，火力需以维持八个日夜为准。

【异本插图比较】

此节所述工序是造竹纸的第一步，需挑选合适的竹子砍伐，截至一定长度。而后就地开一水塘，往其中注水，将竹子放入水塘浸泡，浸至一百天后，捶洗竹子，洗去粗壳与青皮。

这就是此节所附插图意图表达的内容，图中各有两个人物与一水塘。画面中地面上散落着诸多竹竿，涂本左上角有一类似立柱的构件，杨本没有这一内容。陶本改变了涂本、杨本的布局，虽保留了人物与水塘，但被挪至画面下方，画面上方隐约可见茅屋的一角，背景则是成片的竹林。

但在人物的刻画上，三个版本差别并不大，画面偏上的人物左肩扛一根竹子，右手拿一砍刀，正在砍削。三个版本中此人动作没有变化，只是站位有些区别，涂本、杨本中人物居于左上的位置，陶本变为右下，且仅有陶本中的人物留有胡须。

涂本　　杨本　　陶本

图3-7-1　斩竹漂塘

另一人物都居于画面左下的位置，面向右前方，微微附身，双手握着一根竹竿，似乎要将其放入水塘中。这一人物形态也较为相似，只杨本中此人靠近画面边缘，被截去了一小部分。这两个人物在三个版本中的造型类似，没有过多差别。

最后看画面底部的水塘，呈方形，陶本刻画得更为细致，绘制出了水塘边缘的厚度。在水池右下的位置，可以看到一竹枧正在往其中引水，水塘中的竹子也表现出更多细节，水塘左侧还放置了一个木桶。总体而言，陶本对水塘及其他内容的刻画更为细致具体，但三幅插图都符合文意且合理。

煮楻足火

【原文】

凡煮竹，下锅用径四尺者[①]，锅上泥与石灰捏弦，高阔如广中煮盐牢盆样，中可载水十余石。上盖楻桶，其围丈五尺，其径四尺余。盖定受煮八日已足（图3–7–2）。歇火一日，揭楻取出竹麻，入清水漂塘之内洗净。其塘底面、四维皆用木板合缝砌完，以妨泥污[②]。造粗纸者不须为此。洗净用柴灰浆过，再入釜中，其上按平，平铺稻草灰寸许。桶内水滚沸，即取出别桶之中，仍以灰汁淋下。倘水冷，烧滚再淋。如是十余日，自然臭烂。取出入臼受舂，山国皆有水碓。舂至形同泥面，倾入槽内。

【注释】

① **下锅用径四尺者**：涂本、杨本曰之“二尺”，陶本“四尺”，下文提到“上盖楻桶，其围丈五尺，其径四尺余”，图示中盖子与桶径等宽，故应以“四尺”为准。

② **以妨泥污**：涂本、杨本作“妨”，陶本作“防”，其意近似。

【译文】

煮竹料时，所用煮锅需以四尺为直径，锅上用泥与石灰捏紧边缘，高宽像是广东煮盐用的牢盆那样，中间可以装载十多石的水。上面盖上楻桶，盖子的周长为五尺，直径为四尺多。盖上之后煮八日才足够。歇火一天之后，将楻桶揭开取出竹麻，放入清水漂塘内洗干净。水塘的底面、四周都用木板合缝砌筑完备，以免泥污。若是制造粗纸就无须如此。洗净之后用柴灰浆过，再放入锅中，上面按平，平铺一寸多厚的稻草灰。桶内水烧至滚沸，就立刻放入另一桶中，仍旧用灰水淋洗。若是灰水冷却，将其烧滚后再淋洗。像这样经过十多天后，竹料自然会熟烂。取出后放入臼中舂捣，山地都会有水碓，舂至竹料像是泥面状后，再倾倒入纸槽中。

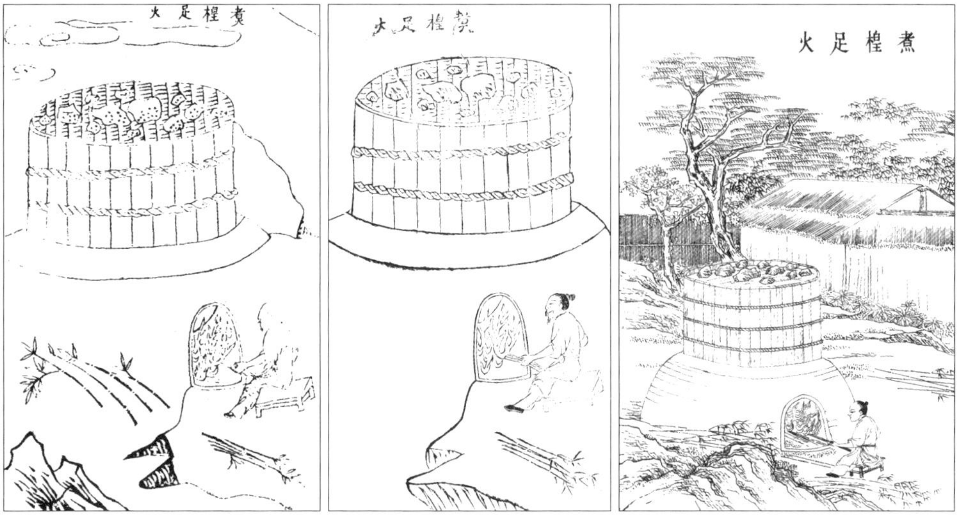

涂本　　杨本　　陶本

图3-7-2 煮楻足火

【异本插图比较】

在上一节末尾处，就已引出此节的工序，“其中竹穰形同苎麻样。用上好石灰化汁涂浆，入楻桶下煮，火以八日八夜为率”，竹子在浸泡百日后，去除粗壳、青皮，留下竹竿，而后涂抹石灰浆，将处理好的竹料放入楻桶煮，煮桶的锅类似牢盆，而牢盆早在《作咸》卷“海卤煎炼”一图中就已出现。楻桶置于其上，盖上盖子煮足八日，歇火一日，揭开盖子取出竹麻，放入清水漂洗。洗净后还需用柴灰浆过，放入锅中煮沸，而后立即放入另一桶中，用灰浆淋洗，反复经过十多天，竹料就会自然熟烂，放入臼中舂捣成泥状，再进行下一步骤。

图中绘制了一人、一楻桶，楻桶底下即为牢盆状的炉灶，人物坐在灶口添加柴火。除了主体物外，涂本背景为若干云朵，画面下方有一石块，以及用一体现高差的曲线，地面上还散落着若干竹竿。杨本省去了其他内容，只保留了示意高差的线条与部分竹竿，略显单薄。陶本画面则极为丰富，既对主体物进行细节刻画，又绘制了画面背景，画面上半部分为一茅屋，有各类草木、篱笆、竹林掩映，画面下方为若干土堆，同样有竹竿散布。

在主体物的刻画上，楻桶类似一个硕大的圆木桶，用麻绳捆扎固定，涂本、杨本有两根麻绳，陶本有三根。楻桶上方有一圆盖，上面放置了若干石块压牢。人物坐在下方地面上添加柴火，面向左侧，人物形态一致，但涂本画面模糊，人物具体的细节已无法辨识，而杨本人物留有胡须，陶本未留，差别较小。

总体而言，此图表达的含义较为简单，即将竹料放入楻桶煮制的过程，人物行为也较单一，相比之下，原文文字内容较为翔实，因此需要图文对照理解。

荡竹入帘、覆帘压纸、透火焙干

【原文】

凡抄纸槽，上合方斗，尺寸阔狭，槽视帘，帘视纸。竹麻已成，槽内清水浸浮其面三寸许。入纸药水汁于其中，形同桃竹叶，方语无定名。则水干自成洁白。凡抄纸帘，用刮磨绝细竹丝编成。展卷张开时，下有纵横架匡。两手持帘入水，荡起竹麻入于帘内（图3–7–3）。厚薄由人手法，轻荡则薄，重荡则厚。竹料浮帘之顷，水从四际淋下槽内。然后覆帘，落纸于板上，叠积千万张。数满则上以板压（图3–7–4），俏绳入棍，如榨酒法，使水气净尽流干。然后以轻细铜镊逐张揭起焙干。凡焙纸，先以土砖砌成夹巷，下以砖盖地面，数块以往，即空一砖。火薪从头穴烧发，火气从砖隙透巷外。砖尽热，湿纸逐张贴上焙干，揭起成帙（图3–7–5）。

【译文】

抄纸槽的上部像一个方斗，尺寸的宽窄，由纸槽与纸帘而定。竹麻制成之后，往槽内注入清水，清水浮过竹料三寸多高。往其中加入纸药水，形状像是桃竹叶，各地方的名称不一。在脱水后竹料自然呈现出白色。抄纸帘用刮磨极细的竹丝编织而成。纸帘展开时，下面有长方形的框架。两手持帘放入水中，荡起竹麻放入帘内。厚薄视人的手法而定，轻荡就薄一些，重荡就厚一些。竹料浮在纸帘上时，水会从四边流入槽内。然后翻转纸帘，纸便落在了板上，像这样叠积至千万张。数量足够了，就在纸上用板压实，拴上绳子插入木棍，像是榨酒的方法，使水压尽流干。然后用轻细的铜镊逐张将纸揭起烘干。烘纸的时候，先用土砖砌成夹巷，下面用砖盖住地面，隔几块砖空置一块砖。火从第一个穴口烧起，火气从砖的缝隙透出巷外。砖头都被烘热之后，将湿纸逐张贴在上面烘干，揭起成卷。

【异本插图比较】

此节包括三幅插图，其对应的造纸工序在原文中衔接较连贯，集中在一段，分别对应“荡竹入帘”“覆帘压纸”“透火焙干”三道工序，因此将三组图片放在同一小节中一并论述。

在竹料煮烂之后，将竹料与水共同倒入抄纸槽中，水需没过竹料约十厘米，而后加入纸药水汁，在脱水后竹料变成洁白色，就可以用架框固定抄纸

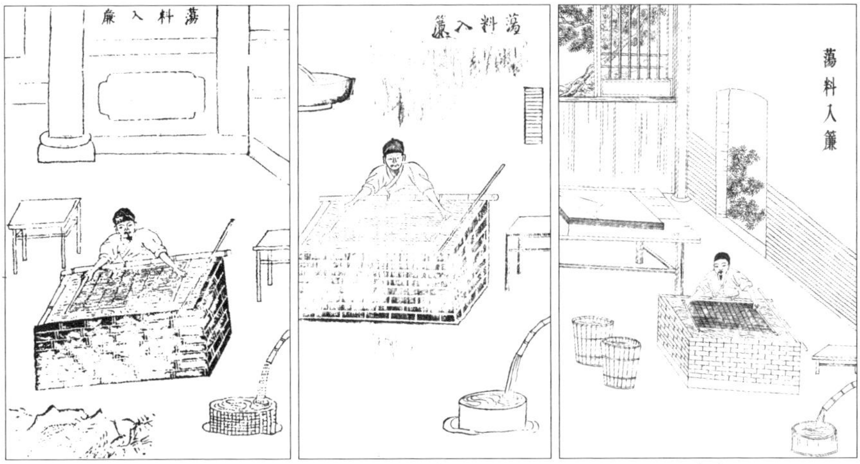

涂本　　杨本　　陶本

图3-7-3　荡竹入帘

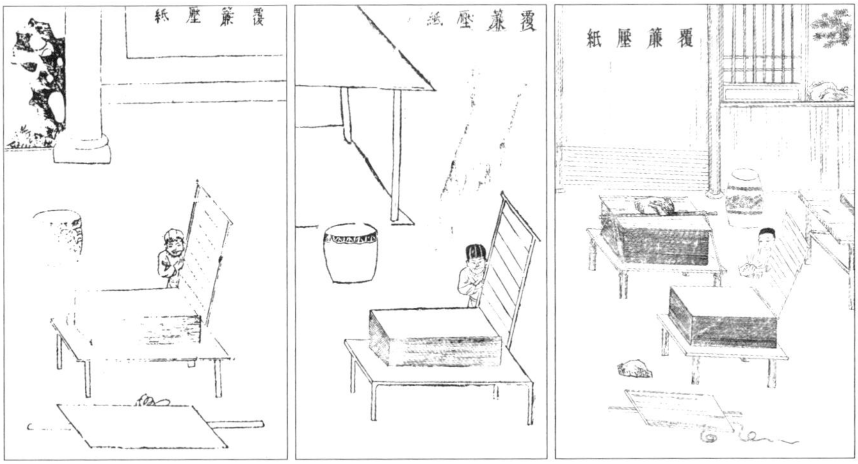

涂本　　杨本　　陶本

图3-7-4　覆帘压纸

涂本　　杨本　　陶本

图3-7-5　透火焙干

帘，将竹麻荡起置于抄纸帘中，竹料随之浮起，而水则顺着缝隙留下，纸就初步制成了。

《荡竹入帘》这幅插图中各有一人物与一水槽，人物站在水槽后，双手持着抄纸帘在水槽中荡竹。三个版本中的人物形象一致，都戴着黑帽，留有胡须，只露出上半身，双手展开，握着抄纸帘。

图中的水槽造型都为方形，用砖垒砌，但涂本、杨本是右侧视角，填黑色，陶本为左侧视角，未填色。水槽中有一抄纸帘，由人力控制，但杨本画面较为模糊，不易辨识。

除主体外，涂本的背景为两张方桌，几道墙面。杨本更为简略，有一方桌与一未知的容器。陶本背景较丰富，明显处于室内，右侧的墙壁开一门洞，左侧的墙面有一窗户，窗外有树木，室内还有两个木桶、一张矮几，以及一张方桌，方桌上放置着被荡起的纸张。

另外，三个版本中，画面的右下角都有一桶，有一水管将水引入其中，但在原文中没有对这一构件进行文字说明，因此其意不明。三个版本中对于荡竹入帘这一行为的描绘基本一致，除背景与细节刻画之外，没有出现不合理的地方。

第二组插图名为《覆帘压纸》，其对应的工序是将荡起的竹纸叠加在一起，累积到一定数量后，覆上木板挤压，拴上绳子插入木棍，将水榨尽，然后用铜跶将其逐张揭开。

三个版本中各有一人正在将抄纸帘覆盖在纸堆上，其人物的行为一致，用双手持着抄纸帘，站在方桌的一角，只露出头部与上半身，其余部位被抄纸帘遮挡。涂本人物戴一白帽，另外两个版本人物戴一黑帽。但在此图中人物并不占据主体部分，覆压纸张的工具为主体。

将视角定位至人物面前，包括一方桌，桌上有一叠厚纸，方桌前面的地上，搁置着几样物品，涂本为木板、绳索、木棍，杨本空无一物，陶本除木板、绳索、木棍外，还有一石块。从这些内容可以判断，涂本、陶本的设定较为合理，贴合原文所称的“数满则上以板压，俏绳入棍”之法，且陶本在这一基础上还增加了石块，但杨本却空无一物，因此杨本画面不具备完整性。

此外，涂本背景有水缸、假山、立柱等，虽然结构简单，但元素丰富。杨本有水缸与茅屋的一角，较简略。陶本背景与上一张插图《荡竹入帘》可以拼合衔接，同样处于室内，除去墙壁、窗户外，也有一水缸，在主体物后还有一方桌，桌上压着一叠纸张，上面覆盖了木板、木棍、石块等物，用绳索固定，为原文提到的压纸法提供了图像释义。

由此可见，此组插图中涂本、陶本较为合理，杨本缺少了必要元素，影响画面整体性，而陶本较之涂本，对覆帘压纸的做法更加贴切。因此，在此组插图中陶本最贴合实际。

《透火焙干》图是本卷的最后一张，也是造竹纸的最后一道工序，这一步骤目的在于烘干纸张。先将挤压尽水分的纸张用铜镊揭开，而后贴在墙面上，墙用砖石垒砌，墙面中空，在低端生火，将砖壁烘热，热气透至纸张，揭起后就完成了整个造纸工艺。

陶本最鲜明的差异在于构图，涂本、杨本由两个版面组成，陶本仅一个版面，但保留了所有内容，只是改变了长宽比。图中共有三人，一人生火，两人往墙壁上贴纸。画面主体是一道墙壁，中空的位置底部正在生火，墙壁底部的一层用砖砌筑，上面大部分被纸张遮盖，涂本有三竖排，杨本、陶本仅两竖排。此外，陶本墙壁上还架着一张梯子，显得更为妥帖。

而图中的三个人物，两人背对画面，往墙上贴纸张，三幅图对这两人的绘制相似。另一人坐在地上，涂本略显模糊，无法辨识人物面部，杨本人物正对画面，陶本则是将头部面向左侧。三幅插图中此人都在将柴火放入墙下的火堆中，行为一致，符合原文。

除此之外，涂本画面左下方为一土堆，有若干植物，画面右下方为三捆柴火，右上方的位置是一棵树。杨本左下为一土堆，没有植物，画面右下有两捆柴火，画面右上另有一捆。陶本则在涂本的基础上丰富了许多元素，将树木与土堆放大，还有一木架架着纸堆。

总体来看，杨本是在涂本的基础上简化了一些内容，但对画面主体没有过大影响，仍旧符合文意。而陶本则增加了若干元素，包括梯子、纸堆等，使画面更加充分妥帖，并非画蛇添足之举。

【本卷小结】

本卷共五幅插图，其特殊之处在于，本卷所附插图可以形成一个完整的造纸过程。第一步，砍伐合适的竹子，削成适当的长度，置于水中浸泡。第二步，将浸泡后的竹子去除粗壳、青皮，放入楻桶中煮烂，反复多次，淋以灰料，形成泥状。第三步，将加工后的竹料与清水一同倒入水槽中，用抄纸帘将竹料荡起，形成纸张。第四步，用抄纸帘将纸张覆在木板上，层层叠加，到一定数量时，用另一木板覆压其上，挤干水分。第五步，用镊子将挤尽水分的纸张一一揭起，贴在墙壁上烘干。

五个步骤与五幅插图一一对应，虽然并未对每一步骤事无巨细地进行表述，但呈现了几个关键的步骤，图文结合，易于理解。在此卷插图中，各个版本出错率不高，往往是部分画面存在缺漏，导致画面不具完整性。最为典型的是《覆帘压纸》一图，在涂本、陶本中，都绘制了木板、木棍、绳索等全套压纸工具，但杨本却没有体现，若是不结合原文内容与其他版本插图，单看杨本此图，并不能体现压纸的具体工序。

而陶本在此卷中，多处填补了涂本所不具有的内容，对画面进行了有效补充，并非多此一举。如《斩竹漂塘》一图，绘制了另外两个版本所不具有的竹枧，用于引水，与原文相契合。另有《覆帘压纸》一图，绘制了木板压制纸堆的具体场景。而《透火焙干》图中，补充了梯子，以便人爬至高处张贴纸张，还有地面上的纸堆，也恰到好处。

因此，此卷涂本所附插图中规中矩，贴合原文内容，没有出现明显错误。杨本大部分没有出现问题，但在《覆帘压纸》一图的表达上有所不足。陶本所附插图基本符合文意，虽有主观调整，但大多是合理且妥帖的，在部分内容的处理上甚至更高一筹。

第四章 下卷

一、五金 第十四卷

【按语】

《五金》一卷卷首语提到，“大地生五金，以利天下与后世”，五金指的是金、银、铜、铁、锡，也可泛指金属，既可作为贸易货币，也可制作日常用具。《燔石》卷讲述了非金属矿石的开采加工，而《五金》卷即针对金属矿石展开。此外，《锤锻》与《冶铸》两卷也以金属为加工对象，但此二卷描写的是金属制品的加工，而《五金》卷主要表述的是金属矿石的开采与原材料的冶炼等，理应在前两卷之前。本卷分七小节，分别为金、银、铜、铁、锡、锌等多类金属，但此卷所附插图并未对文中提及的各类金属一一表述，而是集中在银、铜、铁、锡、锌几类。本卷篇幅较长，插图数目较多，共计十三幅，涉及矿石的开采、加工、提取、冶炼等技术，描绘了诸多金属矿石的开采场景与加工器具，三个版本在插图的处理上并无增补，内容翔实丰富，需一一解读。

开采银矿图

【原文】

凡云南银矿，楚雄、永昌、大理为最盛，曲靖、姚安次之，镇沅又次之。凡石山硐①中有铆②砂，其上现磊然小石，微带褐色者，分丫成径路。采者穴土十丈，或二十丈，工程不可日月计。寻见土内银苗，然后得礁砂所在。凡礁砂藏深土，如枝分派别，各人随苗分径，横挖而寻之（图4-1-1、图4-1-2）。上楮③横板架顶，以防崩压。采工篝④灯逐径施钁⑤，得矿方止。凡土内银苗，或有黄色碎石，或土隙石缝有乱丝形状，此即去矿不远矣。

凡成银者曰礁，至碎者曰砂，其面分丫若枝形者曰铆，其外包环石块曰矿。矿石大者如斗，小者如拳，为弃置无用物。其礁砂形如煤炭，底衬石而不甚黑。其高下有数等。商民凿穴得砂，先呈官府验辨，然后定税。出土以斗量，付与冶工，高者六七两一斗，中者三四两，最下一二两。其礁砂放光甚者，精华泄露，得银偏少。

【注释】

① 硐：通“洞”，山洞，窑洞。

② 铆：生僻字，借“铆”代替，指树枝状的辉银矿。

③ 榰（zhī）：柱子下边的墩子。

④ 篝：竹笼。

⑤ 钁（jué）：一种形似镐的刨土农具。

【译文】

云南的银矿以楚雄、永昌、大理最盛产，曲靖、姚安次之，镇沅又次之。石山山洞中若有银矿，其上会出现堆积起来的小石头，微微带有褐色，矿会分成枝丫般的路径。采矿的人挖土或十丈深，或二十丈深，工程量不能以日月来计算。找到土质内的银矿苗后，就知道礁砂的所在地了。礁砂藏在深土之中，呈枝丫状分布，各个采矿工随着矿苗分路径，边挖矿边寻找。矿坑内要支起横板架在顶部，以防矿坑崩塌。采矿工凭借竹笼灯沿着银矿径刨土，寻到银矿才得以停止。土内的银苗，或有黄色碎石，或是土隙石缝有乱丝的形状，就说明离矿不远了。

能炼出银的矿石叫礁，其中碎块状的叫砂，表面分布像是枝丫形状的叫铆，外部包着的石块叫矿。大的矿石像斗一样，小的像拳头，是废弃无用的东西。礁砂形状像煤炭，下面衬着一些石头，但不是很黑。礁砂的品质也分高低几等。商民凿穴取得礁砂，先呈给官府检验、辨认，然后制定税收。出土的礁砂按斗计量，交给冶炼的工人，品质高的一斗可以炼出六七两银，品质中等的为三四两，最次的为一二两。特别光亮的礁砂，是因为精华已泄漏，得到的银偏少。

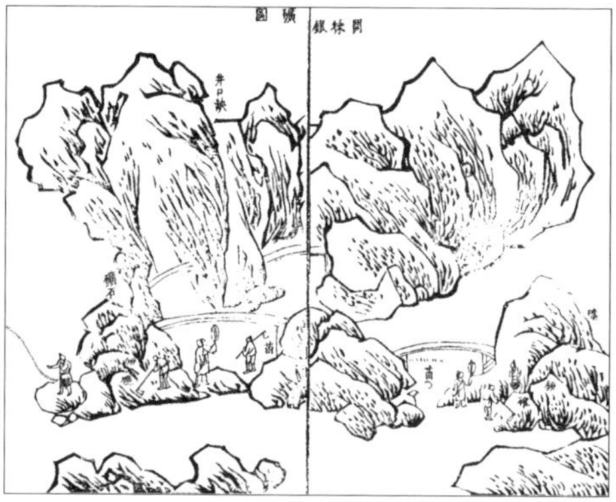

图4-1-1　开采银矿图　涂本

杨本　　陶本

图4-1-2　开采银矿图

【异本插图比较】

虽在正文中本卷首先提及的是黄金，但并未附上与之相关的插图，而是直接跳至银对应的小节。此幅插图略显特殊，描绘的是银矿的开采场景，图中大部分内容为矿山，人物占比极小，只能识别出大致动态。涂本共七人，杨本有六人，陶本亦有七人。

此幅插图的设定与前文其他插图类型相去甚远，其描绘了宏大的场景，描绘对象是连绵的矿山，而对应的文字也主要讲述银矿开采方法、种类、外形等。在采矿时，需通过寻找银苗来辨别银矿所在位置，而后由采矿的工人随着矿苗分径挖掘，直到找到银矿。

另外，文中还对银矿种类进行了描述，能够炼出银的矿石叫“礁”，其中碎块状的叫“砂”，表面分布似枝丫状的叫“铆”，外部包着石块的叫“矿”。在插图下半部分，处于地面的矿石就对应了这些名词，分别为“矿石”“铆”“礁”“苗”等，但实际上这些文字对应的部分没有明显的特征，因此不易辨识。图中矿山上方有一凹处有“井口缺”的字样。

涂本与杨本对于矿山的绘制风格是相似的，后者对前者有明显的参照成分，但可以看出杨本省略了很多线条，但保留了大致轮廓。陶本风格全然不一，既改变了矿山的整体面貌，风格也做了诸多调整，画面紧凑细密，但保留了四道桥这一明显的特征。

图中的人物并不占据主体部分，甚至不易发现。画面中人物大致分为两组，一组居于画面右侧，共三人，一组居于画面左侧，涂本、陶本共四人，由于杨本画面被裁去一部分，故仅有三人。

图中人物只能看出其站位与行为，有人扛着锄头，有人正在采矿，有人拿着竹筐，有人拿着照明物。画面中人物的标绘方式也与其他插图不同，此图人物较小，分散在矿石之间，示意采矿工的行为。

此组插图着重表述了矿山与矿石的分布，人物行为其次。可以明显看出，陶本绘图风格与另两个版本全然不同，但构图形式与人物分布情况还有涂本的影子。涂本与杨本风格虽较为相近，但仔细观察可以发现，杨本对涂本的内容省略了许多，且构图偏左，以至画面左侧边缘的内容未能体现。

熔矿结银与铅

【原文】

凡礁砂入炉，先行拣净淘洗。其炉土筑巨墩，高五尺许，底铺瓷屑、炭灰，每炉受礁砂二石，用栗木炭二百斤，周遭丛架。靠炉砌砖墙一朵，高阔皆丈余。风箱安置墙背，合两三人力，带拽透管通风（图4–1–3、图4–1–4）。用墙以抵炎热，鼓鞴之人，方克安身。炭尽之时，以长铁叉添入。风火力到，礁砂熔化成团。此时银隐铅中，尚未出脱，计礁砂二石熔出团约重百斤。

【译文】

礁砂放入炉中之前，先行拣净淘洗。炉是由土筑成的巨墩，高五尺多，底部铺上瓷屑、炭灰，每个炉可装二石礁砂，需用二百斤木炭，在周围架起。靠近炉的地方砌筑一堵砖墙，高度、宽度都约一丈。将风箱安置在墙的背面，集两三个人的力气，拉拽风箱透过管道通风。用墙来抵挡炎热，鼓风的人才能安身。炭烧尽的时候，用长铁叉添入木炭。风力、火力都足够了，礁砂就会熔化成团。这时银还隐藏在铅中，尚未脱离出来。共计二石礁砂可以熔出二百斤团块。

图4–1–3　熔矿结银与铅图　涂本

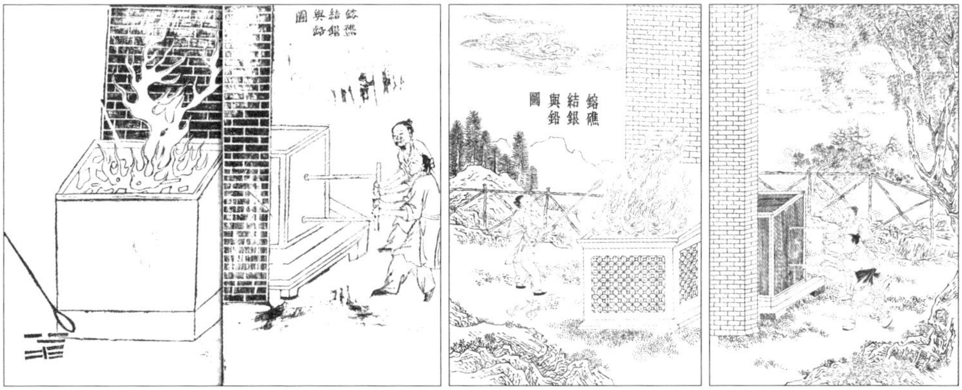

杨本　　　　　　　　　　陶本

图4-1-4　熔矿结银与铅图

【异本插图比较】

在开采银矿之后，得到用于炼银的礁砂，从礁砂到银需经历一系列工序，如其对应的原文所述，礁砂在灼烧之前，先挑拣淘洗，而后放入炉中。炉用土砌筑，底下有一泥墩，高约一米五，底部铺设瓷屑、炭灰，炉中装礁砂，周围用木炭架起，靠着炉砌上一堵墙，墙后安置风箱，避免火力过盛影响工人。风箱需二至三人一同推动，用以鼓风。当木炭烧尽时，需用长铁叉往炉中添加木炭。待到风力、火力俱备，礁砂就会融化成团，银便蕴含其中。

涂本与陶本中共三人，杨本缺一人，画面中还有一炉、一风箱、一堵墙，一同构成画面主体。涂本画面背景为云朵与假山、柳树，可以判断场景在室外。杨本背景空无一物，只留主体物。陶本背景元素颇丰，主体物被设定在室外的一处篱笆内，分远景、中景、近景，除主体物外布满了各种植被。

在主体物的绘制上，陶本与另一个版本有所不同。三个版本都按照炉、墙、风箱由前至后的顺序排列，涂本、杨本中墙壁被填为黑色，陶本未填色。涂本、杨本的火炉为直上直下的方形体块，上有火焰，陶本的火炉中间位置布满纹饰，且底座与上沿都带着倾斜角。风箱的性状大体一致，但陶本于风箱上绘制了木纹，另两个版本则只绘制了大致构造，未加纹饰。

再看人物，画面右侧的两个人物三个版本都有表现，两人一同拉着风箱的握柄，形态大体一致，只存在是否留有胡子的区别。而涂本、陶本中另一人物，居于画面左侧，涂本人物模糊，但可以分辨出他正握着一根长铁叉，跟前放置散落的木炭。杨本虽无这一人物，但最左侧仍可见铁叉的一头与散落的木炭，可以推测，杨本并非有意忽略此人，而是版面不够。陶本人物同样握着铁叉，区别在于，涂本人物为静止状，陶本人物则将铁叉举起，置于火炉斜侧，意欲将木炭投入其中。其动作虽有不同，但含义相同，皆是为了将木炭投入火炉中。

三个版本中差异较明显的一点，就在于杨本缺少的人物，使之未能体现用长铁叉添柴的场景，导致画面意图表达的含义缺失了一部分。而陶本中的火炉似乎也没有装饰的必要，但并不能算错误，只是有些多此一举，但画面大体上还是合理的。

沉铅结银图

【原文】

冷定取出，另入分金炉（一名虾蟆炉）内，用松木炭匝围，透一门以辨火色。其炉或施风箱，或使交箑[①]。火热功到，铅沉下为底子。其底已成陀僧样，别入炉炼，又成扁担铅。（图4-1-5）频以柳枝从门隙入内燃照，铅气净尽，则世宝凝然成象矣。此初出银，亦名生银。倾定无丝纹，即再经一火，当中止现一点圆星，滇人名曰"茶经"。逮后入铜少许，重以铅力熔化，然后入槽成丝。丝必倾槽而现，以四围匡住，宝气不横溢走散。其楚雄所出又异，彼硐砂铅气甚少，向诸郡购铅佐炼。每礁百斤，先坐铅二百斤于炉内，然后煽炼成团。其再入虾蟆炉沉铅结银，则同法也。此世宝所生，更无别出。方书、本草，无端妄想妄注，可厌之甚。

【注释】

① 箑（shà）：扇子。

【译文】

熔炉冷却后，将材料取出另放入分金炉（又名"蛤蟆炉"）内，用松木炭围住，留一门洞以观察火候。分金炉可用风箱或扇子鼓风。火候到了一定程度之后，铅就沉入炉下成为底子。炉底已经形成密陀僧的样子后，再另入熔炉炼制，又会成为扁担铅。需频繁地用柳枝从门隙放入其中燃烧，等到铅的成分尽数除去之后，银就可以提炼成形了。这种方法制出的银也叫"生银"。倾倒出来凝固后若没有丝纹，就要再入火炼制，当中可以看到一点圆星，云南人称之为"茶经"。在此之后放入少许的铜，重新用铅的力量来熔化，然后放入槽中凝结成丝。必须倒入槽中才会出现丝，因为四周都被框住，银质不会溢出消散。云南楚雄所产的银矿又与之相异，这类矿石含铅很少，因此会向各个郡县购买铅来辅佐炼制。若需炼制一百斤礁砂，需先放置二百斤铅在炉内，煽风将其熔炼成团，而后再放入蛤蟆炉中，使银下沉、凝结，与上述方法相同。这就是银的炼制方法，此外没有其他方法。方书、本草书无端地妄想揣测，可以说是非常令人生厌了。

涂本

杨本

陶本

图4-1-5　沉铅结银图

【异本插图比较】

本节所述工序与上一节关联紧密，在礁砂化成团块后，冷却取出，需放入分金炉内进一步提炼。分金炉内同样包围木炭，由人力用扇子鼓风，火候到了一定程度团块中的铅就会下沉，等铅尽数除去，银就可以被提炼出来，故称“沉铅结银”。

三个版本中，此图各有三人，围着一个圆形火炉，也就是所谓的分金炉。除此之外，其余内容都为背景。涂本背景为栏杆、假山、方桌的一角等，杨本有所不同，保留了方桌，但也只余一角，右上角为一墙角，左上角有一盆植物。陶本背景则被设定在一处茅屋前，除各类植物外，还有一排篱笆，而上一节提到作熔矿用的火炉、墙壁在画面右侧还有体现，但已熄火。另外，陶本左下角的位置还有茶壶、茶杯，整体看上去比另外两个版本丰富许多。

画面以分金炉为中心，与上一节的火炉不同，此处火炉为圆柱形，涂本、杨本外部没有任何纹饰，陶本则上宽下窄，外部有木纹。炉中布满火焰，除了外形与纹饰之外，没有其他特别之处。且无法看到内部结构，因此没有过多可以探析的地方。

而围着分金炉的三个人，两人居于左侧，一人居于右侧，左侧偏后的人物与右侧人物手中拿着扇子。左侧居于前方的人物略有不同。三个版本中此人虽都侧立面向右侧，但涂本、杨本中此人仅右手握一铁杆，正在戳弄炉内的材料，而陶本中此人还用左手拿着火钳，动作相似。且涂本、杨本此人穿一黑布鞋，陶本则用白布裹脚。

再看另外两个拿着扇子扇风的人，涂本与杨本相似度相对较高，但杨本人物手中的扇子没有折痕。而陶本中人物造型虽有不同，但行为近似，只是左侧持扇之人握一蒲扇，与另外两个版本不同。

此图表达的含义较为简易，即便隐藏着深层原理，但从画面上只能识别出三人围绕着一圆形火炉。实际上，这一插图表述的是，在礁砂烧结成块后，提炼出银的工序。因此，此图在整体上没有过多可以指摘的地方，只是细节处理的方式有所不同。

分金炉清锈底

【原文】

凡银为世用，惟红铜与铅两物可杂入成伪。然当其合琐碎而成钣锭[①]，去疵伪而造精纯，高炉火中，坩锅[②]足炼。撒硝少许，而铜、铅尽滞锅底，名曰银锈。其灰池中敲落者，名曰炉底。将锈与底同入分金炉内，填火土甑之中，其铅先化，就低溢流，而铜与粘带[③]余银，用铁条逼就分拨，井然不紊（图4-1-6、图4-1-7）。人工、天工亦见一斑[④]云。炉式并具于左。

【注释】

① 钣锭：金属块。

② 坩锅：锅，通“埚”，用极耐火的材料（如粘土、石墨、瓷土或较难熔化的金属）所制的器皿或熔化罐。

③ 粘带：涂本、杨本作“粘”，陶本作“黏”。

④ 亦见一斑：涂本、陶本作“见”，陶本误作“是”，此处应为“可见一斑”之意。

【译文】

银为世人所用时，只有红铜和铅两种材料可以掺杂其中作伪。将碎银熔化合成银锭时，可以去除银中的瑕疵从而造出精纯的银，在高热的炉火中，用坩埚足火炼制。往其中撒入少许硝石，铜、铅这类杂质就会尽数留滞在锅底，称为“银锈”。灰池中敲落下来的东西称为“炉底”。将银锈和炉底一同放入分金炉中，而后往土甑中填炭火，其中的铅会先熔化，往低处流去，铜会与余下的银粘带，需用铁条将二者强制分离拨开，使其有条不紊。人工与自然的力量也可见一斑。炉的样式都呈现在左图中。

【异本插图比较】

银的提炼方式在上两节中已作大致描述，此处是另一提炼方法，即将碎银融化成银锭时，去除杂质提炼出纯银。方式是将碎银放在坩埚烧制，撒入少许硝石，铜、铅等杂质就会滞留在锅底，称为“银锈”。而上一节熔下的铅中混杂着银，将其敲下，即为“炉底”。将其二者混杂在一处放入分金炉，并将木炭填入其中，铅先行熔化流出，而后是铜与银粘带，需用铁条将其拨开分离。

图4-1-6　分金炉清锈底　涂本

杨本　　陶本

图4-1-7　分金炉清锈底

依照文字信息再看插图所示内容，图中各有两人，一人拉风箱，一人分拨银、铜，画面主体即分金炉与风箱。除主体物外，涂本左上有一竖屏，右上有一棵树，右下为假山，左下有一水缸，内容较多。杨本背景仅两处，一为左上的柜子，一位右上的茅屋，与涂本基本没有相似之处。陶本场景则是在一处茅屋旁，有几棵树木掩映。

除背景设定不同外，陶本主体物的视角与另外两个版本也有所差异。但主体物的设定一应俱全，只是有些体块比例稍显夸张，在一砖石垒砌的台面上设一土甑，后面连着风箱，通过一根管道为土甑鼓风。涂本与杨本的主体物相似度较高，因插图由两个版面拼合而成，故涂本左半面绘制的砖台被填为黑色，右半面的则是黑白线描，而杨本与之恰恰相反，陶本则完全用黑白线描体现。

涂本、杨本的风箱用线条表现，而陶本则布满了木质纹理，且形制偏宽大，与另外两个版本有些差异。再看砖台上放置的土甑，呈梯台形，三者差异不大。

而砖台上还附着几处文字，对画面进行补充说明。由上至下看，土甑上有“鸿火在中”字样，说明土甑中需用炭火高温灼烧。另外，涂本、杨本中各有一“土”字，陶本则是“土甑”二字。若解释为用土制作，涂本、杨本也较合理，陶本则是对其主观补充。若解释为土甑，则涂本、杨本缺了“甑”字。而后为“滑泥盖面”四字，说明砖台上需铺设泥土。在土甑下方有“出铜”二字，说明金属熔化后从中流出。而靠近人物的地方标有“铁条”二字，是对人物手中器件的标注。

最后看图中的两个人物，居于画面左侧的一人背对画面坐在砖台前，双手各握一铁条，应是在分拨银、铜两物，但陶本中此人实际上是面向右侧，露出脸部，稍有不同。另一人面向左侧，双手握着风箱握柄，三个版本中没有需要着重强调的差别。

此图中差异最明显的地方在于陶本与涂本、杨本的视角，使得陶本中风箱、砖台的比例都有些偏差，而风箱与土甑相连的部分也大大拉长，但在其他内容的处理上并没有过多的问题，虽有差异，但对画面合理性不造成影响。

穴取铜铅

【原文】

凡出铜山夹土带石，穴凿数丈得之（图4-1-8），仍有矿包其外，矿状如姜石，而有铜星，亦名铜璞，煎炼仍有铜流出，不似银矿之为弃物。凡铜砂在矿内，形状不一，或大或小，或光或暗，或如鍮①石，或如姜铁。淘洗去土滓，然后入炉煎炼，其熏蒸傍溢者，为自然铜，亦曰石髓铅。

【注释】

① 鍮（tōu）：黄铜矿石。

【译文】

产铜矿的山总会夹土带石，将矿洞凿至几丈深就能取得，仍有矿石包裹在外部，矿石的形状像姜，而且带有铜星，也称“铜璞”，煎炼时仍有铜质流出，不像银矿那样被视为弃物。铜砂在矿石中形状不一，或大或小，或光或暗，或像鍮石，或像姜铁。淘洗之后取出土渣，然后放入炉中煎炼，经过熏蒸从一旁流出的是自然铜，也可以叫“石髓铅”。

【异本插图比较】

本节开始，插图内容转向了对铜的开采、提炼，与银矿的表现方式不同，此处未描绘较大的场景，而是将视角集中在挖矿的两个工人身上。按照原文的说法，铜矿取自矿坑，往往夹土带石，形状像姜。

图中各有两人，所处位置与行为一致，都拿着锄头挖矿。涂本与杨本在人物的设定上相似度较高，两个人物一前一后站立，前方人物昂首，将锄头举起，留着胡子。陶本虽也作举锄头状，但此人颔首，锄头的倾斜角度有些差异。画面偏后的人物偏向左侧，涂本、杨本中此人同样握一锄头，但未举起，陶本则举至腰间的位置，且陶本此人为秃顶，略有不同。

涂本

杨本

陶本

图4-1-8 穴取铜铅

涂本、杨本人物身旁有两竹筐与一竹篓，地上放着一根杆件，陶本则仅一竹筐与一簸箕，地方放着一个铲子。虽然画面内容设定与人物细节描绘上有所差异，但三个版本意图表达的都是工人挖铜矿的场景。其锄头的落脚点各有一坑，坑的表现形式也有所不同，涂本、杨本用散落的点状线条象征矿石，而陶本则对其绘制得较为细致。

除主体物外，三个版本对画面背景的设定各不相同。涂本为一处远山，山上有若干草木。杨本将涂本中的山省略，只剩寥寥几笔，类似平地，地势没有过多的起伏。陶本则复杂许多，无论是近处的地面，还是远山，都遍布着细碎的线条，别具一格。

在背景元素、主体人物的设定上，三个版本虽有差异，但对主体的表达不存在问题，且此图较简，未涉及复杂的工序或工具。

化铜

【原文】

凡铜质有数种。有全体皆铜，不夹铅、银者，洪炉单炼而成。有与铅同体者，其煎炼炉法，傍通高低二孔，铅质先化从上孔流出，铜质后化从下孔流出（图4-1-9）。东夷铜又有托体银矿内者，入炉炼时，银结于面，铜沉于下。商舶①漂入中国，名曰日本铜，其形为方长板条。漳郡人得之，有以炉再炼，取出零银，然后泻成薄饼，如川铜一样货卖者。

【注释】

① **商舶：**涂本、陶本称之为“舶”，杨本为“船”，皆为船的通称。

【译文】

铜矿分数种，有全体都是铜，不夹杂铅、银的，用洪炉单独炼制。有和铅料混杂在一体的，它的煎炼方法是在两旁打通高低的两个孔洞，铅先熔化后从上面的孔中流出，铜熔化后从下面的孔中流出。日本还有包裹在银矿中的铜，是由于在放入炉中时，银在表面凝结，铜沉在底下。因这类铜是通过商船运入中国的，所以称之为“日本铜”，它的形状是长方形的板条。漳州人得到这种铜时，有的会用炉再次炼制，取出零星的银，然后将其熔成薄饼，像川铜一样售卖。

【异本插图比较】

在准备好炼制铜的原材料之后，就可放入熔炉冶炼，因其种类多样，对应方法有所差异，此节插图对应的是与铅料混合的铜冶炼的方法。在炉底打一高一低两个孔洞，利用铜铅二者熔点不同，铅先化开，从上孔流出，铜后化开，

涂本

杨本

陶本

图4-1-9　化铜

从下孔熔出。

本节所附插图即对这一化铜之法做了说明。图中各有三人，一人拉风箱，一人往炉中添柴，一人挑担走近。除人物外，涂本、杨本画面左侧皆有一张矮几，陶本没有此物。而余下的背景方面，涂本左上与右上的位置各有延伸出来的松枝，杨本则省去了这一内容，仅用几朵云代替。陶本改动较大，但保留了两株松树，并绘制出全貌，在画面右侧，还设一茅屋，但此图的重点在于画面主体，并不需要对所处场景作如此细致地刻画。

画面中心的位置是一个风箱与一圆桶形的熔炉，炉上布满火焰，炉底有两个孔洞，有熔化的金属液体流出，分别标着“铜”“铅”二字，与原文对应，但其孔洞高差并不明显，在这一点上似乎没有处理到位。

在人物的处理上，三个版本所绘人物行为一致，只是站位有所不同。画面最左侧人物，留有胡须，手中拿着铁钳，涂本、杨本面向右前方侧立，陶本则是正对画面，向右微偏。且涂本、杨本此人右侧有一竹筐，陶本将其改至左侧。另一拉动风箱的人物形象差异不大。再看挑担之人，涂本、杨本中此人面向画面，而陶本则背对画面。虽然在一些人物刻画上角度不同，但其行为是一致的。

此图并未出现明显的差错，也没有对画面主体的表达造成影响，只是炉底预留的两个孔洞没有明显高差，与原文“其煎炼炉法，傍通高低二孔”有些不符。

升炼倭铅

【原文】

凡倭铅古书本无之，乃近世所立名色。其质用炉甘石熬炼而成。繁产山西太行山一带，而荆、衡为次之。每炉甘石十斤，装载入一泥罐内，封果①泥固以渐砑②干，勿使见火拆裂。然后逐层用煤炭饼垫盛，其底铺薪，发火煅红（图4-1-10），罐中炉甘石熔化成团，冷定毁罐取出。每十耗去其二，即倭铅也。此物无铜收伏，入火即成烟飞去。以其似铅而性猛，故名之曰倭云。

【注释】

① **封果**：涂本、杨本为“果”，陶本为“裹”，后者应为正确用法。

② **砑**：用卵形或弧形的石块碾压或摩擦皮革、布帛等，使紧实而光亮。

【译文】

“倭铅”（锌）在古书中未曾有过记载，是在近世才立下的名称。这一材料是用炉甘石熬制炼制而成的，盛产于山西太行山一带，荆州、衡州次之。每次使用十斤炉甘石，将其装进一个泥罐中，用泥包裹封住，而后碾压摩擦，使其紧实光亮，不可使之碰到火源，否则会拆损开裂。在此之后逐层用煤炭饼将其垫起，底部铺上柴火，点火烧红，罐中的炉甘石熔化成团，冷却后将罐子毁坏取出。每十斤炉甘石会消耗二斤，倭铅就这样制成了。倭铅不与铜结合的话，放入火中就会像烟一样飘散。它因为像是铅但性质猛烈，所以称之为“倭铅”。

【异本插图比较】

如同《冶铸》卷提到的“倭国造银图”不同，此处所谓的“倭铅”并不能理解为日本铅，而是指锌，与铅类似，但性质较为猛烈，又因明代沿海受倭寇之害，故作此名[1]。

---

1 〔明〕宋应星著；潘吉星译注．中国古代名著全本译注丛书 天工开物译注［M］．上海：上海古籍出版社，2016．05：158．

涂本　　杨本　　陶本

图4-1-10　升炼倭铅

锌取自炉甘石，在炼制时需用泥封在泥罐中，而后用煤炭垒起，底部铺柴火点燃，罐中的炉甘石熔化后，将罐子毁坏取出，就能得到锌。

插图大致分为两个部分，一为垒在一起的泥罐与煤炭，一为两个坐在地上用泥封罐的人物。除此之外，涂本的背景仅为画面顶部的断崖与柳树，杨本没有任何背景。陶本将罐堆置于画面左侧，且将其整体缩小，以便绘制背景，背景为一土坡，上有两株松树，画面顶部为云朵，其下用线条填满整个地面，看起来有些零碎。

虽然三个版本中主体内容一致，涂本、杨本中的罐堆占据整个画面中心，占比较大，而陶本所绘罐堆被挪至画面中间偏左的位置，占比小了许多。罐子与煤炭交错排列，呈三角状，煤炭用黑色的圆球示意，泥罐外边裹着火焰。虽然陶本位置、大小做了改动，但本质未变。

而画面中的两个人物，一人正对画面，一人面向右前方侧坐，二人都盘腿坐在地上，面前置一泥罐，身边还有诸多罐子与两团土块。在人物的细节处理上，居于画面右侧的人物，涂本、杨本都戴一黑帽，陶本为一白帽，稍有不同。

此图在画面主体上没有出现错处，只在背景的处理上差异较大。另外，陶本中的罐堆位置、大小与另两个版本不同，但整体画面元素保持一致，且符合原文文意。

垦土拾锭、淘洗铁砂

【原文】

凡铁场所在有之，其质浅浮土面，不生深穴，繁生平阳冈埠，不生峻岭高山。质有土锭、碎砂数种。凡土锭铁，土面浮出黑块，形似秤锤。遥望宛然如铁，撚①之则碎土。若起冶煎炼，浮者拾之，又乘雨湿之后牛耕起土，拾其数寸土内者（图4-1-11）。耕垦之后，其块逐日生长，愈用不穷。西北甘肃，东南泉郡，皆锭铁之薮②也。燕京、遵化与山西平阳，则皆砂铁之薮也。凡砂铁一抛土膜即现其形，取来淘洗（图4-1-12），入炉煎炼，熔化之后与锭铁无二也。

【注释】

① **撚**（niǎn）：通“捻”，杨本、陶本作“撚”，涂本作“橪”，意为古书上说的一种枣，显然有误，前者应为正确用法。

② **薮**：人或物聚集的地方。

【译文】

各地都有铁矿，铁矿质浅，浮在土表面，不生长在深穴中，盛产于平坦向阳的山冈上，不生长于高山峻岭中。矿质有土锭、碎砂等多种。土锭铁是浮出地面的黑块，形状像是秤锤。远远望去像是铁，但用手捻过就成碎土。若取之煎炼，就将浮于土面的拾起，又乘着雨后湿润依靠牛耕起土，捡拾几寸厚度的土。耕垦之后，土锭铁还会逐日生长，再怎么使用也不会穷尽。西北甘肃、东

涂本　杨本　陶本

图4-1-11　垦土拾锭

涂本　　杨本　　陶本

图4-1-12　淘洗铁砂

南泉州，都是生产土锭铁的聚集地。燕京、遵化和山西平阳，则是生产砂铁的聚集地。抛开土的表层就能出现砂铁，取之淘洗后放入炉中煎炼，熔化后与锭铁别无二致。

【异本插图比较】

本节讲述了铁锭的开采与淘洗，因文字内容衔接紧密，故将其放置在同一小节。按照原文的说法，铁矿并不深埋地底或高山，而是浮在土地表面，有土锭、碎砂等多个种类，在拾取时需用牛耕起土，而后淘洗煎炼。因此，此处所附插图一为铁锭的拾取，一为铁锭收集后的淘洗过程。

先看《垦土拾锭》一图，图中各有两人、一牛、一耕具，其设定与《乃粒》卷的《耕》近似，区别在于《耕》图中只有一人，其目的在于耕垦土地后播种，而此处是为了拾取铁锭。

除主体物外，涂本画面背景是远处的河流与对岸的植被、山峦，杨本只保留了山的轮廓，简化许多。陶本则反其道而行，在涂本的基础上增加了诸多背景元素，画面较为精细。

三幅插图中都按牛、耕具、人的顺序从左至右排列。先看牛的造型、动态，三个版本中牛造型较为接近，都面向左前方，脖颈处套着牛轭，其后与耕盘相连，耕盘后则连接着农具。涂本、杨本牛身空白，而陶本绘制了牛毛，对牛首的部位也进行了细节刻画，牛身稍长于另两个版本，牛轭处也由上下两道曲木固定。而此图中的农具与《耕》图中的别无二致，陶本在农具上依旧多出一根短木，与《耕》相似度极高。

图中共两人，一人鞭打牛身，握着农具犁地。涂本、杨本中此人右手握农具，左手执鞭，头上戴一斗笠，面部正对画面。陶本中此人面向左前方侧立，右手执鞭，左手握农具，有一定差别。而另一人正在拾取铁锭，此人拿着一竹篮，俯身拾取地面上的铁锭。涂本、杨本中此人左手握着篮子的边缘，赤足而立，陶本中此人则用左手手腕套着竹篮，穿一草鞋，依旧存在一些差异。杨本图幅似乎窄一些，因此右侧人物的后半身被裁去了一部分，但仍能分辨其动作。

三个版本的此幅插图大致看上去差异明显，但实际上只是背景刻画与细节上有所不同，在画面主体物与人物动态上保持一致，未出现明显错误。

再看《淘洗铁砂》一图，此图涵盖的内容在原文中一带而过，只能通过插图解析其含义。图中共有两人，一人挑担，一人淘洗。画面背景的差异与前几幅插图类似，涂本背景为一断崖，左侧有一柳树，杨本只余断崖，省略柳树。由此可见，杨本或许是出于“偷工减料”的目的对涂本背景选择性地刻画。陶本则不厌其烦，依旧绘制了诸多内容，将背景改为一条小道，通向远处的茅屋，画面左侧绘有两棵树，但主体人物的设定不变。

画面上方的人物正挑着扁担，应是将铁砂运至别处。涂本、杨本中人物赤足，陶本人物稍矮，穿着草鞋，其衣着与动作相似。画面下方人物站在水塘中，手中拿一三角状容器淘洗铁砂，其裤脚挽起，偏向右前方站立。涂本、杨本人物戴一黑帽，陶本未戴，人物身后有一竹筐，应用来放置铁砂。

需要注意的是杨本画面中的水塘，另两个版本虽然画风相去甚远，但同样表达了水塘与地面的高差，而杨本却未能体现这一点，水塘与地面看上去齐平。但三个版本中也只这一处不合理，其他都符合文意。

生熟炼铁炉

【原文】

凡造生铁为冶铸用者，就此流成长条、圆块，范内取用。若造熟铁，则生铁流出时相连数尺内，低下数寸筑一方塘，短墙抵之。其铁流入塘内，数人执持柳木棍排立墙上，先以污潮泥晒干，舂筛细罗如面，一人疾手撒挽[①]，众人柳棍疾搅，即时炒成熟铁（图4-1-13）。其柳棍每炒一次，烧折二三寸，再用则又更之。炒过稍冷之时，或有就塘内斩划成方块者，或有提出挥椎打圆后货者。若浏阳诸冶，不知出此也。

【注释】

① **抛**：涂本、杨本、陶本皆作“扌艳”，为生僻字，借“抛”代之，意为撒开。

【译文】

若造铁用于冶铸，就让铁水流成长条、圆块状，再从模具中取出使用。若制造熟铁，就要在生铁流出时，在相连几尺远、低之几寸的地方砌筑一个方塘，用短墙阻挡。铁水流入塘中时，几个人拿着柳木棍排列站于墙上，先将污潮的泥晒干，舂捣并用细罗筛成细面状，一人迅速用手将泥面撒入铁水中，众人用柳棍疾速搅拌，立即就炒成了熟铁。柳棍每用来炒一次，会烧折两三寸，用过几次后就需更换。铁被炒过稍微冷却的时候，或在塘内斩划成方块，或将铁取出挥椎将其打成圆饼以后出售。像浏阳这些地方的冶炼场，还不知道这种炼铁的方法。

【异本插图比较】

本节与上一节内容衔接紧密，在铁砂淘洗过后，原材料准备完毕，就可放入熔炉冶炼，此节所附插图名为《生熟炼铁炉》，意思是说炼铁分生铁与熟铁，两者炼制的方法与效果不同。

原文未提及生铁的冶炼方式，只说明了生铁需定型为长条与圆块，再从模具中取出。而熟铁的冶炼方式较为复杂，文中对其着墨较多。按照文意，生铁炼制时需在地势稍低的地方筑一方塘，用短墙抵靠，当铁水熔化流入塘中时，先将之前晒干且舂碾成细面状的污泥撒入铁水中，同时由站在短墙上的众人拿着柳棍迅速搅拌，就能制成熟铁。在铁被搅拌后稍冷却的时候，就可以在塘内将其划成块状，或者取出打成圆饼出售。

此图由两个版面构成，既讲述了生铁的炼制方法，又描绘了熟铁的冶炼工

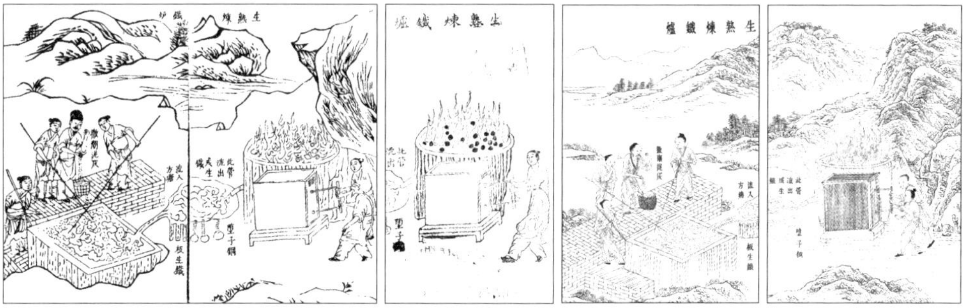

涂本　　杨本[1]　　陶本

图4-1-13　生熟炼铁炉

1　注：杨本缺半张图

序。但需要提前说明的是，杨本插图缺失了左半张，只比较留下的半张图。涂本与陶本各有六人，杨本只有半幅，仅两人，画面中还有若干炼铁的工具，大体包括熔炉、风箱、方塘等。

先看背景的差别，涂本绘制了一道断崖，远处与近处都有大块的岩石。杨本只余右半幅插图，没有绘制任何背景。陶本则绘制了远近两处山峦，刻画较为细致。三图除山石与草木外没有多余内容，背景虽有差异，但没有造成构图方式的不同。

再看主体物，此图内容相对丰富，较为熟悉的构件是用半张图绘制的风箱与熔炉。涂本、杨本风箱没有任何线条，较为简易，陶本则布满竖向线条，应代表木纹。风箱置于火炉前方，将火炉遮去大半。但仍旧可以看出此图所绘熔炉为圆桶状，上面绘有火焰，杨本中还有黑色的圆球，或是象征铁砂。在熔炉左侧中间的位置多出一个管道，其上标有“此管流出成生铁”，意思是到这一步骤就制成了生铁。因杨本只有半幅，故仅“此管流出”四字。

铁水从管道中流出后汇聚成一团，一部分流入模具，成为长条或圆块形，其名为“堕子铜”与“板生铁”，分别附在两组模具的下方。另一部分铁水流入方塘，通过人力撒泥搅拌即成熟铁，一旁附有“流入方塘”四字。方塘旁侧还有两堵矮墙，人站在其上。在炼铁工具的表达上，涂本与陶本差异不大，且没有出现问题，只杨本缺失了左半张图。

图中的六人分为两组，一组两人，居于画面右侧，正在一同拉动风箱，在这一点上，杨本仅有的两个人物动作一致。另一组四人，站在方塘旁的矮墙上，一人撒泥灰，三人拿着柳棍搅拌铁水。涂本与陶本中四人的动作近似，但涂本站位稍紧密，陶本稍分散。其中撒灰的那人居于中间位置，脚旁放置一竹篮，用于放置泥灰，身旁还有“撒潮泥灰”四字。涂本中此人戴一黑帽，陶本未戴。另外三人各拿一柳棍，虽然人物刻画上有所差异，但其行为目的是一致的。

此图将生铁与熟铁的炼制方式合并体现，其最突出的问题在于杨本缺失了左半张插图，但其仅剩的右半张插图与另两个版本差异并不明显，但未绘制任何背景。涂本、杨本所附插图内容近似且完整，也并没有出现较多的不同之处，符合文意。

河池山锡、南丹水锡

【原文】

凡锡有山锡、水锡两种。山锡中又有锡瓜、锡砂两种，锡瓜块大如小瓠[①]，锡砂如豆粒，皆穴土不甚深而得之。间或土中生脉充牣[②]，致山土自颓，恣人拾取者（图4-1-14）。水锡衡、永出溪中，广西则出南丹州河内（图4-1-15），其质黑色，粉碎如重罗面。南丹河出者，居民旬前从南淘至北，旬后又从北淘至南。愈经淘取，其砂日长，百年不竭。但一日功劳淘取煎炼不过一斤。会计炉炭资本，所获不多也。南丹山锡出山之阴，其方无水淘洗，则接连百竹为枧[③]，从山阳枧水淘洗土滓，然后入炉。

【注释】

① 瓠（hù）：葫芦的一个变种，亦指其果实。

② 牣（rèn）：充满。

③ 百竹为枧：杨本此处缺一页，故此处文字至“百竹为枧”方始。

【译文】

锡矿分山锡、水锡两种，山锡中又分锡瓜、锡砂两种，锡瓜块头大的像是小葫芦，锡砂像是豆粒，都在穴土中，无须挖至很深就能取得。有时途中充斥着矿脉，导致山土自行下落，随意供人拾取。水锡产自衡州、永州的溪水中，广西南丹州的河中，质地为黑色，像是筛过后的细面那样粉碎。南丹河产的水锡，需由居民十日前从南淘到北，十日后再从北淘到南。越是经过淘取，锡砂越是生长，百年都不会枯竭。但一天的工夫淘取煎炼的锡不超过一斤，再计算炉炭的成本，获利不多。南丹山锡产自山的北边，这些地方没有水用来淘洗，就需要连接百根竹子作为流通的水管，从山的南边引水来淘洗土渣，然后放入炉中。

涂本　　杨本　　陶本

图4-1-14　河池山锡

涂本　　杨本　　陶本

图4-1-15　南丹水锡

【异本插图比较】

本卷插图主要针对各类常见金属矿石的开采与冶炼，虽然数目较多，但集中于一种金属矿石的插图仅二三张，在对银、铜、铁等金属的加工方式一一描述过后，即聚焦至本卷的最后一类金属，锡。

按照原文的说法，锡分为山锡与水锡，与之对应的插图即《河池山锡》与《南丹水锡》两类。《天工开物》在介绍锡时提到，“今衣被天下者，独广西南丹、河池二州居其十八，衡、永次之”，意思是说锡的产地集中在广西南丹、河池两州，此地名与现今一致。

山锡与水锡的区别在于产地，山锡取自陆地，往往出于山中，从山上自行下落，即可拾取。水锡则产自水中，需由居民在河里来回淘取。山锡产地若没有水流，需用竹管引水，而后淘洗土滓，但水锡本身取自水中，无须再次淘洗。

以下对两图分别进行分析，第一幅为“河池山锡”，图中各有两人，一人用锄头挖土，一人捧着竹篮淘洗锡砂。先看挖土的人物，此人面向左前方侧立，涂本、杨本人物背部稍曲，陶本人物直立，三个版本中人物手握着一锄头，正在山脚处刨土，涂本、杨本人物留有胡须，陶本未留，人物身后放一竹篮，用于放置拾得的锡砂。

另一人物捧着竹篮，面向右前方侧立，陶本身体偏向正面，涂本、杨本中此人背部亦曲，陶本直立，且涂本、杨本中此人未露面部，陶本绘制出了人物的五官，且涂本、陶本人物留有胡须，杨本未留。联系原文可知，当山锡在山的北边时，没有水源，需用竹子连接为水枧，此人正在通过引来的水流淘洗锡砂，并附“水枧”二字。细看之下，陶本水枧表现出了竹材的样式，但另外两个版本只表现了水流，有些不当。

再看背景的设定，涂本处在山岩间，画面被山石包围，还有若干植被。杨本在涂本的基础上删减了若干元素，包括画面上方的山石与右下的断崖。陶本则细心刻画了诸多内容，与涂本的构图基本保持一致，只是画风不同。

整体来看，此图表述了人物拾取与淘洗锡砂的两道工序，三个版本的画面主体基本一致，人物动态相仿，但背景差异明显。另外，涂本、杨本的水枧绘制略显潦草，陶本较为细致。

第二幅插图名为《南丹水锡》，同理于《河池山锡》，此图表述的是如何在河中淘取锡砂。图中各有三个人物，两人站在水中，一人站在岸上。水中一人背对画面，只能辨识出此人为站姿，但陶本将人物的手部露出，可以看到其手中捧着一个簸箕，应是用于淘取锡砂。另一人物正对画面，同样捧着簸箕在水中陶锡。岸上的人物捧着一个簸箕面向右前方侧立，应是刚从水中上岸，意图往岸上的竹篮中倾倒锡砂。

此图的背景构图形式近似，但杨本仍在涂本的基础上主观删减。涂本上下各有一河岸，中间为河流，远处有植被。杨本删去了上方的河岸，用一块岩石与几根柳枝替代。陶本保留了涂本的背景元素，又结合自己的绘画风格加以改制，画面元素丰富，刻画得十分细致。

此图内容比《河池山锡》简单一些，只表达了人物在水中用簸箕淘取锡砂的行为，也没涉及复杂的工具，人物数量适中，未有错误出现。

炼锡炉

【原文】

凡炼煎亦用洪炉，入砂数百斤[①]，丛架木炭亦数百斤，鼓鞲熔化。火力已到，砂不即熔，用铅少许勾引，方始沛然流注（图4-1-16）。或有用人家炒锡剩灰勾引者。其炉底炭末、瓷灰铺作平池，傍安铁管小槽道，熔时流出炉外低池。其质初出洁白，然过刚，承锤即折裂。入铅制柔，方充造器用。售者杂铅太多，欲取净则熔化，入醋淬八九度，铅尽化灰而去。出锡唯此道。方书云马齿苋取草锡者，妄言也；谓砒为锡苗者，亦妄言也。

【注释】

① **入砂数百斤：**涂本、陶本作“砂”，杨本作“沙”，因后文亦提及“砂不即熔”，故杨本有误。

【译文】

锡在煎炼时也用洪炉，放入几百斤砂，架起的木炭也需几百斤，鼓风熔化。达到一定火力后，砂不会立即熔化，需用少许的铅作为引子，锡才会迅疾地流出。别处抑或有人用炒锡所剩的炉灰作为引子。此法在炉底用炭末、瓷灰铺成平坦的池子，旁边安置铁管制成的小槽道，锡熔化时就从此槽道流至炉外的低池中。锡刚制成时色泽洁白，但过于刚硬，接受锤打就会损裂。往锡中加入铅使其柔软，才能用来制造器物。售卖的锡中含杂铅太多，想要取纯净的锡就需熔化，放入醋中淬炼八九次，铅尽数化成灰粉除去，生产锡只有这种方法。方书中提到有用马齿苋取得草锡的方法，是荒谬的说法，所谓砒是锡苗的说法，也是荒谬的。

【异本插图比较】

此图是本卷的最后一幅插图，结合前两幅来看，此图讲述的是锡的炼制方式。图中各有两人，居于室内，有一风箱、一熔炉、一铁盘，涉及的画面元素较多。金属矿石的加工方式原理近似，只是需要结合金属的性质采取不同的工序，但都需要熔化后提炼，而后使之冷却凝结。图中虽未表示，但原文中提到，锡在热熔时放入砂与木炭，鼓风熔化，还需用少量的铅作为引子，使锡加速熔化流出，锡在流出时通过管道流入铁盘中，这一工序在图中已有体现。

对于画面主体，三个版本差别并不大。首先是风箱与熔炉，熔炉上方有“点铅勾锡”的字样，与原文对应。熔炉置于风箱之前，底部中间的位置有一小管，方便液态的锡流出，炉的前方放置一长方形铁盘，锡便流入其中，铁盘

涂本　　杨本　　陶本

图4-1-16　炼锡炉

上亦有“流入铁盘”字样，其意不辨自明。

图中的两个人物分别站在熔炉、风箱的两侧，左侧的人物拉动风箱，右侧人物用一杆件往火焰中戳，应是所谓的“点铅勾锡”之法。在人物的刻画上没有较大差异。

最后看画面背景，本卷插图场景大多置于室外，此处为室内。涂本背景有一竖屏，还有一些不易辨识的建筑构件，右侧人物身旁还有一方桌，画面左下角的位置有两个容器。杨本除画面左下角的容器外，没有与涂本重复的背景元素，画面左上还绘制了两个盆。陶本画面的设定与涂本相契合，在同样的位置绘制了竖屏与方桌，画面右上还绘制了窗户，并且保留了左下角的容器，只是地面上铺设的板砖，有些特殊。

本幅插图除背景的差异外，在主体物的设定上没有出现明显的不同，背景的差异基本来自杨本。可以看出，在整本《天工开物》中杨本的背景省略了许多，大量数目的杨本插图对涂本的原版内容做了删减，与此同时，陶本则过分关注对背景的刻画。

【本卷小结】

本卷共计十三幅插图，与《杀青》卷连续完整的造纸过程不同，本卷是对几类常见金属的开采、冶炼分别说明，其分配方式为，银四幅，铜两幅，锌一幅，铁三幅，锡三幅。插图基本分为金属矿石的开采与炼制两类，各类金属开采方式、场地不一，有的深埋地底，有的处于浅坑中，有的在地表就能发现，有的需在水中淘取。金属的炼制方式虽各不相同，但都是通过热熔而后冷凝提纯。

此卷虽然描述了各类金属，但其插图内容无非是金属矿石的开采与加工，因此插图基本设定是相似的，这也就大大降低了本卷插图的错误率，大多属于细节没有处理到位，在画面主体的表达上没有出现大问题。

但总的说来，杨本的出错率与问题较大，相比之下，陶本反而没有过多的错误出现，且在细节上更加到位。杨本部分插图有些偏左，导致最左侧的内容缺失，例如《开采银矿》图中即少一人物，虽不占主体，但有些内容上的缺失；而《熔矿结银与铅》图直接少了一个主体人物，影响了画面本意的表达。

在《生熟炼铁炉》图中，杨本直接缺失了半幅插图，虽然这也许是古籍缺页的问题，但杨本此图不再完整，不具备参考价值。且杨本在背景的处理上略显潦草，虽然部分内容与涂本背景保持一致，但大部分情况下，会主观删减涂本背景元素。虽在某些程度上无关紧要，但有时背景的删改也会导致画面主体表达上的偏差。

本卷插图数目较多，虽然杨本略有差异，但大多数插图既符合文意，版本之间也没有过多本质上的区别，错误率较低。且与《天工开物》开篇《乃粒》《乃服》等卷相比，其陶本插图与涂本插图的相似度高了许多，基本与涂本内容、构图方式、主体表达保持一致，除背景处理外，基本没有进行主观的增减，有时甚至别具一格。

二、佳兵 第十五卷

【按语】

“佳兵”出自《老子》“夫佳兵者，不详之器”[1]，主要讲述古代武器，包括冷兵器与火器。本卷所附插图版本之间有所差异，单看涂本，原版共计九幅插图，杨本缺《张弩》一图，陶本在对应涂本插图的基础上，另附两幅插图，分别为《地雷炸》与《混江龙炸》，而《端箭》一图被拆分为两幅，因此处陶本多出图幅共计三幅，由于数目较少，故将其穿插于正文中，分别附在《端箭》一小节，与《地雷》《混江龙》二节之后。而本卷原版的九幅插图中，仅二幅为冷兵器，分别为弓箭、弩，另七幅为火器，讲述了火药配方与主要的几类火器的样式。本卷仍旧按照插图顺序，联系原文对应文字逐一进行对比分析，虽有陶本多出图幅，但不似《乃粒》等卷中置于卷末另外说明，而是在正文中一同介绍。

端箭

【原文】

凡试弓力，以足踏弦就地，称钩搭挂弓腰，弦满之时，推移称锤所压，则知多少（图4-2-1）。其初造料分两，则上力挽强者，角与竹片削就时，约重七两。筋与胶、漆与缠约丝绳，约重八钱。此其大略。中力减十之一二，下力减十之二三也。

凡箭笴①，中国南方竹质，北方萑②柳质，北虏③桦质，随方不一。竿长二尺，镞④长一寸，其大端也。凡竹箭削竹四条或三条，以胶粘合，过刀光削而

1　牟峰高．牟氏老子［M］．北京：北京燕山出版社，2012．11：276．

圆成之。漆丝缠约两头，名曰“三不齐”箭杆。浙与广南有生成箭竹，不破合者。柳与桦杆，则取彼圆直枝条而为之，微费刮削而成也。凡竹箭其体自直，不用矫揉。木杆则燥时必曲，削造成时以数寸之木，刻槽一条，名曰箭端。将木杆逐寸戛拖而过，其身乃直。即首尾轻重，亦由过端而均停也。

【注释】

① 笴（gě）：箭杆，弓材。

② 萑（huán）：古代指芦苇一类的植物。

③ 北虏：涂本、杨本作“北虏”，陶本作“北边”，“北虏”在古代特指北方匈奴等少数民族，为蔑称，陶本刊自民国，以“北边”代之。

④ 镞（zú）：箭头。

【译文】

试弓力时，需用脚将弦踏在地上，将秤钩挂在弓腰上，弦拉满的时候，推移秤锤压的地方，就知道重量的多少。造弓的材料按两计，上等的挽力强的弓，所用的牛角和竹片削好后大约七两重。牛筋、胶、漆与缠丝约重八钱，这是弓大概的重量。中等挽力的弓比前者减轻十分之一二，下等挽力的弓减轻十分之二三。

箭杆在中国南方用竹制，北方用萑柳制，且北方少数民族用桦木制，各地的取材不同。箭杆长二尺，箭头长一寸，这是大致的情况。竹箭需削三或四条竹，用胶粘合，用刀削成圆形，用漆与丝缠紧两头，这种箭杆叫做“三不齐”。浙江、广东有天然生长的箭竹，不需要破开粘合。若用柳与桦制杆，就需取圆直的枝条制成，稍微刮削就能制成。竹箭本身就是直的，不需要矫正。木杆在干燥时必定弯曲，削造时用几寸的木条刻一道槽，叫做“箭端”。将木

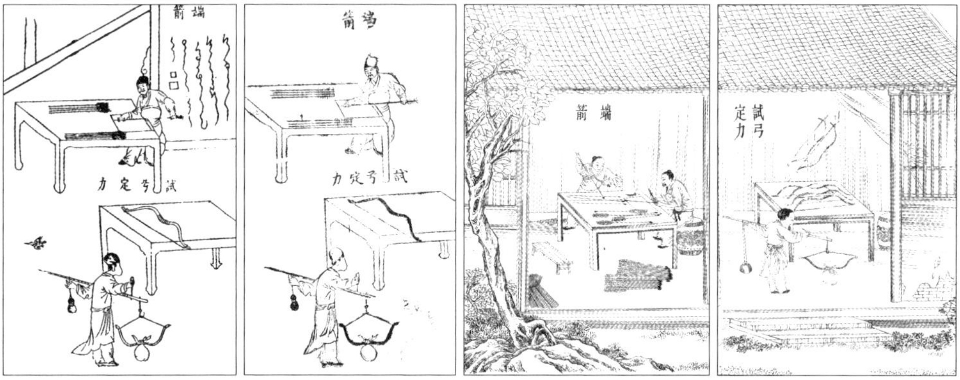

涂本　　杨本　　陶本

图4-2-1　端箭

杆逐寸沿着槽拖拽而过，木杆杆身就会变直。即使木杆的首尾轻重不一，也能通过这一方法变得均匀妥帖。

【异本插图比较】

本节介绍的是弓箭的制作方法，弓箭分为弓与箭，因此大致分为两道工序，一为“端箭”，二为“试弓定力”。涂本、杨本将二者并在同一幅插图中，陶本将其拆分为两张插图，但实际上陶本的两张插图也可合并在一起。从中就可以看出此图陶本的明显差别，即构图方式。

涂本、杨本中各有两个人物，分别在进行两道工序，陶本中则有三个人物，《端箭》中有两人，《试弓定力》仅一人。先看《端箭》，涂本、杨本中的人物居于画面上半部分，站在方桌右侧，手中握着一根箭杆，正在桌面拖拽，桌面上还放着若干箭杆。陶本差异较大，有两个人物，其一坐在方桌右侧，正拿着一把刀削竹，另一人站在桌子后面，同样拿着一把小刀削竹，桌面上亦有若干箭杆，部分已有箭羽，部分没有。陶本中这一方桌旁还有一条长凳，与成堆的竹箭。

再看《试弓定力》，三个版本都仅有一人，涂本、杨本中此人站在画面下半部分，陶本则占据了右半张插图。此人背对画面，手提着秤，一边坠一秤砣，一边悬挂着弓。涂本、杨本中人物未露出五官，只留侧脸，陶本则绘制了五官。人物面前还有一张方桌，涂本、杨本桌上仅有一把弓，陶本放置了四把，另外，陶本中的墙上还悬挂着两把弓。

这就要提到三个版本的场景设定，涂本中背景不多，只能分辨出画面右上角有一竖屏，左上角有两道斜杠，应是墙壁。杨本省略了涂本背景元素，只留主体人物。陶本则将主体物绘制在了一处房屋中，可以看到外部的场景，包括门、柱、屋顶等，屋外左侧还有一棵树，以及其他植物。因此，陶本此图改变了原版的构图方式，还额外地绘制了大量场景。而主体物的表达上没有出错，只改动了“端箭”这一工序中的人物数目与动态。

张弩

【原文】

国朝[①]军器造神臂弩、克敌弩，皆并发二矢、三矢者（图4-2-2）。又有诸葛弩，其上刻直槽，相承函[②]十矢，其翼取最柔木为之。另安机木随手扳弦而上，发去一矢，槽中又落下一矢，则又扳木上弦而发。机巧虽工，然其力棉甚[③]，所及二十余步而已。此民家妨窃具，非军国器。其山人射猛兽者名曰窝弩，安顿交迹之衢[④]，机傍引线，俟兽过，带发而射之。一发所获，一兽而已。

【注释】

① **国朝**：涂本、陶本作“国朝”，杨本作“明朝”，因《天工开物》涂本初刊于1637年，即明崇祯十年，杨本刊于明末清初，故改为“明朝”。

② **相承函**：涂本、陶本作“相”，汤本误作“枳”，意为植物名，不合语义。

③ **其力棉甚**：涂本、杨本作“棉”，陶本作“绵”，意为绵软无力，后者应该正确用法。

④ **衢**：大路，四通八达的道路。

【译文】

本朝（明朝）的军器机构曾制造神臂弩、克敌弩，都可以一同发射出二三支箭。又有诸葛弩，上面刻直槽，可以接连装入十支箭，箭翼取最柔软的木做成。另外安置木质的机械随手就可以扳弦启用，发射出去一支箭，槽中就又落下一支箭，就可以扳木上弦发射出去。机械虽然工巧，但它的力道绵软，射程只有二十几步的距离。这是百姓家中防止偷窃的工具，而非国家行军所用的兵器。还有山中猎户射杀猛兽用的叫做窝弩，安置在野兽出没的道路上，弩机旁有引线，等待野兽路过，带动引线就会发射。一箭发出，只能收获一头野兽。

【异本插图比较】

本节描述的弩是另一种冷兵器。图中没有描述弩的制作方式，而是弩的用法。因杨本缺失了此插图，此处只对涂本与陶本进行对比。涂本中有两人，陶本有三人。此组插图中，陶本的设定与《端箭》相似，同样将原版插图拆分为两幅，左半张人物有二，正在室内扳木上弦，右半张仅一人，正在瞄准飞鸟射箭。

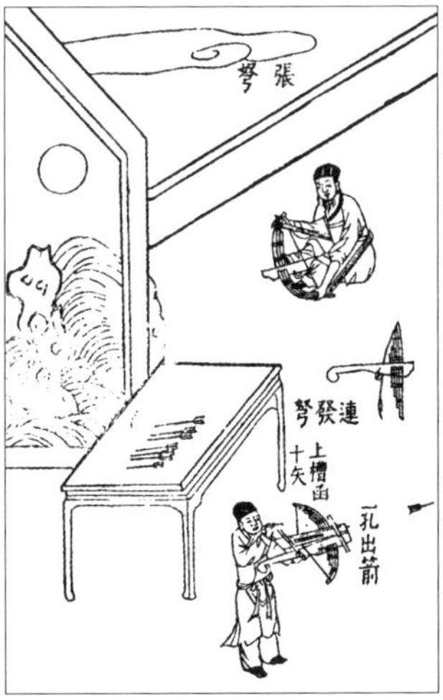

涂本

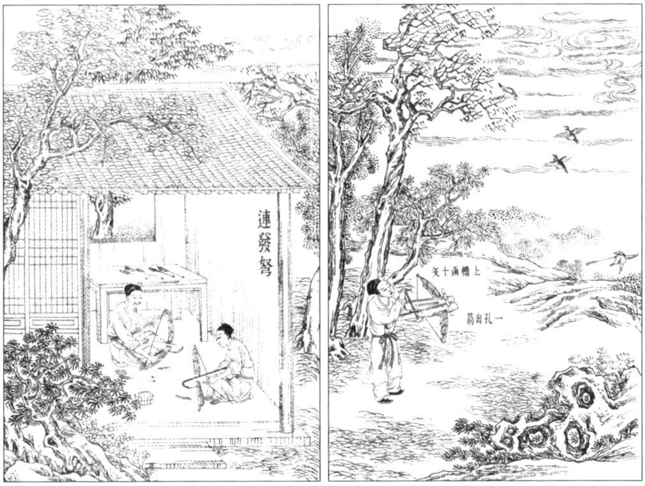

陶本

图4-2-2　张弩

涂本图名为《张弩》，陶本名为《连发弩》，除图名外，图中还有几处文字。在涂本中，一人居于画面上方装箭，一人在画面下方射箭，下方人物附近有三处文字，一为“连发弩”，二为“上槽函十矢”，三为“一孔出箭”。陶本文字内容一致，只是将“连发弩”置于左半张图中，作为图名，另两处文字在射箭的人物旁侧，与涂本类似。

再看两组人物，涂本中居于画面上方的人物坐在地上，手中拿着一弩，应该是在将箭装在弩上，此人正对画面，但稍微偏向左侧。陶本则有两人正坐在地上装弩，内容丰富一些，一人背靠墙壁，面向左前方侧坐，另一人正对画面，偏向右侧，两人手中各拿一弩，地上还有小刀、箭、木盆等物，人物身后有一方桌，桌上摆着若干支箭。在这组人物的刻画上，涂本、陶本的人物位置、朝向、数量都不相同，但行为类似，都是坐在地上装弩。

涂本中另一人物站在画面下方，面向右前方，将弩抬起，有一支箭射了出去，人物身后还有一张长桌，上面放置了若干支箭。陶本中此人的动作、朝向与之保持一致，但站在室外，瞄准一只飞鸟，并已射中。两个版本中，此人的设定差距不大。

此图差别最大的地方为两个版本的构图与场景，涂本背景为一竖屏和几条斜杠，右侧地面上还有一弩。陶本则丰富许多，左半张图为一茅屋，人物坐在屋内，右半张图则是室外，有若干山石、草木，还有几只飞鸟，画面更为生动。人物的刻画上虽有差异，但整体并无错误。

八面转百子连珠炮、吐焰神球、流星炮

【原文】

大将军、二将军①，即红夷②之次，在中国为巨物。佛郎机③，水战舟头用。三眼铳、百子连珠炮（图4-2-3至图4-2-5）。

【注释】

① **大将军、二将军：**明代制造的金属巨炮，因与清兵交战时立下战功，故封此名。

② **红夷：**明代传入中国的欧洲大炮。

③ **佛郎机：**由葡萄牙人传入中国的欧洲火炮。

【译文】

大将军和二将军，形制稍小于红夷大炮，在中国也称得上是巨物。佛郎机，水战时在船头使用。三眼铳、百子连珠炮。

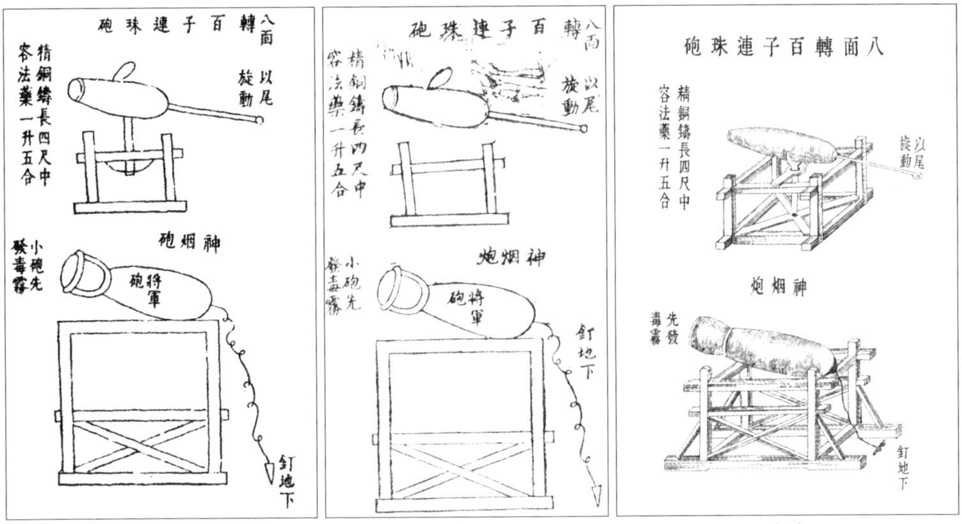

涂本　　杨本　　陶本

图4-2-3　八面转百子连珠炮

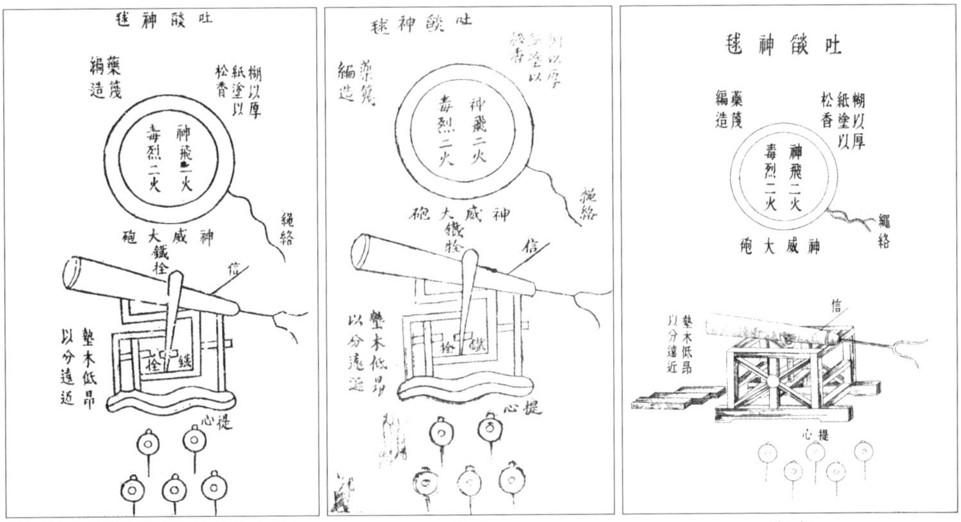

涂本　　杨本　　陶本

图4-2-4　吐焰神球

【异本插图比较】

在弓箭与弩箭之后，剩余的插图都是对火器的描述，此处即为火炮，但《天工开物》原文并未对火炮进行详细描述，只提及了火炮的名称，而后一笔带过，因此，此处的“八面转百子连珠炮”“吐焰神球”“ 流星炮”只能从插图中得到信息。

先看第一幅插图《八面转百子连珠炮》，实际上分了两个火炮种类，其一

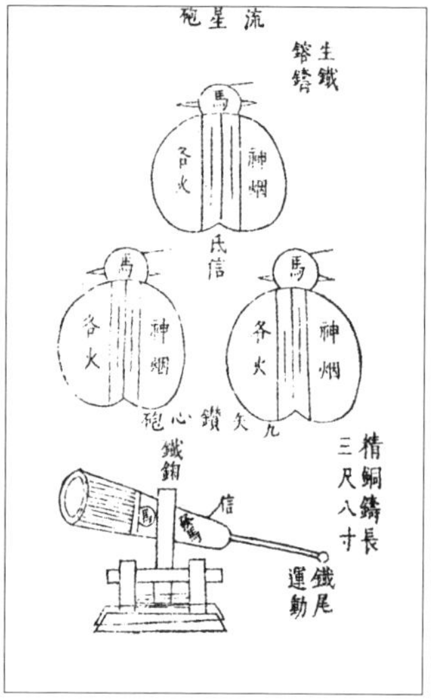

涂本

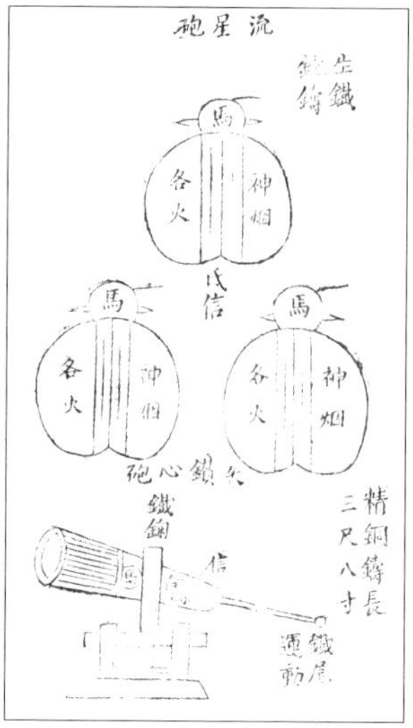

杨本

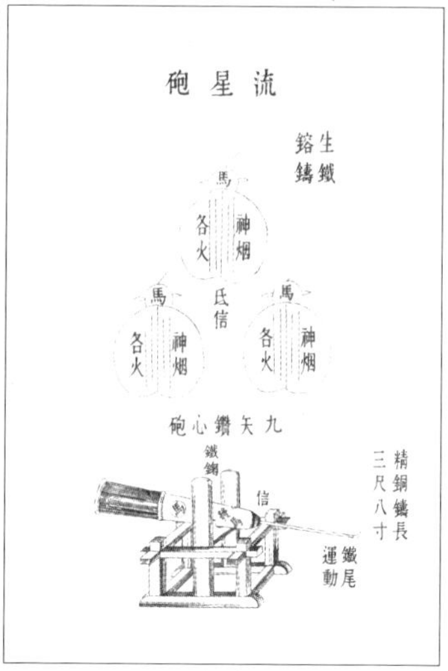

陶本

图4-2-5　流星炮

为“八面转百子连珠炮”，其二为“神烟炮”，两类火炮分别占据了画面的上下两部分。单从画面风格来看，陶本差异明显，涂本、杨本为二维平面，陶本为三维立体，风格全然不一。

八面转百子连珠炮又称八面神威炮，在明代焦玉撰写的《火龙神器阵法》中亦有提及这一武器，其称“炮用精铜熔铸，长五尺，后有燕尾，长二尺，下用木架……八面旋转，攻打不绝，中藏铅弹、铁子数百枚”[1]，之所以称之为八面转百子连珠炮，是因为此炮可以发射出数百枚铁弹，并通过旋转使其四射。

八面转百子连珠炮由火炮与木架两部分组成，其构图形式与其他插图不同，在此之前的插图基本都有特定场景或人物，但此处只呈现了火炮的造型，像是图例。涂本、杨本较为简略，用一长条水滴形作为火炮的主体，火炮上部还有另一个部件，在陶本中未能体现这一部件，在火炮尾端有一长杆，标有“以尾旋动”四字，说明此火炮发射时可以通过旋转尾端使火炮射向四面八方。

火炮用一组木构件支撑，涂本虽然线条简略，但可以看出有一杆件在支撑着火炮，而杨本却是腾空状态，显然不对。陶本表现形式不同，但对木架的构造绘制完整，亦有一支撑件。在火炮的左侧有两排文字，“精铜铸，长四尺，

1　《中华大典》工作委员会，《中华大典》编纂委员会编纂．中华大典 理化典 化学分典 3［M］．济南：山东教育出版社，2018．05：10．

中容法药，一升五合”，原文虽未有与之相关的解释，但可以判断出这说的是八面转百子连珠炮的组成与规格。

再看“神烟炮”，居于画面下半部分，同样由一火炮与一木架组成，但构造与八面转百子连珠炮有所不同。此处火炮头部有一多出的构件，火炮上还标有“将军炮”三字，指的是明代立下战功的火炮。火炮尾端还有一根长绳，用钉子钉在地下，并标“钉地下”三字。此处火炮同样被架在木架上，但没有单独的构件支撑，而是直接依靠木架。火炮左侧亦有文字说明，涂本、杨本为“小炮先发毒雾”六字，陶本有“先发毒雾”四字，这说的是神烟炮使用前先发射毒雾。

明代相关文献中对这一火器亦有记载，如唐顺之所撰《武编》中提到，“以毒药法制生铁千斤，藏于铳内，铳发则片如雨，虽万众不能当也”[1]，意思是说该炮发射时会用到毒药，也与插图上的文字相对应。

根据以上分析，陶本与涂本、杨本差别最大的地方是绘画风格，前者为立体，后者为平面，其描绘的对象近似。三个版本中的神烟炮差别不大，区别在八面转百子连珠炮，杨本悬空，缺少支撑件，陶本缺少火炮上的一个部件，略有不足，只涂本较为合理。

第二幅插图为《吐焰神球》，同样分为上下两部分，上半部分描绘的是炮弹的构造，下半部分描绘的是火炮的造型。炮弹是一个正圆，外有一根引线，内部另有一小圈，并附文字，引线名为“绳络”。炮弹内部有“神飞二火，毒烈二火”，但原文并未对此加以说明，笔者推测其为炮弹中原料的配比。在炮弹外部，还有“糊以厚纸，涂以松香”，以及“药篾编造”，说的是炮弹外层的材料。三个版本中对炮弹的描绘与文字说明一致，但涂本与杨本仅一根引线，陶本画了两根。

而画面下半部分的炮弹较上一组插图略显复杂，虽然同样被架在一组木架上，但木架的构造并不是传统的框架结构，而是类似“回”字形，但涂本、杨本只绘出了它的正立面，不易推测具体结构，但其中有一名为“铁拴”的构件，用来固定火炮。而陶本木架仍是标准的立方体，与另外两个版本并不相符，说明陶本的木框架并不符合原版。

火炮略细长，上有一根引信，尾端有一“Y”形构件，用来调整朝向。此炮名为“神威大炮”，旁侧还有“垫木低昂，以分远近”，意思是在木架下方

---

1 《中华大典》工作委员会，《中华大典》编纂委员会编纂．中华大典 理化典 化学分典 3［M］．济南：山东教育出版社，2018．05：35．

垫着的木头有高低起伏，以控制火炮射程的远近，但陶本也没有体现这一构造。画面底端绘制了五个小炮弹，名为“提心”，这一构件三者一致。

在此图中，炮弹的设定与文字说明基本一致，只陶本多出一根引线。而炮弹的差异主要体现在木框架上，陶本未能与另两个版本保持一致，因此陶本与涂本、杨本意图表达的内容相比，并不到位。

本节最后一组插图为《流星炮》，构图方式与此前两组类似，仍旧分为上下两部分，上半部分绘制了三个一模一样的炮弹，下半部分为火炮的造型。

先看上半部分，三个炮弹造型相同，各分为两半，一半名为“神烟”，一半名为“各火”，顶端有一构件名曰“马”。在这组炮弹右上的位置标着“生铁熔铸”四字，三个炮弹中心有“氐信”二字，暂不知其意，但三个版本内容一致。

下半部分绘制了一组火炮，此炮名为“九矢钻心炮”，但杨本少了一“九”字。火炮右侧有“精铜铸，长三尺八寸”的字样，说明了火炮的材料与尺寸。此炮同样架在木架上，此处的木架有一高起的立柱作为构件，支撑固定火炮，其上标“铁锔”二字，为一金属构件，在这一设定上陶本与涂本、杨本一致。

火炮造型没有特殊之处，只在火炮上标着“马”“发马”字样，与炮弹的名称一致。另外，火炮尾部还有一根戳出的线条，标有“信”字，说明此为火炮引信，但陶本没有此线条，是为疏漏。火炮尾端亦有一杆件，标“铁尾运动”四字，用途与八面转百子连珠炮一致，是为了控制火炮旋转。

整体上看，三个版本相似度较高，仅一些细节之处有所区别，包括杨本中火炮的名称，以及陶本中引信的缺漏，但没有造成明显的错误。而此图中涉及诸多陌生的名词，还需另作解读。

地雷

【原文】

地雷（图4-2-6），埋伏土中，竹管通引，冲土起击，其身从其炸裂。所谓横击，用黄多者。引线用矾油，炮口覆以盆。

【译文】

地雷，埋伏在土中，用竹管通引线，引爆时冲开泥土出击，地雷本身也随之炸裂。横向爆炸的情况，是使用了较多的硫黄。引线用矾油涂抹，炮口用盆掩盖。

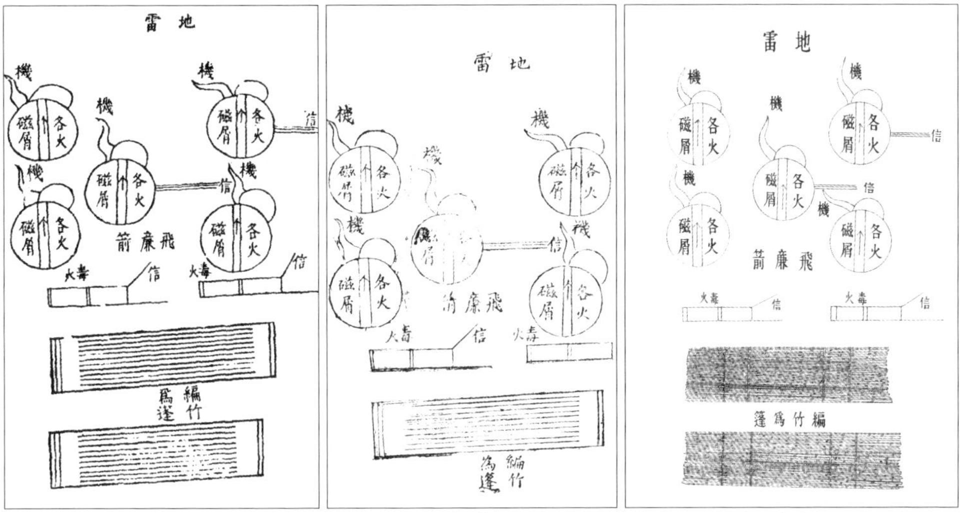

涂本　　杨本　　陶本

图4-2-6　地雷

【异本插图比较】

地雷也属于火器，但无须用火炮发射，而是埋在土中。但此处的地雷不似现代地雷会被敌人触发，而是用竹管连通引线，引线用矾油涂抹，由人力点火引爆。

此图的形式与上一节的火炮类似，罗列了地雷包含的材料，包括地雷、飞廉箭、竹篷三类，分布在画面上中下部分。由上至下看，图中绘制了五个地雷，其中两个有引信，并标一“信”字。地雷的基本型为球形，上端有一名为“机”的构件，球体内部被分为两部分，左半部分为“磁屑”，右半部分为“各火”，中间部位有一上指的箭头“↑”，三个版本中地雷的样式一致，只杨本右上的地雷未绘制引信。

再看中间位置的武器，其名为“飞廉箭”，应是一种埋在土中的竹管，标有“火毒”两字，尾端有一斜线，标“信”字，说明此物也需通过引信点燃。此件形制简易，三个版本一致，只杨本右侧的飞廉箭没有引信。

画面底部为竹篷，标有“编竹为篷”四字，涂本、杨本的形制与陶本有所差异，但陶本看上去更贴近现实。另外，杨本只绘制了一个竹篷，涂本、陶本各有两个。

此图的内容较为零散，且涉及诸多陌生的材料与构件，但三个版本整体差异不大，只杨本在地雷与飞廉箭中各少了一根引信，并省略了一个竹篷，存在一定问题。

混江龙、地雷炸、混江龙炸

【原文】

混江龙（图4-2-7），漆固皮囊裹炮[①]沉于水底，岸上带索引机。囊中悬吊火石、火镰[②]，索机一动，其中自发。敌舟行过，遇之则败。然此终痴物也。

【注释】

① **裹炮**：涂本、陶本作“果”，杨本作“裹”，此处有包裹之意，故前者有误。

② **镰**：收割谷物和割草的农具。

【译文】

混江龙是将火药装于皮囊中后用漆封固，然后沉于水底，与岸上的索引机相连。皮囊中悬吊火石与火镰，索机一动，皮囊中的火药自行爆发。敌军的船行过时，若遇此机关就会败退，但这始终是不太灵活的器物。

【异本插图比较】

混江龙，也就是水雷，其用法是将火药装入皮囊中密封，而后沉入水底，与岸上的索机相连，索机一动，皮囊中的火药就会爆发。此图不似前几组，将火器单独罗列，而是将混江龙设在了一个场景中。

涂本与杨本构图类似，混江龙占据主体，但并没有放入水中，而是置于地面。涂本左上的位置有一断崖，崖边有一棵树。杨本只有一断崖，省略了树木。陶本则将混江龙置于水底，画面中大部分为水流，画面上方可以看到河岸，在远处还有几艘船，河岸上也有树木作为陪衬。

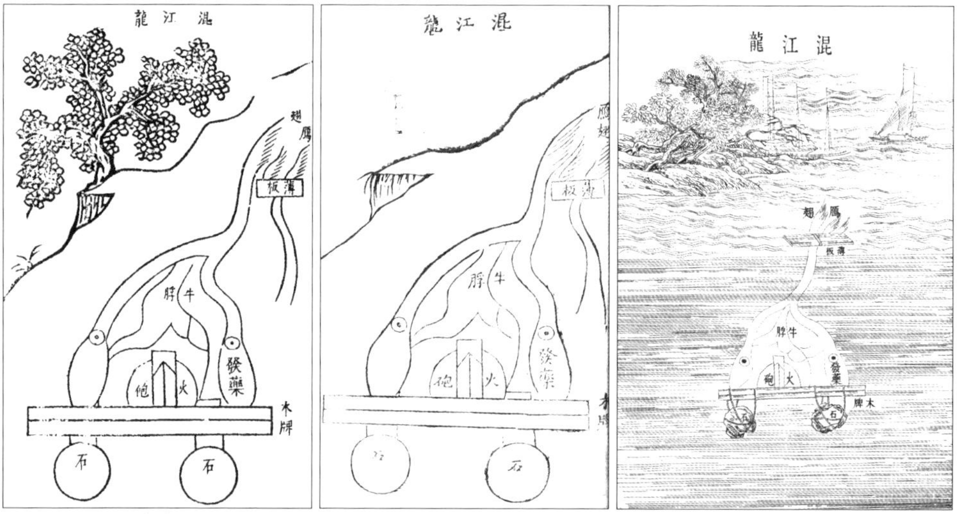

涂本　　杨本　　陶本

图4-2-7　混江龙

再看主体物，混江龙的组成部分较多，顶端有一名为“鹰翅”的构件，其下有一木板，标“薄板”二字。而后是用皮囊包裹的火炮，内部结构略复杂，两边各有一小球，名为“发药”，中间位置是一大球，名为“火炮”，应是装了火药，内部还有名为“牛脖”的构件，虽不明其意，但三者对这些内容的描绘保持一致。

以上内容用一长木板撑起，木板右侧标有“木牌”二字，木牌下方有两个石块，其作用是将火药沉入水底。三个版本中，石块上都标有“石”字，涂本、杨本的石块用一圆球指代，而陶本绘制得较为贴合现实，且在石块外用绳索包裹缠绕，较为具象。

此图的差异在于混江龙放置的场景，涂本与杨本的混江龙放在平地上，陶本则浸入水中，整体看上去陶本更为细致到位。

以下两幅插图为陶本多出的图幅，涂本、杨本中未有，其对应的是地雷与混江龙爆炸时的效果，分别为《地雷炸》与《混江龙炸》（图4-2-8）。根据文意，地雷埋在地下，混江龙沉入水中，因此其爆炸的效果也不相同。

地雷爆炸时，所处场景为地面，云雾腾起，碎石炸开，并且运用线条的发散，产生爆炸的视觉效果。而混江龙爆炸时，水花被激起，但是基本保持竖直向上的走向，插图大部分内容为水面，但在画面顶端有一河岸，并绘制了草木，颇为细节。

此二图没有对照项，因此只作简略说明，两者对《天工开物》的相关内容进行了补充说明，表达了地雷与混江龙爆炸时的效果，画面构成并不复杂，易于解读。

陶本

陶本

图4-2-8　地雷炸　混江龙炸

鸟铳

【原文】

凡鸟铳长约三尺，铁管载药，嵌盛木棍之中，以便手握（图4–2–9）。凡锤鸟铳，先以铁挺一条大如筋者为冷骨，裹红铁①锤成。先为三接，接口炽红，竭力撞合。合后以四棱钢锥如筋大者，透转其中，使极光净，则发药无阻滞。其本近身处，管亦大于末，所以容受火药。每铳约载配消②一钱二分，铅铁弹子二钱。发药不用信引，岭南制度，有用引者。孔口通内处露消③分厘，捶熟苎麻点火。左手握铳对敌，右手发铁机逼苎火于消上，则一发而去。鸟雀遇于三十步内者，羽肉皆粉碎，五十步外方有完形，若百步则铳力竭矣。鸟枪行远过二百步，制方仿佛鸟铳，而身长药多，亦皆倍此也。

【注释】

① **裹红铁**：杨本、陶本作"裹"，涂本误作"果"。

② **消**：通"硝"，一些矿物盐的泛称，此处三个版本皆作"消"，应改为"硝"，下文同义。

③ **露消**：涂本、陶本作"消"，杨本作"硝"，结合语义，此处应为"露出少许硝石"之意，故前者有误。

【译文】

鸟铳长度约为三尺，铁管装载火药，嵌在木棍中，以便用手握持。锤造鸟铳时，先用一条比筋粗的铁条作为冷模，将烧红的铁包裹其外锤成圆管。先做三根接管，接口烧红后竭力捶打使其接合。接合之后用筋一般粗的四棱钢锥，在圆管中穿透旋转，使其极为光洁干净，这样之后发射弹药就不会有阻滞了。铁管靠近铳身的地方，管口大于末端，所以容易承受火药。每个鸟铳大概能够装载一钱二分硝石，二钱铅弹子、铁弹子。引发火药不需要用引信，广东地区所制鸟铳，有用引信的类型。铁管孔口通往内部的地方需露出少许硝石，用捶烂的苎麻点火。左手握持鸟铳面对敌人，右手扣扳机将苎麻所引之火逼近硝石，就能一发即出。在三十步距离之内遇上鸟雀，羽毛和肉身都会粉碎，五十步距离之外方能有完整的形体，若是距离百步鸟铳的力道就尽了。鸟枪射程能有二百步之远，制造的方法和鸟铳相同，但铳身较长，所用火药亦多，是鸟铳的一倍。

【异本插图比较】

鸟铳即火铳的一种，为携带式的管型火器，类似现代步枪。此器虽名为鸟铳，且以鸟雀的中弹效果作为参照，称"鸟雀遇于三十步内者，羽肉皆粉碎，五十步外方有完形，若百步则铳力竭矣"，但此处鸟铳同样是一种杀伤力较强

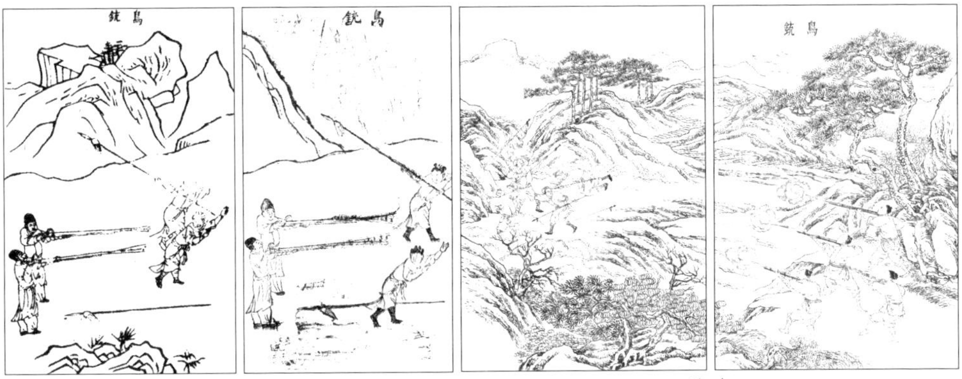

涂本　　杨本　　陶本

图4-2-9　鸟铳

的武器。

鸟铳对应的插图，涂本、杨本仅单个版面，陶本则由两个版面组成。涂本、杨本中各有四人，两人持鸟铳，两人落跑。陶本则有九人，四人持鸟铳，五人落跑。虽然三图在人物数量与构图方式上差异较大，但本质都是对鸟铳击退敌人场景的描绘。

涂本与杨本整体上相似度较高，两人站在画面左侧，各持一鸟铳，面向右前方，对准前方的两人发射，但画面模糊，并没有对鸟铳进行详细刻画，只能辨识出鸟铳造型细长。另外两人正在躲闪，居于画面右侧，虽然向右前方逃去，但还在回头望向持鸟铳的两人，且此二人，一人双手还握着长枪，另一人手中的枪掉落在地。涂本中二人分别被鸟铳对准，但杨本中偏下的人物位置有调整，不再被鸟铳瞄准，有些不太恰当。

因陶本背景与另外两个版本没有关联性，因此在下文单独描述。单看涂本背景，画面上半部分与底部有山石。杨本与之构图相似，但省略了画面底部的山石，上半部分的山石也做了简化。

再看陶本插图，只是套用了涂本的主题，其画面与涂本完全没有重合之处。右半张插图中有四人，全部背对画面，手持鸟铳对准斜对角的敌军，而左半张插图中有五人，正在朝着左前方落荒而逃，有几人手中持着长枪，还有一长枪掉落在地。从人物行为上看，陶本与另外两个版本是一致的，只是选择了不同的表现形式。图中也绘制了大面积的场景，包括山峦、土堆、植物等，人物形象也更生动立体。

万人敌

【原文】

凡外郡小邑乘城却敌，有炮力不具者，即有空悬火炮而痴重[①]难使者，则万人敌近制随宜可用，不必拘执一方也。盖消、黄火力[②]所射，千军万马立时糜烂。其法，用宿干空中泥团，上留小眼，筑实消黄火药，参入毒火、神火，由人变通增损。贯药安信而后，外以木架匡围[③]，或有即用木桶，而塑泥实其内郭者，其义亦同。若泥团必用木匡，所以妨掷投先碎也。敌攻城时，燃灼引信，抛掷城下。火力出腾，八面旋转。旋向内时，则城墙抵住，不伤我兵。旋向外时，则敌人马皆无幸（图4-2-10）。此为守城第一器，而能通火药之性、火器之方者，聪明由人。作者不上十年，守土者留心可也。

【注释】

① **痴重**：涂本、陶本作“重”，杨本误作“里”。

② **消、黄火力**：消，涂本、陶本误作“消”，杨本为“硝”，后者为本意；黄，涂本、陶本作“黄”，杨本为“磺”，后者亦为本意。

③ **匡围**：涂本、杨本作“围”，陶本误作“圍”。

【译文】

在边塞小城里守卫城池击退敌人，有时火炮之力无从具备，有时只有空置的火炮，笨重难以使用。在此情况下，近年来制成的万人敌可以适应各种条件，不被任何限制拘束。硝石、硫黄的火力发射而出，千军万马都会立马溃散。万人敌的制法如下，用长时间干燥中空的泥团，上部留下小孔，填满硝黄火药，掺杂毒火、神火，用量的增减根据人数而变化。放入火药安放引信之后，外部用木架匡围，或者也可用木桶，将泥塑于内部周围，道理是一样的。若有泥团必须用木框，为的是以防投掷时先行碎裂。敌军攻城时，点燃引信，将万人敌抛掷城下。火力冲出奔腾，八面旋转。旋向内部时，有城墙抵挡，不会伤及我方的士兵。旋向外部时，敌军的人马都无从幸免。这是守护城池的第一利器，通晓火药性质、火药用法的人，可以根据自己的聪明才智灵活应用。制造出这种武器的时间还不到十年，守卫国土的人需留心于此。

【异本插图比较】

万人敌是一种火器的名字，其对应的插图实际上并没有涉及万人敌的具体制法，而是在原文中详细描述，插图则绘制了使用万人敌的场景。因万人敌的制作方法与原材料配比在本节译文中已陈述，也并非此组插图的重心所在，故不再强调。其大致造型为用木架匡围的炮弹，在敌军攻城时点燃引信抛掷城

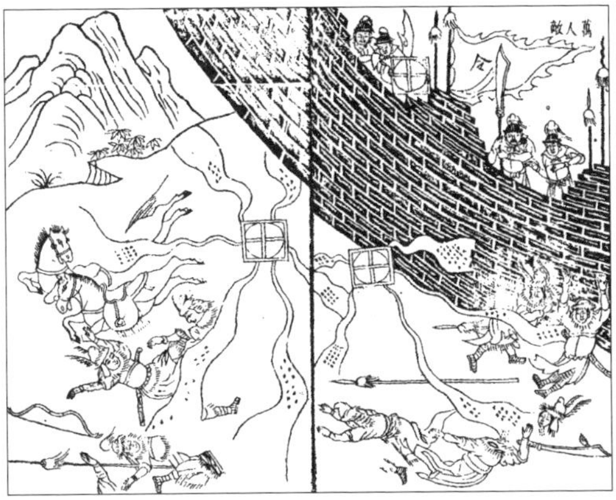

涂本

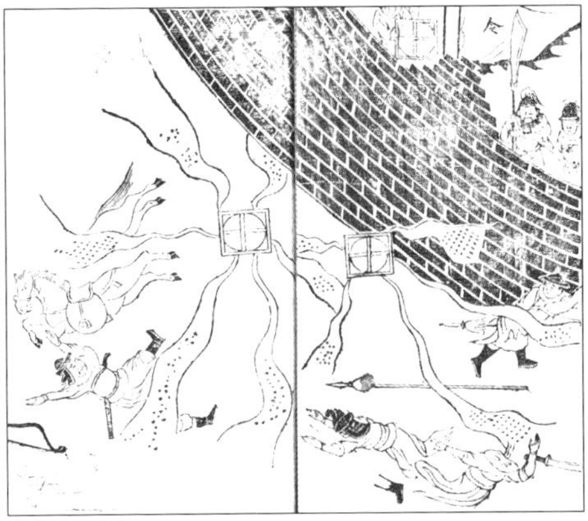

杨本

陶本

图4-2-10 万人敌

下，而后火力冲腾，八面旋转，又因城墙遮挡，不会对我方士兵造成伤害，但能扫清敌军兵马。

在此组插图中，场面较为宏大，各由两个版面组成，分为城墙内外，人物众多，涂本十一人、两匹马，杨本七人、两匹马，陶本十七人、两匹马。本幅插图涉及内容众多，较为复杂。

此图名为《万人敌》，但杨本未标图名。涂本、杨本整体上看依旧类似，但杨本删去了许多涂本中的内容，陶本虽保持了大致的构图，但其内容与绘画风格发生了改变。

三个版本各有一城墙，居于画面右上的位置，涂本、杨本的城墙用砖块垒砌，并填为黑色。陶本城墙较为立体，且在中间位置开一扇城门，城墙上有若干垛口，中间位置还设一门楼。三个版本中城墙上都有一面旗帜，标一“令”字，而陶本城墙上还有数面小旗。

城墙外侧即为万人敌的爆炸场景，三个版本中各有两个万人敌被抛下城墙，涂本、杨本中城墙上各有一个万人敌，陶本有两个。被抛掷下去的万人敌向四面八方发射，涂本、杨本用数缕烟体现这一场景，陶本则是放射状的直线。除此之外，陶本中还有大片的烟云，萦绕在画面中间的部位。除去战争场面，涂本与陶本左上的位置还有一处小山，杨本删去了这一内容，使之空白。

最后细看图中的人物与马匹，三个版本中的人物数目皆不相同，但设定相似，一组人物站在城墙上防御，另一组人物在城墙外被炸得人仰马翻。涂本中有四人站在城墙上，左侧的两人只露出头部，右侧的两人露出上半身，都在观察战况。杨本中的人物设定与涂本基本一致，由于画面构图问题，画面顶端被截去一部分，因此只留三人，其中，居于画面左侧的一人头部被遮去，只留下了身体的一小部分与其手中的万人敌。陶本城墙上共有八人，三人位置靠后，各持一长枪站在城墙上观察战况，另外五人位置靠前，四人持枪，一人拿着万人敌。在人物设定上，陶本与另外两个版本有所差异，但并非错处。

而城墙外的人物较为混乱，涂本中人物被炸，极其惨烈。若单看头部清点人数，共有七人，全部倒地，两匹马也倒在了画面左侧的位置。杨本绝大部分内容与涂本对应，但又删减了许多内容，包括画面中的三个人物与一个马首，因此图中只有四人居于城墙外侧。而陶本完全没有按照涂本的样式，而是绘制了诸多人物与兵器，人物散乱在云雾中，单按人头计数的话，共有九人。陶本中亦有两匹马，分别居于画面左右两个版面的底部。

总体来看，涂本、杨本相似度更高，但杨本省略了部分涂本内容，使画面有些空荡，不过未对画面主题造成影响，仍具合理性。而陶本则完全改变了画面内容，只保留了大致构图，增加了诸多元素，亦具备合理性。

【本卷小结】

本卷主要讲述了古代冷兵器与火器，原版插图共有九幅，其中两幅为冷兵器，七幅为火器。冷兵器包括弓箭与弩箭，但杨本少一幅插图。火器包括几类火炮、地雷、水雷、鸟铳、万人敌，各类火炮着重描绘其构造，鸟铳与万人敌则描述战争场面。

陶本还多出两幅插图，《地雷炸》与《混江龙炸》，只呈现了两种火器的爆炸场面，需要解析的内容不多，因此没有另外开辟陶本多出图幅一节，只是将其放于正文中，与“地雷”“混江龙”一同描述。

此卷涉及诸多陌生的名词，与火器相关，但《天工开物》原文中并未对其进行释义。故此处只是对各版本的插图作异本解读，未能一一解析名词含义，是一不足之处。

在此卷中，陶本差异较大，具体来看，《端箭》《张弩》《鸟铳》三图，涂本、杨本都是单个版面，但陶本将其扩充为两个版面，并对画面内容与构图方式做了大量改动，只保留画面主题。

另外，陶本对五种炮弹的描绘也与另两个版本不同。涂本、杨本采取简笔的形式，绘制炮弹与火炮的平面、立面图，而陶本则将其改为立体的形式，部分插图中，这种表现手法使火炮更具象，但有些地方没处理到位，违背了涂本的原意。

再结合最后一幅图《万人敌》来看，陶本没对涂本照搬照抄，而是另辟蹊径，绘制出与原版截然不同的插图。但陶本中这部分插图是原创还是借鉴了其他书目所附插图，暂时没有定论。

而此卷杨本插图，最多的问题是对涂本内容进行了大量删减，每幅图都会删去一部分内容，或为文字，或为背景元素，或为小构件，总之，多多少少影响了画面完整性。

虽然本卷插图中，陶本差异较为明显，杨本省去的内容略多，但大体上对主题的表达是契合的，没有出现文不对题的情况，因此并未大幅降低画面合理性。

三、丹青 第十六卷

【按语】

“丹青”指的是绘画颜料，本卷中有三小节，主要谈及《朱》与《墨》，与其他诸色颜料。《朱》一节中讲述了朱砂的研制，再到朱砂升炼为水银，而后将水银与硫提炼出银朱的过程。《墨》一节则讲述了松烟墨原材料的炼制与加工，《诸色颜料》一节笼统介绍了胡粉、黄丹等九类颜料。本卷共计五组插图，其中三幅讲述朱砂生产技术，另外两幅讲述松烟墨的制作过程。总体来看，本卷所附插图涉及的内容无非是朱砂与墨，对其他颜料并未提及。涂本与杨本所附插图数目一致，内容也相差无几，但陶本将《取流松液》一图分为了两幅，因其内容与涂本关联性较高，因此放于一处进行对比研究。除此之外，其他图幅基本能够一一对应。

研朱

【原文】

凡朱砂上品者，穴土十余丈乃得之。始见其苗，磊然白石，谓之朱砂床。近床之砂，有如鸡子大者。其次砂不入药，只为研供画用与升炼水银者。其苗不必白石，其深数丈即得。外床或杂青黄石，或间沙土，土中孕满，则其外沙石多自折裂。此种砂贵州思、印、铜仁等地最繁，而商州、秦州出亦广也。凡次砂取来，其通坑色带白嫩者，则不以研朱，尽以升汞。若砂质即嫩，而烁视欲丹者，则取来时，入巨铁碾槽中，轧碎如微尘（图4-3-1），然后入缸，注清水澄浸。过三日夜，跌取其上浮者，倾入别缸，名曰二朱。其下沉结者，晒干即名头朱也。

【译文】

上等的朱砂，需要挖掘十几丈深才能得到。起初能看见矿苗，是成堆的白色石子，这被称为“朱砂床”。朱砂床附近的朱砂，有的像是鸡蛋那般大小。次等的朱砂不能入药，只能研磨以供作画与升炼水银。矿苗也不一定是白石，只需挖几丈深就能取得。朱砂床外或许掺杂了青黄石，或许掺杂了沙土，土中蕴藏矿石丰富，外部的砂石多自行碎裂。这种砂石以贵州思南、印江、铜仁等地最为繁盛，商州、秦州出产也较丰富。开采此等朱砂时，若相通的矿坑颜色有白嫩的矿石，就不用来研朱砂，而全用于升炼水银。如果砂质虽嫩，但闪烁且带有红色，就取来放入巨大的铁碾槽中，轧碎呈微尘状，然后放入缸中，注

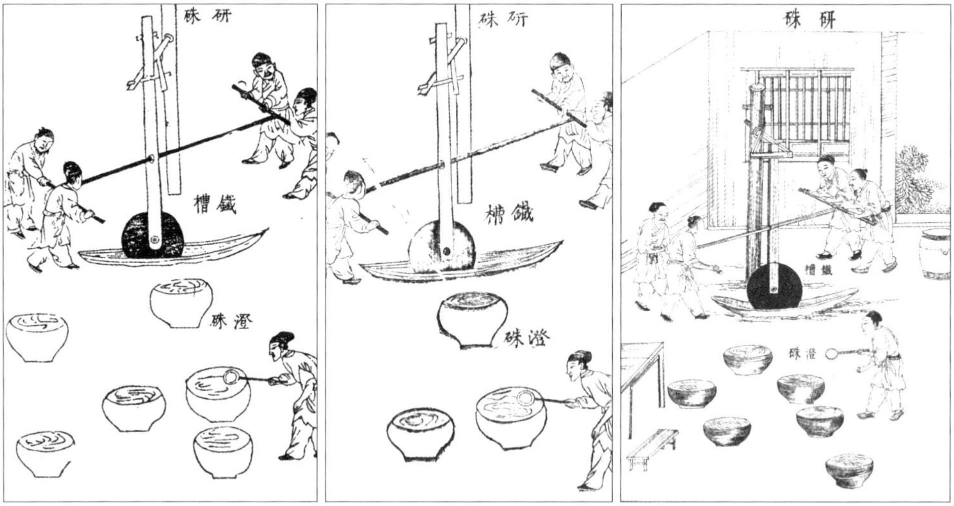

涂本　　杨本　　陶本

图4-3-1　研朱

入清水澄清。经过三天三夜，将浮于上方的物质舀出，倒入另一缸中，此称“二朱”。缸中下沉凝结的，晒干后就叫“头朱”。

【异本插图比较】

本卷内容从朱砂的研制展开，文中虽提及了朱砂的开采挖掘方式，但此处插图着重描绘的是朱砂的研磨与澄清方式。在采得朱砂之后，需将其放入铁碾中研磨，研磨成粉尘状后，放入缸中，注入清水澄清，等待三天三夜，就可以取得浮于上方与沉在底下的两种物质，分别叫“二朱”与“头朱”。

插图中各有五人，其中四人在研磨朱砂，只一人做澄清的工作，因此插图内容也可分为上下两部分。涂本与杨本的内容相似度较高，不存在背景，而陶本的主体内容与之类似，但绘制了场景，将人物置于屋内，画面左下角有一套桌椅，画面上半部分为一道开了窗户的墙壁，右侧有一门洞，还有一圆凳。

虽然陶本在背景的处理上与另外两个版本不同，但其余的内容改动不大。画面上方的一组人物正在研磨朱砂，中间位置摆放了一组器具，标“铁槽”二字。其构造方式是在地面上放置一船形的曲槽，槽中有一圆形铁件，由木杆件控制，在人力的推动下来回碾动，木杆件结构较为复杂，有一主干与铁件相连，木杆顶端有一三角结构，与后方的立柱相连，形成活动杆，而主干的中间部位，被一横置的杆件贯穿，横杆两端又连接一杆件，形成“工”字形，画面中的四个人物，两两一组一同控制横杆的两端。

单看图中人物的行为，都是为了控制杆件使之来回碾动，差异不大。区别在于陶本人物个个露出全貌，涂本最右侧的人物被裁去了一部分，杨本裁去的内容更多，尤其是左半侧，最边缘的人物只露出半个人头，而另外一人也被裁去了一部分，但对画面影响不大，只是有些残缺。

再看画面的下半部分，标“澄朱”二字，说明这一步骤即为澄清朱砂。三个版本中这一部分的内容都是几口水缸和一人物，只是杨本中水缸的数量有异。涂本与陶本各有六口，杨本仅三口，可以看出其对涂本内容又做了省略。涂本、杨本中的水缸缸体没有任何修饰，陶本则在水缸表面刻了线条。

而此组内容中仅有的一个人物，正面向左前方侧立，右手持一勺子，似乎正要从水缸中舀水，人物略显佝偻。涂本中此人被裁去了一部分，杨本亦然，仅陶本将其绘制完整。

此组插图的差异都体现在细节的处理上，包括杨本画面的裁剪、陶本背景的添设，大同小异，尽管杨本又在画面内容上做了省略，但没有影响整体的合理性，三个版本的插图所绘内容都符合文意。

升炼水银

【原文】

凡升水银，或用嫩白次砂，或用缸中跌出浮面二朱，水和搓成大盘条，每三十斤入一釜内升汞，其下炭质亦用三十斤。凡升汞[①]，上盖一釜，釜当中留一小孔，釜傍盐泥紧固（图4–3–2）。釜上用铁打成一曲弓溜管，其管用麻绳密缠通稍[②]，仍用盐泥涂固。煅火之时，曲溜一头插入釜中通气，插处一丝固密。一头以中罐注水两瓶，插曲溜尾于内，釜中之气达于罐中之水而止。共煅[③]五个时辰，其中砂末尽化成汞，布于满釜。冷定一日，取出扫下。此最妙玄，化全部天机也。《本草》胡乱注，“凿地一孔，放碗一个盛水”。

【注释】

① 汞：水银，涂本作“氵项”，为生僻字，杨本、陶本作“汞”。

② 稍：涂本、杨本作“稍”，陶本作“梢”，树枝或条状物的末端，前者有误。

③ 煅：通“锻”，把金属放在火里烧，然后用锤子打。

【译文】

升炼水银时，可以用嫩白的次等朱砂，也可以用缸中舀出的浮于水面的二朱，将朱砂和水搓成大盘条，每取三十斤放入一铁锅内升炼水银，下方的炭也要用到三十斤。升炼水银时，上方还需盖一铁锅，铁锅当中留一小孔眼，铁锅旁边用盐泥封紧牢固。煅烧的时候，曲溜的一头插入铁锅中通气，连接处需缠丝密封固定。曲溜的另一头用中等大小的罐子注两瓶水，将曲溜插入其中，锅中的气体抵达罐里的水中就会止住。一共需要煅烧五个时辰，其中的朱砂会尽数化成水银，遍布整个铁锅。冷却稳定一天后，取出扫下。这一方法是最为玄妙的，包含着全部的天机。《本草纲目》注曰：“凿地一孔，放碗一个盛水”，是错误的说法。

【异本插图比较】

水银需用朱砂提炼，其原理是将朱砂放于水中蒸腾煮沸，汞蒸气随之蒸发，又因煅烧时处在密闭空间，待冷却后即成液态。此处讲述的方法与之类似，需将朱砂与水混合，放入铁锅中，架在火炉上灼烧，而炼制时还需在铁锅上罩一铁锅，留一孔洞连接曲管，连接处需密封，曲管另一端用一罐子注水封闭，煅烧十个小时，朱砂就会尽数化成水银。

此幅插图中共有两个人物，以及升炼水银的一套工具。图中一人坐在火炉前生火添柴，另一人站在炉后，似在观察。图中坐着的人物面向右前方，右手持一火钳，正在将其伸入火炉中，此人坐一板凳，三图造型类似，涂本、陶本人物脚边散

涂本　　杨本　　陶本

图4-3-2　升炼水银

落着柴火，杨本没有。另一人物大半部分被火炉遮盖，只露出上半身，脑袋偏向左侧，看不出他在做什么工作。两相结合，可以看出三个版本对人物的刻画差别不大。

画面的主体即升炼水银的一套工具，分为另个部分，体量较大的是熔炉，上面架一铁锅，用来煅烧水银，铁锅上还倒扣着一口铁锅，上开一小孔，用一曲管与另一小罐相连，小罐被放置在一墙墩上。涂本、杨本的墙墩被填为黑色，陶本则是黑白线描，但并无较大影响。

此组内容涉及较多文字，在倒扣的铁锅上有“固济”二字，说明铁锅与曲管之间的连接处作密封处理。而曲管上标有“铁弓空管”，意思应该是在曲管中有铁件固定，以便调控其弯曲度。在曲管的另一端标有“此头入水”四字，杨本与另外两个版本有异，改成了“曲溜头注水”，曲管在文中被称作“曲溜”，因此杨本此处只是用了曲管的另一种说法，并非错误。

除主体物外，三个版本的场景差异较为明显，涂本显然是在室内，画面上半部分有一长桌，上面放置了几个碗，后面还有两道墙壁。杨本则将场景设定在室外，有一株垂柳置于画面左侧。而陶本也在室内，但环境与涂本相去甚远，似乎是在一露台上，外侧还有假山、草木，内部有一圆凳、水缸、方桌，还包括涂本也有的一张长桌，上面也放置了一些容器。

在这组插图中，三个版本的差异集中在背景与细节的处理上，但并没有对主题表达造成影响，三者主体内容基本一致，也符合原文所述升炼水银的工序，较为合理。

银复升朱

【原文】

凡将水银再升朱用，故名曰银朱。其法或用磬①口泥罐，或用上下釜。每水银一斤入石亭脂，即硫黄制造者，二斤，同研不见星，炒作青砂头，装于罐内。上用铁盏盖定，盏上压一铁尺。铁线兜底捆缚，盐泥固济口缝，下用三钉插地，鼎足盛罐（图4–3–3）。打火三炷香久，频以废笔蘸水擦盏，则银自成粉，贴于罐上，其贴口者朱更鲜华。冷定揭出，刮扫取用。其石亭脂沉下罐底，可取再用也。每升水银一斤得朱十四两，次朱三两五钱，出数藉硫质而生。

【注释】

① **磬**：佛寺中使用的一种钵状物，用铜铁铸成，既可作念经时的打击乐器，亦可敲响集合寺众。

【译文】

有将水银再次炼制成朱砂的做法，故称“银朱”。这种做法或是用钵状口的泥罐，或是用上下两个铁锅，每用一斤水银就放入二斤石亭脂，也就是用硫黄制造的物质，两者共同研磨直至看不到水银珠，用火炒制成青砂颗粒，装于罐中。上面用铁盏盖住，铁盏上压一铁尺。用铁线穿过底部捆绑束缚，用盐泥封固口部的接缝，下面用三根钉子插在地面，三足鼎立来放置罐子。点火烧三炷香的时间，频繁地用废弃的笔蘸水擦涂铁盏，水银就会自成粉末，贴在罐子上，靠近罐口的朱砂更为鲜艳华丽。冷却后将罐子揭开，刮扫取出使用。里头

涂本　　杨本　　陶本

图4–3–3　银复升朱

的石亭脂下沉至罐子底部，可以取出再次使用。每次升炼一斤水银可以得到十四两的朱砂，以及三两五钱的次等朱砂，多出的数量是因为硫黄生出的。

【异本插图比较】

上一节“升炼水银”讲述的是如何将朱砂转化为水银，而此节“银复升朱”则是描述如何将水银转化为朱砂，而这种经由水银提炼出的朱砂名为“银朱”。

文中对“银复升朱”的工序描述较为细致，需要将硫黄制成的石亭脂与水银混合在一起研磨，而后用火炒制成颗粒，再装在罐中，用铁盏盖住，铁盏上压一铁尺，用铁线绕至下方固定，并用泥封固罐口的接缝，而后用三根钉子支在下方，放置罐子。罐子底下生火燃烧三炷香的时间，频繁地用废弃的毛笔蘸水涂铁盏，水银就会变成粉末贴在罐子上，待冷却后刮扫取出即可。

此节所附插图即描绘工人握笔蘸水涂抹铁盏的工序，图中仅一人，面前置一架在三脚架上的罐子，内容较少，人物行为结合原文文字便一目了然。三个版本插图中唯一的人物行为一致，都面向左前方站立，左手捧着一碗，右手握着一根毛笔，正在铁盏上涂抹。人物背部弯曲，涂本、杨本人物面部为全侧，留有胡须，陶本为四分之三侧，未留胡须。但整体上看，人物体态与动作是相同的。

而图中升炼朱砂的工具，为一上宽下窄的罐子，上面盖着铁盏，用一铁尺压着，两侧还有作固定之用的铁线，用一三脚架支起，下方是正在燃烧的柴堆，地面上还散落着柴火。涂本地面上还有一圆凳、一火钳、一扫帚，人物身后是桌子的一角。杨本中除去圆凳外，其他元素与涂本一致。陶本则将扫帚改为了蒲扇，但这些零碎的物件并未对画面主体造成影响。

另外，三个版本的场景设定仍不相同，涂本为两堵墙壁，绘制简略。杨本则是一个简陋的亭子，露出一角。陶本将主体物设置在一处茅屋内，并绘制出了茅屋大致的构造，包括门窗、屋顶，屋外有石头、花草树木及篱笆的一角。虽然场景各不相同，但主体物相似度较高，与原文文意相契合。

燃扫清烟、取流松液

【原文】

凡墨烧烟凝质而为之。取桐油、清油、猪油烟为者居十之一，取松烟为者居十之九。凡造贵重墨者，国朝推重徽郡人，或以载油之艰，遣人僦[①]居荆、襄、辰、沅，就其贱值桐油点烟而归。其墨他日登于纸上，日影横射有红光者，则以紫草汁浸染灯心而燃炷者也。

凡爇[2]油取烟，每油一斤得上烟一两余。手力捷疾者，一人供事[3]灯盏二百付。若刮取怠缓则烟老，火燃质料并丧也（图4-3-4）。其余寻常用墨，则先将松树流去胶香，然后伐木。凡松香有一毛未净尽，其烟造墨，终有滓结不解之病。凡松树流去香，木根凿一小孔，炷灯缓炙，则通身膏液就暖倾流而出也（图4-3-5）。

凡烧松烟，伐松斩成尺寸，鞠篾为圆屋如舟中雨篷式，接连十余丈。内外与接口皆以纸及席糊固完成。隔位数节，小孔出烟，其下掩土砌砖先为通烟道路。燃薪数日，歇冷入中扫刮。凡烧松烟，放火通烟，自头彻尾。靠尾一二节者为清烟，取入佳墨为料。中节者为混烟，取为时墨料。若近头一二节，只刮取为烟子，货卖刷印书文家，仍取研细用之。其余则供漆工、垩工[4]之涂玄者。

【注释】

① **僦（jiù）：** 租赁。

② **爇（ruò）：** 烧。

③ **供事：** 担任职务。

④ **垩工：** 垩，用白土涂饰；垩工，即为粉刷工。

【译文】

墨是通过烧特定物质产生的烟凝聚而成的。选取桐油、清油、猪油烧烟制墨的有十分之一，选取松烟烧烟制墨的有十分之九。制造贵重墨的人，在本朝（明朝）首推徽州，因为运载油料艰辛，徽州人会派遣人员租屋住在荆州、襄阳、辰溪、沅陵等地，将当地价格低廉的桐油烧成烟灰后带回。这样制成的徽墨写在纸上，阳光的影子横射于上可以看见红光，这是用紫草汁浸染灯芯点燃后烧成的烟造成的。

烧油取烟时，每用一斤油可以得到一两多上好的烟灰。手力敏捷迅疾的人，一人可以掌管二百个灯盏。若刮取烟灰时动作怠慢烟灰就会老化，火力与材料都会浪费。其余寻常所用的墨是先将松树流去树脂胶，然后伐木。若是松香没有流尽，那这样烧制的烟灰所造之墨，最终会有渣滓凝结无法研开的问题。松树流去松香时，在木头根部凿出一个小孔，点灯缓慢炙烤，松树通身的膏液就会受热倾流而出了。

烧取松烟时，将松树砍伐成一定尺寸，将竹篾弯曲成圆棚，像是船中的雨篷的样式，并连接成十来丈。圆棚内外与接口处都要用纸与席子糊上加固。每隔几节，穿一小孔以便出烟，圆棚下方用土掩盖，砌筑砖头为烟灰通道。烧几日的松木，待冷定后进入其中扫刮烟灰。烧松烟时，点火与通烟都是按从头到尾的顺序。靠近尾部的一二节是清烟，是用来制上等墨的材料。中部各节是混

涂本

杨本

陶本

图4-3-4 燃扫清烟

涂本

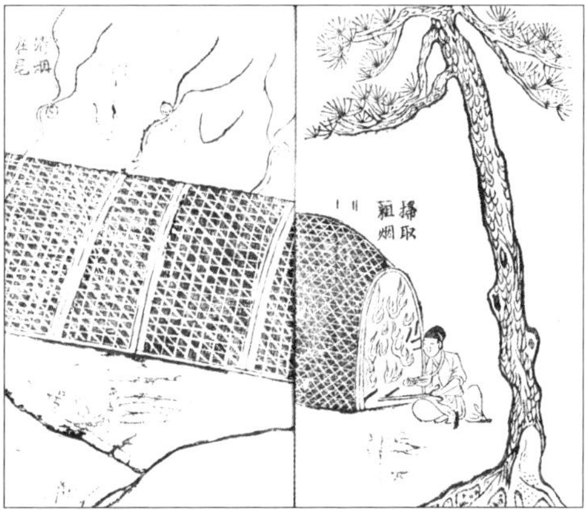

杨本

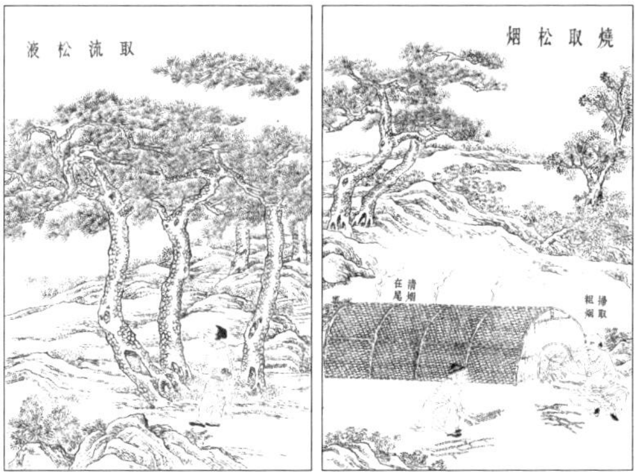

陶本

图4-3-5 取流松液

烟，可用于做普通墨了。靠近前端的一二节，只能刮取烟子，卖给刷印书文的作坊，仍要研磨成细料使用。剩下的则是供给漆工、粉刷工作黑色涂料之用。

【异本插图比较】

此节对应的两组插图描述的是墨的制法，分为《燃扫清烟》与《取流松液》两组。墨需要用特定物质烧出的烟凝聚制成，而其原材料大多为松烟。首先烧油取烟，将松烟放入灯盏中，灯盏点燃后凑近纸张，烟灰就会留在纸张上，这也就是第一组插图对应的内容。

涂本、杨本中各有两个人物，陶本为三人，但其画面构成类似。图中居于左侧的人物坐在桌子后面，正在将纸上的烟灰扫落收集在一起，三个版本中此人的动作相同，外貌的设定有所差异，涂本、杨本人物戴一黑帽，陶本未戴，涂本人物留络腮胡，杨本、陶本留八字胡。

涂本、杨本画面右侧的人物站在木架旁，正用一点燃的灯盏靠近纸张，背对画面，面向左侧。陶本人物同样面向左侧，但侧身而立，可以看到人物五官，且此人未站在木架旁，而是正捧着一灯盏向木架走去。陶本此人与另外两个版本行为有所差异，但并非错处。陶本多出的人物是一个孩童，正用手拿着一张被烟灰熏黑的纸张，背对画面。

再看画面中的其余内容，涂本中的陈设包括一张方桌、一张方凳、一个放置着纸张的木架。杨本与之类似，但省略了方凳。陶本内容丰富一些，包括一张方桌、一张方凳、一个矮几、两个木架，墙壁上还有一悬挂着的灯盏，颇为细节。需要提及的是，涂本、杨本中的木架透视关系有误，这也是这两个版本惯常的错处。

三个版本中此图的场景显然是在室内，涂本绘制了部分墙面，杨本没有背景，而陶本则将墙面补充完整，墙壁上还有若干线条作为装饰。整体看来，涂本与杨本相似度较高，且都有一定的透视问题。杨本虽省略了部分内容，但没有影响主体内容的表达。陶本虽有差异，多出诸多内容与一人物，但细节处理到位，并没有错误的地方。

第二组插图为《取流松液》，其实包括了两道工序，其一与图名相符，其二是烧取松烟，两者并在同一幅插图中，而陶本将这两道工序拆分成了两幅插图，于此处一并解读。此处三个版本中的人物数量各异，涂本二人，各处理两道工序。杨本仅一人，正在做烧取松烟的工作。陶本有三人，一人取松液，两人烧松烟。

按照两道工序的先后步骤对其进行分析，取流松液在先。涂本对这一工序的描绘包括一棵松树，树的右侧有一人物，杨本则忽略了这个人物，只剩一棵松树，显然是一处明显的错漏，且杨本此图并没有表明“取流松液”四字。笔者推测杨本此图的绘图者并没有注意到“取流松液”这一工序，而是将松树照搬至此，并忽略了人物。陶本此图是独立的，绘制了五棵松树，有远有近，画面中还有各类杂草、土块、石块，内容充实。

在取流松液这一工序的表达上，涂本与杨本各有的一棵松树树根处被掏出一个树洞，而后放一灯盏，使松液受热融化。涂本松树枝叶较多，杨本较少，在这一点上是类似的，只是画面较为模糊，不易辨识。陶本中在人物跟前的三棵松树都被这样处理，符合原文“凡松树流去香，木根凿一小孔，炷灯缓炙，则通身膏液就暖倾流而出也”的说法。而涂本与陶本中的人物站在树前，面向左侧，形态类似，只是陶本人物背后插着板斧。

虽然杨本没有绘制“取流松液”的人物，但绘制出了点灯取液的松树。而涂本与陶本描述到位，但涂本简略且模糊，陶本翔实且明晰。

另一道工序占据了画面的主要部分，即“烧取松烟”。涂本在右半幅插图的左上角留有“烧取”两字，定是有另外的内容遗漏，即“松烟”，杨本未标此二字。陶本则将其另辟一张插图，单独描述，标图名“烧取松液”四字。

涂本、杨本中进行这一工序的人物各一人，陶本二人。画面中占据主体的是烧取松烟的竹篷，用竹条作为支架，逐节连接，形制类似半圆柱体，固定好骨架后，再用竹席包裹，与地面的接缝处盖上泥土，内部砌砖，留出烟道，将松木截短，放在其中烧制数日，冷却后进入其中刮扫松烟即可。

三个版本中，竹篷的造型类似，只是首节的处理方式不同。涂本、杨本竹篷首节略倾斜，缩小至洞口大小，陶本则一以贯之，前后保持一样的大小，只将首节封闭，留一略小的洞口，洞口都有火焰露出。

竹篷首节标有“扫取粗烟”四字，说的是最前面烧出的墨料质量最次，因此用“粗烟”称之。竹篷末节标“清烟在尾”，说明尾部的墨料质量最佳。竹篷每节都留一孔洞用来出烟，也与原文“隔位数节，小孔出烟”相符。

而图中的人物并没有特殊之处，只是往竹篷洞口添柴，三个版本共有的人物，都正对画面，席地而坐，面部偏向左侧，涂本、杨本中此人戴一黑帽，陶本为一白帽。陶本另一人物面向右前方侧坐，手中捧着柴火，也没有做出特别的行为。涂本、陶本人物面前都有散落的柴火，但杨本人物面前空无一物。

再看画面中的背景，涂本背景不多，只是在画面左下角的位置绘制了山石、杂草。杨本将其省略，只有两根交叉的线条。陶本对背景的刻画一如既往地详细，包括若干松树、山石、杂草等，反倒是主体物的占比被缩小，但未影响画面主题的表达。

此图是本卷的最后一组，涉及的内容也丰富了许多，并包含两道制墨工序，分别是“取流松液”与“烧取松烟”。涂本最为中规中矩，杨本主观删减的内容较多，若是背景则无关痛痒，但其少了一个主要人物，不免让人怀疑绘图者是否未了解此图含义。陶本则是将其拆分成了两幅单独的插图，且表述清晰，细节处理到位。

【本卷小结】

本卷主要描述了朱砂与墨两种颜料的制作工序，包括原料的采取、加工、提炼等，共计五幅插图，其中朱砂三幅，墨两幅。前三幅主要讲述朱砂的碾制、澄清，水银的升炼，以及水银升炼出银朱这几道工序。后两幅则讲述燃油取烟的基本方式，松液的收集，以及松烟的烧取等内容。

此卷插图数目虽不多，但内容翔实可观，在前四幅插图中，三个版本都没有明显的错处。只是杨本仍旧会主观性地删减一些内容，而陶本反其道行之，增加诸多元素，丰富了画面背景，但主体物与涂本、杨本基本一致，错误率并不高。

但在最后一幅插图中，杨本省略了一个主要人物，降低了画面完整性。陶本则将其拆分成两幅单独的插图，使画面更为明晰完整，在细节上甚至填补了涂本没有关照到的内容。

总体来看，此卷的错误率极低，绝大多数的差异在背景的处理上。涂本为原版，因此作为对照本，与之相比，杨本省略了诸多背景内容，包括一些散落的小物件，对画面构不成影响。陶本则将背景精细化，并增设了若干多余的物件，包括家具、场景或人物。综合来看，此卷插图基本合理。

四、曲蘖 第十七卷

【按语】

“曲蘖”一词出自《书经·说命》，其称“若作酒醴，尔惟曲蘖”[1]，“曲”是指酒曲，蘖是指麦芽，“曲蘖”即为酿酒的酒母。本卷共三节，包括《酒母》《神曲》与《丹曲》，主要讲述酒曲的种类、原料与制法，并不涉及酒的酿造过程。本卷仅附两组插图，数量极少，且集中在《丹曲》一节中，分别描述了丹曲制作时，舂捣稻米浸水后淘洗的工序，以及将曲种拌饭分散摊在竹盘中

1　陈戍国，导读；陈戍国，校注．尚书［M］．长沙：岳麓书社，2019．05：71．

发酵的过程。虽然还有诸多步骤未在插图中表示，但可以根据原文文字内容串联。本卷仅两组插图，三个版本无增无减，较为简明。

长流漂米

【原文】

凡造法用籼[①]稻米，不拘早晚。舂杵极其精细，水浸一七日，其气臭恶不可闻，则取入长流河水漂净（图4-4-1）。必用山河流水，大江者不可用。漂后恶臭犹不可解，入甑蒸饭则转成香气，其香芬甚。凡蒸此米成饭，初一蒸半生即止，不及其熟。出离釜中，以冷水一沃，气冷再蒸，则令极熟矣。熟后，数石共积一堆拌信。

【注释】

① 籼（xiān）：水稻的一种，米粒细而长。

【译文】

（红曲的）制法是用籼稻米，不必拘于时间的早晚。将籼米舂捣至极其精细的程度，用水浸泡七天后，它的气味臭不可闻，就取出放入流动的河水中漂洗干净。必须用山河的流水，不能用大江水。漂洗过后恶臭还是没有消解，放入甑中蒸饭就能转变为香气，且香气尤为芬芳。蒸这种米成饭时，起初蒸至半生就可以停止，无须等到煮熟。取出离开铁锅时，用冷水冷却后再蒸，这次就需蒸至熟透。蒸熟之后，几石的米饭积攒在一起拌入曲信。

涂本　　杨本　　陶本

图4-4-1　长流漂米

【异本插图比较】

本卷第一幅插图名为“长流漂米”，此为丹曲制作时的一道工序。根据原文，丹曲即红曲，制作时首先将籼稻米舂捣，再放入水中浸泡七日，而后放入流动的河水中漂洗干净，之后放入甑中蒸饭，半熟时放入冷水中冷却，再次蒸至熟透。

此节所附插图并未提及整个制作流程，只绘制了将稻米放入河水中淘洗的步骤。图中各有两人，都站在河流旁，设定相似。涂本、杨本左侧人物面向左前方赤足而立，右手拿着扁担，左手举起，背对画面，人物脚边放着两个篮筐，应是刚刚挑担至此。陶本中此人的行为与前者有所差异，其已站在水中，同样面向左前方侧立，面前有两个竹筐，正在伸手凑近，此人身后的岸边也放置了一条扁担与两个竹筐。涂本、杨本水中亦有两竹筐，但人物站在岸上。而另外一个人物，都在挑担走近，正对画面，动作一致，只是涂本、杨本人物居于画面右下的位置，陶本人物居于中间偏下的位置。

此图差异较大的地方为画面背景，涂本上半部分为山峦与树木，中间为一条长河，底部为若干岩石、杂草。杨本与之构图相似，但省略了上下两处内容，只保留了中间的河流。陶本构图也没有过多变动，只是将各类元素精细化，在山脚下还有一处茅屋。

总体来看，此幅插图意图表达的内容较为简单，只是由人物将稻米挑至河边，并放入河水中漂洗的过程。三个版本对于主题的表达是一致的，只是在画面背景的处理上有所不同。

凉风吹变

【原文】

凡曲信必用绝佳红酒糟为料，每糟一斗入马蓼①自然汁三升，明矾水和化。每曲饭一石入信二斤，乘饭热时，数人捷手拌匀，初热拌至冷。候视曲信入饭，久复微温，则信至矣。凡饭拌信后，倾入箩内②，过矾水一次，然后分散入篾盘，登架乘风（图4-4-2）。后此风力为政，水火无功。

【注释】

① **蓼**：一年生草本植物，叶披针形，花小，白色或浅红色，果实卵形、扁平，生长在水边或水中。茎叶味辛辣，可用以调味。全草入药。亦称“水蓼”。

② **倾入箩内**：涂本、杨本作“箩”，陶本作“萝”，前者意为用竹子编的底方上圆的器具，后者意为能爬蔓的植物，后者有误。

【译文】

曲信必须用绝佳的红酒糟作为原料，每放入一斗的酒糟就要放入三升马蓼自然汁，和入明矾化在一起。每用一石的曲饭要放入二斤的曲信，趁饭热时，几人迅速用手拌匀，从起初的热饭拌至冷却。将曲信放入饭中，等候一段时间后恢复微热的温度，就说明曲信的效果达到了。饭与曲信拌好之后，倾倒入箩内，淋过一次矾水，然后分散放入竹盘，放于架子上吹风。此后风力占关键效果，水火都起不到作用。

【异本插图比较】

与上节呼应，此节讲述的是稻米蒸熟后需要拌入曲信，趁热拌匀至冷却，之后等待其恢复微热的温度，曲信发挥出效果。在此过程中，需将曲饭倒入箩筐中，淋矾水，分散在竹盘中，放在木架上通风。

此图为《凉风吹变》，即曲饭在通风的过程中发酵变色，对应的是将曲饭拌匀之后放入竹盘中，再放于木架上通风的过程。图中各有两人，一人拌信，

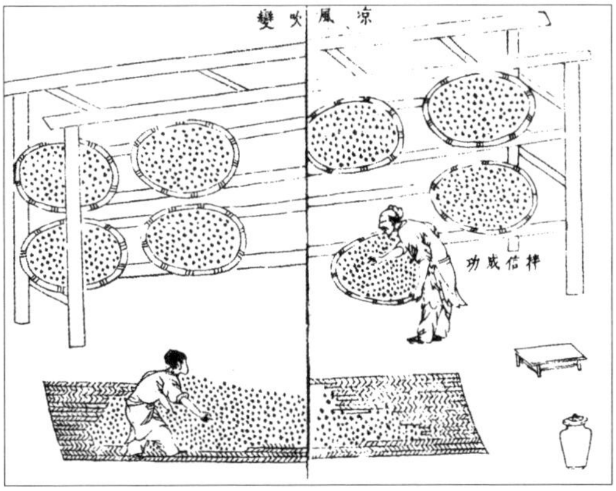

涂本

杨本

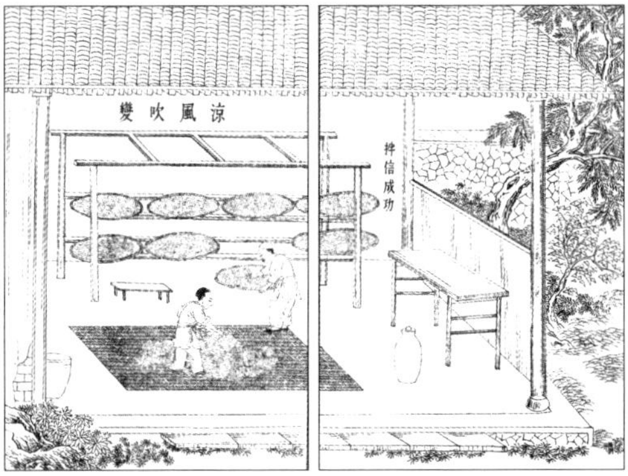

陶本

图4-4-2　凉风吹变

一人放置竹盘。

画面中偏左的人物，所做的工作是将曲信与曲饭搅拌在一起。此人站在竹席上，面前放置了大量的曲饭，人物背对画面，面向右前方，陶本露出五官。三个版本对于此人行为的设定一致。

画面中偏右的人物捧着一个竹盘，里面撒满了曲饭，人物左手握着竹盘的边缘，右手翻拌竹盘内的曲饭，似乎是在观察曲饭的发酵情况。此人面向左前方侧立，行为也大致相仿。区别在于涂本、陶本人物戴着白色头巾。

人物面前有一组长木架，上面放置了七个竹盘，都布满了曲饭，木架旁都标有“拌信成功”四字。涂本中地面上还有一小矮凳、一罐子，杨本未留一物。陶本保留了矮凳与罐子，还有一长桌与小缸。涂本与杨本除了以上提到的内容外，没有额外的背景。陶本则将主体物设定在一个茅屋中，茅屋右墙开窗，前方也没有遮挡，符合通风的要求。茅屋外还有若干草木，内容丰富。

三个版本稍有不同之处，尤其是陶本绘制了大量的场景，但其对主题的表达是相同的，也没有涉及复杂的工序或工具，因此没有过多需要解读的地方。

【本卷小结】

本卷仅两幅插图，讲述了丹曲制作过程中的两道工序，分别是将米放置在河流中漂洗，以及将蒸熟的米与曲信拌匀后放在竹盘内通风。按照各个版本一贯的特征，杨本在两幅插图中都对涂本内容做了删减，但并未影响画面的合理性。而陶本中的主体内容与涂本相应，只是增加了诸多额外的画面元素，构设了丰富完整的场景。两组插图的内容都易于理解、一目了然，需要解读的地方不多，也没有明显的错处。

五、珠玉 第十八卷

【按语】

本卷是全书的最后一卷，“珠玉”即珠宝玉石，按照《天工开物》“贵五谷而贱金玉”的中心思想，此卷居于全书的末节，主要分为珠、宝、玉三个门类，兼顾玛瑙、水晶、琉璃等。本卷共计七组插图，《珠》一节中讲述水中采珠的方式，包括两种采珠船，共两幅。《宝》一节也有两幅插图，文中列举了各类宝石，插图则讲述下井采宝的方式。《玉》则有三幅插图，讲述白玉河、绿玉河两处开采玉石的场所，另一张则讲述玉石雕琢的方法。本卷篇幅与插图数目居中，各个版本插图都有对应项，只是陶本将《没水采珠船》拆分为两幅，因其与《没水采珠船》关联密切，故不将其列于文末，而是在正文中一同论述。

没水采珠船

【原文】

凡廉州池自乌泥、独揽沙至于青莺，可百八十里。雷州池自对乐岛斜望石城界，可百五十里。蜑户采珠每岁必以三月，时牲杀祭海神，极其虔敬。蜑户[①]生啖海腥，入水能视水色，知蛟龙所在，则不敢侵犯。凡采珠舶，其制视他舟横阔而圆，多载草荐[②]于上。经过水漩，则掷荐投之，舟乃无恙。舟中以长绳系没人腰，携篮投水。凡没人以锡造湾环空管，其本缺处对掩没[③]人口鼻，令舒透呼吸于中，别以熟皮包络耳项之际。极深者至四五百尺，拾蚌篮中。气逼则撼绳，其上急提引上，无命者或葬鱼腹。凡没人出水，煮热毳[④]急覆之，缓则寒栗死。（图4–5–1、图4–5–2）

【注释】

① **蜑（dàn）户**：蜑，中国古代南方少数民族；蜑人散居在广东、福建等沿海地带，向受封建统治者的歧视和迫害，不许陆居，不列户籍。他们以船为家，从事捕鱼、采珠等劳动，计丁纳税于官。明洪武初，始编户，立里长，由河泊司管辖，岁收渔课，名曰“蜑户”。清雍正初，明令削除旧籍，与编氓同列；辛亥革命后，临时政府通令解放贱民，蜑户也在其内。涂本、淘本作“蜑”，杨本误作“蛋”。

② **草荐**：草垫。

③ **掩没**：涂本、陶本作“淹没”，杨本误作“掩故”。

④ **毳（cuì）**：鸟兽的细毛。

【译文】

廉州的采珠池从乌泥、独揽沙到青莺，可达一百八十里。雷州的采珠池从对乐岛到斜对面的石城区域，可达一百五十里。蜑户每年必定在三月采珠，当时需杀牲畜祭祀海神，极其虔诚。蜑户生吃海产，没入水中可以明辨水下情况，知道有蛟龙在，就不敢侵犯。采珠船的形制较之其他的船更加宽阔且呈圆形，船上多装载草垫。经过漩涡时就将草垫投入其中，船就会安然无恙。船中用长绳系在人的腰部，人提携着篮筐投入水中。采珠的人会带上用锡做成的中空弯管，弯管的开口处对准人淹没的口鼻，令之可以在水中呼吸，另外用熟皮包裹在耳颈之间。潜水极深的人可以深至四五百尺，拾取蚌类放于竹篮中。呼吸困难时就摇动绳子，船上的人迅速将其拉上来，命运不好的人或许会葬身鱼腹，潜水者浮出水面时，需要煮热毛毯立马覆盖在身上，动作缓慢就会寒冷致死。

【异本插图比较】

本节叙述的是没水采珠的方式，采珠人开船至海中，由没人潜入水下采珠，在此过程中需用绳子系在人的腰部，人提着竹筐潜入水下，呼吸困难时牵动绳子，船上的人就会将其拉起。

涂本与杨本图中各有六人，陶本有七人，但陶本将原版内容分为两幅插图，另一幅名为《掷荐御漩》，说的是在海上遇到漩涡时，可将预先准备好的草席投入其中，以免船只被卷入漩涡。这一操作与采珠部分可以分离，但又同

涂本　　杨本

图4-5-1　没水采珠船

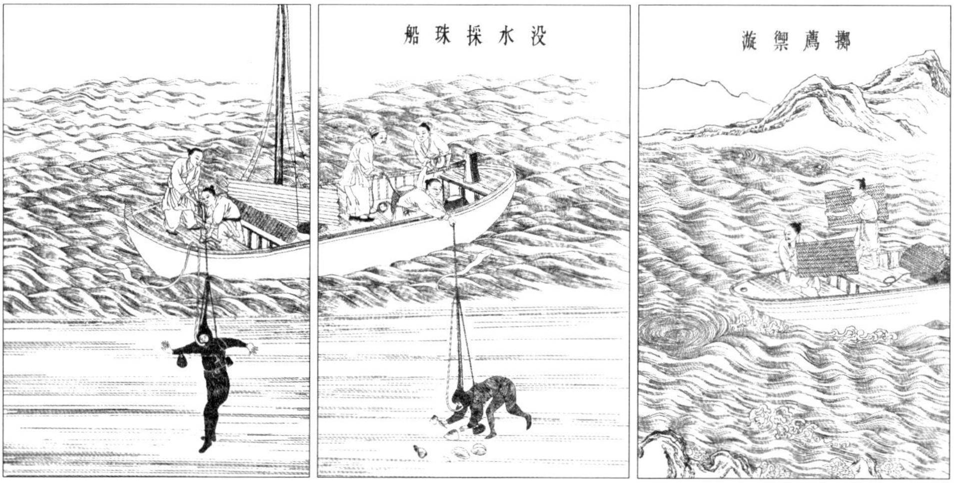

图4-5-2　没水采珠船　掷荐御漩　陶本

在一幅图中，故将陶本此图放在此处论述。

先看画面背景，三个版本的船只都在海面上，涂本画面左侧有一漩涡，其余都为类似的波浪，靠近漩涡的一侧，有一船员举着一张草席将要投入其中，并在人物上面标有“掷荐御漩”四字。而杨本中没有绘制这一漩涡，而在画面上方增加了一处小山，虽然也有一人站在船上意图投掷草席，但未说明漩涡所在，与涂本未能对应。

陶本在《没水采珠船》一图中并未表现这一内容，而是另绘《掷荐御漩》一图，画面中有的船只露出一半，有两个人物，一坐一立，一人拿着一张草席，船只附近有一处漩涡，在这一点的表达上与涂本相符，只是脱离了《没水采珠船》一图。

回过头看《没水采珠船》本身，陶本改动较大，但涂本与杨本除去上述漩涡外，没有过多差异，只是少了一张草席。两个版本中，船上有四人，水中两人，船上一人拿着草席，三人站在一处，控制着船上的绞车，用于将水下的人快速拉上水面。水中的两人都已浮出水面，两人手中各挂着一个竹篮，手中还握着绳索，嘴中含着呼吸用的锡管。在人物设定上，涂本、杨本的差异并不明显。

较之涂本、杨本，陶本中人物的改动较大，船上有五人，水中有两人，且水中的两人都潜入水下，而不是像涂本、杨本那般浮出水面。船上的五人，有四人拉着没人的绳子，两两一组，各拉一没人，另一人则站在船头掌舵。涂本、杨本的绳索是铁索，陶本为麻绳。

在对画面内容有了初步的认识之后，可以看出陶本的差异之处大致分为船体与没人。《天工开物》原文称“凡采珠舶，其制视他舟横阔而圆，多载草荐于上”，采珠船的造型应是横阔而圆，涂本、杨本所绘船只符合这一条件，但陶本船头似乎略尖。涂本、杨本船上还有一绞车，用来拉动水下的人，“气逼则撼绳，其上急提引上”，这一点在原文中是存在的，但陶本未绘制绞车，单纯靠人力拉动绳索。

另一差异在于没人的设定，陈启流在《陶本〈天工开物〉所附〈没水采珠船〉图考》一文中罗列了陶本没水采珠人与涂本的不同之处，包括呼吸管、穿着、绳索、携带工具[1]，极为详尽。

在呼吸管的设定上，涂本与杨本所绘呼吸管细而短，不满足透出水面呼吸的条件，或许是存放空气的辅助设备。而陶本的呼吸管较长，管口直接透出水面，与涂本、杨本不同。但陈启流认为这两种呼吸方式都无法达到原文所述

1　陈启流．陶本《天工开物》所附《没水采珠船》图考［J］．农业考古，2018（03）：202-210．

“极深者至四五百尺”的程度，因此这一说法是略有夸大的。

第二点为没人的衣着，涂本、杨本中的没人明显是光裸的，未附衣着。而陶本没人则全身包裹着黑色潜水服，但这一点与古代潜水设备不符，属于近代才有的发明。考虑到陶本出版时间为1927年，这类潜水服的出现也就情有可原了。

第三点为人物身上系着的绳索，涂本、杨本人物未将绳索系在身上，而是握在手中。陶本则将绳索缠绕在肩膀与腰间，较为牢靠。最后一点在于人物携带的工具，涂本、杨本人物只带一竹篮，而陶本既带竹篮，还在腰间绑着凿子、斧头。

此图画面内容相对复杂，牵涉的人物、工具较多，在逐一分析之后，杨本缺少原版的漩涡与一草席，陶本改动较大，既将《掷荐御漩》与原版插图分离，又对船身、没人都有改造，虽然有些设定比涂本与杨本更为贴切，但其缺少了船上的绞车，在没人衣着的设定上还出现了与时代不符的潜水服，整体来看不如涂本合理，错误较多，但并非全无可取之处。

扬帆采珠

【原文】

宋朝李招讨设法以铁为耩[①]，最后木柱扳口，两角坠石，用麻绳[②]作兜如囊状。绳系舶两傍，乘风扬帆而兜取之（图4-5-3、图4-5-4），然亦有漂溺之患。今蜑户两法并用之。

【注释】

① **以铁为耩**：涂本、杨本作“耩”，陶本作“耩”，前者意为耕种，后者意为用耧播种或施肥，观其文意为用铁制成的耙状工具，难辨其字原意。

② **用麻绳**：涂本、陶本作“用”，杨本误作“周”。

【译文】

宋朝李招讨设法用铁制成耙状工具，末端用木柱接口，两边挂上坠石，用麻绳作为口袋状的兜。再用绳将其系在船的两旁，乘风扬起船帆用兜捞取，但也有漂失沉溺的隐患。现在的蜑户两种方法都用。

【异本插图比较】

此节的采珠方法有异于上一节“没水采珠船”，而是通过撑起船帆，在船身上挂一网兜，随着乘风扬帆，船不断前行，可以打捞水中的蚌。此图描绘的内容比上一组插图简单一些，三个版本中各有三人，两人坐在船上，一人站着

图4-5-3　扬帆采珠　涂本

杨本

陶本

图4-5-4　扬帆采珠

控制船帆，船身固定着一个网兜，沉入水中，随着船身的前行被拉动。

画面主体为船只，船上有一桅杆，船帆被展开，由一船夫束着绳子控制。涂本、杨本船帆被分割为几大片，陶本则布满了线条，或许使用的材料不同。船上还有一竹篷，用来遮风避雨，陶本的竹篷上开了一个小窗。

除图名“扬帆采珠”外，图中还有四字，为“竹笆沉底”，而所谓的竹笆，大部分被水掩盖，并没有露出全貌，依稀可以看出是由竹木制成，用锁链拴在船身上，涂本、陶本虽未将其绘制完整，但并没有错处，但杨本却将绳索的方向画反了，属于画面绘制上的错误。

再看船上的几个人物，居于画面左侧的人物站在船板上，面向右前方，留着胡须，附身牵制船帆，涂本。杨本此人露出全身，陶本人物小腿处被船身遮挡，但三者在人物行为的处理上并无不妥。

涂本、杨本中船上另外两个人物并排而坐，正在交流，一人正对画面，一人背对画面。陶本人物则是相对而坐，二人皆正对画面，只是一人偏向左侧，一人偏向右侧，中间隔一横板，设定上稍有差异。

最后看画面的背景，涂本与陶本画面绝大多数都被波浪覆盖，虽然水流的表现手法不同，但大体上都是水面。杨本只是在画面底部，船只所在的位置绘制了水面，于左上角有一山石，另外的地方有若干云朵，省略了很多。

三个版本中，涂本、杨本相似度虽高，但杨本省略了大部分的背景，对竹笆的绘制也出现了问题。陶本风格虽与涂本不同，但在整体画面的设定上是合理的。

宝井、宝气饱闷

【原文】

凡产宝之井，即极深无水，此乾坤派设机关。但其中宝气如雾，氤氲井中，人久食其气多致死。故采宝之人，或结十数为群，入井者得其半，而井上众人共得[①]其半也。下井人以长绳系腰，腰带叉口袋两条，及泉近宝石，随手疾拾入袋。宝井内不容蛇虫。（图4-5-5）腰带一巨铃，宝气逼不得过，则急摇其铃，井上人引緪[②]提上，其人即无恙，然已昏瞢（图4-5-6）。止与白滚汤入口解散，三日之内不得进食粮，然后调理平复。其袋内石，大者如碗，中者如拳，小者如豆，总不晓其中何等色。付与琢工鑢[③]错解开，然后知其为何等色也。

【注释】

① 共得：涂本、陶本作“共”，杨本误作“其”。

② 緪（gēng）：涂本、陶本作“緪”，杨本作“絙”，两者互为通假字，意为粗绳子。

③ 鑢（lǜ）：磋磨骨角铜铁等使之光滑的工具。

【译文】

产宝石的井，虽然很深却没有水，但这是天地所设的机关。其中的宝气像雾一样氤氲于井中，人一旦待得久了吸入太多有害气体就会致死。所以采宝石的人，往往以十几人为群体，入井的人可以得到半数的宝石，井上的众人一共得到半数的宝石。下井的人用长绳系在腰间，腰上戴着两个口袋，等到靠近宝石，随手立马拾取入袋。宝井内没有蛇虫。下井的人腰上戴着一个巨大的铃铛，无法承受宝气时，就急速摇动铃铛，井上的人拉粗绳子将他拉上来，这人即使没有生命危险，但也已经昏迷。这时就只能用滚烫的白开水灌入他的口中冲散宝气，三天内不能进食，然后再调理身体恢复。袋内的宝石，大的像碗，中等的像拳头，小的像豆，总不能知晓其中是何等成色。交付给琢玉的工人锉磨打开，然后才知道宝石内部是什么成色。

【异本插图比较】

本节附有两幅插图，并具有连贯性，宝石产自井中，虽然深但没有水，井下缺少氧气，人不能长时间停留。因此采宝的人会以几十人为群体，下井的人

涂本　　杨本　　陶本

图4-5-5　宝井

涂本　　杨本　　陶本

图4-5-6　宝气饱闷

拿一半的宝石，井上众人共得另一半。下井时，需在腰间系长绳，腰间绑着口袋，拿到宝石立即放入袋中。下井之人腰上带着一个巨大的铃铛，无法忍受时摇动铃铛，井上的人就会将其拉上来，即使没有生命危险也已经昏迷，需要用白开水灌入口中，三天内不得进食，而后调理身体。

此节插图分别为《宝井》与《宝气饱闷》，即对应人物下井与被拉上来之后的画面。先看《宝井》一图，涂本未标图名，杨本、陶本标“宝井”二字。涂本中有六人，五人在井上，一人下井。杨本、陶本各有五人，四人在井上，一人下井。除人数有所不同外，构图方式基本一致。

三个版本中井上的人数虽有差异，但其行为保持一致，都站在井口控制绳索，绳索套在一个转轴上，下井时放，提上时收，转轴由两根立柱固定，涂本、杨本立柱固定在地上，陶本则用一个底座固定。

涂本井上有五人，三人站在转轴正后方，一左一右各有一人。杨本井上共四人，人物形象与涂本类似，但缺少了最右侧的人物。陶本亦有四人站在井上，只是少了转轴正后方的一人。即便三个版本人物数目不一，但对人物行为的设定与目的是一致的。

井下的一人被绳索拴牢，下至井底，其腰的两侧各放一袋，涂本、杨本还在袋上标一“袋”字，陶本未标。人物身前的位置挂一个铃铛，涂本、杨本标一“铃”字，陶本亦未标。但杨本、陶本在井中标有“宝井”二字，涂本未标，陶本还在井的右侧空白处标“剖面”二字，另外两个版本未标。

涂本、杨本人物已经落至井底，陶本还悬在半空，井中散落着石块，等人采摘。涂本、杨本未对井壁多加描绘，留一空白背景，陶本则将井壁绘出纹路，在井上还绘制了一些山石、草木。总体来看，三个版本虽有差异，但对画面主题的表达是一致的，并无错处。

第二幅插图为《宝气饱闷》，是下井之人在井中氧气不足被提上来之后昏倒在地的画面，其场景、人物、机械与《宝气》一图关联密切。涂本、陶本中各有六人，五人在清点宝石，原来下井的人躺倒在地。杨本仅四人，三人在清点宝石，一人躺倒在地。

此图没有涉及具体的生产技术，只描绘了在井中采宝后的场景。唯一躺倒在地的人物，是由于井下氧气不足，暂时性昏迷，涂本与杨本中此人躺在井口处，陶本中此人躺的位置偏离井口。涂本、陶本中其余的五人行动自如，四人盘腿坐在空地上，一人站立，手中还拿着一块宝石，杨本则有二人盘腿坐着，一人站立，动作相仿，但杨本删去了涂本中的两个人物。

地面上散落着宝石，还有一个原本系在下井人身上的铃铛。三个版本都保留了井和转轴，只是涂本、杨本的转轴只留局部，而陶本绘出了完整的井口与转轴。除此之外，涂本、杨本空无一物，而陶本还绘制了四周的山石。此图对应的三个版本都符合文意，没见错误，且其表达的内容简单明了，无须深入解读。

白玉河、绿玉河

【原文】

凡玉入中国，贵重用者尽出于阗，汉时西国号，后代或名别失八里，或统服赤斤蒙古，定名未详。葱岭，所谓蓝田，即葱岭出玉别地名，而后世误以为西安之蓝田也。其岭水发源名阿耨山，至葱岭分界两河，一曰白玉河（图4–5–7），一曰绿玉河（图4–5–8）。晋人张匡邺作《西域行程记》①载有乌玉河，此节则妄也。

玉璞不藏深土，源泉峻急激映而生。然取者不于所生处，以急湍无着手。俟其夏月水涨，璞随湍流徙，或百里，或二三百里，取之河中。凡玉映月精光而生，故国人沿河取玉者，多于秋间明月夜，望河候视。玉璞堆聚处，其月色倍明亮。凡璞随水流，仍错杂乱石浅流之中，提出辨认而后知也。

白玉河流向东南，绿玉河流向西北。亦力把力地，其地有名望野者，河水多聚玉。其俗以女人赤身没水而取者，云阴气相召，则玉留不逝，易于捞取，此或夷人之愚也。夷中不贵此物，更流数百里，途远莫货，则弃而不用。

凡玉唯白与绿两色。绿者中国名菜玉。其赤玉、黄玉之说，皆奇石、琅玕②之类，价即不下于玉，然非玉也。凡玉璞根系山石流水，未推出位时，璞中玉软如棉絮，推出位时则已硬，入尘见风则愈硬。谓世间琢磨有软玉，则又非也。凡璞藏玉，其外者曰玉皮，取为砚托之类，其值无几。璞中之玉有纵横尺余无瑕玷者，古者帝王取以为玺。所谓连城之璧，亦不易得。其纵横五六寸无瑕者，治以为杯斝③，此亦当世重宝也④。

【注释】

① 原文称“晋人张匡邺作《西域行程记》”，为误，应为“后晋人高居诲作《于阗国行程记》[1]”。

② 琅玕（gān）：像珠子的美石。

③ 斝（jiǎ）：古代青铜制的酒器，圆口，三足。

1 〔明〕宋应星著；潘吉星译注．中国古代名著全本译注丛书 天工开物译注［M］．上海：上海古籍出版社，2016．05：334．

④ **此亦当世重宝也**：涂本、陶本作“亦”，杨本误作“已”。

【译文】

玉石引入中国时，贵重的玉石都产自于阗，此地是汉代时西域的地名，后代又有一别名叫做“别失八里”，又可能属于赤斤蒙古，但具体的名字不详。葱岭，就是所谓的蓝田，是产出玉石的另一地名，后世误以为是西安的蓝田。葱岭的河水发源地名叫“阿耨山”，到了葱岭分界为两条河，一条叫白玉河，一条叫绿玉河。后晋人高居诲所作《于阗国行程记》有记载乌玉河，这段记载是错误的。

璞玉原石不藏在深土中，是源于山间泉水湍急冲击而生。但取玉石的地方不在其原产地，因为水流湍急无从着手。要等到夏天河水高涨，璞石随着湍流迁徙，或至一百里，或至二三百里，然后在河中挖取。玉是映衬着月光而生的，所以当地人沿着河流挖取玉石时，多在秋季的明月夜，望着河流等候观察。璞石堆积聚集的地方，月色更加明亮。璞石随着河水流动，仍在错杂的浅

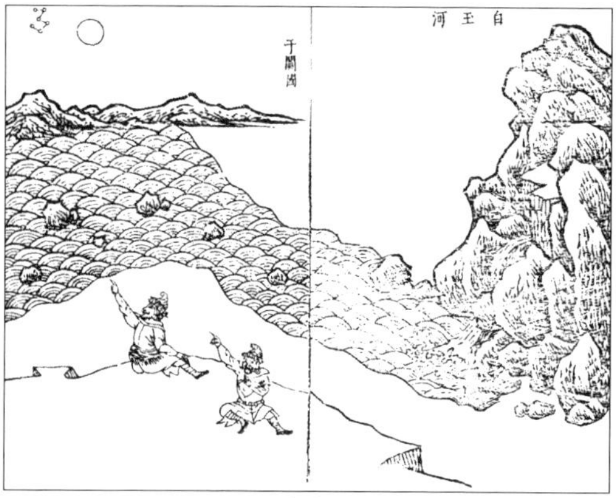

涂本

杨本

陶本

图4-5-7　白玉河

滩的乱石中，需要开采过后取出辨认才知到是不是玉石。

白玉河流向东南方，绿玉河流向西北方。亦力把力有个地方有一地名叫做“望野”，这里的河水多聚集玉石。当地有让妇女赤身没于水中取玉的习俗，说是有阴气相召唤，玉就会留存而不消逝，易于捞取，这或许就是当地人的愚昧之处。当地并不以此物为贵，如果沿着河流再过几百里，路途遥远却无法卖出，就将玉石弃之不用。

玉石只有白色和绿色。绿色的玉在中国称“菜玉”。所谓的赤玉、黄玉，都是奇石、琅玕这类，价格即使不低于玉，但也并非玉石。璞石的根源是山石流水，尚未剖出时，璞石中的玉像棉絮般柔软，剖开之后就已然变硬，经受风尘就更加坚硬。世间所谓琢磨时有软玉的说法，这又是错误的。璞石藏有玉时，它的外部叫“玉皮”，取之做成砚、托这类物品，它的价值所剩无几。璞石中纵横一尺多且没有瑕疵的玉，古代的帝王取之制为玉玺。所谓的连城之璧，亦不容易得到。有纵横五六寸且没有瑕疵的玉，用来加工为酒器，这也是当世的重宝了。

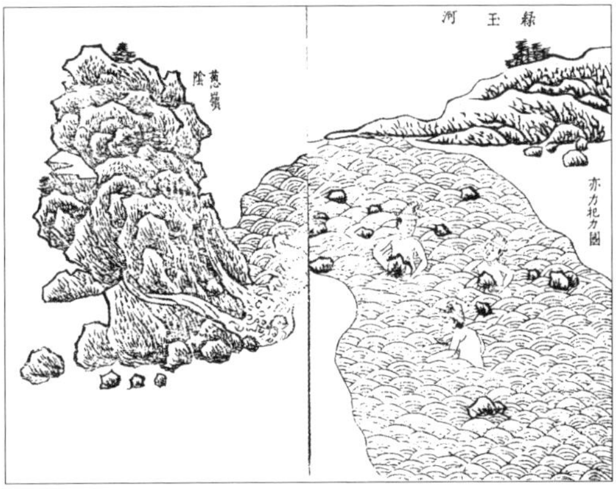

涂本

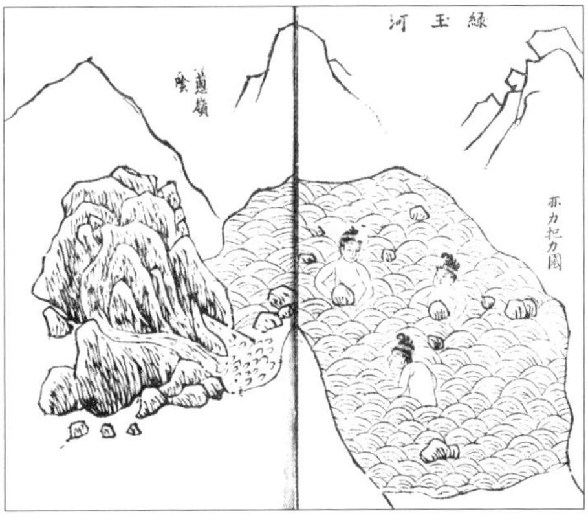

杨本

陶本

图4-5-8　绿玉河

【异本插图比较】

本节附有两组插图，分别为《白玉河》与《绿玉河》，两条河以葱岭为界，山的北面为绿玉河，山的南面为白玉河。此处的两组插图即绘制了两条河的大致面貌。

第一组插图为《白玉河》，在画面左侧还有“于阗国”三字，说明此河处于阗国。画面中各有两人，但只是坐在河边，并无具体动作。画面右侧为山的一角，也就是文中提到的葱岭，河水从山间流下，冲刷着山石，璞石就这样被冲进河水中，待人挖取。

画面中的两个人物，一人背对画面，一人正对画面，二人都席地而坐，可以看出此处人物是西域人的打扮，与《天工开物》其他插图中的人物有异。涂本、杨本中两个人物都抬起一只手，遥指远方，陶本只有一人举起了手，但其目光都朝向左前方。

除两个人物外，插图中都是对自然环境的描绘。涂本与杨本对于山石、水流的表现手法相似，杨本裁去了右侧边缘的一部分，山石的面积略小于涂本。再看河流，杨本也做了部分删减，水流中没有出现石块，河流的尽头也没有绘制河岸，且在画面中间偏上的位置画了几处山峦，与涂本没有完全对应。另外，两个版本左上的位置都有一轮圆月与星象。

陶本的绘制风格则完全不同，但山石与河流的位置未变，只是改变了画面风格，水流中依然有石块，画面左下角还有部分山石、草木，并绘制了河流对岸的场景，在画面左上的位置也有多片云朵，其将涂本、杨本中的圆月改成的弯月，星象居于月亮右侧。

三个版本虽有不同，但此图未涉及生产加工技术，只描绘了一条河流，即便有部分差异，也情有可原。

另一幅插图为《绿玉河》，描绘的场景与“白玉河”类似，画面主体为一条河流，只是此图人物参与了生产。三个版本中各有三人，都在河流中寻取璞石。

除图名外，画面左侧标有“葱岭阴”三字，“阴”指的是水南山北，此处说明绿玉河居于葱岭的北面。此图中画面左侧为葱岭，水流从葱岭处流向右侧，水中亦散落着石块，并有三个人物在其中采石。

涂本与杨本的相似度依然较高，但涂本省略了葱岭的上半部分，对河流的面积也有删减，涂本右上角为河流远处的山石，杨本亦作省略，只在远处用轮廓线描绘了几座远山。

陶本贯彻着个人风格，偏向写实，葱岭与河流的形态与涂本有些差别，但位置与走向没有较大差距，陶本依旧对河流对岸的山峦、树木绘制完整，画面处理得较为精细。

再看画面中的三个物，其位置、造型、行为大体相仿，两人正对画面，一人面向左前方侧身，三人都光裸着上身，下身浸没在水中，各自抱一石块。画面右侧空白处还有一排文字，其称“亦力把力国”，说明此地为亦力把力国，应为音译的地名（Ilibalik）。在这组插图中，杨本对涂本内容进行了删减，陶本则改变了整体风格，但对主题的表达没有出现明显错误。

琢玉

【原文】

凡玉初剖时，冶铁为圆盘，以盆水盛沙，足踏圆盘使转，添沙剖玉，逐忽划断（图4-5-9）。中国解玉沙，出顺天玉田与真定邢台两邑，其沙非出河中，有泉流出，精粹如面[①]，藉以攻玉，永无耗折。既解之后，别施精巧工夫，得镔铁[②]刀者，则为利器也。镔铁亦出西番哈密卫砺石中，剖之乃得。

【注释】

① **精粹如面**：涂本、陶本为“如”，杨本为“为”，其意略同。

② **镔铁**：坚硬的精炼钢铁。

【译文】

开始剖玉的时候，把铁冶炼为圆形的转盘，用盆盛放沙、水，脚踏圆盘使其转动，添沙剖玉石，逐步把玉石划断。中国剖玉的沙子，多出于顺天府玉田（今河北省玉田县）和真定府邢台（今河北省邢台县）两地，这些沙子并非产自河中，而是从泉水中流出，精细纯粹好似面粉，用之打磨玉石永远不会耗损。玉石被剖开之后，再用镔铁制成的刀具，另施精工巧技。镔铁也出自新疆哈密粗磨的石块之中，剖开就能获取。

【异本插图比较】

前两幅插图讲述的是玉石的产地，而此幅插图则描述了玉石的加工过程。涂本、杨本皆为单幅竖式构图，陶本由两个版面构成，其内容与构图方式都有改动。

涂本、杨本中仅有一人，坐在琢玉设备后面进行玉石的加工，而陶本则有两个人物，一人行为与涂本、杨本相似，但另一人蹲在地上，似乎在挑选石块。

涂本　　杨本　　陶本

图4-5-9　琢玉

在画面场景的设定上，三个版本各异。涂本人物处于室内，画面左侧有一道门，门后有帘子，除去门口的几根线条外没有多余的内容。杨本则无法分辨所处场景，只在画面左上角有两个容器。陶本在场景绘制上依然不厌其烦，将两个人物分别设定在两间相邻的屋子中，屋外还有假山、草木、石墙等装饰物。

先看三个版本中共同具有的人物，以及其操作的设备。此人面向右前方侧坐，用手托着石块，脚踏木板，琢玉时在木架上放置一个铁盘，铁盘用一根木杆贯穿，木杆两端牵绳至踏板，在人力踩踏时圆盘就会飞速转动，起到琢玉的效果。陶本中的设备与另外两个版本有所不同，陶本上层放置一木板，中间空开放置圆盘，固定圆盘的杆件由木板上的两根木柱支撑，涂本、杨本上层悬空，穿过圆盘的木杆两端被搁置在木架上，虽然结构有些不同，但殊途同归，大致原理相同。

涂本与杨本中人物脚下并没有绘制踏板，因此这两个版本琢玉的圆盘无法驱动，存在问题。另外，《天工开物》原文提到剖玉时需“以盆水盛沙”，这一点在陶本中有表述清晰，在人物身旁放置了一张方凳，上面放一水盆。但在涂本、杨本中不存在这一器具，这是两个版本出现的第二处问题。

再看陶本中多出的一组内容，其中也包括一套琢玉设备，但无人操作。另外的人物正蹲在地上，面前放置一水盆与若干石块，此人面向左侧，手中拿着一个石块，似在挑拣，在其身旁还有一张方桌，桌上也放着若干石块。这一组内容是陶本额外补充的，并没有牵涉复杂的工序。

在全书的最后一组插图中，涂本、杨本出现了同样的两处错误，一是没有绘制牵动圆盘的踏板，使琢玉设备失去了原动力。二是没有绘制放置沙子的水盆，与原文不符。而向来出错率较高的陶本，却改正了这两个错误，画面也更为精细，虽然多出的一组内容有些多余，但整体上并没有出现明显错误。

【本卷小结】

本卷内容集中在珠玉的产地，以及开采方式、加工工序，全卷共计七幅插图，但实际上陶本多出了一幅插图，因其由《没水采珠船》分离而来，因此将其并在同一小节中。七幅插图大致分为三组，两幅讲述采珠的方式，两幅讲述在宝井中采宝的情形，剩余三幅讲述玉石的产地与雕琢工序。

在此卷插图中，版本间没有绝对的正误，在《没水采珠船》中，陶本有些地方处理的并不到位，但也并非一无是处。在《扬帆采珠》中，杨本对于竹笆的描绘存在问题。而《琢玉》图中，涂本与杨本一同出现的错误，反倒被陶本纠正。因此，各个版本需要对照解读。

在其他的插图中，三个版本各有特色，基本没有出现明显的错误，只存在各个版本的绘画风格问题。涂本为原版，线条朴实，与原文契合度较高，但也难免出现问题。杨本与涂本的相似度极高，但也并非原模原样，杨本习惯性地将涂本中的内容选择性地删减，有时无关紧要，有时却会出现差错。另外，杨本对于涂本的照搬照抄，也会出现一错再错的情况。而陶本是三个版本中最具特色的一版，其画风与涂本、杨本全然不一，有时会复刻涂本内容，有时则按照自己的想法重新组织画面，且绘制大面积的场景，虽然出错率较高，但在部分插图中，也填补了涂本、杨本出现的漏洞。

此卷作为全书的最后一卷，错误率不高不低，也让我们认识到三个版本各有可取之处，也存不足之处，通过对照解读，图文结合，才能对《天工开物》有更深的认识。

第五章　关于插图所涉文化、技术、风格演化的思考

从严格意义上来说，《天工开物》中的图像是画而不是图。具有代表性的涂本、杨本、陶本，所呈现的绘画风格虽然均属于中国传统线描，但不同版本的刊刻技法不同，可以说绘图技术相差很大。因其使用不同的印刷技术，以及不同时期各异的艺术标准，它们所要满足的视觉需求自然不同。依据印刷时间顺序来排列这些版本可以让我们粗略观察到不同时期经济文化背景、技术、艺术和知识方面所发生变化的契合程度。

一、三个版本的历史发展脉络

通过对涂本、杨本、陶本三个版本《天工开物》所附插图的对照解读，可以得出以下结论。涂本作为《天工开物》初刻本，其绘画技术并不复杂，运用白描的手法来展现人物神态和工艺场景，其画风虽朴拙粗糙，但直观真实，能够切实体现出古代农业、手工业的生产方式、生产技术与生产工具，因而涂本插图作为原始的版本，对研究古代科技具有较高的参考价值，在进行异本插图比较时也是较具科学性的对照版本。在大方向上，涂本、杨本刊印时代较近，二者插图的画风、内容基本一致。杨本插图多数对涂本进行原样复刻，其与涂本一样运用线条勾勒，但更注重线条的作用，绘制技术依旧简单，风格简约。但在部分插图中，杨本出现了构件、人物缺失，或曲解插图原意等问题，在背景的刻画上也有较为明显的简化。另外，因朝代的更替，涂本插图中人物多为明代发饰、服饰，杨本中人物的发型与衣着出现了改动，更偏向清代，但在画面内容、构成元素、整体布局方面未有过多变动。

与涂本、杨本对比较为明显的为陶本。陶本插图在数量上即与前二者相差很大，据笔者统计，涂本共附一百二十三幅插图，杨本虽缺少三幅，但其图片编排方式与涂本差异并不大，缺少的插图或属于缺印、漏印之故。陶本不然，其插图数目共计一百六十幅，非但对涂本所附插图进行了拆分或合并，更在原版基础上多出了三十三幅独有的插图，此点笔者在本书前文中已有提及，并在书中对各幅插图进行了单独解释与源流追溯。

除却插图数目，较之涂本、杨本《天工开物》，陶本所附插图在画面风

格、内容、构图、构成元素等方面都有明显差异，笔者原以为部分插图为陶本刊印者自行补充或更改，但经过层层推导，发现陶本所附插图皆出于其他古籍，在《天工开物》原有版本之外，还包括《农书》《农政全书》《钦定古今图书集成》《钦定授时通考》和四川《盐法志》等，翻刻对象多样，带有民间艺人的画风，根据图像考悉与文献解读，可以分为以下多种翻刻次序。

陶本《天工开物》扉页提到，“岁在丁卯仲秋武进涉园，据日本明和年所刊，以古今图书集成本校订付印”[1]，“日本明和年所刊”即为日本明和八年刊行的菅本《天工开物》，而“古今图书集成本”则为清雍正四年（1726年）刊行的《钦定古今图书集成》。因此，陶本所附部分插图翻刻自《天工开物》较早版本，即菅本，而菅本的参照本亦可追溯至涂本、杨本，此条翻刻线路始终以《天工开物》为中心。但陶本刻印者进行了主观调整，画面元素更贴合民国时期插图风格，多以丰富的背景为陪衬，且更讲究透视关系，此类插图中有一部分甚至比涂本、杨本更为合理。

根据陶本扉页所言，其插图另一参考对象为《钦定古今图书集成》，此书成于康熙年间，于雍正四年正式刊印，为清朝以前古书的集成，因而此书插图并非原创，而是参考其他古书。在从《钦定古今图书集成》中寻找与陶本《天工开物》相似度较高的插图时，笔者发现此书提到《农政全书》一书，而在《农政全书》中也出现与《钦定古今图书集成》相似的插图。《农政全书》为明代徐光启所撰，成书于明万历年间，崇祯十二年（1639年）平露堂刻本为其初刻本，其性质为农业类古书的集成，因而此书中的文字、插图也多收录自其他古籍。而在此类插图中，因众多版本交错混杂，极易出现错印、雷同、张冠李戴的现象，但这种异本古籍之间重复刊印的现象，同样具有可以深入挖掘、探讨的线索与意义。顺着这一路径继续发掘，笔者发现《农政全书》所附插图实则源自王祯的《农书》，其成书于元代，初刻本已佚，现存最早的版本为明嘉靖九年（1530年）山东布政司刊本，为笔者目前所能追寻到的陶本《天工开物》部分插图的源头。此类插图多集中在《乃粒》《乃服》《粹精》三卷，其画面风格、构图、构成元素与涂本、杨本《天工开物》差异较大，虽画面精细，但漏洞频出。

除此之外，陶本《天工开物》所附插图的参照对象还有四川《盐法志》，此类插图集中在《作咸》卷，且其插图基本为四川《盐法志》所附插图的复刻，差别细微。但在四川《盐法志》之前，是否存在另外的版本尚未可知。另有极少数插图出自《钦定授时通考》，如《粹精》卷所附《簸扬》图，即翻刻《钦

---

1 〔明〕宋应星：天工开物［M］，武进涉园据日本明和8年刊本，陶湘刊刻，罗振玉署名，1927：1.

定授时通考》，此图出自康熙御题版本《耕织图》，而《耕织图》为南宋画家楼璹首创，包括二十一幅耕图，二十三幅织图，在清朝时期流传着诸多版本，康熙御题版为其一。

综上，陶本《天工开物》所附插图来源大致为以下几条路径（图5-1-1）。

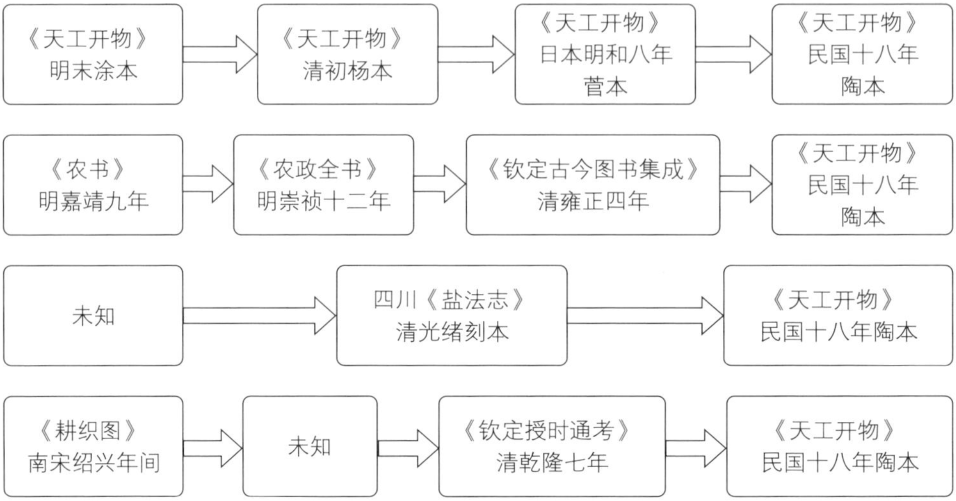

图5-1-1　陶本《天工开物》所附插图形成路径表

根据上述陶本《天工开物》插图形成路径可知，陶本所附插图来源不一，其出现疏漏的原因由此可归结为三类，其一，在各个版本插图不断翻刻的过程中，插图本身的含义被多次解读，再加之刻印者对插图内容的曲解，以致失去本来面目。其二，陶本翻刻插图的母本本身即存在问题，在其后各版插图进行翻刻的过程中，一错再错，以致与原意大相径庭。其三，在《天工开物》初刻本之外，陶本另加的独有的诸幅插图，其内容与《天工开物》原书关联甚微，只是刻印者主观附加于书中，有违宋应星著书本意。究其症结，或在陶本《天工开物》刻印者对插图内容的合理性知之甚少，缺乏判断能力，一味追求画面的视觉效果，而忽略了原版插图的科学性。

可见，作为一种具有特定意义的插图图像符号，其不同时期呈现出的模式，给受众带来的影响不一，或带来误解，或从新颖的角度带来不同的视觉感触，那么，此类影响是否会反作用于现实生活和生产实践呢？

二、印刷技术、插图形式的演化与受众群体

印刷技术的发展、阅读群体的涌现，与明清至民国时期书坊、书肆的繁盛

关联甚密，而其背后，则深受商品经济的活跃、市民社会的发展影响，以致民间群体对阅读的需求与日俱增。而随着识字人群的增长，书籍插图形式、内页表现等的标准化与装订技术一起见证了一个丰富文化传统的复杂性。

1．印刷技术的演化

对于不同时期、具有相同内容的书籍插图而言，印刷技术可反映出这一时期的印刷文化、出版行为以及与书籍相关之商业活动。陶本《天工开物》所附插图还有着画面精细美观的特点，其与涂本、杨本刻印方式存在本质的区别。涂本与杨本刻印自明末、清初，彼时民间坊刻技术并不完善，二者刻印方式为木刻，而民国时期，西方石印技术的传入，使雕版印刷业濒临淘汰，陶本《天工开物》即为石印本。石印技术由奥地利人施内费尔德Aloys Senefelder（1771—1834）于1798年发明，并于道光年间通过传教士传入中国。而在1859年，英国人詹姆斯（Hery Jams）、斯科特（A.de C.Scott）发明照相石印技术，于同治年间于中国开始普及。其原理是利用石材吸墨及油水不相溶的特性，用照相的方式拍摄底片，而后将其置于石板上，涂上酸性胶液，使字画之外的石料酸化，而后进行原稿的印刷。因此，通过将陶本《天工开物》所附插图与其参照本所附插图两相对照，可以发现画面构图、构成元素，乃至线条的精细程度都相差无几，由此可以知晓陶本插图形成的方式及原因。

而与之形成对照的即为涂本、杨本《天工开物》，其成书年代处于明末清初，受当时技术的约束，所刻插图略显粗糙，且缺少透视关系，但多数保证了内容的合理性。反观陶本，其刻印技术较为先进，但缺乏对刻画对象的深入考悉，部分插图只是对参照版本的单纯复制，只一味追求画面的精细度，有本末倒置之嫌。但陶本所附插图并非毫无可取之处，且本书涉及的三个版本插图各有特点，其内在含义仍待深入考证。

2．插图形式的演化

本书选用的三个版本《天工开物》均采用线装形式，线装书在使用方面有较大灵活性，既有助于读者对某一页内容、一幅插图的关注思考，也有利于受众快速阅读多页文本，这种形式易于使用，也易于生产。

纸张、印刷、刻画综合呈现出的插图，为读者提供了丰富的感官体验。《天工开物》插图的表现形式或审美情趣，是在传统艺术观念下创作而成的，其插图形式较为简明，基本符合两种传统样式，其一是在卷中附图，其二是将插图置于卷末。多数在插图顶部加上标题，使之与文字内容对应，以便读者辨识，插图通常以图中应用的器具、人物行为或生产场景命名，在部分插图中亦会标注部分文字，这些图像即为各类民生生产活动提供视觉层面的释义。

在插图的版面布局上，涂本、杨本以单幅插图居多，通常作为卷落结束的标志，陶本则以跨页插图占多数，构图更显饱满。总体而言，全书图文相互关照，错落有致，符合阅读习惯。单幅插图构图相对简明，多数由一至二人组成画面，意图表达的信息较简略。跨页插图在构图上丰富许多，考虑纵深关系，增加了插图的艺术性与观赏性，并有效避免了单幅插图的枯燥形式。陶本插图中，不乏部分宏大的劳动场面，人数高达十数人，跨页插图的表现形式使图像信息详略得当，对人物、工具、场景有更为细致的描绘。

透过《天工开物》所附插图的形式语言，可以看出其绘画风格与该时期流行的绘画形式与尊崇的绘画观念相吻合，却也存在一定差异。与古代传统木刻版画类似，均以白描的手法描绘画面，且带有一定的文人艺术性质。涂本、杨本插图构图符合“三远法”的透视规则，却又与西方绘画透视规则有所区分，而陶本插图则更受西方透视法影响，讲究规范化的空间构图法则。涂本、杨本插图以人物与生产工具为主体，运用山石、草木等基本要素为简单陪衬，并留有大量空白，虽然因当时有限的木刻技术，却也是明末清初民间版刻插图的典型特征，并贴合中国传统艺术观念中“无中生有、计白当黑”的思想。而陶本则颇受西方绘画熏染，加之其对照本源自清代宫廷，偏向繁复的风格，虽同样由黑白线描组成画面，但采用各种刻印手法，区分出点、线、面，在构图上更为饱满，丰富的场景刻画反而弱化了人物与生产工具，更注重画面的完整性与协调性。两相对比，涂本与杨本所示图像更符合宋应星撰写《天工开物》的初衷，其使用流畅的线条，简要、突出地体现意图表达的生产方式，化繁为简，将劳动者、生产工具、劳作场景简明扼要地置于画面中。

3．插图所描述环境的解读

《天工开物》所附插图通常以人物为主体，以环境为陪衬，插图中带有的环境大致为两类，其一为自然环境，其二为人文环境。在涂本、杨本中，自然环境居多，且较为简略，以线条勾勒的简易形式，体现出山川、河流、草木、云层的意象；陶本则更偏好以写实的手法体现室内、庭院等人文环境，并结合桌椅、屏风、太湖石、河流等物象，描绘人物所处的场景。三个版本对环境的描绘各有异同，并以环境的描绘对不同形式的生产场景做区分。

涂本、杨本所附插图风格简明，鲜少着重刻画纯粹作装饰之用的元素，而是着重表现人物生产的工具、方式，仅用单一的线条表现屏风、立柱等元素，贴合劳动者所处的环境。至晚清，随着审美与技术的双重变化，陶本插图内涵虽与涂本、杨本类似，但在画面的构图方式上大相径庭，如对背景的细致刻画，而石印技术的熟练应用更为陶本插图提供了助力。在涂本、杨本中用单一的线条简单勾勒的画面元素，被精细刻画出细节特征，包括庭院、室内环境、盆栽、草木、山石等，此外还增添了对人物的细节刻画，包括人物面部表情、衣着样式等，与此前版本中的明代服饰有所区分。因而丰富的画面给读者带来了别样的视觉感受，其传递的信息与侧重点也发生了改变。不仅限于既往的生产知识，还体现出清代宫廷绘画风格，兼具西方绘画风格与传统文人画的意象。

陶本插图在进行刻画的过程中，虽在部分画面结构上有不合理的地方，但对所绘工具、场景进行了精细的刻画，将原本平面的图示，转换为立体的造型，将简略的山石草木，转换为繁复细密的完整场景，别具一格的同时，增添了画面的丰富性与可观性。

4. 对《天工开物》受众群体的反思

《天工开物》插图传递的信息取决于阅读它们的受众所处的物理或社会环境，读者本身独特的文化背景以及包括个人气质在内的众多其他因素。

若从作者的角度评判，宋应星在《天工开物》自序中即表明了自己创作的意图。他认为，古代生活所需物产来自各地，久居深宫的上层阶级，只知取用，却无从得知其从何而来，故而作书、绘图以呈现出古代衣食生产的过程。即便作者在自序中说明了这一期望，但在实际上并未对此抱有期冀，他认为个人主张的观点仅能在市坊间流传，因而书中插图的形式并未迎合上层社会的审美，也与文人逸士所青睐的绘画风格有所区分，而是以质朴简易、贴近现实的风格呈现给受众。对比初刻本，陶本所附插图则明显带有清代宫廷绘画的意趣，在一定程度上更重视观赏性而非科学性。

换言之，在涂本、杨本、陶本三个版本渐次流传的过程中，陶本部分插图已有违宋应星著书的初衷，前两个版本插图风格大致相仿，且并不复杂，更便于读者理解，也无须有专业的知识积淀或艺术素养，并不追求给受众带来高雅的意趣感受，也无关娱乐，而是注重实用性、合理性、科学性，贯彻了“民生”与“实用”的观念[1]，识图者仅需联系生活实际，即可解读作者意图表达的内容。

1　陶锐.《天工开物》插图的艺术观念研究［D］. 东南大学，2018：34.

陶本插图则以清代宫廷编纂的书籍作为参照对象，与初刻本的创作意图反其道而行之，从部分插图的不合理处即可看出，绘图者并未实际了解该民生活动的具体过程，而是凭借主观臆断绘制而出，更关注插图的美观性。与之形成对比的是，宋应星在创作《天工开物》之前，长期活动在江南地区，并在全国各地走访实践，切实地接触当时的农业与手工业生产方式，并以较为贴近现实的表现手法记录。插图作为文字的补充，能够直观地展示生产场景，与此同时，书中文字部分也对生产工具、人物行为附有合理的解释，图文结合，易于读者识别、解读。

回顾此前对涂本、杨本、陶本三个版本差异性的解读，其皆具有较强的表现力与叙事功能，在功能性方面，大多能够与《天工开物》文字相呼应，但陶本多出的图幅需另作解读。涂本、杨本刊印之时，虽因木刻技术的简陋，图像的精细度远不及陶本，但却很大程度地保留了宋应星著书的初衷，且遵从中国传统图像艺术的绘制风格，包括线条勾勒的形式、山水陪衬的手法等。而陶本则因西方刻印技术的引入与透视法的应用，与前两个版本风格大相径庭。

最值得关注的，仍在于对插图含义的解读，涂本、杨本保留着贴合实际但画风粗陋的简易风格，面向普罗大众，陶本则以繁复细密的场景刻画为重，削弱了插图原本的实用功能，缺乏对与之相关的民生活动的正确表现。但此类插图并非了无可取之处，部分插图在涂本、杨本的基础上增添了细节的刻画，部分插图兼具观赏性与合理性，可与涂本、杨本相互对照，赋予《天工开物》多层可供解读的内涵，并从另一视角展示了清代宫廷绘画风格。因而,《天工开物》各个版本之间存在的差异性、传递性，依旧值得进一步思考、解读。

参考文献

[1]〔元〕王祯．农书［M］．明嘉靖九年山东布政司刊本．

[2]〔明〕宋应星．天工开物［M］．北京：中国国家图书馆藏涂本．

[3]〔明〕徐光启．农政全书［M］．明崇祯十二年平露堂刻本．

[4]〔清〕蒋廷锡，陈梦雷等辑．钦定古今图书集成［M］．内府清雍正四年活字印本，北京：中国国家图书古籍馆．

[5]〔清〕鄂尔泰，张廷玉撰．钦定授时通考［M］．清乾隆七年内府刻本，天津图书馆．

[6]〔明〕宋应星．天工开物［M］．武进涉园据日本明和8年刊本，陶湘刊刻，罗振玉署名，1927．

[7]〔明〕宋应星．天工开物［M］．管巧灵，谭属春，点校注释．长沙：岳麓书社，2002．

[8] 刘野编．钦定四库全书荟要 钦定授时通考2［M］．长春：吉林出版集团有限责任公司，2005．05．

[9]〔元〕王祯撰，缪启愉，缪桂龙译注．东鲁王氏农书译注［M］．上海：上海古籍出版社，2008．06．

[10]〔汉〕刘向编订．战国策［M］．上海：上海古籍出版社，2008．

[11]〔元〕王祯撰．农书译注下［M］．济南：齐鲁书社，2009．

[12] 周昕著．中国农具通史［M］．济南：山东科学技术出版社，2010．

[13] 牟峰高．牟氏老子［M］．北京：北京燕山出版社，2012．

[14]〔宋〕朱熹集传．典藏国学 诗经［M］．上海：上海古籍出版社，2013．

[15]〔明〕李时珍．本草纲目［M］．太原：山西科学技术出版社，2014．

[16] 寿大本．学解《千字文》［M］．北京：中国书店，2014．

[17] 陈戊国点校．四书五经上［M］．长沙：岳麓书社，2014．

[18] 潘伟．中国传统农器古今图谱［M］．桂林：广西师范大学出版社，2015．

[19] 曾运乾注；黄曙辉校点．国学典藏 尚书［M］．上海：上海古籍出版社，2015.
[20] 曹音．诗经释疑［M］．上海：上海三联书店，2016.
[21] 南怀瑾著述．易经杂说 第3版［M］．上海：复旦大学出版社，2016.
[22]〔明〕宋应星著；潘吉星译注．中国古代名著全本译注丛书 天工开物译注［M］．上海：上海古籍出版社，2016.
[23]〔西汉〕司马迁．古典名著白文本 史记 上［M］．长沙：岳麓书社，2016.
[24]〔清〕吴楚柴选注．国学典藏 古文观止［M］．上海：上海古籍出版社，2016.
[25] 陈启流．陶本《天工开物》所附《没水采珠船》图考［J］．农业考古，2018（03）：202-210.
[26]《中华大典》工作委员会，《中华大典》编纂委员会编纂．中华大典 理化典 化学分典1［M］．济南：山东教育出版社，2018.
[27]《中华大典》工作委员会，《中华大典》编纂委员会编纂．中华大典 理化典 化学分典3［M］．济南：山东教育出版社，2018.
[28] 陈戍国导读；陈戍国校注．尚书［M］．长沙：岳麓书社，2019.
[29] 王渝生主编；杨常伟编著．农业史话［M］．上海：上海科学技术文献出版社，2019.
[30] 魏承思．荀子解读［M］．上海：上海人民出版社，2019.
[31] 胡道静．中国古代典籍精讲［M］．上海：上海人民出版社，2020.
[32] 郭味蕖．中国版画史略［M］．上海：上海书画出版社，2016.

后　记

本书撰写的初衷是对《天工开物》异本图像进行逐一解读，并选取涂本、杨本、陶本三个典型的版本作为研究对象，通过择取图像对应的文字信息，校注释义，而后结合文字与图像信息，逐幅鉴识，在对每一组图片进行解读的过程中，探明版本之间的差异所在，并梳理三者的图像特征，更深层次地理解《天工开物》的图像信息。

虽然在以往的《天工开物》研究材料中，研究者往往按照内容将各个卷落重新排序，但本书仍按照《天工开物》原书的卷落顺序，而其篇幅也由原书插图数目而定，有的卷落多达二十幅，有的卷落少至两幅，又因插图本身所表达的内容决定异本图像分析的详尽程度，有时需要引经据典、长篇大论，有时只需稍作解释、一笔带过。

由于本书卷落本身有详有略，因此对其所附插图的解读篇幅也长短不一，若按照涂本为底本，其插图数目分布如下（括号内标明杨本、陶本数目的变化）：

《天工开物》异本图像数目分布表

卷落编号	卷名	插图数目
第一卷	乃粒	13（陶本+7）
第二卷	乃服	12（陶本+8）
第四卷	粹精	13（杨本-2、陶本+9）
第五卷	作咸	5（陶本+9）
第六卷	甘嗜	2
第七卷	陶埏	13（陶本-1）
第八卷	冶铸	7
第九卷	舟车	5
第十卷	锤锻	3
第十一卷	燔石	6

续表

卷落编号	卷名	插图数目
第十二卷	膏液	3
第十三卷	杀青	5
第十四卷	五金	13
第十五卷	佳兵	9（杨本-1、陶本+3）
第十六卷	丹青	5
第十七卷	曲糵	2（陶本+1）
第十八卷	珠玉	7（陶本+1）

根据上表可知，本文篇幅较长的卷落为《乃粒》《乃服》《粹精》《陶埏》《佳兵》，而在这几个重点段落中，前三卷又最为详尽，集中讲述了各类农桑事宜，这也是《天工开物》原书的重点表述对象。在这三卷中，陶本有一个突出的特点，就是插图并未参照《天工开物》的原有版本，而是大量参考了《钦定古今图书集成》中的插图，这也就造成了陶本在此三卷中的插图明显与涂本、杨本有所差异，且错误率极高，易出现图不对题的情况，还包括比例失衡、构件错位等问题，漏洞百出，这也是大量学者对陶本持批评观点的原因。

在对陶本此类插图探源的过程中，笔者发现《钦定古今图书集成》也并非初始版本，还可追溯至《农政全书》与《农书》，版本诸多，各有关联，但这并非本书的重点研究对象，故仅将部分相似插图与陶本进行对照，而其演变路径与其他版本，则未加以考证。

其余的卷落篇幅较短，唯《作咸》卷中部分插图参照自四川《盐法志》，此外，其他卷落则没有涉及过多的陶本多出图幅。在这些卷落中，陶本的合理性有所提升，甚至部分插图能填补涂本、杨本的漏洞，但在有些插图中，仍旧会出现各类问题。与此同时，可以看出陶本插图与《天工开物》原版插图有所关联，只是在时代背景的影响下，风格与涂本、杨本相去甚远。需要肯定的是，部分陶本插图并非一无是处，有时能够兼具美观性与合理性，同样具有参考价值。

涂本作为《天工开物》的初始版本，其插图的合理性最高，大部分插图都能够契合原文信息，但也存在缺漏文字、构件的情况，并不能全盘肯定。而且作为一套完整的初始插图，其极具创造力，美中不足的是由于时代更迭，现存《天工开物》涂本部分插图略显模糊。

杨本则处于不上不下的位置，作为涂本之后的第一个版本，其插图与涂本有较高的相似度，但也易出现对涂本照搬照抄、不理会插图含义的问题。杨本还有一个鲜明的特点，即对涂本所附内容进行主观删减，有时省略背景内容，有时省略零散的物品，又或是个别人物，杨本出错的地方大抵在此。

本书对《天工开物》涂本、杨本、陶本三个版本所附插图都做了一一解读，插图内容包括生产技术、原料产地、材料配比，涉及农业、蚕桑、金属加工、矿石开采、造纸、交通运输等多个门类，希望通过对《天工开物》文字、图像的双重解读，为读者提供参考。本书尚有各处不足，部分内容浅尝辄止，还需学者裨补阙漏，希望本书提出的观点与疑问能够在未来被证实或补充。

本书的许多比较探索都是实验性的，是一种尝试，笔者希望以此促进对中国古籍不同视角的探索，以及对其更为完整的理解。